华信咨询设计研究院专家团队

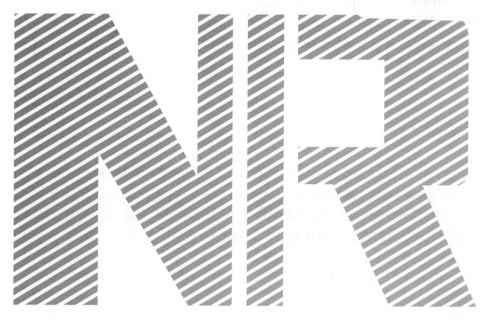

5G NR物理层规划与设计

张建国　杨东来　徐　恩　严国军◎编著

人民邮电出版社

北京

图书在版编目（CIP）数据

5G NR物理层规划与设计 / 张建国等编著. -- 北京：
人民邮电出版社，2020.4（2023.10重印）
ISBN 978-7-115-53196-4

Ⅰ．①5… Ⅱ．①张… Ⅲ．①无线电通信 Ⅳ．
①TN92

中国版本图书馆CIP数据核字（2019）第291703号

内 容 提 要

本书首先简要介绍了移动通信的发展历程，5G 需求、网络架构、网络部署模式、CU-DU 的切分；随后分析了5G 的频谱和信道安排，以及帧结构、物理层资源和序列的产生；通过举例和图形展现的方式详细分析了 5G NR 下行物理信道和信号，5G NR 上行物理信道和信号；最后，详细介绍了 5G NR 的物理层过程，包括小区初始搜索过程、随机接入过程、波束管理过程和 UE 上报 CSI 的过程。

本书内容丰富，资料翔实，架构清晰，论述严谨，特别提炼了 7 个章节的内容概要一览彩图，适合从事 5G 无线网络规划、优化的相关人员参考学习，也可供大专院校通信专业的师生阅读。

◆ 编　著　张建国　杨东来　徐　恩　严国军
　责任编辑　赵　娟
　责任印制　彭志环

◆ 人民邮电出版社出版发行　北京市丰台区成寿寺路 11 号
　邮编　100164　电子邮件　315@ptpress.com.cn
　网址　http://www.ptpress.com.cn
　三河市中晟雅豪印务有限公司印刷

◆ 开本：787×1092　1/16
　印张：25.5　　　　彩插：7
　字数：629 千字　　2020 年 4 月第 1 版
　　　　　　　　　　2023 年 10 月河北第 12 次印刷

定价：168.00 元

读者服务热线：(010)81055493　印装质量热线：(010)81055316
反盗版热线：(010)81055315
广告经营许可证：京东市监广登字 20170147 号

华信5G网络规划设计技术丛书

丛书策划

余征然　朱东照　汪丁鼎　肖清华　彭　宇

丛书编委

（按姓氏笔画排序）

丁　巍　许光斌　汪丁鼎　张子扬　汪　伟
吴成林　张建国　严国军　肖清华　李燕春
杨东来　单　刚　周　悦　赵迎升　徐伟杰
徐　恩　徐　辉　陶伟宜　黄小光　景建新

当前，第五代移动通信（5G）技术已日臻成熟，国内外各大主流运营商均在积极准备 5G 网络的演进升级。促进 5G 产业发展已经成为国家战略，我国政府连续出台相关文件，加快推进 5G 技术商用，加速 5G 网络发展建设进程。本月初，工业和信息化部发放 5G 商用牌照，标志着中国正式进入 5G 时代。4G 改变生活，5G 改变社会。新的网络技术带动了多场景服务的优化，也带动了互联网技术的演进，也将引发网络技术的大变革。5G 不仅仅是移动通信技术的升级换代，更是未来数字世界的驱动平台和物联网发展的基础设施，将对国民经济方方面面带来广泛而深远的影响。5G 和人工智能、大数据、物联网及云计算等的协同融合点燃了信息化新时代的引擎，为消费互联网向纵深发展注入后劲，为工业互联网的兴起提供新动能。

作为信息社会通用基础设施，当前国内 5G 产业建设以及发展如火如荼。在 5G 产业上虽然中国有些企业已经走到了世界的前面，但并不意味着在所有方面都处于领先地位，还应该加强自主创新能力。我国 5G 牌照虽已发放，但是 5G 技术仍在不断的发展中。在网络建设方面，5G 带来的新变化、新问题也需要不断的探索和实践，尽快找出分析解决办法。在此背景下，在工程技术应用领域，亟须加强针对 5G 网络技术、网络规划和设计等方面的研究，为已经来临的 5G 大规模建设做好技术支持。"九层之台，起于累土"，规划建设是网络发展之本。为抓住机遇，迎接挑战，做好 5G 建设准备工作，作者编写了系列丛书，为 5G 网络规划建设提供参考和借鉴。

本书作者工作于华信咨询设计研究院有限公司，长期跟踪移动通信技术的发展和演进，一直从事移动通信网络规划设计工作。作者已经出版过有关 3G、4G 网络规划、设计和优化的书籍，也见证了 5G 移动通信标准诞生、萌芽、发展的历程，参与了 5G 试验网的规划设计，积累了 5G 技术和工程建设方面的丰富经验。

在这一系列著作中，作者依托其在网络规划和工程设计方面的深厚技术背景，系统地介绍了 5G 无线网络技术、蜂窝网络技术、5G 核心网技术以及网络规划设计的内容和方法，系统全面地提供了从 5G 理论技术到建设实践的方法和经验。本系列书籍将有助于工程设计人员更深入地了解 5G 网络，更好地进行 5G 网络规划和工程建设。本系列书籍的出版适逢 5G 牌照发放，对将要进行的 5G 规模化商用网络部署将会有重要的参考价值和指导意义。

郭登旺

2019.6.26

    2018年12月,工业和信息化部向中国电信、中国移动、中国联通发放了第五代移动通信技术(Fifth-Generation,5G)试验网频率许可。2019年6月6日,工业和信息化部向中国电信、中国移动、中国联通、中国广电发放了5G商用牌照,标志着我国正式进入5G商用元年。为了建设具有竞争力的5G网络,我们需要掌握5G的基本原理,最新最权威的5G无线技术来源于第三代合作伙伴计划(Third Generation Partnership Project,3GPP)协议。本书以最新版本(V15.5.0)的3GPP协议为主,以举例子的方式,用大量的图形和表格直观地分析了5G新空口技术(New Radio,5G NR)的物理层以及物理层过程,以便读者快速全面地掌握5G NR的物理层技术。

    国际电信联盟(International Telecommunication Union,ITU)发布的5G白皮书定义了5G的三大场景:增强型移动宽带(enhanced Mobile Broadband,eMBB);超可靠低时延通信(ultra Reliable and Low Latency Communication,uRLLC);海量物联网通信(massive Machine Type Communication,mMTC)。并且对5G提出了8个关键性能指标要求,这些关键性能指标的实现需要通过物理层的设计来实现。为了支持eMBB场景的高流量需求,物理层架构设计的关键点包括:在频率设计方面,支持超高频、更大的信道带宽、更大的子载波间隔;在数据信道设计方面，上下行都采用循环前缀正交频分复用（Cyclic Prefix Orthogonal Frequency Division Multiplexing，CP-OFDM），支持最高达 256QAM 的调制方式；在参考信号设计上，解调参考信号（Demodulation Reference Signal，DM-RS）、信道状态信息参考信号（Channel State Information Resource Signal，CSI-RS）、探测参考信号（Sounding Reference Signal，SRS）支持更多的天线端口，同时引入了相位跟踪参考信息（Phase Tracking Reference Signal，PT-RS）。为了支持 uRLLC 场景的低时延需求，物理层架构设计的关键点包括：支持更灵活的帧结构设计和双工设计，引入了自包含时隙；在数据信道设计方面，支持基于符号的调度；在控制信道设计方面，支持短符号的物理上行控制信道（Physical Uplink Control Channel，PUCCH）。此外，物理层在设计上以波束管理为核心，以达到增加覆盖、减少干扰、提高系统性能的目的。

本书第一章是移动通信系统发展历程概述，主要介绍了 2G、3G、4G、5G 的发展历程、技术特点、关键技术以及演进，3GPP 组织与 3GPP 组织制定规范的过程，5G 的标准体系架构。第二章是 5G 系统概述，介绍了 5G 需求，5G NR 物理层架构设计的要点，5G 无线接入网（Radio Access Network，RAN）的整体架构、网元功能、网络接口、无线协议架构，5G 网络部署模式以及集中单元（Centralized Unit，CU）和分布单元（Distribution Unit，DU）的切分等内容。第三章是 5G 频谱和信道安排，介绍了 5G 的工作频带、信道带宽，重点介绍了信道栅格、同步栅格、Point A 的计算方法以及一部分初始小区搜索过程。第四章是帧结构、物理资源和序列产生，介绍了参数集（numerology）、帧结构、物理资源和序列的产生方法，重点介绍了时隙、CRB、PRB、BWP 的配置以及信令流程。第五章是下行物理信道和信号，对 SS/PBCH 块（包括 PBCH、PSS、SSS 以及 PBCH 的 DM-RS）、PDSCH（含 PDSCH 的 DM-RS 和 PT-RS）、PDCCH（含 PDCCH 的

DM-RS)以及 CSI-RS 进行了详细的分析并给出了 PDSCH、PDCCH 的容量能力。第六章是上行物理信道和信号，对 PRACH、PUCCH（含 PUCCH 的 DM-RS）、PUSCH（含 PUSCH 的 DM-RS 和 PT-RS）以及 SRS 进行了详细的分析并给出了 PUSCH、PUCCH 的容量能力。第七章介绍了物理层过程，包括初始小区搜索过程、随机接入过程、波束管理过程和 UE 上报 CSI 的过程。

本书不仅仅是提供了 5G NR 物理层的知识点，更重要的是提供了学习 3GPP 协议的方法。读者可以单独阅读本书，也可以结合 3GPP 协议一起阅读。如果读者掌握了本书提供的学习方法，就可以在 3GPP 协议更新后，依然能快速学习和掌握 3GPP 后续版本引入的新功能和新特征。

在本书的编写过程中，得到了华信咨询设计研究院有限公司朱东照、万俊青、徐恩、汪丁鼎、彭宇、张守国、严国军等人的大力支持，在此表示感谢。

衷心感谢人民邮电出版社的编辑对本书出版工作的大力支持！

由于作者水平有限，加上 5G NR 技术标准与设备也在不断研发和完善中，书中难免存在疏漏和错误之处，敬请各位读者和专家批评指正。

张建国

2019 年 9 月于杭州

第一章 移动通信发展历程

1.1 移动通信系统 / 1
  1.1.1 2G的发展历程 / 1
  1.1.2 3G的发展历程 / 4
  1.1.3 4G的发展历程 / 9
  1.1.4 5G的发展历程 / 12
1.2 通信标准的编制过程 / 12
1.3 5G NR标准体系架构综述 / 15

第二章 5G系统概述

2.1 5G的需求 / 21
2.2 5G NR物理层架构设计 / 24
2.3 NG-RAN的架构 / 31
  2.3.1 整体架构 / 31
  2.3.2 网元功能 / 31
  2.3.3 网络接口 / 34
  2.3.4 无线协议架构 / 35
  2.3.5 逻辑信道、传输信道和物理信道 / 39
2.4 5G网络部署模式 / 42
  2.4.1 SA架构 / 42
  2.4.2 NSA架构 / 44
  2.4.3 SA架构和NSA架构的综合比较 / 48
  2.4.4 演进路线 / 50
2.5 CU和DU的切分 / 53
  2.5.1 CU-DU架构标准 / 53
  2.5.2 CU-DU切分选项 / 56
  2.5.3 CU-DU切分对前向回传的影响 / 63

第三章 5G频谱和信道安排

3.1 工作频段 / 71
3.2 信道带宽 / 76
3.3 信道安排 / 83
  3.3.1 信道间距 / 83
  3.3.2 信道栅格 / 83
  3.3.3 同步栅格 / 89

第四章　帧结构、物理资源和序列产生

- 4.1 参数集（numerology）/ 97
- 4.2 帧结构 / 102
    - 4.2.1 帧和子帧 / 102
    - 4.2.2 时隙和OFDM符号 / 102
    - 4.2.3 时隙配置 / 105
    - 4.2.4 帧结构的选择 / 114
- 4.3 物理资源 / 119
    - 4.3.1 天线端口 / 119
    - 4.3.2 资源网格和资源单元 / 120
    - 4.3.3 资源块 / 122
    - 4.3.4 BWP / 126
- 4.4 序列产生 / 132
    - 4.4.1 伪随机序列的产生 / 133
    - 4.4.2 低峰均比序列的产生 / 133

第五章　下行物理信道和信号

- 5.1 SS/PBCH块 / 138
    - 5.1.1 SS/PBCH块 / 139
    - 5.1.2 PSS和SSS / 147
    - 5.1.3 PBCH和PBCH的DM-RS / 149
- 5.2 PDCCH / 152
    - 5.2.1 CORESET / 153
    - 5.2.2 搜索空间 / 159
    - 5.2.3 DCI / 166
    - 5.2.4 RNTI / 175
    - 5.2.5 UE监听Type0-PDCCH公共搜索空间的过程 / 176
    - 5.2.6 PDCCH容量能力分析 / 184
- 5.3 PDSCH / 188
    - 5.3.1 PDSCH的物理层处理过程 / 188
    - 5.3.2 PDSCH时域资源分配 / 192
    - 5.3.3 PDSCH频域资源分配 / 200
    - 5.3.4 PDSCH的DM-RS / 207
    - 5.3.5 PDSCH的PT-RS / 221
    - 5.3.6 确定调制阶数、目标编码速率、RV和TBS / 224
    - 5.3.7 基于CBG的PDSCH传输 / 232
    - 5.3.8 PDSCH资源映射 / 234
    - 5.3.9 PDSCH的峰值速率分析 / 237
- 5.4 CSI-RS / 239
    - 5.4.1 CSI-RS的结构 / 240
    - 5.4.2 CSI-RS时频域资源 / 248

第六章　上行物理信道和信号

- 6.1 PRACH / 252
    - 6.1.1 随机接入序列的产生 / 252
    - 6.1.2 PRACH格式 / 258
    - 6.1.3 PRACH时频域资源 / 262
- 6.2 PUCCH / 268
    - 6.2.1 序列和循环移位的跳频 / 269
    - 6.2.2 PUCCH格式0 / 271
    - 6.2.3 PUCCH格式1 / 274
    - 6.2.4 PUCCH格式2 / 278
    - 6.2.5 PUCCH格式3和4 / 280

6.2.6　PUCCH资源集 / 286
6.2.7　UE在PUCCH上报告UCI的过程 / 293

6.3　PUSCH / 297
 6.3.1　PUSCH的物理层处理过程 / 298
 6.3.2　PUSCH时域资源分配 / 300
 6.3.3　PUSCH频域资源分配 / 302
 6.3.4　PUSCH的频率跳频 / 303
 6.3.5　PUSCH的DM-RS / 305
 6.3.6　PUSCH的PT-RS / 309
 6.3.7　确定调制阶数、目标编码速率、RV和TBS / 311
 6.3.8　PUSCH的资源映射 / 315
 6.3.9　PUSCH的峰值速率分析 / 315

6.4　SRS / 316
 6.4.1　SRS的结构 / 317
 6.4.2　SRS配置 / 325
 6.4.3　SRS的触发过程 / 327
 6.4.4　通过SRS获得DL CSI / 329

第七章　物理层过程

7.1　初始小区搜索过程 / 333
7.2　随机接入过程 / 335
 7.2.1　随机接入前导（Msg1）/ 338
 7.2.2　随机接入响应（Msg2）/ 343
 7.2.3　RAR UL授权调度PUSCH（Msg3）/ 345
 7.2.4　携带UE竞争地址的PDSCH（Msg4）/ 345
 7.2.5　随机接入过程小结 / 346
7.3　波束管理过程 / 347
 7.3.1　下行波束指示过程 / 348
 7.3.2　上行波束指示过程 / 351
 7.3.3　波束失败恢复 / 352
 7.3.4　准共址关系 / 353
7.4　UE上报CSI的过程 / 355
 7.4.1　CSI的资源设置 / 357
 7.4.2　CSI的报告设置 / 366
 7.4.3　CSI报告的内容 / 375
 7.4.4　基于PUSCH的CSI上报 / 381
 7.4.5　基于PUCCH的CSI上报 / 383

缩略语 / 384
参考文献 / 393

移动通信发展历程

Chapter 1

第一章

导读

　　本章节首先回顾了 2G、3G、4G、5G 的发展历程、技术特点、关键技术以及演进过程。回顾移动通信发展历程有助于读者了解移动通信的发展历史并对 5G 产生兴趣。通信标准的编制过程介绍了 3GPP 组织和 3GPP 制定规范的过程。

　　本章讲述的重点是 5G NR 标准体系架构，以及本书后续章节使用的 3GPP 38 系列协议的规范号、简介。需要重点关注的是，38.104、38.211、38.212、38.213、38.214、38.300、38.321、38.331 这 8 个协议，建议读者可以粗略地翻阅这 8 个协议（V15.5.0 版本）的目录以掌握各个知识点分布在哪些协议中。本节最后给出了 3GPP 协议的版本号、技术规范和技术报告的区别、修改历史等内容，掌握这些阅读技巧可以达到事半功倍的效果。

移动通信发展历程

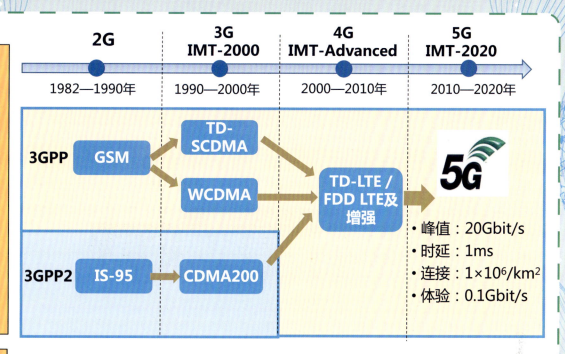

通信标准的编制过程

3GPP按照ITU-R的建议开展工作,并把工作成果提交给ITU-R。3GPP有RAN、CA、CT 3个技术规范组(TSG),其中,TSG RAN负责无线接入网的标准。

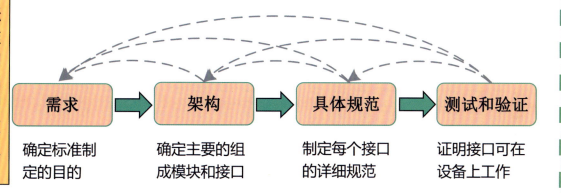

需求	架构	具体规范	测试和验证
确定标准制定的目的	确定主要的组成模块和接口	制定每个接口的详细规范	证明接口可在设备上工作

5G NR标准体系架构

3GPP协议是NR最全面和最权威的资料,在5G NR的学习过程中,查看3GPP协议(含3GPP提案)是一个必须掌握的技能。**本书在提供5G NR物理层知识点的同时,更重要的是提供了学习3GPP协议的方法。**

38.XXX系列	射频部分	物理层	L2和L3层的协议	接口协议
本书涉及到的主要协议	38.104	38.211;38.212;38.213;38.214	38.300;38.321;38.331	38.413;38.473

在阅读3GPP协议的时候,需要掌握版本号的含义,技术规范(TS)和技术报告(TR)的区别。除此之外,修改历史也含有重要信息。

第一章 内容概要一览图

1.1 移动通信系统

通信系统包括通信网络和用户设备两大部分。通信网络由交换机等设备组成，还包括传输、接入网等。用户设备通常被称为用户终端，用户利用用户终端得到通信网络的服务。根据用户终端的不同，通信系统分为固定通信系统和移动通信系统。固定通信系统中用户终端的位置是固定的；移动通信系统中用户终端的位置是可移动的。

移动通信系统中的用户终端利用无线电波来传递信息，帮助人们摆脱了电话线的束缚，用户可以行动自如地使用通信网络，大大拓展了活动空间。移动通信系统有很多，如陆地上使用的移动电话和海洋上使用的海事卫星电话等，本书介绍的是陆地上使用的移动通信系统。

1979 年，美国开通了模拟移动通信系统，开创了移动通信的先河。模拟移动通信系统是第一代移动通信系统，简称 1G（Generation）。模拟移动通信系统基本实现了移动用户之间的通信，具有划时代的意义。但是模拟移动通信有安全保密性差、系统容量小、终端功能弱等明显缺点，于是人们开始研究新的移动通信系统——数字移动通信系统。数字移动通信系统经历了第二代、第三代、第四代，目前，各国正在部署的是第五代移动通信系统。数字移动通信发展历程如图 1-1 所示。

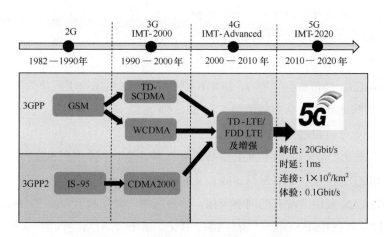

图 1-1 数字移动通信发展历程

1.1.1 2G 的发展历程

第二代移动通信系统简称 2G，在 20 世纪 90 年代初，欧洲完成了全球移动通信系统（Global System For Mobile Communications，GSM）标准并成功实施；美国在同期发展了窄带码分多址（Code Division Multiple Access，CDMA）（空中接口是 IS-95A）。第二代移动通信是非常成功的移动通信系统，比较完美地解决了移动中的语音通信需求并提供了一些数据业务。

GSM 的原意是"移动通信特别小组"，而随着设备的开发和数字蜂窝移动通信网的建立，GSM 逐步成为泛欧数字蜂窝移动通信系统的代名词。欧洲的专家将 GSM 重新命名为"Global System for Mobile Communications"，使之成为"全球移动通信系统"的简称。

GSM 的相关工作由欧洲电信标准组织（European Telecommunication Standards Institute，ETSI）承担，在评估了 20 世纪 80 年中期提出的基于时分多址（Time Division Multiple Access，TDMA）、CDMA 和频分多址（Frequency Division Multiple Access，FDMA）提案之后，最终确定 GSM 标准的制定基于 TDMA 技术。GSM 是一种典型的开放式结构，具有以下四大特点。

● GSM 系统由几个分系统组成，各分系统之间有定义明确且详细的标准化接口方案，保证任何厂商提供的 GSM 系统设备可以互联。同时，GSM 系统与各种公用通信网之间也都详细定义了标准接口规范，使 GSM 系统可以与各种公用通信网实现互联互通。

● GSM 系统除了可以承载基本的语音业务外，还可以承载数据业务。

● GSM 系统采用 TDMA/FDMA 及跳频的复用方式，频率重复利用率较高，同时它具有灵活方便的组网结构，可以满足用户的不同容量需求。

● GSM 系统的抗干扰能力较强，系统的通信质量较高。

20 世纪 90 年代中后期，GSM 引入了通用分组无线业务（General Packet Radio Service，GPRS），实现了分组数据在蜂窝系统中的传输，GPRS 采用与 GSM 相同的高斯最小频移键控（Gaussian Filtered Minimum Shift Keying，GMSK）调制方式，GPRS 通常被称为 2.5G。

GSM 的增强被称为 GSM 演进的增强型数据速率（Enhanced Data Rate for GSM Evolution，EDGE），通常称为 2.75G。EDGE 通过在 GSM 系统内引入更为先进的无线接口来获得更高的数据速率，包括高阶调制（8 Phase Shift Keying，8PSK）、链路自适应等，既针对电路交换型业务，也包括 GPRS 分组交换型业务。

3GPP 组织成立之后，GSM/EDGE 的标准化工作由 ETSI 转移到 3GPP，其无线接入部分称为 GSM/EDGE 无线接入网络（GSM/EDGE Radio Access Network，GERAN）。

演进的 GERAN 复用了现有的网络架构，并对基站收发信机（Base Transceiver Station，BTS）、基站控制器（Base Station Controller，BSC）和核心网络硬件的影响降为最小，同时在频率规划和遗留终端共存方面实现与现有 GSM/EDGE 的后向兼容。演进的 GERAN 还具有一系列的性能目标，包括改进频谱效率、提高峰值数据速率、改善网络覆盖、改善业务可行性以及降低传输时延等。所考虑的技术包括双天线终端、多载波 EDGE、减小的传输时间间隔（Transmission Time Interval，TTI）和快速反馈、改进的调制和编码机制、更高的符号速率。

GSM/EDGE 的网络结构如图 1-2 所示。基站子系统（Base Station Subsystem，BSS）包括 BTS 和 BSC。BTS 主要负责无线传输，通过空中接口 Um 与移动台（Mobile Station，MS）相连，通过 Abis 接口（BTS 与 BSC 之间的接口）与 BSC 相连。BSC 主要负责控制和管理，通过 BTS 和 MS 的远端命令管理所有的无线接口，主要进行无线信道的分配、释放以及越区切换的管理等，是 BSS 系统中的交换设备；同时，BSC 通过 A 接口（MSC/VLR 与 BSC 之间的接口）与网络与交换子系统（Network and Switch Subsystem，NSS）相连，提供语音业务等功能，通过 Gb 接口（SGSN 与 BSC 之间的接口）与 GPRS 核心网相连，提供分组数据业务功能。

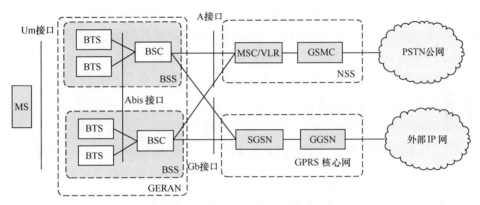

图1-2　GSM/EDGE的网络结构

窄带 CDMA 空中接口规范由美国电信产业协会（Telecommunication Industry Association，TIA）制定。TIA 于 1993 年完成了窄带 CDMA 空中接口规范 IS-95A 的制定工作，1995 年最终定案。1997 年，TIA 在 IS-95A 规范的基础上完成了 IS-95B 规范，增加了 64kbit/s 的传输能力，IS-95A 和 IS-95B 是窄带 CDMA 的空中接口标准。

窄带 CDMA 的网络结构如图 1-3 所示，与 GSM 的网络结构相似。CDMA 系统主要由以下三大部分组成：网络子系统 NSS、基站子系统 BSS 和用户终端 MS。NSS 含有 CDMA 系统的交换功能和用于用户数据与移动性管理、安全性管理所需的数据库功能；BSS 由 BTS 和 BSC 组成；MS 定义为移动台（终端）。

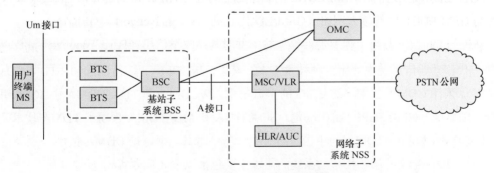

图1-3　窄带CDMA的网络结构

CDMA 空中接口的关键技术主要包括扩频技术、功率控制技术、分集接收和切换。

- **扩频技术**

扩频通信的基本特点是其传输信息所用信号的带宽远大于信息本身的带宽，在 CDMA 系统，信号速率为 9600bit/s，而带宽达到了 1.23MHz，是信号速率的 100 多倍，因此可以降低对接收机信噪比的要求，可带来的好处有：抗干扰性强、误码率低；易于同频使用、提高了无线频谱利用率；抗多径干扰，自身具有加密功能、保密性强。

- **功率控制技术**

CDMA 系统中各个设备使用同一频率，形成了系统内部的互相干扰，为了减少距离基站较近的终端对距离基站较远的终端的干扰，CDMA 系统需要调整终端的发射功率，使各个终端到达基站的功率基本相同，这就需要功率控制。终端功率控制有开环功控和闭环功控两种：开环功控只涉及终端；闭环功控需要基站和终端共同参与，闭环功控进一步可细分为内环功率控制和外环功率控制。

- **分集接收**

为了对抗信号衰落，CDMA 使用多种分集技术，包括频率分集、空间分集和时间分集三种。时间分集也就是通常所说的 Rake 接收，即同时使用多个解调、解扩器（Finger）对接收信号进行解调、解扩，然后将结果合并，从而达到提高信号的信噪比、降低干扰的目的。

- **切换**

CDMA 系统支持多种切换方式，包括同一个载频间的软切换和更软切换以及不同载频间的硬切换。软切换和更软切换是 CDMA 系统特有的切换方式。软切换的定义是终端在切换时同时和相邻的几个基站保持联系；更软切换的定义是终端在同一个基站的几个扇区内切换。（更）软切换建立在 Rake 接收的基础上，具有切换成功率较高，可避免乒乓效应等优点。

1.1.2 3G 的发展历程

面向第三代（3G）移动通信系统的研究工作起步于 1990 年初，1996 年 ITU 命名第三代移动通信系统为国际移动通信系统 –2000（IMT-2000），这个命名有 3 层含义：系统工作在 2000MHz 频段；最高业务速率可达 2000kbit/s；预计在 2000 年左右实现商用。

IMT-2000 最主要的工作是确定第三代移动通信系统的空中接口，1999 年，最终确定在第三代移动通信系统中使用 5 种技术方案。其中，WCDMA、CDMA2000、TD-SCDMA 三大流派采用 CDMA 技术，这是 3G 的主流技术。WCDMA 和 TD-SCDMA 由 3GPP 组织制定，CDMA2000 由 3GPP2 组织制定。SC-TDMA 和 MC-TDMA 采用了 TDMA 技术。因为 SC-TDMA 和 MC-TDMA 与中国没有关系，所以本书集中讨论 CDMA 技术。

IMT-2000 定义的第三代移动系统的需求主要包括以下 8 项内容。

- *最高可达 2Mbit/s 的比特速率。*

- 根据不同的带宽需求支持可变的比特速率。
- 支持不同服务质量要求的业务，例如，语音、视频和分组数据复用到一条单一的连接中。
- 时延要求涵盖了从时延敏感型的实时业务到比较灵活的尽力而为型的分组数据。
- 质量要求涵盖从10%的误帧率到10^{-6}的误比特率。
- 与2G系统的共存，支持为增加覆盖范围和负载均衡而要在两种系统之间进行切换的其他功能。
- 支持上、下行链路业务不对称的服务。
- 支持FDD、TDD两种模式的共存。

日本和欧洲分别于1997年和1998年选择了WCDMA空中接口技术。全球WCDMA技术规范活动归并为3GPP的目的是，要在1999年底制定首套技术规范，史称Release 99。WCDMA的无线接入方式称为UMTS陆地无线接入网（UMTS Terrestrial Radio Access Network，UTRAN），UTRAN是通用移动通信系统（Universal Mobile Telecommunications System，UMTS）中最重要的无线接入方式，使用范围最广。

UTRAN的网络结构如图1-4所示。UTRAN包含一个或多个无线网络子系统（Radio Network Subsystem，RNS）。RNS是UTRAN内的一个子网，它包括一个无线网络控制器（Radio Network Controller，RNC）、一个或多个NodeB。RNC通过Iur接口彼此互联，而RNC和NodeB通过Iub接口相连。RNC是负责控制无线资源的网元，其逻辑功能相当于GSM的BSC，RNC通过Iu CS接口连接到电路交换（Circuit Switched，CS）域的移动业务交换中心（Mobile Switching Centre，MSC），通过Iu PS连接到分组交换（Packet Switched，PS）域的SGSN。NodeB的主要功能是进行空中接口物理层的处理（如信道编码和交织、速率匹配、扩频等），它也执行一些基本的无线资源管理工作。例如，内环功率控制，从逻辑上讲，NodeB对应GSM的BTS。

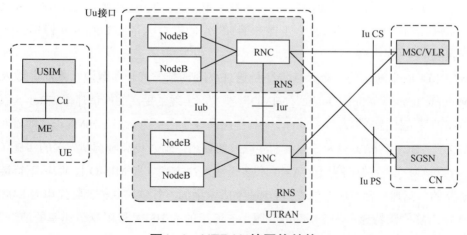

图1-4　UTRAN的网络结构

WCDMA空中接口的主要特征包括以下7项。

- WCDMA是一个宽带直接序列码分多址（Direct Sequence-Code Division Multiple Access，DS-CDMA）系统，即通过由CDMA扩频码产生的伪随机比特（称为码片）与用户数据相乘，从而把用户信息比特扩展到较大的带宽上去。
- 使用3.84M chip/s的码片速率需要大约5MHz的载波带宽，WCDMA所固有的宽载波带宽使其能支持的用户数据速率较高以及支持多径分集增强。
- WCDMA支持两种基本的工作模式：频分双工（Frequency Division Duplex，FDD）和时分双工（Time Division Duplex，TDD）。在FDD模式下，上行链路和下行链路分别使用单独的5MHz的载波；在TDD模式下，只使用1个5MHz的载波，在上下行链路之间分时共享。
- WCDMA支持异步基站工作模式，不需要使用一个全局的时间基准。因为不需要接收GPS信号，所以室内小区和微小区的部署变得简单了。
- WCDMA在设计上要与GSM协同工作，因此，WCDMA支持与GSM之间的切换。
- 由于信号带宽较宽，存在着复杂的多径衰落信号，WCDMA使用快速功率控制和Rake接收机在内的分集接收能力缓解信号功率衰落的问题。
- WCDMA支持软切换和更软切换，可以有效地减轻远近效应造成的干扰。

Release 99版本刚完成，研究组的工作就开始集中到对Release 99做必要的修改和确定一些新特性上。由于版本的命名方式有所调整，2001年3月发布的版本称为Rel-4，Rel-4只对Release 99版本做了细微的调整。相对Rel-4版本，Rel-5版本则有较多的补充，包括高速下行分组接入（High-Speed Downlink Packet Access，HSDPA）和基于IP的传输层。Rel-6版本引入了高速上行分组接入（High-Speed Uplink Packet Acces，HSUPA）和多媒体多播广播业务（Multimedia Broadcast Multicast Service，MBMS）。Rel-5和Rel-6版本对移动宽带接入定义了基准要求，而在Rel-7、Rel-8和Rel-9版本中，高速分组接入（High-Speed Packet Access，HSPA）的演进进一步提升了HSPA的能力，并且在Rel-10和Rel-11版本中有所发展。

WCDMA版本演进的一个显著特征是通过高阶调制方式、多载波技术和多输入多输出（Multiple Input Multiple Output，MIMO）技术，实现了更高的峰值速率。Rel-6版本中下行链路的峰值比特速率为14Mbit/s，上行链路的峰值比特速率为5.76Mbit/s。随着双小区HSPA技术（DC-HSPA）以及3载波和4载波的使用，加之更高阶调制方案的实施（下行链路为64QAM，上行链路为16QAM）和多天线解决方案（即MIMO技术），下行链路和上行链路的数据速率都有明显的提升。Rel-9版本中的下行链路峰值比特速率为84Mbit/s，上行链路的峰值比特速率为24Mbit/s。图1-5所示的为HSPA极限峰值速率的演进路线，并给出了达到极限峰值速率的条件。

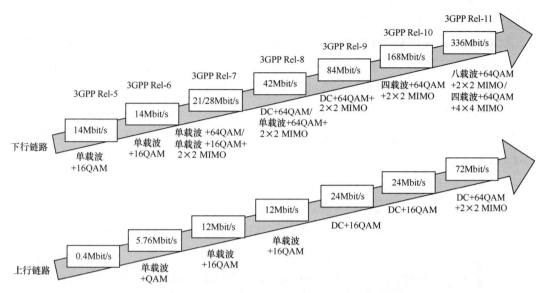

图1-5　HSPA极限峰值速率的演进路线

时分同步码分多址（Time Division Synchronous Code Division Multiple Access，TD-SCDMA）的技术细节由3GPP完成，1999年12月，在3GPP RAN第7次全会上，正式确定了TD-SCDMA和UTRA TDD标准的融合原则。在2001年3月的3GPP RAN第11次全会上，TD-SCDMA被正式列入3GPP关于第三代移动通信系统的技术规范，包含在3GPP Rel-4版本中。TD-SCDMA的行业标准由中国通信标准化协会（China Communications Standards Association，CCSA）的第五技术委员会（TC5）制定，包括系统体系、空中接口和网元接口的详细技术规范，并由原信息产业部在2006年1月20日正式颁布。

除了双工方式采用TDD而非FDD之外，TD-SCDMA与WCDMA/HSPA的主要差别在于低码片速率（1.28M chip/s）以及由此导致的大约1.6MHz载波带宽，以及可选的高阶调制方式（8 PSK）和不同的5ms时隙帧结构。

TD-SCDMA反映到3GPP标准中的一些功能都源自CCSA内部的工作，这些功能包括以下两项具体内容。

- 多频点操作

在此模式下，单小区可支持多个1.28M chip/s的载波。只在主载波频点上发送广播信道（Broadcast Channel，BCH）以便降低小区间的干扰，主频点上的载波包含所有公共信道，而业务信道既可以在主载波上传输，也可以在辅载波上传输，各终端只能在单个1.6MHz载波上运行。

- 多载波HSDPA

在采用多载波HSDPA的小区中，高速下行共享信道（High Speed-Downlink Shared Channel，HS-DSCH）可以在多于一个载波上发送给终端，规范还为最多6个载波定义了一个UE能力级。

CDMA 2000是在IS-95的蜂窝移动通信标准下演进而成的,当成为更为全球化的IMT-2000技术时,更名为CDMA 2000,并且其标准化工作也由TIA转移到3GPP2,3GPP2是3GPP的姐妹组织,3GPP2致力于CDMA 2000的规范工作。CDMA标准经历了与WCDMA/HSPA类似的演进过程,在其不同的演进过程中,与WCDMA/HSPA一样,关注的焦点从语音和电路交换型数据逐步转移到数据和宽带数据,所采用的基本原理与HSPA非常类似。

CDMA 2000的演进路线如图1-6所示。CDMA 20001X标准正式被ITU接纳为IMT-2000之后,为更好地支持数据业务而启动了两条并行的演进路线,第一条称为演进－只支持数据（EVolution-Data Only，EV-DO）继续作为演进主线,也称为高速分组数据（High Rate Packet Data，HRPD）;另一条并行路线为演进－集成数据与语音（EVolution-Data and Voice，EV-DV），以便在同一载波上同时支持数据和电路交换业务,现在EV-DV已经不在3GPP2继续演进。

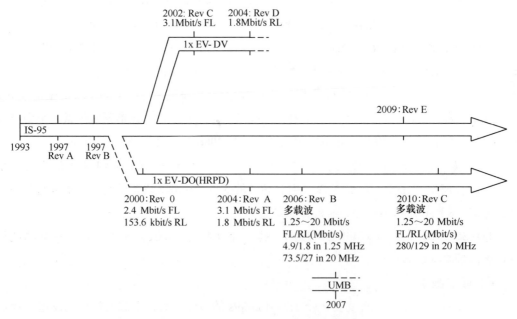

图1-6　CDMA 2000的演进路线

图1-6还展示了超移动宽带（Ultra Mobile Broadband，UMB），一个基于OFDM的标准，包括支持多天线传输和最高达20MHz的信道带宽等。UMB与LTE所采用的技术和功能类似，其中一个主要的区别在于UMB在上行链路上使用OFDM，而LTE采用单载波调制，UMB不支持CDMA2000的后向兼容。目前，虽然UMB没有得到应用，也不在3GPP2进一步发展，但是来自UMB的一些功能，最著名的是基于OFDM的多天线方案已被采纳，

同时此方案作为 EV-DO 版本 C 中相应功能的基础。

1.1.3　4G 的发展历程

为了应对宽带接入技术的挑战，同时为了满足新型业务需求，3GPP 标准组织在 2004 年底启动了长期演进（Long Term Evolution，LTE）技术（也称为 Evolved UTRAN，E-UTRAN）和系统架构演进（System Architecture Evolution，SAE）的标准化工作。在 LTE 系统设计之初，其目标和需求就已非常明确。

- 带宽

支持 1.4MHz、3MHz、5MHz、10MHz、15MHz、20MHz 的信道带宽，支持成对的和非成对的频谱。

- 用户面时延

系统在单用户、单流业务以及小 IP 包的条件下，单向用户面时延小于 5ms。

- 控制面时延

空闲态到激活态的转换时间小于 100ms。

- 峰值速率

下行峰值速率达到 100Mbit/s（2 天线接收）、上行峰值速率达到 50Mbit/s（1 天线发送），频谱效率达到 3GPP Rel-6 的 2～4 倍。

- 移动性

在低速（0～15km/h）的情况下，其性能最优；遇到高速移动（15～120km/h）的情况，仍支持较高的性能；系统在 120～350km/h 的移动速度下，依然可用。

- 系统覆盖

在小区半径 5km 的情况下，系统吞吐量、频谱效率和移动性等指标符合需求定义要求；小区半径在 30km 的情况下，上述指标略有降低；系统能够支持 100km 的小区。

2008 年 12 月，3GPP 组织正式发布了 LTE Rel-8 版本，它定义了 LTE 的基本功能。

在无线接入网架构方面，为了达到简化流程和缩短时延的目的，E-UTRAN 舍弃了 UTRAN 传统的 RNC/NodeB 两层结构，完全由多个 eNodeB（简称 eNB）的一层结构组成，E-UTRAN 的网络架构如图 1-7 所示。eNodeB 之间在逻辑上通过 X2 接口互相连接，也就是通常所说的 Mesh 型网络，可以有效地支持 UE 在整个网络内的移动性，保证用户的无缝切换。每个 eNodeB 通过 S1 接口与 MME/S-GW 相连接，1 个 eNodeB 可以与多个 MME/S-GW 互联。与 UTRAN 系统相比，E-UTRAN 将 NodeB 和 RNC 融合为一个网元 eNodeB。因此系统中将不再存在 Iub 接口，而 X2 接口类似于 UTRAN 系统中的 Iur 接口，S1 接口类似于 UTRAN 系统中的 Iu 接口。

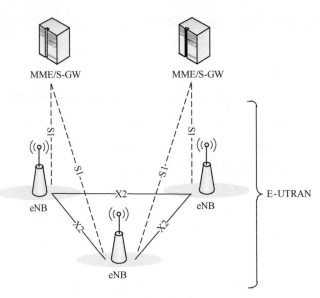

图1-7　E-UTRAN的网络架构

eNodeB 是在 UMTS 系统 NodeB 原有的功能基础上，增加了 RNC 的物理层、MAC 层、RRC 层，以及调度、接入控制、承载控制、移动性管理和小区间无线资源管理等功能。也就是说，eNodeB 实现了接入网的全部功能。MME/S-GW 则可以看成一个边界节点，作为核心网的一部分，类似 UMTS 的 SGSN。

E-UTRAN 无线接入网的结构可以带来的好处体现在以下 3 个方面。

（1）网络扁平化使系统的时延减少，从而改善了用户体验，可开展更多业务。

（2）网元数目减少，使网络部署更为简单，网络维护更加容易。

（3）取消了 RNC 的集中控制，避免单点故障，有利于提高网络稳定性。

在物理层方面，LTE 系统同时定义了频分双工（FDD）和时分双工（TDD）两种方式。

LTE 下行传输方案采用传统的带循环前缀（Cyclic Prefix，CP）的 OFDM，每个子载波间隔是 15kHz（MBMS 也支持 7.5kHz），下行数据主要采用 QPSK、16QAM、64QAM 这 3 种调制方式，业务信道以 Turbo 编码为基础，控制信道以卷积码为基础。MIMO 被认为是达到用户平均吞吐量和频谱效率要求的最佳技术，是 LTE 提高系统效率的最主要手段。下行 MIMO 天线的基本配置为：基站侧有 2 个发射天线，UE 侧有 2 个接收天线，即 2×2 的天线配置。

LTE 的上行传输方案采用带循环前缀的峰均比较低的单载波 FDMA（Single Carrier-FDMA，SC-FDMA），使用 DFT 获得频域信号，然后插入零符号进行扩频，扩频信号再通过 IFFT，这个过程也简写为 DFT 扩频的 OFDM（DFT Spread OFDM，DFT-S-OFDM）。上行调制主要采用 QPSK、16QAM、64QAM。上行信道编码与下行相同。上行单用户 MIMO 天线的基本配置为：UE 侧有 1 个发射天线，eNodeB 有 2 个接收天线，上行虚拟 MIMO 技术也被 LTE 采纳，作为提高小区边缘数据速率和系统性能的主要手段。

Rel-8 和 Rel-9 是 LTE 的基础，提供了高能力的移动宽带标准，为了满足新的需求和期望，在 Rel-8/Rel-9 版本的基础上，LTE 又进行了额外的增强，并增加了一些新的特征，LTE 版本的演进如图 1-8 所示。

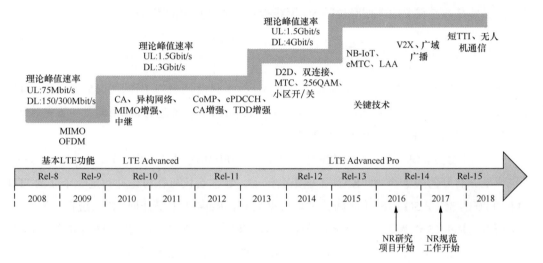

图1-8　LTE版本的演进

Rel-10 版本在 2010 年底完成，标志着 LTE 演进的开始，Rel-10 无线接入技术完全满足 IMT-Advanced 的需求，因此 Rel-10 及其后的版本也被命名为 LTE-Advanced，简称 LTE-A。Rel-10 支持的新特征包括载波聚合（Carrier Aggregation，CA）、中继（Relay）、异构网络（Heterogeneous Network，HN），同时对 MIMO 技术也进行了增强。

Rel-11 版本进一步扩展了 LTE 的性能和能力，在 2012 年年底冻结，Rel-11 支持的新特征包括协作多点（Coordinated Multiple Point，CoMP）传输和接收，引入了新的控制信道 ePDDCH，支持跨制式（即 FDD 和 TDD）的载波聚合。

Rel-12 版本在 2014 年完成，主要聚焦在小基站（small cell）的特征。例如，双连接、小基站开/关、动态（或半动态）TDD 技术，引入了终端直连（Device-to-Device，D2D）通信和低复杂度的机器类通信（Machine Type Communications，MTC）。

Rel-13 版本在 2015 年冻结，标志着 LTE Advanced Pro 的开始。在某些时候，Rel-13 也被称为 4.5G 技术，被认为是第一个 LTE 版本和 5G NR 空口的中间技术。作为对授权频谱的补充，Rel-13 引入了授权频谱辅助接入（License Assisted Access，LAA）以支持非授权频谱，改善了对机器类通信的支持（即 eMTC 和 NB-IoT），同时在载波聚合、多天线传输、D2D 通信等方面进行了增强。

Rel-14 版本在 2017 年第一季度完成，除了在非授权频谱等方面对前面的版本进行增强外，Rel-14 支持车辆对车辆（Vehicle-to-Vehicle，V2V）通信和车辆对任何事（Vehicle-to-everything，V2X）通信，以及使用较小的子载波间隔以支持广域广播通信。

Rel-15 版本在 2018 年年中完成，减少时延（即短 TTI）和无人机通信是 Rel-15 的两个主要特征。

总之，除了传统的移动宽带用户案例（Use Case）外，后续版本的 LTE 也在支持新的用户案例并且在未来继续演进。LTE 支持的用户案例也是 5G 的重要组成部分，LTE 支持的功能仍然是非常重要的，同时也是 5G 无线接入的非常重要的组成部分。

1.1.4　5G 的发展历程

从 2012 年开始，ITU 组织全球业界开展 5G 标准化前期研究工作，2015 年 6 月，ITU 正式确定 IMT-2020 为 5G 系统的官方命名，并明确了 5G 的业务趋势、应用场景和流量趋势，ITU 的 5G 标准最终将在 2020 年年底发布。

5G 标准的实际制定工作由 3GPP 组织负责，3GPP 组织最早提出 5G 是 2015 年 9 月在美国凤凰城召开的关于 5G 的 RAN 工作组会议上。这次会议旨在讨论并初定一个面向 ITU IMT-2020 的 3GPP 5G 标准化时间计划。根据规划，Rel-14 主要开展 5G 系统框架和关键技术研究，Rel-15 作为第一个版本的 5G 标准，满足部分 5G 需求，Rel-16 完成第二版本 5G 标准，满足 ITU 所有 IMT-2020 需求，并向 ITU 提交。5G 的空中接口技术英文称为 New Radio，即 NR；5G 核心网标准称为 5G Core 网，即 5GC。

1.2　通信标准的编制过程

3GPP 成立于 1998 年 12 月，多个电信标准组织伙伴签署了《第三代伙伴计划协议》。3GPP 最初的工作范围是为第三代移动通信系统制定全球适用技术规范。第三代移动通信系统（3G）基于的是演进的 GSM 核心网络和它们所支持的无线接入技术，主要是 UMTS。随后 3GPP 的工作范围得到了改进，增加了对第四代移动通信系统（4G）和第五代移动通信系统（5G）的研究和标准制定。

目前，欧洲的欧洲电信标准组织（European Telecommunication Standards Institue，ETSI）、美国的电信产业协会（Telecommunications Industry Association，TIA）、日本的电信技术委员会（Telecommunications Technology Committee，TTC）和无线行业企业协会（Association of Radio Industries and Businesses，ARIB）、韩国的电信技术协会（Telecommunications Technology Association，TTA）、印度的印度电信标准发展协会（Telecommunications Standards Development Society India，TSDSI）以及中国通信标准化协会（China Communications Stardards Association，CCSA）是 3GPP 的 7 个组织伙伴。此外，3GPP 还有 5G Americas、5G 汽车通信技术联盟（5G Automotive Association，5GAA）、全球移动供应商联盟（Global Mobile Suppliers Association，GSA）、GSM 联盟（GSM Association，GSMA）、下一代通信网络联盟（Next Generation Mobile Networks Alliance，NGMN）、小基站论坛（Small Cell Forum，SCF）等

19个市场伙伴。这些市场伙伴会在各自的网站上发布一些白皮书或技术报告等文档，阅读这些文档有助于大家更好地理解移动通信发展的趋势。

3GPP 组织负责制定移动通信技术规范的工作，也就是 3GPP 组织负责制定 2G GSM、3G WCDMA（TD-SCDMA）/HSPA、4G LTE 和 5G NR 的规范。3GPP 技术已经在全球各地广泛部署。

移动通信的标准制定不是一次性的工作，而是一个长期延续的过程，标准化论坛不断演进标准以便满足移动通信业务和功能的新需求，不同的标准化论坛有不同的标准化进程，但是通常包括 4 个阶段，标准化的阶段与交互过程如图 1-9 所示。

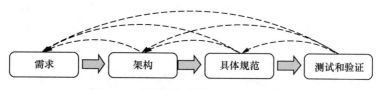

图1-9 标准化的阶段与交互过程

这些阶段是相互交叠且循环往复的。如在后面的阶段中，由于技术解决方案的需要，可以增加、修改或放弃某些需求。同样，由于测试和验证阶段发现的问题，也可以修改具体规范中的技术解决方案。每个阶段的具体工作内容如下所述。

1. 需求

这个阶段是确定标准的制定所要达到的目的。规范的制定从需求阶段开始，该阶段的持续时间通常很短。

2. 架构

这个阶段是确定主要的组成模块和接口，以及确定要达到的目标。架构设计的原则是如何满足需求，如在制定 4G LTE 规范的时候，为了满足单向用户面的空口时延小于 5ms 和简化信令流程的需求，取消了 3G WCDMA（TD-SCDMA）系统的 RNC，把 RNC 的大部分功能转移到 eNodeB 上。该阶段通常会持续很长时间且有可能修改需求。

3. 具体规范

这个阶段是制定每个接口的详细规范。该阶段是在架构阶段之后，在这个过程中，有可能需要修改前期的架构阶段甚至需求阶段的决定。

4. 测试和验证

这个阶段是证明接口规范可以在真实的设备上工作。这个阶段通常不是由标准化主体来完成，而是由设备商的并行测试和设备商之间的互通性测试来实现的。这个阶段是规范标准的最后验证。在这个阶段，仍有可能发现标准的错误，这些错误有可能修改具体的规范标准。虽然这种现象不常发生，该阶段也可能需要修改架构或者需求。为了验证标准，需要实际的设备，因此产品的实现通常在标准细化阶段或者细化阶段之后。当有稳定的测试规范可以证明设备能够满足规范的需求时，测试和验证阶段也就结束了。

通常标准从制定到商用产品推向市场一般需要一到两年时间。如果标准的制定是零起点，商用产品的面世可能需要更长的时间，因为它是在没有稳定的部件基础上建立起来的。

3GPP 共有 3 个技术规范组（Technical Specification Group，TSG），分别是无线接入网（Radio Access Network，RAN）TSG RAN、业务与系统（Service and System Aspects，SA）TSG SA、核心网与终端（Core Network and Terminal，CT）TSG CT。每个 TSG 又分为多个工作组（Working Group，WG），3GPP 组织架构如图 1-10 所示。其中，TSG RAN 主要负责无线接入的功能、需求和接口的定义，TSG RAN 包括以下 6 个工作组。

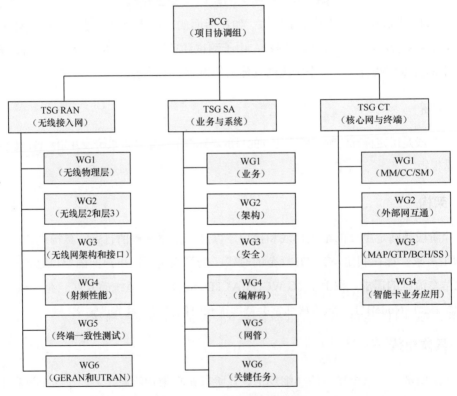

图 1-10　3GPP 组织架构

● RAN WG1

主要负责物理层的规范。

● RAN WG2

主要负责无线接口层 2 和层 3 的规范。

- RAN WG3

主要负责固定的 RAN 接口。例如，RAN 节点之间的接口，以及 RAN 和核心网之间的接口。

- RAN WG4

主要负责射频（Radio Frequency，RF）和无线资源管理（Radio Resource Management，RRM）的性能需求。

- RAN WG5

负责终端一致性测试。

- RAN WG6

负责 GSM/EDGE（此前是个独立的 TSG，称为 GERAN）和 HSPA（UTRAN）的规范制定。

3GPP 按照 ITU-R 的相关建议开展工作，并且把工作成果提交给 ITU-R，作为 IMT-2000、IMT-Advanced 和 IMT-2020（NR）的组成部分。组织伙伴有义务识别出各地区的需求，如各地区不同的频带以及特有的地区保护需求，这些需求可能成为标准的选项。规范的发展需要以实现全球漫游和终端自由移动为前提，这意味着地区性的需求在本质上也是全球性的需求，因为漫游的终端需要满足所有地区需求中最严格的需求。地区性的选项将更多地体现在基站的规范中，而不是终端的规范中。

3GPP 制定的协议规范以 Release（版本）为基础进行管理，平均一到两年就会完成一个新版本的制定，相较于前一个版本，每个新版本都会加入一些新的特征，从建立之初的 Rel-99 版本到 Rel-4 版本，再发展到目前的 Rel-15 版本。其中，LTE 从 Rel-8 版本开始，NR 从 Rel-15 开始。但是在每次的 TSG 会议后，所有版本的规范都有可能更新，TSG 会议通常每年举行 4 次。

3GPP 技术规范由多个系列组成，编号为 TS XX.YYY。其中，XX 代表的是规范系列号；YYY 代表的是该系列内的规范号。在 3GPP 中，以下系列定义的是与无线接入网相关的规范。

- 25 系列：UTRA（WCDMA/HSPA/TD-SCDMA）的无线部分。
- 45 系列：GSM/EDGE 的无线部分。
- 36 系列：LTE、LTE-Advanced 和 LTE-Advanced Pro 的无线部分。
- 38 系列：NR 的无线部分。

1.3　5G NR 标准体系架构综述

在 5G NR 的学习过程中，查看 3GPP 协议是一个必须掌握的技能，这是因为 3GPP 协议是 NR 的最全面和最权威的资料。但是 3GPP 协议中有些内容的表述是不容易理解的，为了更全面地理解协议制定者的意图，有时还需要查看制定协议过程中提交的提案或技术报告，这样才能更容易理解协议的内容。3GPP 协议和技术报告可以通过 3GPP 网站下载；

3GPP 的提案也可以通过 3GPP 网站下载。其中，常用的有 TSG RAN 的提案（文件名以 RP 开头）、RAN WG1 的提案（文件名以 R1 开头）、RAN WG2 的提案（文件名以 R2 开头）、RAN WG3 的提案（文件名以 R3 开头）、RAN WG4 的提案（文件名以 R4 开头）。

为了更好地推动 NR 标准的发展，3GPP 组织将 38 系列协议编号分配给 NR 专用。其中，38.1XX 是射频部分的协议；38.2XX 是物理层协议；38.3XX 是 L2 和 L3 层协议；38.4XX 是接口协议；38.5XX 是终端一致性协议。

38.1XX 是射频部分的协议，主要包括以下 2 个协议。

（1）TS 38.101

TS 38.101 用户设备（UE）无线传输和接收（User Equipment（UE）Radio Transmission and Reception，UERTR）分为 FR1 SA，FR2 SA，FR1 和 FR2 与其他无线接入技术（Radio Access Technology，RAT）的互操作，性能需求等 4 个部分。

（2）TS 38.104

TS 38.104 基站（BS）无线传输和接收（Base Station（BS）Radio Transmission and Reception，BSRTR）描述了 NR 基站最低的 RF 特性和最低的性能需求，包含 FR1 和 FR2。其中，FR1 定义了传导和空间辐射两种要求，FR2 仅定义了空间辐射要求。TS 38.104 包括工作频段和信道安排、发射端和接收端特性、性能需求等。

TS 38.2XX 是物理层部分的协议，主要包括以下 7 个协议。

（1）TS 38.201

物理层概述（Physical Layer；General Description，PLGD）描述的是物理层在协议架构中的位置和功能、物理层其他 6 个协议的主要内容和相互关系等。

（2）TS 38.202

物理层提供的物理层服务（Physical Layer Services Provided By the Physical Layer，PLSP-PL）包括物理层的服务和功能、UE 的物理层模型、物理层信道和探测参考信号（Sounding Reference Signal，SRS）同时并行传输以及物理层提供的测量等。

（3）TS 38.211

物理信道和调制（Physical Channels and Modulation，PCM）包括帧结构和物理层资源，调制方法、序列产生方法、物理层信号的产生方法、扰码调制和上变频、层映射和预编码，上行和下行物理层信道和参考信号的定义和结构，同步信号的定义和结构等。

（4）TS 38.212

复用和信道编码（Multiplexing and Channel Coding，MCC）描述的是传输信道的数据处理过程，包括复用、交织、速率匹配、信道编码。另外，此部分也包括上行控制信息格式和下行控制信息格式等。

（5）TS 38.213

控制信道的物理层过程（Physical Layer Procedures for Control，PLPC）包括同步过程、上行功率控制过程、随机接入过程、UE 报告控制信息的过程和 UE 接收控制信息的过程以及组公共信令、BWP 操作等内容。

（6）TS 38.214

数据信道的物理层过程（Physical Layer Procedures for Data，PLPD）包括下行信道的功率分配、物理下行共享信道的相关过程、物理上行共享信道的相关过程。

（7）TS 38.215

物理层测量（Physical Layer Measurements，PLM）包括控制 UE/NG-RAN 的测量，NR 的测量能力等。

TS 38.3XX 是 L2 和 L3 层的协议，主要包括以下 7 个协议。

（1）TS 38.300

NR 和 NG-RAN 总体描述（NR and NG-RAN Overall Description，NR-NG-RANOD）包括无线网络架构、协议架构、各功能实体功能划分、无线接口协议栈、物理层框架描述、空口高层（L2 和 L3）协议框架和功能、相关的标识、移动性以及状态转移、调度机制、节能机制、服务质量（Quality of Service，QoS）、安全、UE 能力等，同时增加了对垂直功能的支持。

（2）TS 38.304

用户设备（UE）在空闲模式和 RRC 非激活模式下的过程（User Equipment（UE）Procedures in Idle Mode and RRC Inactive State，UEPIMRRCIS）。此部分内容描述了 UE 在空闲模式和 RRC 非激活模式下的接入层部分，包括 PLMN 选择、小区选择和重选、小区保留和接入限制、跟踪区注册、RAN 区注册、广播消息接收和寻呼消息接收等。

（3）TS 38.306

用户设备（UE）无线接入能力（User Equipment（UE）Radio Access Capabilities，UERAC）包括 UE 支持的最大速率、SDAP 层参数、RLC 层参数、MAC 层参数、物理层参数、RF 参数、测量参数、RAT 之间的互操作参数等。

（4）TS 38.321

媒体接入控制（MAC）层协议规范（Medium Access Control（MAC）Protocol Specification，MACPS）包括 MAC 层框架、MAC 实体功能、MAC 层过程、BWP 的相关操作、MAC PDU 格式和定义、MAC CE 格式和参数定义。

（5）TS 38.322

无线链路控制（RLC）层协议规范（Radio Link Control（RLC）Protocol Specification，PLCPS）包括 RLC 层框架、RLC 实体功能、RLC 层过程、RLC PDU 格式和参数定义。

（6）TS 38.323

分组数据汇聚协议（PDCP）层规范（Packet Data Convergence Protocol（PDCP）Specification，PDCPS）包括PDCP层框架、PDCP实体功能、PDCP层过程、PDCP PDU格式和参数定义。

（7）TS 38.331

无线资源控制（RRC）层协议规范（Radio Resource Control（RRC）Protocol Specification，RRCPS）包括RRC层框架、RRC层对上下层提供的服务、RRC层过程、系统消息的定义、连接控制、承载控制、RAT之间的移动性、RRC测量、RRC消息及参数定义，网络接口间传输的RRC的消息定义等。

TS 38.4XX是接口协议，主要包括以下4个协议。

（1）TS 38.401

架构描述（Architecture Description，AD）包括NG-RAN的整体架构、整体功能描述、信令和数据传输的逻辑划分、gNB-CU/gNB-DU框架的整体过程，NG、Xn和F1接口以及这些接口与无线接口的交互等内容。

（2）TS 38.413

NG应用协议（NG Application Protocol，NGAP）。TS 38.413是NG接口的最主要协议，包括NGAP的功能描述、NG接口相关的信令过程、NGAP过程、NGAP的消息定义。

（3）TS 38.423

Xn应用协议（Xn Application Protocol，XnAP）。TS 38.423是Xn接口最主要的协议，包括XnAP的功能描述、Xn接口相关的信令过程、XnAP过程、XnAP的消息定义。

（4）TS 38.473

F1应用协议（F1 Application Protocol，F1AP）包括F1AP的功能描述、F1接口相关的信令过程、F1AP过程、F1AP的消息定义。

在阅读3GPP协议的时候，需要注意以下5个方面的内容。

（1）3GPP协议的版本号由3个数字组成，如V15.5.0。其中，最前面的数字15是大版本号，表示技术上的重大修改，如果这部分的版本号数值变大了，表明技术上的改动较大。我们通常所说的协议版本，指的就是大版本号；中间的数字5表示技术上有小的修改，如果该部分的版本号数值变大了，表明与上一版本相比，技术上有小的修改；最后一个数字0表示一些编辑错误的修订，如果只是该版本号发生了变化，就表明几乎没有必要重新阅读新版本的协议。

（2）目前3GPP协议有两类：一类是技术规范（Technical Specification，TS），这类规范必须遵守；另一类是技术报告（Technical Report，TR），是一些厂家做的技术报告，仅作参考，这类规范不一定遵守，但是这类规范对理解和掌握TS很有帮助。

（3）如果刚刚看过某一版本的协议，又发现有新版本的协议了，不需要将整个新协议重新阅读一遍，只需要看协议最后的修改历史，就可以知道协议在哪些方面进行了修改，重新阅读修改的部分即可。

（4）协议的附录有两种，标准的与提供信息的，标准的附录是协议的一部分，具有与协议正文内容同等的意义，是需要执行的标准。提供信息的附录只是为了读者理解该协议而附加的附录，不是协议标准的一部分，实现时可以不完全遵守。

（5）每个知识点的内容是分散在多个协议中的，单独阅读一个协议是不够的，因此在阅读协议的时候，要把与某个知识点相关的几个协议都打开进行阅读，以便做到全面深刻理解该知识点。把 NR 相关的各个知识点攻克了，就能全面理解 NR 的标准了，即使后续协议有更新，读者也可以快速地掌握新增加的知识点。

5G 系统概述

第二章

导读

本章首先给出了 ITU 定义的 5G 三大场景和我国工业和信息化部向 ITU 输出的 5G 四大场景，并给出了满足上述场景的关键技术和关键性能指标需求，这些性能指标需求是通过物理层的设计来实现的。

本章的重点是 5G NR 物理层架构设计，其内容相当于是后续章节的全面总结，以便读者对 5G NR 物理层的设计理念、物理层特点有一些初步了解。5G NG-RAN 可以同时支持 4G 基站和 5G 基站，由此带来独立组网（Stand Alone，SA）和非独立组网（Non-Stand Alone，NSA）两种架构。除此之外，5G 的 gNB 功能被重构为 CU 和 DU 两个功能实体，CU 和 DU 的切分选项以及对前向回传的影响是本书的一个重点。

	ITU定义的场景	工信部定义的场景	关键性能挑战	关键技术
5G支持差异化的需求	eMBB	连续广域覆盖	用户体验速率：100Mbit/s	大规模天线阵列、新型多址技术
		热点高容量	用户体验速率：1Gbit/s 峰值速率：数十Gbit/s 流量密度：数十Tbit/s/km²	超密集组网、全频谱接入、大规模天线阵列、新型多址技术
	mMTC	低功耗大连接	连接密度：10^6/km² 超低功耗，超低成本	新型多址技术、新型多载波技术、D2D技术
	uRLLC	低时延高可靠	空口时延：1ms 端到端时延：ms量级 可靠性：接近100%	新型多址技术、D2D技术、MEC（移动边缘计算）

物理层架构设计、网络架构、部署模式、CU和DU的切分都是为了满足5G需求

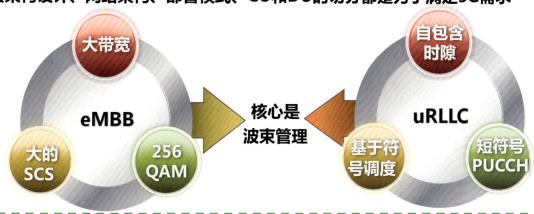

物理层架构设计关键点

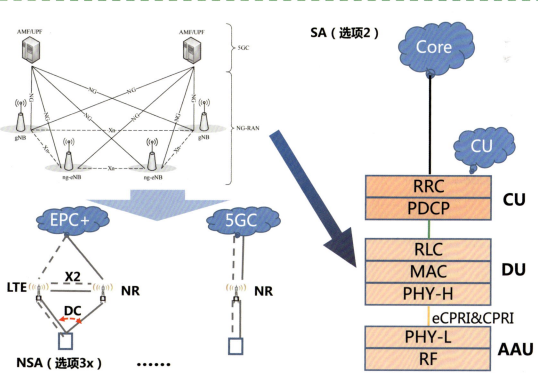

NG-RAN的架构　5G部署模式　CU和DU切分

第二章　内容概要一览图

2.1 5G 的需求

ITU 发布的 5G 白皮书定义了 5G 的三大场景，分别是增强移动宽带（enhanced Mobile Broadband，eMBB）、超高可靠低时延通信（ultra-Reliable and Low Latency Communications，uRLLC）和海量机器类通信（massive Machine Type Communications，mMTC）。ITU 定义的 5G 三大应用场景如图 2-1 所示。实际上，不同行业往往在多个关键指标上存在着差异化需求，因而 5G 系统还需支持可靠性、时延、吞吐量、定位、计费、安全和可用性的定制组合。此外，5G 系统还应能够为多样化的应用场景提供差异化的安全服务，保护用户隐私并支持提供开放的安全能力。

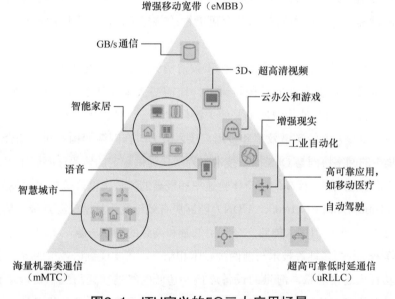

图2-1 ITU定义的5G三大应用场景

我国工业和信息化部向 ITU 输出的 5G 四大场景分别是连续广域覆盖、热点高容量、低功耗大连接和低时延高可靠。连续广域覆盖和热点高容量场景对应着 ITU 定义的 eMBB 场景，主要满足 2020 年及未来的移动互联网业务需求，也就是传统的 4G 主要技术场景；低功耗大连接和低时延高可靠性场景主要面向物联网业务，是 5G 新拓展的场景，重点解决传统移动通信网络无法很好支持的物联网以及垂直行业应用。其中，低功耗大连接对应着 ITU 定义的 mMTC 场景，低时延高可靠对应着 ITU 定义的 uRLLC 场景。

连续广域覆盖场景是移动通信最基本的覆盖方式，以保证用户的移动性和业务连续性为目标，为用户提供无缝的高速业务体验。该场景的主要挑战在于随时随地（包括小区边缘、高速移动等恶劣场景）为用户提供100Mbit/s以上的体验速率。

热点高容量场景主要面向局部热点区域，为用户提供极高的数据传输速率，满足网络极高的流量密度需求。1Gbit/s的用户体验速率、数十Gbit/s峰值速率和数十$Tbit/s/km^2$的流量密度需求是该场景面临的主要挑战。

低功耗大连接场景主要面向智慧城市、环境监测、智慧农业、森林防火等以传感和数据采集为目标的应用场景，具有小数据包、低功耗、海量连接等特点。这类终端分布范围广、数量多，不仅要求网络具备超千亿连接的支持能力，满足$1\times10^6/km^2$连接数密度指标要求，而且还要保证终端的超低功耗和超低成本。

低时延高可靠场景主要面向车联网、工业控制等垂直行业的特殊应用需求，这类应用对时延和可靠性具有极高的指标要求，需要为用户提供毫秒级的端到端时延和接近100%的业务可靠性保证。

连续广域覆盖、热点高容量、低时延高可靠和低功耗大连接4个5G典型场景具有不同的挑战性能指标，在考虑不同技术共存可能性的前提下，需要合理地选择关键技术的组合来满足这些需求。

对于连续广域覆盖场景，受限于站址和频谱资源，为了满足100Mbit/s用户体验速率的需求，除了需要尽可能多的低频段资源外，还需要大幅提升系统的频谱效率。massive-MIMO（大规模天线阵列）是其中最主要的关键技术之一，新型多址技术可与大规模天线阵列相结合，进一步提升系统频谱效率和多用户接入能力。在网络架构方面，综合多种无线接入能力以及集中的网络协同与QoS控制技术，为用户提供稳定的体验速率做了很好的保证。

对于热点高容量场景，极高的用户体验速率和极高的流量密度是该场景面临的主要挑战，超密集组网（Ultra-Density Network，UDN）能够更有效地复用频率资源，极大提升单位面积内的频率复用效率；全频谱接入能够充分利用低频和高频的频率资源，实现更高的传输速率；大规模天线阵列、新型多址等技术与前两种技术相结合，可实现频谱效率的进一步提升。

对于低功耗大连接场景，海量的设备连接、超低的终端功耗与成本是该场景面临的主要挑战。新型多址技术通过多用户信息的叠加传输可成倍提升系统的设备连接能力，还可通过免调度有效降低信令开销和终端功耗。基于滤波的正交频分复用（Filtered-Orthogonal Frequency Division Multiplexing，F-OFDM）和滤波器组多载波（Filter Bank Multi-Carrier，FBMC）等新型多载波技术在灵活使用碎片频谱、支持窄带和小数据包、降低功耗与成本方面具有显著优势。此外，终端直连（Device-to-Device，D2D）通信可避免基站与终端间的长距离传输，可实现功耗的有效降低。

对于低时延高可靠场景，应尽可能降低空口传输时延、网络转发时延以及重传概率，以满足极高的时延和可靠性要求。为此，需要采用更短的帧结构和更优化的信令流程，引入支持免调度的新型多址和D2D等技术以减少信令交互和数据中转，并运用更先进的调制编码和重传机制以提升传输可靠性。此外，在网络架构方面，控制云通过优化数据传输路径，控制业务数据靠近转发云和接入云边缘，可有效降低网络传输时延。

5G四大场景的关键性能挑战和关键技术见表2-1。

表2-1　5G四大场景的关键性能挑战和关键技术

场景	关键性能挑战	关键技术
连续广域覆盖	用户体验速率：100Mbit/s	大规模天线阵列 新型多址技术
热点高容量	用户体验速率：1Gbit/s 峰值速率：数十Gbit/s 流量密度：数十Tbit/s/km^2	超密集组网 全频谱接入 大规模天线阵列 新型多址技术
低功耗大连接	连接密度：10^6/km^2 超低功耗，超低成本	新型多址技术 新型多载波技术 D2D技术
低时延高可靠	空口时延：1ms 端到端时延：ms量级 可靠性：接近100%	新型多址技术 D2D技术 MEC（移动边缘计算）

用户体验速率、连接数密度、端到端时延、移动性、流量密度、用户峰值速率6个关键性能指标的定义如下。

- 用户体验速率（bit/s）：真实网络环境下用户可获得的最低传输速率。
- 连接数密度（/km^2）：单位面积上支持的在线设备总和。
- 端到端时延：数据包从源节点开始发送到目的节点正确接收的时间。
- 移动性（km/h）：满足一定性能要求时，收发双方之间的最大相对移动速度。
- 流量密度（bit/s/km^2）：单位面积区域内的总流量。
- 用户峰值速率（bit/s）：单用户可获得的最高传输速率。

除了上述6个以绝对值表示的关键性能指标外，5G还有能效指标和频谱效率两个相对指标，5G和4G的关键性能指标对比见表2-2。

表2-2　5G和4G的关键性能指标对比

指标名称	流量密度	连接密度	空口时延	移动性	能效指标	用户体验速率	频谱效率	峰值速率
4G参考值	0.1Mbit/s/m^2	1×10^5/km^2	10ms	350km/h	1倍	10Mbit/s	1倍	1Gbit/s
5G参考值	10Mbit/s/m^2	1×10^6/km^2	1ms	500km/h	100倍	0.1～1Gbit/s	3倍	20Gbit/s
5G相比4G提升	100倍	10倍	10倍	43%	100倍	10倍	3倍	20倍

ITU定义的三大场景和8个关键性能指标的关系如图2-2所示。

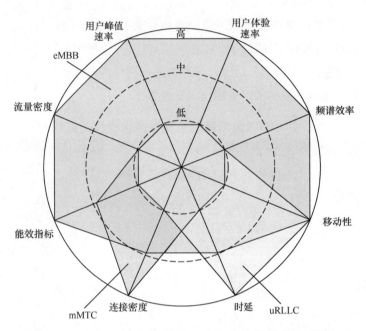

图2-2　ITU定义的三大场景和8个关键性能指标的关系

2.2　5G NR 物理层架构设计

物理层的设计是整个 5G 系统设计中最为核心的部分，ITU 和 3GPP 组织对 5G 提出了更高且更为全面的关键性能指标要求，尤其是峰值速率、频谱效率、用户体验速率、时延、能耗等关键性能指标。这些指标非常具有挑战性。5G NR 在充分借鉴 LTE 设计的基础上，也引入了一些全新的特征。

5G NR 和 LTE/LTE-A 的基本参数见表 2-3，作为对比，表 2-3 也给出了 LTE/LTE-A 的基本参数。

表2-3　5G NR和LTE/LTE-A的基本参数

参数	Rel-15 NR	LTE/LTE-A
频率范围	FR1：410MHz～7125MHz； FR2：24250MHz～52600MHz	小于6GHz
信道带宽	FR1：5、10、15、20、25、30、40、50、60、70、80、90、100MHz； FR2：50、100、200、400MHz	1.4、3、5、10、15、20MHz
信道栅格	基于100kHz 的信道栅格； 基于 SCS 的信道栅格	基于100kHz 的信道栅格
同步栅格	间隔是 1.2MHz、1.44MHz、17.28MHz	与信道栅格相同，即100kHz
子载波间隔	15、30、60、120、240kHz	15kHz（也支持 7.5kHz）
最大子载波数量	3300	1200

（续表）

参数	Rel-15 NR	LTE/LTE-A
无线帧长	10ms	10ms
子帧长度	1ms	1ms
时隙长度	1、0.5、0.25、0.125ms	0.5ms
上下时隙配比转换	0.5、0.625、1.25、2.5、5、10ms 周期性半静态转换，也支持动态转换	5、10ms 周期性半静态转换，支持周期为10ms的动态转换
波形（传输方案）	DL：CP-OFDM UL：CP-OFDM、DFT-S-OFDM	DL：CP-OFDM UL：DFT-S-OFDM
信道编码	控制信道：Polar码、RM码、重复码、Simplex码 数据信道：LDPC码	控制信道：卷积码 数据信道：Turbo码
调制方式	下行：QPSK、16QAM、64QAM、256QAM 上行：CP-OFDM 支持 QPSK、16QAM、64QAM、256QAM，DFT-S-OFDM 支持 π/2-BPSK、QPSK、16QAM、64QAM、256QAM	下行：QPSK、16QAM、64QAM（Rel-12及以上支持256QAM） 上行：QPSK、16QAM、64QAM（Rel-14及以上支持256QAM）
PDSCH/PUSCH占用的符号数	PDSCH：2~14个OFDM符号； PUSCH：1~14个OFDM符号	PDSCH：1~13个OFDM符号； PUSCH：14个OFDM符号
PDCCH	复用方式：TDM/FDM 长度和位置：1~3个OFDM符号，在时隙内的位置可灵活配置	复用方式：FDM 长度和位置：子帧内前面的1~3个（或2~4个）OFDM符号
PUCCH	复用方式：TDM/FDM 长PUCCH：4~14个OFDM符号； 短PUCCH：1~2个OFDM符号	复用方式：FDM 14个OFDM符号
SS/PBCH	PSS：3个 SSS：336个 周期：初始接入20ms； 连接和空闲态 {5、10、20、40、80、160} ms 之一	PSS：3个 SSS：168个 周期：10ms
PRACH	长 PRACH：长度为839的ZC序列，SCS=1.25 或 5kHz； 短 PRACH：长度为139的ZC序列，SCS=15、30、60 或 120kHz	长度为839或139的ZC序列，SCS=1.25kHz
参考信号	DL：DM-RS、PT-RS、CSI-RS； UL：DM-RS、PT-RS、SRS	DL：CRS、DM-RS、CSI-RS； UL：DM-RS、SRS

5G NR 物理层的设计要点如下。

1. NR 支持的频率范围从中低频到超高频

3GPP 定义了两大频率范围（Frequency Range，FR），分别是 FR1 和 FR2。FR1 的频率

范围是 410 MHz～7125 MHz，主要用于实现连续广覆盖、高速移动性场景下的用户体验和海量设备连接；FR2 的频率范围是 24250 MHz～52600 MHz，即通常所讲的毫米波频段，主要用于满足城市热点、郊区热点与室内场景等极高的用户体验速率和峰值容量需求。

2. NR 支持更大且更为灵活的信道带宽

为了满足高容量的需求和重耕原有的 2G/3G/4G 频谱，NR 支持更大且更为灵活的信道带宽，FR1 支持的信道带宽是 5MHz～100MHz，FR2 支持的信道带宽是 50MHz～400MHz。NR 保护带占信道带宽的比例是可变的，且信道两侧的保护带大小可以不一致。这样的设计给 NR 的部署带来了很大的灵活性，即可以根据相邻信道的干扰条件灵活设置保护带，同时提高了 NR 的频谱利用率，FR1 和 FR2 的频谱利用率最高可以分别达到 98% 和 95%，这两个数据较 LTE 的 90% 有了显著的提高。

3. NR 支持两类信道栅格

NR 定义了两类信道栅格：一类是基于 100kHz 的信道栅格；一类是基于子载波间隔（Sub-Carrier Spacing，SCS）的信道栅格，如 15kHz、30kHz 等。基于 100kHz 的信道栅格可以确保与 LTE 共存，因为 LTE 的信道栅格也是 100kHz，主要集中在 2.4GHz 以下的频段。基于 SCS 的信道栅格可以确保在载波聚合的时候，聚合的载波之间不需要预留保护带，从而提高频谱利用率。

4. NR 的同步栅格

NR 单独定义了同步栅格，因此同步信号（含 PBCH 及 PBCH 的 DM-RS）可以不必配置在载波的中心，而是可以根据干扰情况，灵活配置在载波的其他位置。随着载波频率的增加，同步栅格的间隔分别是 1.2MHz、1.44MHz 和 17.28MHz。相比于 LTE 的信道栅格，NR 的同步栅格的间隔更大。这样设计的原因是 NR 的信道带宽很大，较大的同步栅格可以显著减少 UE 初始接入时的搜索时间，从而降低了 UE 功耗、降低了搜索的复杂度。NR 分别定义信道栅格和同步栅格的这种方式也带来了信令过于复杂的缺点。

5. 灵活的子载波间隔设计

对于 FR1，支持的子载波间隔是 15kHz、30kHz、60kHz；对于 FR2，支持的子载波间隔是 60kHz、120kHz、240kHz（240kHz 仅应用于同步信号）。NR 支持更为灵活的子载波间隔的原因有两个。

（1）NR 支持的信道带宽差异极大，从 5MHz 到 400MHz 不等，为了使 FFT 尺寸较为合理，小的信道带宽倾向于使用较小的子载波间隔，大的信道带宽倾向于使用较大的子载波间隔。

（2）NR 支持的频率范围极大，低频段的多普勒频移和相位噪声较小，使用较小的子载波间隔对性能影响不大，而高频段的多普勒频移和相位噪声较大，必须使用较大的子载波间隔。NR 子载波间隔的灵活性还体现在同一个载波上的同步信道和数据信道可以使用不同的子载波间隔，同一个终端可以根据移动速度、业务和覆盖场景使用不同的子载波间隔。

6. 灵活的帧结构设计

NR 的 1 个无线帧的长度固定为 10ms，1 个子帧的长度固定为 1ms，这点与 LTE 相同，从而可以更好地支持 LTE 和 NR 的共存，有利于在 LTE 和 NR 共同部署模式下，帧与子帧结构同步，进而可简化小区搜索和频率测量。NR 的时隙长度为 1ms、0.5ms、0.125ms、0.0625ms（与子载波间隔有关）。NR 中的时隙类型更多，引入了自包含时隙（即在 1 个时隙内完成 PDSCH/PUSCH 的调度、传输和 HARQ-ACK 信息的反馈）；NR 的时隙配置更为灵活，针对不同的终端动态调整下行分配和上行授权，可以实现逐时隙的符号级变化。这样的设计使 NR 支持更多的应用场景和业务类型，如需要超低时延的 uRLLC 业务。

7. 自适应的 BWP

部分带宽（Bandwidth Part，BWP）是 NR 提出的新概念，BWP 是信道带宽的一个子集，可以理解为终端的工作带宽。终端可以在初始接入阶段、连接态、空闲态使用不同的 BWP，也可以根据业务类型的不同使用不同的 BWP。NR 引入 BWP 主要有以下 3 个目的。

（1）让所有的 NR 终端都支持大带宽是不合理的，NR 引入 BWP 后，可对接收机带宽（如 20MHz）小于整个载波带宽（如 100MHz）的终端提供支持。

（2）不同带宽大小的 BWP 之间的转换和自适应可以降低终端的耗电量。

（3）载波中可以预留频段，用于支持尚未定义的传输格式。

8. NR 的波形（传输方案）

对于下行，NR 采用带有循环前缀的 OFDM（Cyclic Prefix-OFDM，CP-OFDM），其优点是可以使用不连续的频域资源，资源分配灵活，频率分集增益大；其缺点是峰值平均功率比（Peak-to-Average Power Ratio，PAPR）较高。

对于上行，NR 支持 CP-OFDM 和 DFT 扩频的 OFDM（DFT Spread OFDM，DFT-S-OFDM）两种波形。DFT-S-OFDM 的优点是 PAPR 低，接近单载波，可以发射更高的功率，因此增加了覆盖距离；其缺点是对频域资源有约束，只能使用连续的频域资源。基站可以根据 UE 所处的无线环境，指示 UE 选择 CP-OFDM 或 DFT-S-OFDM 波形，实现系统性能和覆盖距离的平衡。

NR 的上下行都使用 CP-OFDM，当发生上下行间的相互干扰时，为采用更先进的接收机进行干扰消除提供了可能。

9. NR 的数据信道（PDSCH/PUSCH）

在时域上，NR 既可以以时隙为单位进行资源分配，也可以以符号为单位进行资源分配，其分配的数据信道长度可以为 2~12 个 OFDM 符号（对于下行）或 1~14 个 OFDM 符号（对于上行），而且不同时隙的时域资源分配可以动态转换，因此非常有利于使用动态 TDD 或为上行控制信令预留资源，同时有利于实现超低时延的 uRLLC 业务。

在频域上，NR 支持两种类型的频域资源分配，基于位图的频域资源分配可以使用频率选择性传输提高传输效率，基于资源指示值（Resource Indication Value，RIV）的连续频率分配降低了相关信令所需要的开销。

NR 的 PDSCH 信道支持的调制方式是 QPSK、16QAM、64QAM 和 256QAM；PUSCH 支持的调制方式是 QPSK、16QAM、64QAM 和 256QAM（基于非码本的 PUSCH 传输）或 π/2-BPSK、QPSK、16QAM、64QAM 和 256QAM（基于码本的 PUSCH 传输）。为了满足高、中、低的码率传输，NR 分别定义了 3 个 MCS 表（对于下行）和 5 个 MCS 表（对于上行）。

NR 的数据信道使用 LDPC 码。LDPC 码支持以中到高的编码速率支持较大的负荷，适用于高速率业务场景，同时 LDPC 码也支持以较低的码率提供较好的性能，适用于对可靠性要求高的场景。

NR 中引入了基于码块组（Code Block Group，CBG）的反馈方案，这是因为 NR 的传输块（Transport Block，TB）的尺寸可能非常大，把传输块分割成多个码块后，码块可以组成码块组，HARQ-ACK/NACK 可以针对码块组进行反馈，即如果某个码块组传输出现错误，只需要对出错的码块组进行重传，而不必重传整个传输块，因此提高了传输效率。

为了方便新技术的引入和扩展，而不产生后向兼容性问题，NR 为 PDSCH 引入了资源预留机制，这部分资源不能作为 PDSCH 资源使用，而是有特殊的用途，如 LTE 的小区专用参考信号（Cell-specific Reference Signal，CRS）、控制信道资源、零功率 CSI-RS（Zero-Power CSI-RS，ZP CSI-RS）以及为未来使用的预留资源。在 PUSCH 上，不需要专门定义预留资源，这是因为基站可以在上行授权的时候，只要不调度这些特殊的资源即可。

10. NR 的控制信道（PDCCH/PUCCH）

NR 的下行控制区域只有 PDCCH，PDCCH 所在的时频域资源称为控制资源集合（Control-Resource Set，CORESET），搜索空间则规定了 UE 在 CORESET 上的行为。CORESET 在频域上只占信道带宽的一部分；在时域上占用 1~3 个 OFDM 符号，CORESET 既可以在时隙内的前面 1~3 个 OFDM 符号（与 LTE 类似）上传输，也可以在时隙内的其他 OFDM 符号上传输，因此可以不必等到下一个时隙开始即可快速调度数据信道，非常适合于超低时延的 uRLLC 业务。

NR 的 PUCCH 支持长 PUCCH（4～14 个 OFDM 符号）和短 PUCCH（1～2 个 OFDM 符号）两种类型。短 PUCCH 可以在 1 个时隙的最后 1 个或 2 个 OFDM 符号上，对同一个时隙的 PDSCH 的 HARQ-ACK、CSI 进行反馈，从而达到低时延的目的，因此适合于超低时延的 uRLLC 业务。PUCCH 共有 5 种格式，支持从 1～2 个比特的低负荷 UCI（如 HARQ-ACK 反馈）到大负荷的 UCI（如 CSI 反馈）。

11. SS/PBCH 块

NR 的同步信号和 PBCH 在一起联合传输，称为 SS/PBCH 块或 SSB。根据子载波间隔的不同，SSB 共有 5 种实例（Case），每个频带对应 1 个或 2 个 Case，因此 UE 能够根据搜索到的频率，快速实现下行同步。

SSB 的周期是可变的，SSB 的周期可以配置为 5ms、10ms、20ms、40ms、80ms 和 160ms。在每个周期内，多个 SSB 只在某个半帧（5ms）上传输，SSB 的最大数量为 4 个、8 个或 64 个（与载波频率有关）。可以根据基站类型和业务类型，灵活设置 SSB 的周期，宏基站覆盖大，接入的用户数较多，因此可以设置较短的 SSB 周期以便 UE 快速同步和接入；而微基站由于覆盖范围小，接入的用户数较少，可以设置较长的 SSB 周期以节约系统开销和基站功耗。除此之外，还可以根据业务需求设置 SSB 的周期，如果某个小区承载对时延要求非常高的 uRLLC 业务，则可以设置较短的 SSB 周期；如果某个小区承载对时延要求不高的 mMTC 业务，则可以设置较长的 SSB 周期。

NR 的 PSS 有 3 种不同的序列，SSS 有 368 种不同的序列，因此小区的物理小区标识（Physical Cell Identifier，PCI）共有 1008（368×3=1008）个，相比于 LTE 的 504 个 PCI，增加了 1 倍，使 NR 的 PCI 发生冲突的概率降低，与 NR 的小区覆盖范围较小、PCI 需要较大的复用距离相适应。

12. NR 的参考信号

NR 没有 CRS，SSB 中的 PBCH 的 DM-RS 信号承担了类似 CRS 的作用，即用于小区搜索和小区测量。PBCH 的 DM-RS 有两个显著特点。

（1）周期（即 SSB 的周期）可以灵活的设置。

（2）在频域上只占用信道带宽的一部分。由于没有持续的全带宽的 CRS 发射，因此非常有利于节约基站的功耗。

PDSCH/PUSCH 的解调使用伴随的 DM-RS，即 DM-RS 只出现在分配给 PDSCH/PUSCH 的资源上。对于 DM-RS 配置类型 1 和 DM-RS 配置类型 2，分别支持最多 8 个和 12 个 DM-RS。对于 SU-MIMO，每个 UE 最多支持 8 个正交的 DM-RS（对于下行）或最多支持 4 个正交的 DM-RS（对于上行）。NR 支持单符号 DM-RS 和双符号 DM-RS，双符号 DM-RS 较单符号 DM-RS 可以复用更多的 UE，但是也带来 DM-RS 开销较大的问题。除此之外，还可以在时域上为高速移动的 UE 配置附加的 DM-RS，从而使接收机进行更精确的信道估计，改善其接收性能。

PT-RS 是 NR 新引入的参考信号，可以看作是 DM-RS 的扩展。PT-RS 的主要作用是跟踪相位噪声的变化，相位噪声来源于射频器件在各种噪声（随机性白噪声、闪烁噪声）等作用下引起的系统输出信号相位的随机变化。由于频率越高，相位噪声越高，因此 PT-RS 主要应用在高频段，如毫米波波段。PT-RS 具有时域密度较高，但是频域密度较低的特点，且 PT-RS 必须与 DM-RS 一起使用。

与 LTE 相比，5G NR 的 CSI-RS 在时频域密度等方面具有更大的灵活性，CSI-RS 天线端口数最高可以配置 32 个。CSI-RS 除了用于下行信道质量测量和干扰测量外，还承担了 L1-RSRP 计算（波束管理）、移动性管理功能以及 TRS 时频跟踪功能。TRS 可以看作是特殊的 CSI-RS，引入 TRS 的主要目的是弥补由于晶振不稳定导致的时间和频率抖动问题。TRS 的负荷较低，仅有 1 个天线端口，在每个 TRS 周期内仅有 2 个时隙有 TRS。

SRS 用于基站获得上行信道的状态信息。与 LTE 类似，SRS 的带宽也是采用树状结构，支持跳频传输和非跳频传输。NR 的 SRS 支持在连续的 1 个、2 个或 4 个 OFDM 符号上发送，有利于实现时隙内跳频和 UE 发射天线的切换。

13. NR 的 PRACH

PRACH 支持长序列格式（PRACH 的 SCS 与数据信道的 SCS 无关，PRACH 的 SCS 固定为 1.25kHz 或 5kHz）和短序列格式（PRACH 的 SCS 与数据信道的 SCS 相同）。短序列格式的 PRACH 与数据信道的 OFDM 符号的边界对齐，这样设计的好处是允许 PRACH 和数据信道使用相同的接收机，从而降低系统设计的复杂度。

14. NR 的波束管理

NR 部署在高频段时，基站必须使用 massive-MIMO 天线以增强覆盖，但是 massive-MIMO 天线会导致天线辐射图是非常窄的波束，单个波束难以覆盖整个小区，需要通过波束扫描的方式覆盖整个小区，即在某一个时刻，基站发射窄的波束覆盖某个特定方向，基站在下一个时刻小幅改变波束指向，覆盖另外一个特定方向，直至扫描整个小区。NR 的波束赋形是 NR 必需的关键功能。这是因为 NR 所有的控制信道和数据信道以及同步信号和参考信号都是以窄的波束发射的，这就涉及波束扫描、波束测量、波束报告、波束指示、波束恢复等过程。可以说，NR 的物理信道和信号设计以及物理层过程是以波束管理为核心。波束赋形可以带来增加覆盖距离、减少干扰、提高系统容量等优点，但是也带来信令过于复杂的缺点。

2.3 NG-RAN 的架构

2.3.1 整体架构

下一代无线接入网（Next Generation-Radio Access Network，NG-RAN）的网络架构如图 2-3 所示。一个 NG-RAN 节点或者是 gNB，或者是 ng-eNB。gNB 提供面向 UE 的 NR 用户面和控制面协议终结，也即 gNB 与 UE 之间是 NR 接口；ng-eNB 提供面向 UE 的 E-UTRA 用户面和控制面协议终结，也即 ng-eNB 与 UE 之间是 LTE 接口。

gNB 之间、ng-eNB 之间以及 gNB 和 ng-eNB 相互之间都是通过 Xn 接口互相连接。同时，gNB 和 ng-eNB 通过 NG 接口连接到 5GC，也即通过 NG-C 接口连接到接入和移动性管理功能（Access and Mobility Management Function，AMF），通过 NG-U 接口连接到用户面功能（User Plane Function，UPF）。

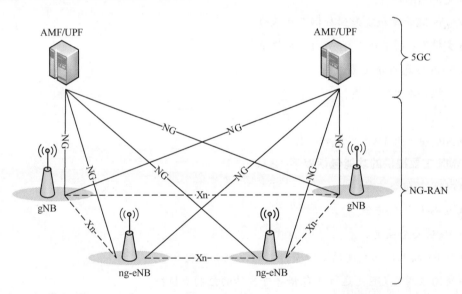

图2-3　下一代无线接入网（NG-RAN）的网络架构

2.3.2 网元功能

图 2-3 中的各个网元的具体功能划分如下。

gNB 和 ng-eNB 提供的功能包括以下 18 项。

- 无线资源管理（Radio Resource Management，RRM）的功能：包括无线承载控制（Radio Bearer Control，RBC）、无线接入控制（Radio Admission Control，RAC）、连接移动性控制（Connection Mobility Control，CMC）、为 UE 在上行和下行动态分配资源（也即调度功能）。

- IP 头压缩、数据的加密和完整性保护。
- 在 UE 附着过程中，当 gNB 和 ng-eNB 根据 UE 提供的信息不能获得 AMF 时，选择一个 AMF。
- 路由用户面数据到 UPF。
- 路由控制面信息到 AMF。
- 连接的建立和释放。
- 调度和传输寻呼消息。
- 调度和传输系统广播消息（来自 AMF 或者 O&M）。
- 用于移动性管理和调度管理的测量和测量报告配置。
- 上行方向，为传输层数据包添加标签。
- 会话管理。
- 支持网络切片。
- QoS 流管理和映射到数据无线承载。
- 支持 UE 的 RRC_INACTIVE 状态。
- NAS 信息的分发功能。
- 无线接入网络共享。
- 双连接。
- NR 和 E-UTRA 之间的互操作。

AMF 主要提供的功能包括以下 12 项。

- NAS 层信令终结。
- NAS 层信令安全。
- AS 层安全控制。
- 3GPP 接入网络之间的 CN 节点的移动性管理信令。
- 空闲模式的 UE 可达性（包括寻呼重传的控制和执行）。
- 注册区的管理。
- 支持系统内和系统间的移动性管理。
- 接入鉴权。
- 接入授权，包括漫游能力的检查。
- 移动管理控制（订阅和策略控制）。
- 支持网络切片。
- SMF 的选择。

UPF 主要提供的功能包括以下 10 项。

- RAT 内部以及 RAT 之间的移动性锚点。

- 连接到数据网的外部 PDU 会话节点。
- 数据包的路由和转发。
- 数据包的检查和策略规则执行的数据面部分。
- 业务使用的报告。
- 上行分类器（classifier）以支持路由业务流到数据网络。
- 分支节点以支持多归属地的 PDU 会话。
- 用户面的 QoS 处理，如数据包过滤、上行/下行速率控制。
- 上行业务验证（SDF 到 QoS 流的映射）。
- 下行数据包的缓存和下行数据通知的触发。

会话管理功能（Session Management Function，SMF）主要提供的功能包括以下 6 项。
- 会话管理。
- UE IP 地址的分配和管理。
- 用户面功能的选择和控制。
- 在 UPF 配置业务转向（steering）以便路由业务到合适的目的地。
- 策略规则执行和 QoS 的控制面部分。
- 下行数据到达通知。

NG-RAN 和 5GC 之间的功能划分如图 2-4 所示。其中，大的方框表示逻辑节点，小的方框表示该逻辑节点的主要功能。

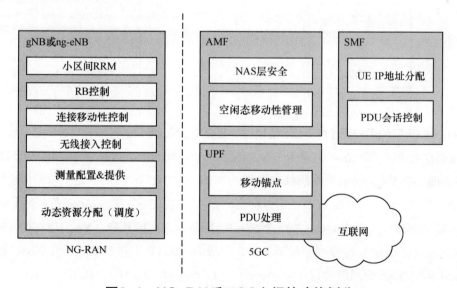

图 2-4　NG-RAN 和 5GC 之间的功能划分

2.3.3 网络接口

NG-RAN 的网络接口包括连接到 5GC 的 NG 接口以及 NG-RAN 节点之间的 Xn 接口。NG 接口包括 NG-C 接口和 NG-U 接口，Xn 接口包括 Xn-C 接口和 Xn-U 接口。

NG 用户面接口（即 NG-U）是 NG-RAN 节点和 UPF 之间的接口，NG 接口的用户面（NG-U）协议栈如图 2-5 所示。传输网络层以 IP 传输为基础，GTP-U 在 UDP/IP 之上以便在 NG-RAN 和 UPF 之间传输用户面的 PDU，NG-U 并不保证用户面 PDU 的可靠传输。

NG 控制面接口（即 NG-C）是 NG-RAN 节点和 AMF 之间的接口，NG 接口的控制面（NG-C）协议栈如图 2-6 所示。传输网络层以 IP 传输为基础，为了保证信令的可靠传输，在 IP 层之上增加了 SCTP 层，NG-C 接口的应用层协议称为 NG 应用层协议（NG Application Protocol，NGAP）。SCTP 层为应用层信息提供可靠传送，在传输层，IP 层的点对点传输用于传送信令 PDU。

NG-C 提供的功能包括：NG 接口管理、UE 上下文管理、UE 移动性管理、NAS 信息的传送、寻呼、PDU 会话管理、配置转发、告警信息传送。

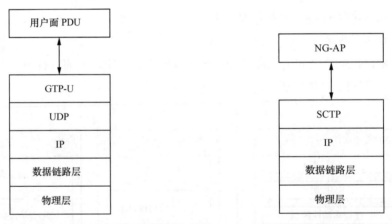

图2-5　NG接口的用户面（NG-U）协议栈　　图2-6　NG接口的控制面（NG-C）协议栈

Xn 用户面接口（即 Xn-U）是两个 NG-RAN 节点之间的接口，Xn 接口的用户面（Xn-U）协议栈如图 2-7 所示。传输网络层以 IP 传输为基础，GTP-U 在 UDP/IP 之上以便传输用户面 PDU。Xn-U 并不保证用户面 PDU 的可靠传输，Xn-U 主要支持数据转发和流控制两个功能。

Xn 控制面接口（即 Xn-C）是两个 NG-RAN 节点之间的接口，Xn 的控制面（Xn-C）协议栈如图 2-8 所示。传输网络层以 SCTP 为基础，SCTP 层在 IP 层之上。Xn-C 接口的应用层协议称为 Xn 应用层协议（Xn Application Protocol，XnAP）。SCTP 层为应用层信息提供可靠传送，IP 层的点对点传输用于传送信令 PDU。

Xn-C 接口支持的功能包括：Xn 接口管理、UE 移动性管理（包括上下文转发和 RAN 寻呼）、双连接。

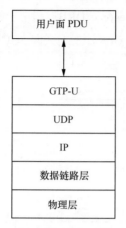 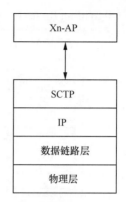

图2-7　Xn接口的用户面（Xn-U）协议栈　　图2-8　Xn的控制面（Xn-C）协议栈

2.3.4　无线协议架构

NR 接口的用户面协议栈如图 2-9 所示。该协议栈由 SDAP、PDCP、RLC、MAC 和 PHY 组成。

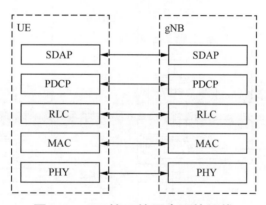

图2-9　NR接口的用户面协议栈

NR 接口的控制面协议栈如图 2-10 所示。该协议栈由 NAS、RRC、PDCP、RLC、MAC 和 PHY 组成。

NR 用户面协议架构（下行方向）的整体概览如图 2-11 所示。图 2-11 中的实体并不是应用在所有情形。例如，基本系统消息的广播不需要 MAC 层调度，也不需要用于软合并的 HARQ。NR 用户面协议架构在上行方向上与图 2-11 类似，但是在传输格式的选择等方面存在着一些差异，本书不再赘述。

每层（子层）都以特定的格式向上一层提供服务，物理层以传输信道的格式向 MAC 子层提供服务；MAC 子层以逻辑信道的格式向 RLC 子层提供服务；RLC 子层以 RLC 信道的格式向 PDCP 子层提供服务；PDCP 子层以无线承载的格式向 SDAP 子层提供服务。无线承载分为两类：用于用户面的数据无线承载（Data Radio Bearer，DRB）和用于控制面的信令无线承载（Signalling Radio Bearer，SRB）。SDAP 子层以 QoS 流的格式向 5GC 提供服务。

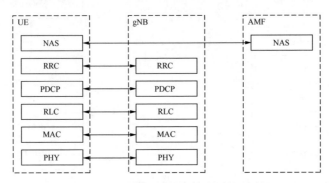

图2-10　NR接口的控制面协议栈

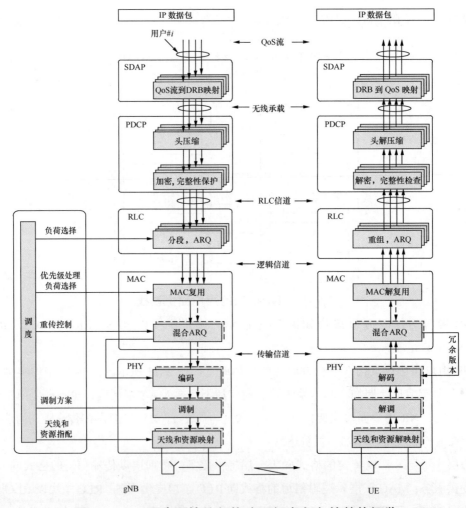

图2-11　NR用户面协议架构（下行方向）的整体概览

物理层主要处理编码/解码、调制/解调、多天线映射以及其他物理层功能，本书的后续章节会详细分析物理层功能。

MAC 子层的主要服务和功能包括以下 7 项。

- 逻辑信道和传输信道之间的映射。
- MAC SDU 的复用/解复用，也即把属于相同或不相同的逻辑信道的 MAC SDU 复用成传输块后以传输信道的格式发送给物理层，或者把来自物理层的传输块解复用为属于相同或不相同的逻辑信道的 MAC SDU。
- 信息报告的调度。
- 通过 HARQ 进行差错纠正（在 CA 的情况下，每个小区各有 1 个 HARQ 实体）。
- 针对不同的 UE，通过动态调度的方式，处理 UE 之间的优先级。
- 针对同一个 UE，通过逻辑信道优先级，处理 UE 内部的逻辑信道优先级。
- 填充。

单个 MAC 实体支持多种参数集、传输定时和小区。需要注意的是，MAC 子层调度的时候需要考虑物理层的配置，如物理层配置不支持载波聚合，则 MAC 子层就不能进行跨载波调度。UE 和 NG-RAN 节点之间都有 MAC 实体，当存在双连接时，UE 侧会存在多个 MAC 实体。

RLC 子层支持透明模式（Transparent Mode，TM）、非确认模式（Unacknowledged Mode，UM）、确认模式（Acknowledged Mode，AM）3 种传输模式。RLC 子层的配置基于逻辑信道，独立于物理层的参数集、传输持续时间等，也即 RLC 子层的配置与物理层配置无关。对于承载寻呼和广播系统消息的 SRB0，使用 TM 模式；对于其他 SRB，使用 AM 模式；对于 DRB，使用 UM 模式或 AM 模式。

RLC 子层的功能与传输模式有关，RLC 子层的主要服务和功能包括以下 9 项。

- 上层 PDU 的转发。
- 维护 RLC 层的序列号（Sequence Number，SN）（UM 和 AM 模式）。
- 通过 ARQ 进行差错纠正（AM 模式）。
- RLC SDU 的分段（AM 和 UM 模式）和再分段（AM 模式）。
- SDU 的重组（AM 和 UM 模式）。
- 重复包检测（AM 模式）。
- RLC SDU 丢弃（AM 和 UM 模式）。
- RLC 子层的重建。
- 协议差错检查（AM 模式）。

PDCP 子层用户面的主要服务和功能包括以下 9 项。

- 维护 PDCP 的 SN。

- 头压缩和解压缩，仅支持 RoHC 方式。
- 用户数据的转发。
- 重新排序和重复检查。
- 当存在分离承载时，负责 PDCP PDU 路由。
- PDCP SDU 的重传。
- 加密、解密和完整性保护。
- 基于定时器的 PDCP SDU 丢弃。
- 对于 RLC AM 模式，PDCP 重建和数据恢复。

PDCP 子层控制面的主要服务和功能包括以下 5 项。

- 维护 PDCP 的 SN。
- 加密、解密和完整性保护。
- 控制面信令的转发。
- 重新排序和重复检查。
- PDCP PDU 的重复包丢弃。

SDAP 子层位于 PDCP 子层之上，只在用户面存在，主要服务和功能包括以下两项。

- 负责 QoS 流和数据无线承载之间的映射。
- 使用 QoS 流地址（QoS Flow Identity，QFI）为下行和上行数据包添加标签。

RRC 子层的主要服务和功能包括以下 8 项。

- 广播与 AS 和 NAS 有关的系统消息。
- 5GC 或 NG-RAN 发起的寻呼。
- UE 和 NG-RAN 之间的 RRC 连接的建立、维持和释放，包括载波聚合的增加、修改和释放，以及 NR 之间或 E-UTRA 和 NR 之间的双连接的增加、修改和释放。
- 移动性管理功能：此部分包括切换和上下文转发，UE 小区选择和重选以及控制小区选择和重选，RAT 之间的移动性管理。
- QoS 管理功能。
- UE 测量报告和报告的控制。
- 无线链路失败的检查和恢复。
- NAS 层到 UE 或 UE 到 NAS 层的 NAS 信息转发。

NAS 层控制协议主要执行鉴权、注册和连接管理、移动性管理和安全控制等 NAS 层功能。

对于层 2 下行数据通过整个协议栈的示例如图 2-12 所示。在该示例中，共有 3 个 IP 数据包，IP 包中的 n 和 $n+1$ 对应着无线承载 RB_x，IP 包 $n+2$ 对应着无线承载 RB_y。

SDAP 子层为每个数据包添加上标签，执行 QoS 流到无线承载的映射。SDAP SDU 附加上 SDAP 头，组成 SDAP PDU，SDAP PDU 被转发到 PDCP 子层。

PDCP 子层完成 IP 头压缩（可选的）、加密、完整性保护。PDCP SDU 附加上 PDCP 头，组成 PDCP PDU，PDCP 头包含了 UE 用于解密 PDCP SDU 的信息，PDCP PDU 被转发到 RLC 子层。

RLC 子层完成 PDCP PDU 的串联和/或分割。RLC SDU 附加上 RLC 头，组成 RLC PDU。RLC 头的功能是确保 RLC PDU 按顺序发送（针对每个逻辑信道）以及发生重传时识别 RLC PDU，RLC PDU 被转发到 MAC 子层。

MAC 子层复用多个 RLC PDU 并附加上 MAC 头后形成传输块，根据链路自适应机制确定的瞬时速率选择传输块尺寸，因此链路自适应影响 MAC 子层和 RLC 子层的处理。最后物理层在传输块上附加上 CRC 以便进行差错检测，完成编码和调制，发送物理信号（可能使用多个天线）。

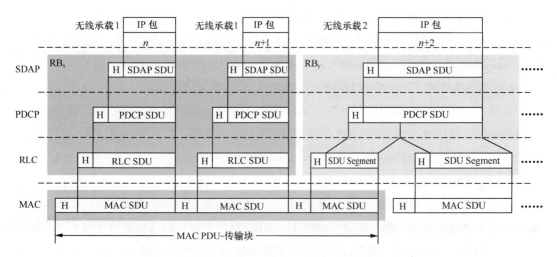

图2-12 对层2下行数据通过整个协议栈的示例

2.3.5 逻辑信道、传输信道和物理信道

逻辑信道是 MAC 子层向 RLC 子层提供的服务，表示传输什么类型的信息，通过逻辑信道标识对传输的内容进行区分。逻辑信道分为两类：控制信道和业务信道。

控制信道仅用于传输控制面信息，包括以下 4 个信道。

● 广播控制信道（Broadcast Control Channel，BCCH）

下行信道，用于广播系统控制消息。

● 寻呼控制信道（Paging Control Channel，PCCH）

下行信道，用于传输寻呼消息、系统消息更新通知以及持续的 PWS 广播指示。

● 公共控制信道（Common Control Channel，CCCH）

用于传输 UE 和网络之间的控制信息，当 UE 与网络之间没有 RRC 连接的时候，使用公共控制信道。

- 专用控制信道（Dedicated Control Channel，DCCH）

点对点的双向信道，用于传输 UE 和网络之间的专用控制信息。当 UE 与网络之间有 RRC 连接的时候，使用专用控制信道。

业务信道仅用于传输用户面信息，包括以下内容。

- 专用业务信道（Dedicated Traffic Channel，DTCH）

点对点信道，用于传输用户信息，上行方向和下行方向都有各自的专用业务信道。

传输信道是物理层向 MAC 子层提供的服务，定义了在空中接口上数据传输的格式和特征。传输信道也分为两类：公共信道和专用信道。

下行传输信道包括以下 3 个信道。

- 广播信道（Broadcast Channel，BCH）

固定的预先定义的传输格式；需要在小区的整个覆盖区域内进行广播，可以广播单个 BCH 信息，也可以通过波束赋形的方式广播不同的 BCH 实例。

- 下行共享信道（Downlink Shared Channel，DL-SCH）

支持 HARQ；通过调整调制方式、编码速率、发射功率以支持动态链路自适应；可能在整个小区进行广播，也可能使用波束赋形；支持动态和半静态的资源分配；为了 UE 节电，支持 UE 非连续接收（Discontinuous Reception，DRX）。

- 寻呼信道（Paging Channel，PCH）

为了便于 UE 节电，支持 UE 非连续接收，DRX 周期由网络通知给 UE；需要在小区的整个覆盖区域内进行广播，可以广播单个 PCH 信息，也可以通过波束赋形的方式广播不同的 PCH 实例；PCH 可动态地映射到业务 / 其他控制信道的物理资源上。

上行传输信道包括以下 2 个信道。

- 上行共享信道（Uplink Shared Channel，UL-SCH）

可能使用波束赋形，通过调整发射功率、潜在的通过调整调制方式和编码速率以支持动态链路自适应，支持 HARQ，支持动态和半静态的资源分配。

- 随机接入信道（Random Access Channel，RACH）

只传输控制信息，有发生冲突的风险。

物理信道是一组对应着特定的时间、载波、扰码、功率、天线端口等资源的集合，也即信号在空中接口传输的载体，映射到具体的时频资源上。

物理信道用于传输特定的传输信道，包括以下 5 个信道。

- 物理广播信道（Physical Broadcast Channel，PBCH）

承载 UE 接入网络所需的部分系统消息，另外一部分系统消息由 PDSCH 承载。

- 物理下行共享信道（Physical Downlink Shared Channel，PDSCH）

用于单播数据传输的主要物理信道，也用于传输寻呼消息和一部分系统消息。

● 物理下行控制信道（Physical Downlink Control Channel，PDCCH）

用于传输下行控制信息，主要包括用于 PDSCH 接收的调度分配以及用于 PUSCH 发送的调度授权等信息，以及向一组 UE 通知功率控制、时隙格式指示等信息。

● 物理上行共享信道（Physical Uplink Shared Channel，PUSCH）

PDSCH 的上行对应信道。

● 物理随机接入信道（Physical Random Access Channel，PRACH）

用于随机接入。

逻辑信道、传输信道和物理信道在下行方向的映射关系如图 2-13 所示，逻辑信道、传输信道和物理信道在上行方向的映射关系如图 2-14 所示。BCCH 的映射关系比较特别，其中，含有最重要系统消息的主消息块（Master Information Block，MIB）映射到 BCH 上，再映射到 PBCH 上，而其他的系统消息块（System Information Block，SIB）映射到 DL-SCH，再映射到 PDSCH 上。

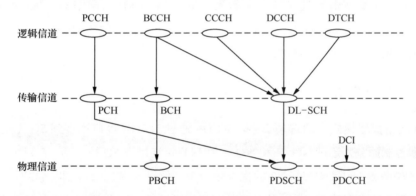

图 2-13　逻辑信道、传输信道和物理信道在下行方向的映射关系

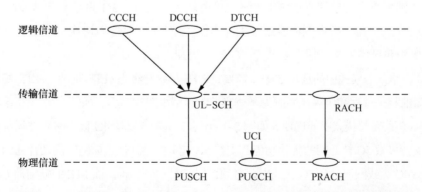

图 2-14　逻辑信道、传输信道和物理信道在上行方向的映射关系

2.4 5G 网络部署模式

根据 5G 无线网（称为 NG-RAN）、4G 无线网（称为 E-UTRAN）与 5G 核心网（称为 5GC）、4G 核心网（称为 EPC）之间的关系，5G 网络部署模式分为独立组网（Stand Alone，SA）和非独立组网（Non-Stand Alone，NSA）两种架构。SA 架构是指无线网和核心网之间有独立的控制面和用户面，采用切换或者重选方式支持移动性；NSA 架构是指 4G 或 5G 无线网缺少独立的控制面，二者采用双连接方式，相互提供容量和负荷分担。为了满足全球运营商 5G 商用网络在不同阶段的部署需求，在 3GPP TR23.799 中提到了 8 个选项。其中，选项 2 和选项 5 是 SA 架构；选项 1、选项 3/3a/3x、选项 4/4a、选项 6 和选项 7/7a/7x 是 NSA 架构。选项 1 是传统的 4G 架构，即 4G 基站直接连接到 EPC；选项 6 是独立 5G 基站仅连接到 EPC；选项 8/8a 是非独立 5G 基站仅连接到 EPC，此选项仅是理论存在的部署场景。本书不再赘述选项 1、选项 6 和选项 8/8a。

在本节接下来的表述中，5G 基站指的是 gNB，也称为 NR 基站，gNB 面向 UE 提供 5G NR 接口。4G 基站指的是 eNB，也称为 LTE 基站，eNB 面向 UE 提供 LTE Uu 接口。增强型 4G 基站指的是 ng-eNB，也称为 eLTE 基站，ng-eNB 面向 UE 提供 LTE Uu 接口，ng-eNB 面向 5G 核心网提供 NG 接口。

2.4.1 SA 架构

在 5G 网络部署模式中的选项 2 中，5G UE 通过 5G NR 接口连接到 5G 无线网，gNB 的用户面和控制面分别通过 NG-U 和 NG-C 接口直接连接到 5G 核心网，5G 网络部署模式中的选项 2 如图 2-15 所示。选项 2 的优点是一步到位引入 5G 无线网和核心网，能够实现全部的 5G 新特性，支持 5G 网络引入的所有相关新功能和新业务；同时不涉及 4G 核心网的改造和升级，减少了 4G 与 5G 之间的接口，降低了复杂性。选项 2 的缺点是需要建设一个从无线网到核心网完整独立的 5G 网络，投资较大。另外，5G 的频率通常较高，初期部署难以实现连续覆盖，会在 NR 网络和 LTE 网络之间存在大量的切换。该架构作为 5G 网络的目标架构和最终形态，适合在整个 5G 商用周期内进行部署。

在 5G 网络部署模式中的选项 5 中，需要把 LTE 基站升级为 eLTE 基站。eLTE 基站需要支持 NG 接口的相关过程和协议，同时为了兼容 LTE，至少在物理层（如帧结构）需要与 LTE 保持一致，5G 网络部署模式中的选项 5 如图 2-16 所示。选项 5 支持 4G 核心网演进到 5G 核心网，因此可以支持多数 5G 核心网的优化功能，支持 5G 业务的连续性，如网络的切片能力。但是选项 5 不支持 4G 无线网演进到 5G 无线网，必须使用 LTE 的帧结构，而 LTE 的帧结构无法适应某些超低时延的需求，且频谱效率无法达到 5G 的关键指标。另外，原有的 LTE 基站升级改造为 eLTE 基站，改造量较大，但是由于不涉及部署新的 NR 基站，所以投资相对较少。

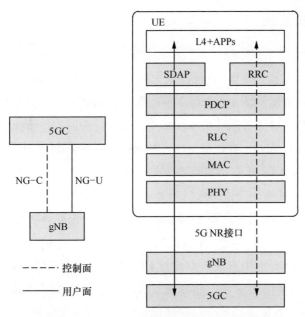

图2-15　5G网络部署模式中的选项2

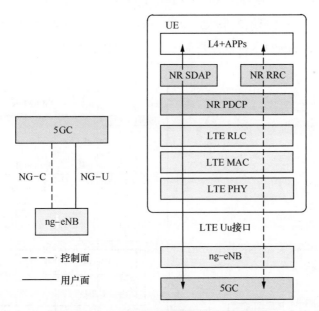

图2-16　5G网络部署模式中的选项5

选项 2 与选项 5 的主要差别在空中接口。选项 2 的空中接口是 5G NR 接口，采用新型波形和多址、新的帧结构、新的信道编码等技术，能实现更高速率、更低时延和更高效率。选项 5 的空中接口还是传统的 LTE Uu 接口，改造后的 eLTE 基站与 NR 基站相比在峰值速率、时延、容量等方面依然有明显差别，eLTE 基站不一定支持 NR 底层的优化和后续的演进。

2.4.2 NSA 架构

选项 3/3a/3x 参考了 3GPP Rel-12 版本的 LTE 双连接架构。在 LTE 双连接架构中，UE 在连接态下可同时使用至少两个不同基站的无线资源，双连接引入了"分流承载"的概念，即在 PDCP 层将数据分流到两个基站：主基站用户面的 PDCP 层负责 PDCP 编号，主从基站之间的数据分流和聚合等功能。在双连接中，面向核心网，传输控制面信令的基站称为主基站（Master Node，MN），其他基站称为从基站（Secondary Node，SN）。

在选项 3 系列中，LTE 基站和 NR 基站共用 4G 的核心网。LTE 基站是主基站，提供连续覆盖；NR 基站是从基站，在热点区域部署。控制面的锚点在 LTE 基站，连接到 EPC 的控制面完全依赖现有的 4G 系统，即 S1-MME 接口协议。根据连接到 EPC 的用户面锚点的不同，选项 3 系列分为 3、3a 和 3x 共 3 个子项。

在选项 3 中，5G UE 的用户面数据通过 LTE 基站连接到 EPC，也即 5G UE 的用户面数据通过 5G NR 接口传输给 gNB，gNB 通过 X2-U 接口连接到 eNB，eNB 把该数据与通过 LTE Uu 接口传输的数据进行聚合后，通过 S1-U 接口传输给 EPC。5G 网络部署模式中的选项 3 如图 2-17 所示。在选项 3 中，LTE 和 NR 的用户面数据在 LTE 基站的 PDCP 层分流和聚合。由于 5G NR 基站的最大速率达 10Gbit/s～20Gbit/s，而 4G LTE 基站的最大速率不超过 1Gbit/s，因此选项 3 的缺点是 LTE 基站处理能力会遇到瓶颈。

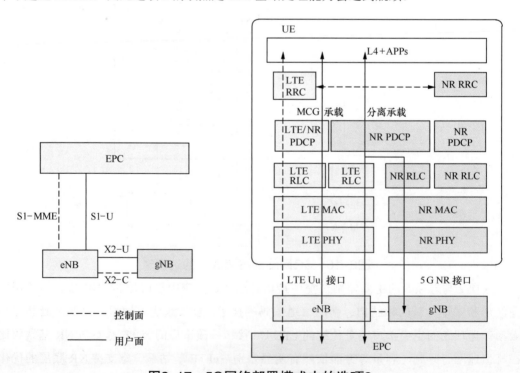

图2-17　5G网络部署模式中的选项3

在选项 3a 中，5G UE 用户面数据分别通过 LTE 基站和 NR 基站连接到 EPC，也即 5G UE 的用户面数据通过 5G NR 接口传输给 gNB，gNB 通过 S1-U 接口直接连接到 EPC；5G UE 的用户面数据通过 LTE Uu 接口传输给 eNB，eNB 通过 S1-U 接口连接到 EPC。5G 网络部署模式中的选项 3a 如图 2-18 所示。

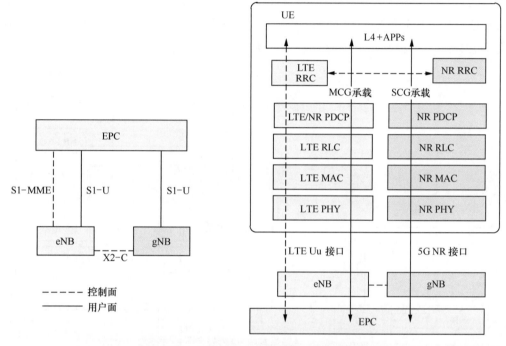

图2-18　5G网络部署模式中的选项3a

在 5G 网络部署模式中的选项 3x 中，5G UE 的用户面数据通过 NR 基站传输给 EPC，也即 5G UE 用户面数据通过 LTE Uu 接口传输给 eNB，eNB 通过 X2-U 接口连接到 gNB，gNB 把该数据与通过 LTE Uu 接口传输的数据进行聚合后，通过 S1-U 接口传输给 EPC。在 5G 网络部署模式中的选项 3x 中，5G 的用户面数据在 NR 基站的 PDCP 层分流和聚合，因此可以充分利用 NR 基站的处理能力。5G 网络部署模式中的选项 3x 如图 2-19 所示。

5G 网络部署模式中的选项 3/3a/3x 的优点是标准化完成时间最早，可以利用原有的 4G 核心网，无须部署 5G 核心网，投资较少；同时 5G 的三大场景中，eMBB 是最容易实现的，5G 网络部署模式中的选项 3/3a/3x 可以认为是 LTE MBB 场景的升级版。5G 网络部署模式中的选项 3/3a/3x 的缺点是新建 5G 基站与现有 LTE 基站的设备厂商需要绑定，且由于连接到 EPC，无法支持 5G 核心网引入的相关新功能和新业务。例如，对于低时延类业务不是完全支持。5G 网络部署模式中的选项 3/3a/3x 适用于 5G 商用初期热点部署，能够实现 5G 快速商用和抢占市场。

运营商对 5G 网络部署模式中的选项 3/3a/3x 的青睐程度可以表示为选项 3x 优先于选项 3a，选项 3a 优先于选项 3。这是因为选项 3x 面向未来，可以避免用户面数据分流对现网的影响，支持灵活的数据分流方式，且无须对原有的 LTE 基站升级，对存量的基站影响较小。另外，选项 3x 的控制面锚点在 LTE 系统，复用 4G 的切换过程，UE 移出 NR 的覆盖范围之后，用户面数据不中断，继续维持 LTE 连接，保证了业务体验的连续性。而选项 3 需要对原有的 LTE 基站进行投资以提高 LTE 基站的分流能力；选项 3a 通过 EPC 对数据进行静态分流，无法根据无线侧的负荷进行动态调整。

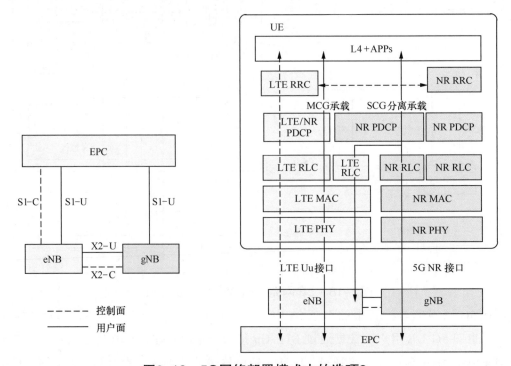

图2-19　5G网络部署模式中的选项3x

对于 5G 网络部署模式中的选项 4 系列，UE 同时连接到 5G 无线网和 4G 无线网，eLTE 基站和 NR 基站共用 5G 核心网，NR 基站是主基站，提供连续覆盖，eLTE 基站是从基站。5G 网络部署模式中的选项 4 系列的控制面的锚点在 NR 基站，连接到 5G 核心网的控制面完全依赖 5G 系统，即 NG-C 接口协议。根据连接到 5G 核心网的用户面锚点的不同，5G 网络部署模式中的选项 4 系列可细分为 4、4a 两个子项。在 5G 网络部署模式中的选项 4 中，5G UE 的用户面数据通过 gNB 传输给 5G 核心网，5G 网络部署模式中的选项 4 如图 2-20 所示。在选项 4a 中，5G UE 的用户面数据分别通过 ng-eNB 和 gNB 传输给 5G 核心网，5G 网络部署模式中的选项 4a 如图 2-21 所示。

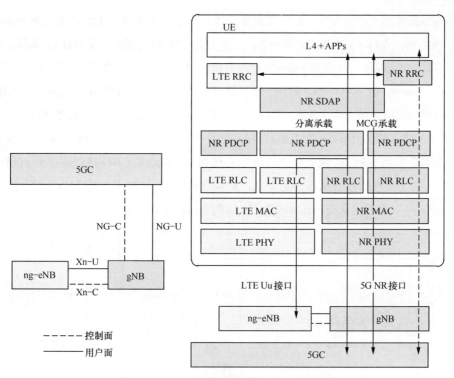

图2-20　5G网络部署模式中的选项4

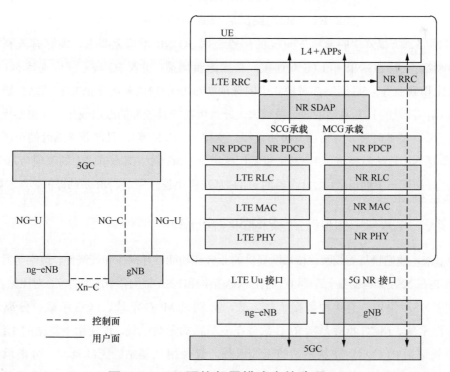

图2-21　5G网络部署模式中的选项4a

5G 网络部署模式中的选项 4/4a 的优点是支持 5G NR 和 LTE 双连接，带来流量增益，同时引入 5G 核心网，支持 5G 新功能和新业务。其缺点是 LTE 基站需要升级为 eLTE 基站，且产业成熟时间可能会比较晚，新建 NR 基站需要与升级的 eLTE 基站厂家绑定。由于 5G 网络部署模式中的选项 4/4a 以 NR 基站作为主基站，需要建设一个全覆盖的 5G 网络，采用小于 1GHz 的频段部署 5G 的运营商比较青睐选项 4。例如，美国 T-Mobile 计划在 600MHz 部署 5G 网络。

5G 网络部署模式中的选项 7 系列包括选项 7、选项 7a 和选项 7x 共 3 个子项。选项 7/7a/7x 类似于选项 3/3a/3x，两者的主要区别是选项 7/7a/7x 通过 NG 接口连接到 5G 核心网。在选项 7/7a/7x 中，eLTE 基站作为主基站，提供连续覆盖，NR 基站作为从基站，在热点区域部署，5G 网络部署模式中的选项 7/7a/7x 如图 2-22 所示。

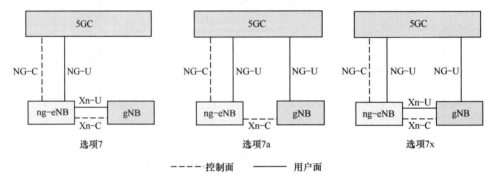

图2-22　5G网络部署模式中的选项7/7a/7x

5G 网络部署模式中的选项 7/7a/7x 的优点是对 5G NR 覆盖无要求，能够有效利用现有的 4G 网络；支持 5G NR 和 LTE 双连接，带来流量增益；引入 5G 核心网，支持 5G 核心网的新功能和新业务。5G 网络部署模式中的选项 7/7a/7x 的缺点是需要把 LTE 基站升级改造为 eLTE 基站，涉及的 LTE 基站的改造量较大，并且可能涉及硬件的改造或替换（需要提升容量及峰值速率、降低时延，并需要升级协议栈、支持 5G QoS 等），且产业成熟时间可能会相对较晚；新建 NR 基站需要与 eLTE 基站设备厂家绑定。5G 网络部署模式中的选项 7/7a/7x 适用于 5G 部署初期与中期场景，由升级后的 eLTE 基站提供连续覆盖、NR 基站提供热点容量补充。

2.4.3　SA 架构和 NSA 架构的综合比较

接下来，我们将从无线网、核心网提供的业务和功能、互操作和连续性、终端等几个方面对 SA 架构和 NSA 架构的各个选项进行对比，SA 架构和 NSA 架构各个选项的综合对比见表 2-4。

对于 NSA 架构，有 4 种数据承载方式，分别是 MCG 承载、SCG 承载、分离承载和 SCG 分离承载。MCG 承载是指 RLC 承载在主基站的无线承载，仅使用主基站的无线资源。SCG 承载是指 RLC 承载在从基站的无线承载，仅使用从基站的无线资源。分离承载是指 RLC 承载在主基站和从基站、无线承载在主基站的无线承载，同时使用主基站和从基站的无线资源。SCG 分离承载是指 RLC 承载在主基站和从基站、无线承载在从基站的无线承载，同时使用主基站和从基站的无线资源。无线承载、RLC 承载的概念参考本书的 2.3 节内容。这 4 种承载的特点总结如下。

表2-4 SA架构和NSA架构各个选项的综合对比

5G 部署选项	NSA 架构			SA 架构	
	选项 3/3a/3x	选项 7/7a/7x	选项 4/4a	选项 2	选项 5
无线覆盖	LTE 提供连续覆盖，NR 提供热点容量补充	eLTE 提供连续覆盖，NR 提供热点容量补充	NR 提供连续覆盖，eLTE 提供容量补充	NR 独立组网，同时提供覆盖和容量	eLTE 提供连续覆盖
LTE/EPC 改造要求	EPC 需要升级，LTE 基站需要软件升级	LTE 基站需要升级改造为 eLTE 基站（涉及硬件改造或替换）		—	LTE 基站需要升级改造为 eLTE 基站（涉及硬件改造或替换）
5G 新业务和新功能支持	受限于 EPC，新业务和新功能受限	引入 5G 核心网，支持 5G 引入的相关新业务和新功能，如网络切片、5G QoS 等			
子项选择建议	建议分别选择选项 3x、选项 7x、选项 4，原因是 NR 基站支持流量大、性能高，作为用户面锚点，可以降低 LTE 基站用户面转发要求和改造成本			—	
互操作和连续性	非独立组网，采用双连接方式，可以实现无缝切换，切换过程中不会造成业务中断，从而能够保证业务连续性			LTE 和 NR 两张独立网络，需要通过重选和切换等方式实现互操作	
终端要求	5G 双连接终端，4G NAS	5G 双连接终端，5G NAS	5G 双连接终端，5G NAS	5G 终端，5G NAS	5G 终端，5G NAS
	为满足 5G 网络不同建设时期及漫游需求，尽量采用 NSA 和 SA 共平台化的设计，保证 5G 终端的适用性				
定位及适用场景	过渡部署架构；适合于 5G 初期部署，NR 热点覆盖	过渡部署架构；适合于 5G 初期及中期部署，NR 热点覆盖	准目标部署架构；适合于 5G 中期部署，NR 连续覆盖	5G 目标部署架构，适合于 5G 整个生命周期，NR 连续覆盖	过渡部署架构；适合于 5G 初期部署，无 NR 覆盖

1. 分离承载

在 5G 网络部署模式中的选项 3、选项 4、选项 7 中，分离承载在主基站的 PDCP 层进行数据分流和汇聚，由主基站控制在主基站和从基站之间进行动态分流，分离承载可以通过主基站和从基站进行传输。分离承载对于主基站有额外的处理需求与数据缓存需求，尤其是选项 3 和选项 7 以 LTE 基站和 eLTE 基站作为主基站，要求较高，对于主基站和从基站之间的回传链路也有一定的吞吐量和时延要求。

2. MCG 承载和 SCG 承载

在 5G 网络部署模式中的选项 3/3a/3x、选项 4/4a、选项 7/7a/7x 中，MCG 承载和 SCG 承载通过核心网进行数据分流，对于同一承载只能在主基站或从基站进行数据传输，MCG 承载在主基站进行数据传输，SCG 承载在从基站进行数据传输，主基站和从基站之间无数据链路和转发需求，当仅有一个承载或两个承载数据流量差异较大时，数据吞吐量的增益较低。

3. SCG 分离承载

在 5G 网络部署模式中的选项 3x、选项 7x 中，SCG 分离承载在从基站（NR 基站）的 PDCP 层进行数据分流和汇聚，由从基站控制在从基站和主基站之间进行动态分流。SCG 分离承载可以通过从基站和主基站进行传输，将容量更大、性能更高的 NR 基站作为分流节点，可以降低对 LTE/eLTE 基站的容量处理需求及数据缓存需求，无须对现有的 LTE 基站进行大量的升级改造，对于主基站和从基站之间的回传链路有一定的吞吐量和时延要求。

2.4.4 演进路线

根据运营商的 5G 商用部署进度计划、可用的频谱资源、终端和产业链的成熟情况、建网成本等，运营商可以选择不同的演进路线，总体可分为两大类演进路线，分别是 SA 架构演进路线和 NSA 架构演进路线。每类演进路线又可细分为多个典型的演进路径。

SA 架构有两种演进路径。其中，方案 1 的演进路径是从 LTE/EPC+ 选项 2 到选项 2，即初期基于 5G 频谱在热点区域部署 5G 网络，后续逐步扩大覆盖范围，最终实现 5G 网络的全覆盖。该方案支持所有的 5G 业务，由于不涉及 4G 核心网的改造和升级，因此是最简单的方案。该方案投资大，为了增加覆盖和降低成本，可以考虑重耕低频 LTE 频谱用于 5G 覆盖。

方案 2 的演进路径是从选项 2+ 选项 5 到选项 2，即初期基于 5G 频谱在热点区域部署 5G 网络，LTE 基站升级为 eLTE 基站，eLTE 基站连接到 5G 核心网，5G UE 通过 eLTE 基站连接到 5G 核心网，eLTE 基站同时连接到 4G 核心网，传统的 4G UE 通过 eLTE 基站连接到 4G 核心网，后期重耕 LTE 频谱以实现 5G 网络的全覆盖。该方案的优点是初期支持多数的 5G 业务，缺点是需要对现有的 LTE 基站和传输进行升级，工程改造量较大。SA 架构的两种演进路径如图 2-23 所示。

NSA 架构有 4 种演进路径。演进路径 1 是从 LTE/EPC 到选项 3，即采用选项 3/3a/3x，不需要独立部署 5G 核心网，后续 EPC 可以支持 NR 作为独立部署。该方案的优点是对 4G 网络影响较小，缺点是 5G 的部分核心网功能无法在纯 4G 的覆盖区支持。NSA 架构的演进路径 1 如图 2-24 所示。

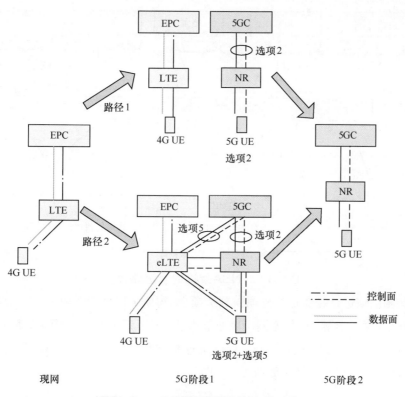

图2-23 SA架构的两种演进路径

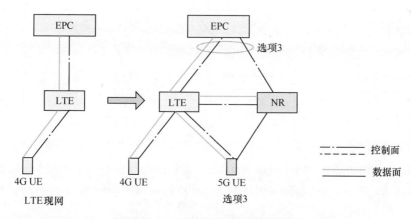

图2-24 NSA架构的演进路径1

NSA架构的演进路径2是从选项3到选项3+选项7,再到选项3+选项7+选项4+选项2,即从选项3到选项3+7再到选项3+7+4+2。该方案的缺点是终端种类过多,LTE和NR基站升级改造次数过多。NSA架构的演进路径2如图2-25所示。

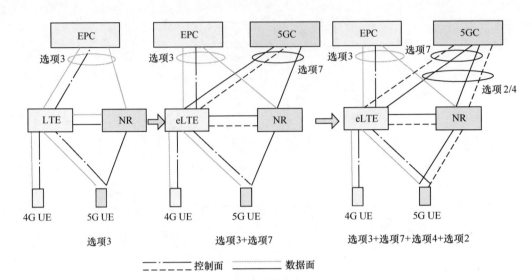

图2-25　NSA架构的演进路径2

NSA架构的演进路径3是从选项3到选项3+选项4，再到选项2，即初期部署选项3/3a/3x，不需要独立部署5G核心网，以便节约投资，后期把LTE低频段重耕为5G频率，同时部署5G核心网，引入选项4/4a，最后所有的LTE频率都重耕为5G频率，全网变成选项2。NSA架构的演进路径3如图2-26所示。

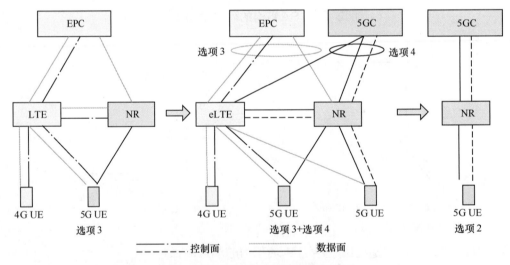

图2-26　NSA架构的演进路径3

NSA架构的演进路径4是选项7到选项2，即先采用选项7/7a/7x，独立部署5G核心网，后续把LTE低频段重耕为5G频率，最后所有的LTE频率都重耕为5G频率，全网变成选项2。NSA架构的演进路径4如图2-27所示。

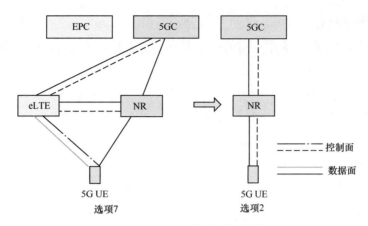

图2-27　NSA架构的演进路径4

2.5　CU 和 DU 的切分

5G接入网设计必须满足5G关键性能指标要求、网络商业运营能力和具备持续演进能力。正是基于这样的考虑，5G接入网架构设计的焦点在于通过增强基站间的协作控制、优化业务数据分发管理、支持多网融合与多连接、支持灵活动态的网络功能和拓扑分布等方面，来提升网络灵活性、数据转发性能以及用户体验和业务的有效结合。

5G的gNB功能将被重构为集中式单元（Centralized Unit，CU）和分布式单元（Distributed Unit，DU）两个功能实体。在具体的实现方案上，CU设备采用通用平台实现，主要包括非实时的无线高层协议栈功能，这样不仅可以支持无线网功能，也具备了支持核心网功能和边缘应用的能力；DU设备可以采用专用平台或通用＋专用混合平台实现，支持高密度数学运算能力，主要处理物理层功能和实时性需求的层2功能。

CU和DU之间的连接既可以采用高速光纤直连的方式，也可以通过传输网络连接的方式。高速光纤直连的方式即CU通过光纤直接连接到DU，该方式的优点是传输速率大、时延小；缺点是需要较多的光纤资源。CU通过传输网络连接到远端DU的方式，即下一代前传网络接口（Next Generation Fronthaul Interface，NGFI）架构。这一架构的技术特点是可依据场景需求灵活部署功能单元，在传输网资源充足时，可以集中化部署DU，实现物理层协作化技术。当传输网资源不足时，也可分布式部署DU。而CU功能的存在，实现了原属BBU的部分功能的集中，既可以支持完全的集中式DU部署，又可以支持分布式DU部署，在最大化保证协作化能力的同时，达到兼容不同的传输网的目的。

2.5.1　CU-DU架构标准

5G接入网（NG-RAN）的逻辑架构如图2-28所示。NG-RAN由gNB组成，gNB通过 NG 接口连接到 5GC，gNB 之间通过 Xn 接口互相连接。gNB 的所有功能可以集成在同一个物理设备中，如图 2-28 中左边的 gNB 所示；gNB 的功能也可以进一步分解成 gNB-CU 和 gNB-DU，如图 2-28 中右边的 gNB 所示。1 个 gNB 由 1 个 gNB-CU 和 1 个或多个 gNB-DU 组成，gNB-CU 和 gNB-DU 之间通过 F1 接口连接。F1 接口可以进一步分为 F1 的控制面部分（The control-plane part of F1，F1-C）和 F1 的用户面部分（The user-plane part of F1，F1-U）。1 个 gNB-DU 仅连接到 1 个 gNB-CU 上，在实际部署的时候，为了使网络更加稳健，1 个 gNB-DU 也可以连接到多个 gNB-CU 上。gNB 或 gNB-DU 通过 CPRI/eCPRI 与 AAU 连接，考虑 AAU 与 DU 之间的传输资源，部分物理层功能可采用 RF 上移至 AAU 来实现。

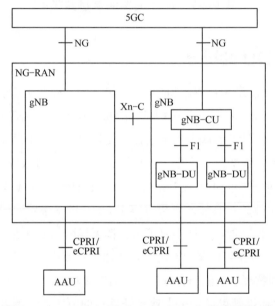

图 2-28　5G 接入网（NG-RAN）的逻辑架构

无线网 CU-DU 架构的好处在于能够获得小区间协作增益，实现集中负载管理，实时的性能优化；高效实现密集组网下的集中控制，如多连接、密集切换等；获得池化增益及使能 NFV/SDN，满足运营商各种 5G 场景部署需求；能够采用规模可变、低成本、高效灵活的硬件实施方案。

从逻辑架构上讲，还可以将 gNB-CU 的控制面功能和用户面功能进一步分解，形成 gNB-CU 的控制面节点（gNB-CU-CP）和 gNB-CU 的用户面节点（gNB-CU-UP），gNB-CU 划分成 gNB-CU-CP 和 gNB-CU-UP 架构如图 2-29 所示。与图 2-28 中所示的 NG-RAN 的逻辑架构相比，图 2-29 中所示的 gNB-CU-CP 和 gNB-CU-UP 架构的好处在于能够更好地实现控制与转发分离，实现无线资源的统一集中控制单元与无线数据的处理单元之间的适当分离，使 CP 和 UP 更加专注各自的功能，从而在设备平台设计方面更有效率。

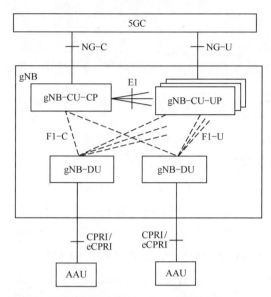

图2-29　gNB-CU划分成gNB-CU-CP和gNB-CU-UP架构

在图 2-29 中，各个逻辑节点之间的接口与连接规则如下所述。

- 1个 gNB 由 1 个 gNB-CU-CP，多个 gNB-CU-UP 和多个 gNB-DU 组成。
- gNB-CU-CP 通过 F1-C 接口连接到 gNB-DU 上。
- gNB-CU-UP 通过 F1-U 接口连接到 gNB-DU 上。
- gNB-CU-UP 通过 E1 接口连接到 gNB-CU-CP 上。
- 1 个 gNB-DU 仅可连接到 1 个 gNB-CU-CP 上。
- 1 个 gNB-CU-UP 仅可连接到 1 个 gNB-CU-CP 上；在实际部署的时候，为了使网络更加健壮，1 个 gNB-DU 和／或 1 个 gNB-CU-UP 也可以连接到多个 gNB-CU-CP 上。
- 在同一个 gNB-CU-CP 的控制下，1 个 gNB-DU 可以连接到多个 gNB-CU-UP 上。
- 在同一个 gNB-CU-CP 的控制下，1 个 gNB-CU-UP 可以连接多个 gNB-DU。

gNB-CU-CP 使用承载上下文管理功能建立 gNB-CU-UP 和 gNB-DU 之间的连接。gNB-CU-CP 根据 UE 请求的服务选择合适的 gNB-CU-UP。当同一个 gNB-CU-CP 控制的 gNB-CU-UP 发生切换时，gNB-CU-UP 之间的数据转发功能可以使用 Xn-U 接口。

NG-RAN 可以分层为无线网络层（Radio Network Layer，RNL）和传输网络层（Transport Network Layer，TNL）。NG-RAN 的逻辑节点以及逻辑节点之间的接口定义为 RNL。对于每个 NG-RAN 接口（NG、Xn、F1），3GPP 协议对相关的 TNL 协议和功能进行了规范，TNL 为用户面数据和控制面信令传输提供服务。

F1 接口为 gNB 的 gNB-CU 和 gNB-DU 之间的互相连接提供了方法。F1-C 接口协议如图 2-30 所示。TNL 以 IP 传输为基础，为了保证信令的可靠传输，在 IP 层之上增加了 SCTP 层，F1-C 的应用层协议指 F1 应用层协议（F1 Application Protocol，F1AP）。F1-C

的主要功能包括以下4项。

（1）F1接口管理功能

进一步可以细分为错误指示功能、重启功能、F1建立功能、gNB-CU配置更新和gNB-DU配置更新功能。

（2）系统消息管理功能

gNB-DU根据可用的调度参数负责系统消息的广播。

（3）F1 UE上下文管理功能

支持必需的F1 UE上下文的建立和修改，F1 UE上下文的建立由gNB-CU发起，gNB-DU接受或根据接入控制标准（如资源不可用）拒绝F1 UE上下文的建立；F1 UE上下文的修改可以由gNB-CU或gNB-DU发起，接收节点（gNB-DU或gNB-CU）接受或拒绝修改；gNB-CU直接或根据gNB-CU的请求触发F1 UE上下文的释放；管理DRB和SRB；gNB-CU完成QoS流和无线承载之间的映射。

（4）RRC消息转发功能

允许RRC消息经过F1-C接口在gNB-CU和gNB-DU之间进行转发。gNB-CU负责由gNB-DU提供辅助信息的专用RRC消息的编码。

F1-U的接口协议如图2-31所示。传输网络层以IP传输为基础，GTP-U在UDP/IP之上。F1-U的主要功能包括以下两项。

（1）用户数据转发功能

gNB-CU和gNB-DU之间的用户面数据转发。

（2）流量控制功能

控制到gNB-DU的下行数据流。

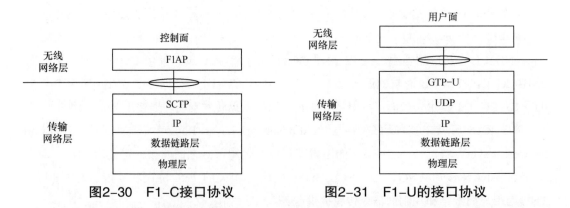

图2-30　F1-C接口协议　　　图2-31　F1-U的接口协议

2.5.2　CU-DU切分选项

CU-DU功能切分依赖无线网络的部署场景、限制和预期支持的服务等因素，具体来说，主要包括以下 3 个要求。

- 需要支持每个服务提出的特定 QoS 设置（如低时延、高吞吐量）。
- 需要支持每个给定地理区域的特定用户密度和负载需求（影响无线网的协作水平）。
- 能够根据传输网络的不同性能水平（理想回传或非理想回传，传输时延从几十微秒到几十毫秒）进行功能划分。

根据以上要求，3GPP 对 CU-DU 功能切分给出了多种选择，CU-DU 功能切分的选项如图 2-32 所示。

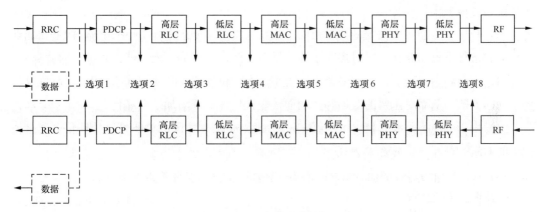

图2-32　CU-DU功能切分的选项

1. 选项 1（RRC/PDCP，类似 1A 切分方式）

选项 1 类似于双连接中的 1A 架构，RRC 在 CU；PDCP、RLC、MAC、PHY 和 RF 在 DU，即用户面都在 DU。选项 1 的优点是有集中的 RRC/RRM，且与用户面分离，适合于用户数据靠近传输节点的场景，如边缘计算或低时延应用场景。选项 1 的缺点是由于 RRC 和 PDCP 分离，在实施的时候，CU 和 DU 之间的接口安全有可能对性能造成影响。

2. 选项 2（PDCP/RLC 切分，类似 3C 切分方式）

选项 2 类似于双连接中的 3C 架构，RRC 和 PDCP 在 CU；RLC、MAC、PHY 和 RF 在 DU。选项 2 的优点是允许来自 NR 和 E-UTRA 的话务在 CU 进行集中，同时方便管理和分流 NR 和 E-UTRA 的话务负载；PDCP/RLC 切分在 LTE 双连接中已经被标准化了，因此参照 LTE 双连接的标准，选项 2 最容易实现。另外，从 LTE 迁移的角度看，LTE-NR 互操作与功能切分在用户面一致也是有好处的。

3. 选项 3（高层 RLC/ 低层 RLC 切分）

选项 3 把 RLC 分成高层 RLC 和低层 RLC。低层 RLC（RLC 的部分功能）、MAC、

PHY 和 RF 在 DU；PDCP 和高层 RLC（RLC 的其他功能）在 CU。根据 RLC 的实时性/非实时性功能划分，选项 3 又可以细分为选项 3-1 和选项 3-2。

选项 3-1 基于 ARQ 进行划分，低层 RLC 包括分段等功能；高层 RLC 包括 ARQ（AM 模式）和其他 RLC 功能。高层 RLC 基于状态报告把 PDCP PDU 分段为 RLC SDU，而低层 RLC 根据 MAC 层可用的资源把 RLC PDU 分段成 MAC SDU。

- 选项 3-1 的优点

（1）可以集中实现 NR 和 E-UTRA 的话务聚合，有助于实现 NR 和 E-UTRA 之间的话务负荷的管理工作。

（2）在切分上能实现更好的流量控制，由于 ARQ 和包排序在 CU 中完成，因此在非理想传输的条件下更加健壮，同时提供了池化增益，降低了对 DU 处理能力和缓存的需求。

（3）充分利用不同 DU 下的多个无线支路，通过位于 CU 的端到端的 ARQ 机制恢复传输网络的失败，从而对重要的数据和控制面信令提供保护，增加了可靠性。

（4）由于 DU 不需要存储 RLC 状态和 UE 上下文信息，因此 DU 可以处理更多连接模式下的 UE。

（5）可以在 gNB 之间实现基于 RAN 的移动性。

- 选项 3-1 的缺点

（1）相比于 ARQ 在 DU，选项 3-1 的 ARQ 重传需要加上传输网络的时延，因此 ARQ 重传易受传输网络时延的影响。

选项 3-2 基于 TX RLC 和 RX RLC 进行划分，低层 RLC 包括与下行传输相关的发送 TM RLC 实体、发送 UM RLC 实体、发送 AM 实体、接收 AM 实体的路由功能。高层 RLC 包括与上行传输相关的接收 TM RLC 实体、接收 UM RLC 实体和接收 AM 实体（不包括路由功能和 RLC 状态报告的接收）。

- 选项 3-2 的优点

（1）可以集中实现 NR 和 E-UTRA 的话务聚合，有助于实现 NR 和 E-UTRA 间的话务负荷的管理工作。

（2）不仅对 CU 和 DU 之间的网络传输时延不敏感，而且可以利用传统的 PDCP-RLC 和 MAC-RLC 接口格式。

（3）流量控制在 CU，CU 中需要相应的缓存器，发送缓存放在 DU 中，因此来自 CU 的数据流在发送前需要进行流量控制时，可以在 CU 中进行缓存，可以根据前向回传（Front Haul，FH）条件进行流量控制。

（4）由于 RX RLC 位于 CU，因此当 RLC SDU 发送给 PDCP 时，PDCP/RLC 重建过程没有额外的时延。

（5）不会对传输产生任何影响，如导致传输网络拥塞等，这是因为 MAC 将 RLC PDU

作为一个完整的包发送给 RLC，而不是由 RLC 将 RLC SDU 发送给 PDCP。

● 选项 3-2 的缺点

（1）相对于 RLC 不进行切分的情况，AM RX RLC 的状态 PDU 可能导致额外的时延，因为状态 PDU 必须通过从 CU 到 DU 的 PDCP TX RLC 接口进行发送，从而产生了额外的传输时延。

（2）由于流量控制在 CU 中，而 RLC TX 在 DU 中，所以需要两个发送缓存，位于 CU 的缓存允许流量控制数据发送到 RLC TX，位于 DU 的缓存则用于执行 RLC TX。

4. 选项 4（RLC-MAC 切分）

在选项 4 中，MAC、PHY 和 RF 在 DU；PDCP 和 RLC 在 CU。基于 LTE 协议栈，暂时无法预见选项 4 的优点。

5. 选项 5（MAC 内部切分）

选项 5 把 MAC 层分成高层 MAC 和低层 MAC。其中，RF、PHY 和低层 MAC 在 DU；高层 MAC、RLC、PDCP 在 CU。高层 MAC 控制多个低层 MAC，负责完成集中化的调度决策，以及负责完成小区间的干扰协调，如联合接收/调度 CoMP。低层 MAC 完成时延需求迫切的功能（如 HARQ），或完成性能与时延成正比的功能（如来自物理层的无线信道和信号测量，随机接入控制等），以降低对前向回传的时延要求。低层 MAC 还负责完成与调度相关的信息处理和报告等无线功能。

● 选项 5 的优点

（1）可以集中实现 NR 和 E-UTRA 的话务聚合，有助于实现 NR 和 E-UTRA 间的话务负荷的管理工作。

（2）根据 RAN-CN 接口上的负荷，降低了对前向回传的带宽需求。

（3）如果 HARQ 处理和小区相关的 MAC 功能在 DU 中实现的话，可降低前向回传的时延需求。

（4）选项 5 在多个小区间进行有效的干扰管理，便于使用增强型的调度技术，如 CoMP、CA 等。

● 选项 5 的缺点

（1）CU 和 DU 之间的接口过于复杂。

（2）难以在 CU 和 DU 之上定义调度操作。

（3）CU 和 DU 之间的调度决定受制于前向回传的时延，在非理想前向回传和短传输时间间隔（Transmission Time Interval，TTI）的条件下，可能影响性能。

（4）对某些 CoMP 方案（如上行 JR）有限制。

6. 选项6（MAC-PHY切分）

在选项6中，PHY和RF在DU；PDCP、RLC、MAC在CU。CU和DU之间的接口承载数据、配置与调度有关的信息（如MCS、层映射、波束赋形、天线配置、资源块分配等）和测量信息。

- 选项6的优点

（1）可以集中实现NR和E-UTRA的话务聚合，有助于实现NR和E-UTRA间的话务负荷的管理工作。

（2）选项6的有效负荷是传输块比特，所以基带比特的吞吐量较低，降低了对前向回传的带宽需求。

（3）由于MAC在CU，因此可以实现联合传输（Joint Transmission，JT）、集中调度和上层（MAC及以上）资源的池化。

- 选项6的缺点

需要在CU中的MAC和在DU中的PHY之间实现子帧水平的定时交互，前向回传的环路时延可能影响HARQ的定时和调度。

7. 选项7（物理层内部切分）

选项7把PHY分成低层PHY和高层PHY。其中，低层PHY和RF在DU；PDCP、RLC、MAC、高层PHY在CU。选项7共有以下3种可能的划分。

（1）在选项7-1中，PHY上行方向的FFT、CP移除、可能的滤波功能以及下行方向的IFFT和CP添加功能在DU，PHY的其他功能在CU。

（2）在选项7-2中，PHY上行方向的FFT、CP移除、资源解映射和可能的PRACH预滤波功能以及下行方向的IFFT、CP添加、资源映射和预编码功能在DU，PHY的其他功能在CU。

（3）在选项7-3中，仅PHY的编码功能在CU，PHY的其他功能在DU。选项7-1、选项7-2、选项7-3如图2-33所示。

- 选项7-1、选项7-2、选项7-3共同的优点

（1）可以集中实现NR和E-UTRA的话务聚合，有助于实现NR和E-UTRA间的话务负荷的管理工作。

（2）由于MAC在CU，因此可以实现集中调度（如CoMP），上行和下行都可以实现联合处理。

- 选项7-1、选项7-2、选项7-3共同的缺点

低层PHY和高层PHY之间需要实现子帧水平的定时交互。

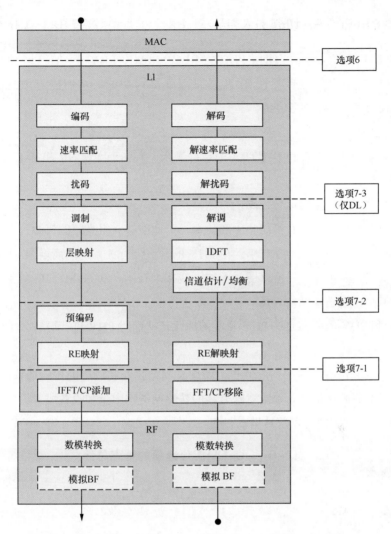

图2-33 选项7-1、选项7-2、选项7-3

- 选项7-1特有的优缺点

可以使用更先进的接收机,随着上行流数(stream)的增加,显著地降低了流间干扰,同时增加了池化增益。选项7-1的缺点是下行和上行数据与天线端口数有关,对前向回传的带宽需求很高,通过去除保护带宽和CP以及频域压缩,一定程度上可以降低前向回传的峰值带宽。

- 选项7-2特有的优缺点

数据与层数有关,与天线端口数无关,下行和上行对前向回传的带宽需求较小。与选项7-1和选项7-3相比,选项7-2的缺点是池化增益有所降低。

- 选项7-3特有的优缺点

有效负荷是编码后的数据,所以基带比特的吞吐量较低,从而有利于降低对前向回传的需求。

8. 选项8（PHY-RF切分）

在选项8中，RF功能在DU；PDCP、RLC、MAC、PHY在CU。这种切分能够进行所有协议层的集中化处理，使RAN具有高度协调功能，从而能有效地支持CoMP、MIMO、负载均衡、移动性等功能。

- 选项8的优点

（1）可以集中实现NR和E-UTRA的话务聚合，有助于实现NR和E-UTRA间的话务负荷的管理工作。

（2）能够降低吞吐量对前传回路的带宽需求。

（3）在整个协议栈上进行高层集中和协调，因此能够获得高效的资源管理和无线性能。

（4）RF和PHY的分离使RF单元与PHY的升级没有关系，从而增强RF/PHY的可扩展性，允许将RF单元进行复用以便对不同无线接入技术（如GSM、3G、LTE）的物理层提供服务，减少了设备和站点投资。

（5）RF和PHY的分离允许PHY资源的池化，从而对PHY进行更有效率的规划。

- 选项8的缺点

需要低时延和高吞吐量的前向回传，考虑到网络拓扑和可用的传输选项，低时延会限制网络部署，高吞吐量的带宽需求意味着高的传输网链路容量和设备成本。

CU-DU切分选项的特点总结见表2-5。

表2-5 CU-DU切分选项的特点总结

项目	1	2	3-1	3-2	5	6	7-3	7-2	7-1	8
是否具有研究基准	无	有（LTE DC）	无							有（CPRI）
话务聚合	无	有								
ARQ位置	DU				CU（在非理想传输条件下可能更稳健）					
CU资源池化	最低 仅RRC	居中（越往右越高）								最高 RRC + L2 + PHY
		RRC + L2（部分）			RRC+L2	RRC + L2 + PHY（部分）				
传输网络时延要求	宽松			注7		紧迫				
传输网络峰值带宽要求	N/A 没有UP需求	最低	居中（越往右越高）							最高
		基带比特					IQ量化比特（f）			IQ量化比特（t）
	—	与MIMO层数成正比					与天线端口数成正比			

（续表）

项目	1	2	3-1	3-2	5	6	7-3	7-2	7-1	8
多小区/频率协调	多个调度器（每个DU不独立）						集中调度器（每个CU可共用）			
上行先进接收机	注[7]						N/A	注[7]	有	
备注	注[4]	注[1]	注[2]	注[3]	注[5]注[6]	注[5]	注[5]	注[5]		

注：1. 本总结表是基于 LTE 协议栈进行的。

2. 本总结表不能用于分析目前的切分方式。

3. 本总结用于对各种 CU/DU 切分方式提供高层总结，因此集中在一些主要项目，不是非常全面和详尽。

4. 对 uRLLC/MEC 也许有好处。

5. 由于调度器和物理层处理分开，所以增加了复杂性。

6. 由于调度器和 HARQ 分开，所以增加了复杂性。

7. 在研究阶段未加以明确和澄清。

2.5.3 CU-DU 切分对前向回传的影响

CU-DU 切分方式和 CU-DU 之间的传输网络（也称为前向回传）互有影响。传输网络的性能不同，选择的 CU-DU 切分方式也不同，对于传输时延大的网络，优先选择高层的功能切分方式（如选项 2）；对于传输时延低的网络，优先选择低层的功能切分方式（如选项 6 和选项 7）以增强性能（如集中调度）。CU-DU 切分方式不同，对前向回传的时延和带宽需求也不同，从而极大地影响传输网络的投资。CU 和 DU 之间前向回传的时延要求与某些功能（如集中调度、联合传输、先进的接收机）或应用场景（如 uRLLC、MEC）等因素有关，而 CU 和 DU 之间前向回传的带宽需求与 CU-DU 的切分方式、无线信道带宽、调制方式、MIMO 层数、IQ 量化比特以及天线端口数等因素密切相关。3GPP TR 38.801 的附录 A 给出了计算前向回传带宽的参数（以下简称 TR 38.801 参数），TR 38.801 给出的计算前向回传带宽的参数见表 2-6。

表2-6 TR 38.801给出的计算前向回传带宽的参数

参数	条件	应用哪些切分选项
信道带宽	100MHz（DL/UL）	所有选项
调制方式	256QAM（DL/UL）、64QAM（UL）	所有选项
MIMO 层数	8（DL/UL）	所有选项
IQ 量化比特	2×（7~16）bit（DL）、2×（10~16）bit（UL）	选项 7-1、选项 7-2
	2×16bit（DL/UL）	选项 8
天线端口数	32（DL/UL）	选项 7-1、选项 8

根据表2-6的条件，以LTE的下行峰值速率150Mbit/s（信道带宽是20MHz，MIMO层数是2层，调制方式是64QAM）和上行峰值速率50Mbit/s（信道带宽是20MHz，MIMO层数是1层，调制方式是16QAM）作为参考，可以计算出TR 38.801参数的前向回传带宽，根据TR 38.801参数计算的前向回传的带宽和时延需求见表2-7。

表2-7　根据TR 38.801参数计算的前向回传的带宽和时延需求

选项	带宽需求	允许的最大单向时延	备注
选项1	DL：4Gbit/s UL：3Gbit/s	10ms	
选项2	DL：4.016Gbit/s UL：3.024Gbit/s	1.5～10ms	下行：假设信令是16Mbit/s 上行：假设信令是24Mbit/s
选项3	低于选项2的DL和UL	1.5～10ms	
选项4	DL：4Gbit/s UL：3Gbit/s	接近100μs	
选项5	DL：4Gbit/s UL：3Gbit/s	几百ms	
选项6	DL：4.133Gbit/s UL：5.64Gbit/s	250μs	下行：假设调度/控制信令是133Mbit/s 上行：假设上行PHY对调度的响应是2640Mbit/s
选项7-1	DL：37.8～86.1Gbit/s UL：53.8～86.1Gbit/s	250μs	下行：假设MAC信息是121Mbit/s 上行：假设MAC信息是80Mbit/s
选项7-2	DL：10.1～22.2Gbit/s UL：16.6～21.6Gbit/s	250μs	下行：假设MAC信息是713.9Mbit/s 上行：假设MAC信息是120Mbit/s
选项7-3	DL：4.133Gbit/s UL：5.64Gbit/s	250μs	
选项8	DL：157.3Gbit/s UL：157.3Gbit/s	250μs	

选项1的下行带宽需求=LTE的下行峰值速率×信道带宽缩放比例×MIMO层数缩放比例×QAM缩放比例=150Mbit/s×（100/20）×（8/2）×（8/6）=4Gbit/s。

选项1的上行带宽需求=LTE的上行峰值速率×信道带宽缩放比例×MIMO层数缩放比例×QAM缩放比例=50Mbit/s×（100/20）×（8/1）×（6/4）=3Gbit/s。

选项2到选项5的带宽需求（DL/UL）=选项1的带宽需求（DL/UL）+必要的开销。

选项8的带宽需求（DL/UL）=20MHz LTE的采样率×信道带宽缩放比例×天线端口数×IQ量化比特=30.72Mbit/s×（100/20）×32×2×16=157.3Gbit/s。

选项6、选项7-1、选项7-2和选项7-3的前向回传的带宽需求严重依赖于无线参数配置，如信道带宽、MIMO层数、天线端口数等参数，接下来评估不同的无线参数配置{TR 38.801参数、#1～#6}对前向回传的带宽需求，评估前向回传带宽需求的参数集合见

表2-8。

表2-8 评估前向回传带宽需求的参数集合

参数集合	信道带宽（MHz）	调制方式	MIMO 层数	IQ量化比特(bit)	天线端口数
TR 38.801 参数	100（DL/UL）	DL：256QAM UL：64QAM	DL：8 UL：8	DL：2×（7～16） UL：2×（10～16）	32（DL/UL）
#1	100（DL/UL）	256QAM（DL/UL）	DL：8 UL：8	DL：2×16 UL：2×16	32（DL/UL）
#2	100（DL/UL）	256QAM（DL/UL）	DL：8 UL：8	DL：2×16 UL：2×16	8（DL/UL）
#3	200（DL/UL）	256QAM（DL/UL）	DL：8 UL：4	DL：2×16 UL：2×16	32（DL/UL）
#4	200（DL/UL）	256QAM（DL/UL）	DL：8 UL：4	DL：2×16 UL：2×16	8（DL/UL）
#5	400（DL/UL）	256QAM（DL/UL）	DL：8 UL：4	DL：2×16 UL：2×16	32（DL/UL）
#6	400（DL/UL）	256QAM（DL/UL）	DL：8 UL：4	DL：2×16 UL：2×16	8（DL/UL）

根据表2-8的参数，按照最差条件可计算出前向回传的带宽需求（下行方向），前向回传的带宽需求（Gbit/s）（下行方向）见表2-9，实际的带宽需求（选项7-3除外）小于表2-9中的数值。

表2-9 前向回传的带宽需求（Gbit/s）（下行方向）

参数		选项6（注1）	选项7-3（注1）	选项7-2	选项7-1
TR 38.801 参数		4.133	4.133	10.1～22.2	37.8～86.1
参数集合	#1	4.546	4.546	29.3	113.6
	#2	4.546	4.546	29.3	28.4
	#3	9.092	9.092	58.6	227.3
	#4	9.092	9.092	58.6	56.82
	#5	18.18	18.18	117.2	454.6
	#6	18.18	18.18	117.2	113.6

注：1. 假设编码速率=1，选项6和选项7-3的前向回传的带宽需求相等，如果编码速率<1，则选项7-3的前向回传的带宽需求大于选项6。

（1）选项6和选项7-3

对于下行方向，TR 38.801参数的前向回传的带宽需求A1按照公式（2-1）计算。

$$A1 = A0 \times B1 \times C1 \times D1 + E1 \qquad 公式（2-1）$$

在公式（2-1）中，各个参数的含义如下。

- A1 = TR 38.801参数的前向回传的带宽需求（Gbit/s）
- A0 = 作为参考的LTE下行峰值速率 = 150 Mbit/s
- B1 = 信道带宽缩放比例 = 100 MHz / 20 MHz
- C1 = MIMO层数缩放比例 = 8层/2层
- D1 = QAM缩放比例 = 8 bit/6 bit

- E1 = 开销 = 133 Mbit/s（调度 / 控制信令）

对于下行方向，各个参数集合 {#1～#6} 的前向回传的带宽需求 A2 按照公式（2-2）计算。

$$A2=A1×B2×C2×D2×E2×F2 \qquad 公式（2-2）$$

在公式（2-2）中，各个参数的含义如下。

- A2 = 参数集合 {#1～–#6} 前向回传的带宽需求（Gbit/s）
- A1 = TR 38.801 参数前向回传的带宽需求（Gbit/s）
- B2 = 信道带宽缩放比例 =（100 MHz、200 MHz、400 MHz）/ 100 MHz
- C2 = MIMO 层数缩放比例 = 8 层 /8 层
- D2 = QAM 缩放比例 = 8 bit / 8 bit
- E2 = 频谱使用缩放比例 [1]=99 % / 90 %
- F2 = 上限余量估计 [2] =120 % / 100 %

（2）选项 7-2

对于下行方向，TR 38.801 参数的前向回传的带宽需求 A1 按照公式（2-3）计算。

$$A1=B1×C1×D1×E1×F1+G1 \qquad 公式（2-3）$$

在公式（2-3）中，各个参数的含义如下。

- A1 = TR 38.801 参数的前向回传的带宽需求（Gbit/s）
- B1 = 20MHz LTE 的子载波数 = 1200 个子载波 / 20 MHz
- C1 = 信道带宽缩放比例 =100 MHz / 20 MHz
- D1 = OFDM 符号速率 = 14 个符号 /ms
- E1 = MIMO 层数 = 8 层
- F1 = IQ 量化比特 = 2×16 bits
- G1 = 开销 = 713.9 Mbit/s(调度 / 控制信令)

对于下行方向，各个参数集合的前向回传的带宽需求 A2 按照公式（2-4）计算。

$$A2=A1×B2×C2×D2×E2×F2 \qquad 公式（2-4）$$

在公式（2-4）中，各个参数的含义如下。

- A2 = 参数集合 {#1 ～#6} 前向回传的带宽需求（Gbit/s）
- A1 = TR 38.801 参数的前向回传的带宽需求（Gbit/s）
- B2 = 信道带宽缩放比例 =（100 MHz、200 MHz、400 MHz）/ 100 MHz
- C2 = MIMO 层数缩放比例 = 8 层 /8 层
- D2 = IQ 量化比特缩放比例 =2×16 bits /（2×16 bits）
- E2 = 频谱使用缩放比例 [1] = 99 % / 90 %
- F2 = 上限余量估计 [2] =120 % / 100 %

（3）选项 7-1

对于下行方向，TR 38.801 参数的前向回传的带宽需求 A1 按照公式（2-5）计算。

$$A1=B1×C1×D1×E1×F1+G1 \quad\quad 公式（2-5）$$

在公式（2-5）中，各个参数的含义如下。

- A1 = TR 38.801 参数的前向回传的带宽需求（Gbit/s）
- B1 = 20MHz LTE 的子载波数 = 1200 个子载波 / 20 MHz
- C1 = 信道带宽缩放比例 = 100 MHz / 20 MHz
- D1 = OFDM 符号速率 = 14 个符号 /ms
- E1 = 天线端口 = 32 个
- F1 = IQ 量化比特 = 2×16 bits
- G1 = 开销 = 121Mbit/s（调度 / 控制信令）

对于下行方向，各个参数集合的前向回传的带宽需求 A2 按照公式（2-6）计算。

$$A2=A1×B2×C2×D2×E2×F2 \quad\quad 公式（2-6）$$

在公式（2-6）中，各个参数的含义如下。

- A2 = 参数集合 {#1～#6} 前向回传的带宽需求（Gbit/s）
- A1 = TR 38.801 参数的前向回传的带宽需求（Gbit/s）
- B2 = 信道带宽缩放比例 =（100 MHz、200 MHz、400 MHz）/ 100 MHz
- C2 = 天线端口数缩放比例 =（8 Ant、32 Ant）/ 32 Ant
- D2 = IQ 量化比特缩放比例 =2×16 bits /（2×16 bits）
- E2 = 频谱使用缩放比例[1] = 99 % / 90 %
- F2 = 上限余量估计[2] =120 % / 100 %

注：1. LTE 和 NR 最大的频谱利用率分别是 90% 和 99%。
    2. 由于额外的负荷（如调度和波束命令、传输层的开销等），上行余量估计可以按照最大 20% 来考虑，实际值预期小于 20%。

根据表 2-8 的参数，按照最差条件可计算出前向回传的带宽需求（上行方向），前向回传的带宽需求（Gbit/s）（上行方向）见表 2-10。实际的带宽需求（选项 7-3 除外）预计小于表 2-10 中的数值。

表2-10　前向回传的带宽需求（单位：Gbit/s）（上行方向）

参数		选项 6	选项 7-2	选项 7-1
TR 38.801 参数		5.64	13.6～21.6	53.8～86.1
参数集合	#1	4.96	14.25	113.7
	#2	4.96	14.25	28.4
	#3	9.92	28.54	227.4
	#4	9.92	28.54	56.8
	#5	19.85	57.08	454.8
	#6	19.85	57.08	113.7

（4）选项6

对于上行方向，TR 38.801参数的前向回传的带宽需求A1按照公式（2-7）计算。

$$A1 = A0 \times B1 \times C1 \times D1 + E1 \qquad 公式（2-7）$$

在公式（2-7）中，各个参数的含义如下。

- A1 = TR 38.801 参数前向回传的带宽需求（Gbit/s）
- A0 = 作为参考的 LTE 上行峰值速率 = 50 Mbit/s
- B1 = 信道带宽缩放比例 = 100 MHz / 20 MHz
- C1 = MIMO 层数缩放比例 = 8 层 /1 层
- D1 = QAM 缩放比例 = 6 bit/4 bit
- E1 = 开销 = 2640 Mbit/s 控制信令

对于上行方向，各个参数集合的前向回传的带宽需求A2按照公式（2-8）计算。

$$A2 = A1 \times B2 \times C2 \times D2 \times E2 \times F2 \qquad 公式（2-8）$$

在公式（2-8）中，各个参数的含义如下。

- A2 = 参数集合 {#1~#6} 前向回传的带宽需求（Gbit/s）
- A1 = TR 38.801 参数前向回传的带宽需求（Gbit/s）
- B2 = 信道带宽缩放比例 =（100 MHz、200 MHz、400 MHz）/ 100 MHz
- C2 = MIMO 层数缩放比例 = 4 层 /8 层
- D2 = QAM 缩放比例 = 8 bit / 6 bit
- E2 = 频谱使用缩放比例[1] = 99 % / 90 %
- F2 = 上限余量估计[2] = 120 % / 100 %

（5）选项7-2

对于上行方向，TR 38.801参数的前向回传的带宽需求A1按照公式（2-9）计算。

$$A1 = B1 \times C1 \times D1 \times E1 \times F1 + G1 \qquad 公式（2-9）$$

在公式（2-9）中，各个参数的含义如下。

- A1 = TR 38.801 参数的前向回传的带宽需求（Gbit/s）
- B1 = 20MHz LTE 的子载波数 = 1200 个子载波 / 20 MHz
- C1 = 信道带宽缩放比例 = 100 MHz / 20 MHz
- D1 = OFDM 符号速率 = 14 个符号 / ms
- E1 = MIMO 层数 = 8 层
- F1 = IQ 量化比特 = 2 × 16 bits
- G1 = 开销 = 120 Mbit/s(控制信令)

对于上行方向，各个参数集合的前向回传的带宽需求A2按照公式（2-10）计算。

$$A2 = A1 \times B2 \times C2 \times D2 \times E2 \times F2 \qquad 公式（2-10）$$

在公式（2-10）中，各个参数的含义如下。
- A2 = 参数集合 {#1～#6} 前向回传的带宽需求（Gbit/s）
- A1 = TR 38.801 参数的前向回传的带宽需求（Gbit/s）
- B2 = 信道带宽缩放比例 =（100 MHz、200 MHz、400 MHz）/ 100 MHz
- C2 = MIMO 层数缩放比例 = 4 层 /8 层
- D2 = IQ 量化比特缩放比例 = 2×16 bits /（2×16 bits）
- E2 = 频谱使用缩放比例[1] = 99 % / 90 %
- F2 = 上限余量估计[2] =120 % / 100 %

（6）选项 7-1

对于上行方向，TR 38.801 参数的前向回传的带宽需求 A1 按照公式（2-11）计算。

$$A1=B1\times C1\times D1\times E1\times F1+G1 \qquad 公式（2-11）$$

在公式（2-11）中，各个参数的含义如下。
- A1 = TR 38.801 参数的前向回传的带宽需求（Gbit/s）
- B1 = 20MHz LTE 的子载波数 = 1200 个子载波 / 20 MHz
- C1 = 信道带宽缩放比例 =100 MHz / 20 MHz
- D1 = OFDM 符号速率 = 14 个符号 / ms
- E1 = 天线端口 = 32 个
- F1 = IQ 量化比特 = 2 ×16 bits
- G1 = 开销 = 80Mbit/s（调度 / 控制信令）

对于上行方向，各个参数集合的前向回传的带宽需求 A2 按照公式（2-12）计算。

$$A2=A1\times B2\times C2\times D2\times E2\times F2 \qquad 公式（2-12）$$

在公式（2-12）中，各个参数的含义如下。
- A2 = 参数集合 {#1～#6} 前向回传的带宽需求（Gbit/s）
- A1 = TR 38.801 参数的前向回传的带宽需求（Gbit/s）
- B2 = 信道带宽缩放比例 =（100 MHz、200 MHz、400 MHz）/ 100 MHz
- C2 = 天线端口数缩放比例 =（8 Ant、32 Ant）/ 32 Ant
- D2 = IQ 量化比特缩放比例 = 2×16 bits /（2×16 bits）
- E2 = 频谱使用缩放比例[1] = 99 % / 90 %
- F2 = 上限余量估计[2] =120 % / 100 %

注：1. LTE 和 NR 最大的频谱使用比例分别是 90% 和 99%。

2. 由于额外的负荷（如调度和波束命令、传输层的开销等），上行余量估计按照 20% 来考虑，实际值预期小于 20%。

5G 频谱和信道安排

Chapter 3

第三章

> **导读**
>
> 本章以 3GPP TS 38.104 协议为基础，详细分析了工作频段、信道带宽、信道安排。本书以 3300MHz～3400MHz 和 3400MHz～3500MHz 为例，详细地给出了信道栅格和同步栅格的计算思路、计算过程并以图形的形式给出了计算结果，是本章的重点和难点。
>
> 本章内容是第四、五章的基础，尤其是 k_{SSB}、同步信号块（Synchronization Signal Block，SSB）、CORESET0、Point A 等概念与第四、五章的联系非常紧密。如果在本章阅读的时候觉得这些概念不易理解，也可以暂时放一下，等阅读完第四、五章的相关内容之后，再回过头来阅读。除此之外，本章提供的工作频段、每个工作频段适用的信道带宽、子载波间隔（Sub-Carrier Spacing，SCS）、NR 绝对无线频率信道号（NR-Absolute Radio Frequency Channel Number，NR-ARFCN）和同步栅格等表格比较重要，在后续章节中会经常用到。

更多的频率资源且灵活的带宽

频谱是无线通信最重要的资源，频率的高低与覆盖范围密切相关，为了增加覆盖范围，倾向于使用低频段；可用带宽的大小与容量密切相关，为了满足流量增长需求，又倾向于高频段。NR支持FR1和FR2两大频率范围，FR1主要用于实现5G网络连续广覆盖、高速移动性场景下的用户体验和海量设备连接；FR2主要用于满足城市热点、郊区热点与室内场景等极高的用户体验速率和峰值容量需求。本书给出了5G的工作频段并对三大运营商实验网使用的频率进行了分析。

FR1、FR2支持的信道带宽最高分别为100MHz、400MHz，NR保护带占信道带宽的比例是可变的且信道两侧的保护带大小可以不一致，这样的设计给NR的部署带来了很大的灵活性。本书详细地分析了单个和多个参数集（numerology）的保护带的取值原则，以及频谱利用率的计算方法。

NR信道位置通过信道栅格来识别，而同步信道的位置通过搜索同步栅格来识别，两者的不一致（频率位置、SCS等）导致频率配置、小区搜索非常复杂，本章通过举例的方式，详细给出了信道栅格、同步栅格、Point A的计算方法以及一部分初始小区搜索过程。

信道栅格

NR定义了两类信道栅格：一类是基于100kHz的信道栅格；另一类是基于SCS的信道栅格，如15kHz、30kHz等。基于100kHz信道栅格可以确保与LTE共存，因为LTE的信道栅格也是100kHz。基于SCS的信道栅格可以确保在载波聚合的时候，聚合的载波之间不需要预留保护带，从而提高频谱利用率。

同步栅格

NR同步栅格的间隔较信道栅格更大，显著减少了UE初始接入时的搜索时间，从而降低了UE功耗、降低了搜索的复杂度。

NR分别定义信道栅格和同步栅格也带来了信令过于复杂等缺点。

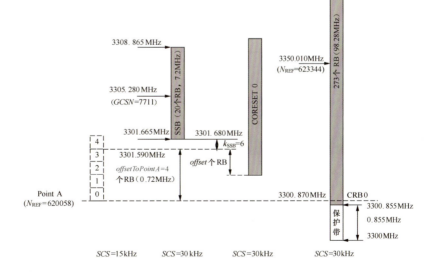

第三章　内容概要一览图

频谱是无线通信最重要的资源，频谱有两个重要的特征，即频率的高低和可用带宽的大小。频率的高低与覆盖密切相关，频率越低，覆盖距离越远。为了实现良好的覆盖和节约建网成本，通常优先使用低频段。而可用带宽的大小与容量密切相关，基站或UE最大的发射带宽通常是中心频率的5%左右，因此频率越高，可用带宽就越大。为了满足流量增长需求，又倾向于使用高频段。

LTE的主同步信号（Primary Synchronization Signal，PSS）/辅同步信号（Secondary Synchronization Signal，SSS）和物理广播信道（Physical Broadcast Channel，PBCH）在载波的中心，UE搜索到PSS/SSS信号后可以确定载波的中心频率和物理小区标识（Physical Cell Identifier，PCI），通过读取PBCH信道，可以获得信道带宽。因此，LTE的频率配置只需要设置载波的中心频率和信道带宽即可，载波的中心频率通过信道栅格来定义，LTE的信道栅格固定为100kHz。

相比于LTE，NR的小区搜索则复杂得多。UE首先搜索PSS/SSS信号，确定SSB的中心频率和PCI；然后通过读取PBCH信道，获得SSB的子载波频率偏移（即k_{SSB}）和调度PDSCH（承载SIB1）的PDCCH配置信息（即 *pdcch–ConfigSIB1*），确定用于Type0-PDCCH公共搜索空间的CORESET 0的频率位置和带宽；最后通过读取SIB1，获得Point A（通过高层参数 *offsetToPointA* 传递）的位置和信道带宽。因此NR的频率配置涉及同步栅格、信道栅格、Point A和信道带宽等参数。

3GPP定义了两大频率范围（Frequency Range，FR），分别是FR1和FR2，FR1主要用于实现5G网络连续广覆盖、高速移动性场景下的用户体验和海量设备连接；FR2即通常所讲的5G毫米波频段，主要用于满足城市热点、郊区热点与室内场景等极高的用户体验速率和峰值容量需求，频率范围（FR）的定义见表3-1。

表3-1　频率范围（FR）的定义

FR	对应的频率范围
FR1	410 MHz～7125 MHz
FR2	24250 MHz～52600 MHz

本章接下来对工作频段、信道带宽、信道栅格、同步栅格、Point A等进行详细的分析。

3.1　工作频段

5G NR除了为FDD和TDD划分了不同的频段外，同时新增了补充下行（Supplementary DownLink，SDL）和补充上行（Supplementary UpLink，SUL）频段，5G NR的工作频段

（Operating Band）FR1 的工作频段见表 3-2，5G NR 的工作频段 FR2 的工作频段见表 3-3。

表3-2　5G NR的工作频段FR1的工作频段

NR 工作频段	上行工作频段（BS 接收/UE 发射）$F_{UL\_low} \sim F_{UL\_high}$	下行工作频段（BS 发射/UE 接收）$F_{UL\_low} \sim F_{UL\_high}$	双工模式
n1	1920 MHz～1980 MHz	2110 MHz～2170 MHz	FDD
n2	1850 MHz～1910 MHz	1930 MHz～1990 MHz	FDD
n3	1710 MHz～1785 MHz	1805 MHz～1880 MHz	FDD
n5	824 MHz～849 MHz	869 MHz～894 MHz	FDD
n7	2500 MHz～2570 MHz	2620 MHz～2690 MHz	FDD
n8	880 MHz～915 MHz	925 MHz～960 MHz	FDD
n12	699 MHz～716 MHz	729 MHz～746 MHz	FDD
n20	832 MHz～862 MHz	791 MHz～821 MHz	FDD
n25	1850 MHz～1915 MHz	1930 MHz～1995 MHz	FDD
n28	703 MHz～748 MHz	758 MHz～803 MHz	FDD
n34	2010 MHz～2025 MHz	2010 MHz～2025 MHz	TDD
n38	2570 MHz～2620 MHz	2570 MHz～2620 MHz	TDD
n39	1880 MHz～1920 MHz	1880 MHz～1920 MHz	TDD
n40	2300 MHz～2400 MHz	2300 MHz～2400 MHz	TDD
n41	2496 MHz～2690 MHz	2496 MHz～2690 MHz	TDD
n50	1432 MHz～1517 MHz	1432 MHz～1517 MHz	TDD
n51	1427 MHz～1432 MHz	1427 MHz～1432 MHz	TDD
n65	1920 MHz～2010 MHz	2110 MHz～2200 MHz	FDD
n66	1710 MHz～1780 MHz	2110 MHz～2200 MHz	FDD
n70	1695 MHz～1710 MHz	1995 MHz～2020 MHz	FDD
n71	663 MHz～698 MHz	617 MHz～652 MHz	FDD
n74	1427 MHz～1470 MHz	1475 MHz～1518 MHz	FDD
n75	N/A	1432 MHz～1517 MHz	SDL
n76	N/A	1427 MHz～1432 MHz	SDL
n77	3300 MHz～4200 MHz	3300 MHz～4200 MHz	TDD
n78	3300 MHz～3800 MHz	3300 MHz～3800 MHz	TDD
n79	4400 MHz～5000 MHz	4400 MHz～5000 MHz	TDD
n80	1710 MHz～1785 MHz	N/A	SUL
n81	880 MHz～915 MHz	N/A	SUL
n82	832 MHz～862 MHz	N/A	SUL
n83	703 MHz～748 MHz	N/A	SUL
n84	1920 MHz～1980 MHz	N/A	SUL
n86	1710 MHz～1780 MHz	N/A	SUL

表3-3　5G NR的工作频段FR2的工作频段

NR 工作频段	上行和下行的工作频段（BS 接收/UE 发射）$F_{UL\_low} \sim F_{UL\_high}$	双工模式
n257	26500 MHz～29500 MHz	TDD
n258	24250 MHz～27500 MHz	TDD
n260	37000 MHz～40000 MHz	TDD
n261	27500 MHz～28350 MHz	TDD

通过对比表 3-2、表 3-3 的频段和 LTE 的频段，我们可以发现，NR 的频段 n1～n41、n50、n51、n65、n66、n70、n71、n74 与 LTE 对应的频段号和频率范围完全相同，只是在 5G 频段前面加了 "n"，代表 NR 的意思，除此之外，NR 也新增了一些频段，如 n77 及以上的频段。

目前，全球最有可能优先部署 5G 的频段是 n77、n78、n79、n257、n258 和 n260，也就是 3.3GHz～4.2GHz、4.4GHz～5.0Hz 和毫米波段 26GHz、28GHz、39GHz。这个几个频段都是 TDD 频段。5G 优先部署在 TDD 频段的主要原因有以下 3 个方面。

（1）移动应用越来越以下载为中心，视频下载已经占整体数据传输的很大部分，导致下行链路到上行链路严重不对称，TDD 可配置灵活的 DL/UL 时隙配比，能够有效满足 DL/UL 业务传输的不对称性。

（2）TDD 具有信道互易性，即基站可以基于上行链路的信道估计，快速而准确地获得下行链路的信道状态信息。TDD 的信道互易性有利于部署 massive-MIMO，增强了下行链路容量，同时最小化干扰，从而可以带来数倍的传输效率的提升。

（3）低频段的 FDD 频率已经部署了 2G、3G 或 4G 网络，非常拥挤，没有可供 5G 使用的大带宽的 FDD 频率。

由于上下行功率差异大、上行时隙配比不均等原因，上行覆盖受限成为 NR 在 FR1 的高频段部署的关键瓶颈，因此 NR 专门增加了低频的 SUL，即只有上行频段而没有对应的下行频段，如 n80～n84、n86。低频的 SUL 和高频相结合，可以充分利用低频的上行覆盖优势和高频的大带宽优势，从而降低建网成本。

与 LTE 类似，NR 也新增了 SDL，即只有下行频段而没有对应的上行频段，定义 SDL 的目的是为了与其他频段进行下行载波聚合，如欧洲国家使用 n75、n76 与 n20 进行下行载波聚合。为了避免对地球勘测卫星服务（Earth Exploration Satellite Service，EESS）造成干扰，同时使信道带宽最大化，1427MHz～1517MHz 被划分成两个频段，即 n75（1427MHz～1532MHz）和 n76（1432MHz～1517MHz）。其中，n75 只允许以较低的功率发射信号，如用于家庭型基站，以避免对 ESSS（1400MHz～1427MHz）造成干扰，而 n76 允许按照宏基站功率进行发射以获得良好的性能。

工业和信息化部在 2018 年 12 月向中国电信、中国移动和中国联通发放了 5G 试验网频率许可，中国移动室外覆盖的频率范围是 2515MHz～2675MHz，中国移动内部将 n41 频段称为 D 频段，通常简称 2.6GHz 频段；微基站覆盖（也可用于室分覆盖）的频率范围是 4800MHz～4900MHz。中国电信 5G 试验网频率是 3400MHz～3500MHz。中国联通的 5G 试验网频率是 3500MHz～3600MHz，3400MHz～3600MHz 通常简称 3.5GHz 频段。

中国电信和中国联通使用的 3.5GHz 频段的优势是产业链成熟，但是相比中国移动的 2.6GHz 频段，覆盖范围小，因此需要的站点数较多，投资大。

中国移动室外覆盖的频率范围是 2515MHz～2675MHz。其中，2555MHz～2575MHz 是中国联通的 TD-LTE 室外频率；2575MHz～2635MHz 是中国移动的 TD-LTE 室外频率；2635MHz～2655MHz 是中国电信的 TD-LTE 室外频率，2515MHz～2555MHz 和 2655MHz～2675MHz 是此前未分配的频率。相比于中国电信和中国联通分配的 3.5GHz 频段，中国移动的 5G 试验网频率的优势是覆盖更优、带宽更大（NR 最终带宽可达 160MHz），可兼顾 4G 容量和 5G 覆盖需求，同时可以利用存量 4G 网络的站址优势，5G 建网速度较快；劣势是海外运营商以及电信和联通优先部署在 3.5GHz 频段，2.6GHz 频段产业链相比于 3.5GHz 频段落后 3～6 个月。

针对中国移动已经分配的 2515MHz～2675MHz 频率，建议频率使用策略按照 3 个阶段执行。

1. 5G 部署初期：频率调整

为了发挥 NR 大带宽、高速率的优势，建议 NR 初期部署的带宽即为 FR1 范围内的最大信道带宽 100MHz，NR 部署在 2515 MHz～2615MHz；TD-LTE 部署的频率从 2575MHz～2635MHz 调整为 2615MHz～2675MHz。进行频率调整有以下 3 点好处。

（1）NR 是连续的 100MHz 带宽，避免载波聚合导致的网络部署困难以及终端复杂度增加。

（2）由于在未来几年内，TD-LTE 仍然是中国移动数据业务的主要承载网络，TD-LTE 的带宽调整后没有减少，因此可以确保 TD-LTE 业务不受明显影响。

（3）2615MHz～2635MHz 在调整前后都是 TD-LTE 频率，因此可以确保早期入网但是不支持 2635MHz～2675MHz 的 TD-LTE 终端也能接入 TD-LTE 网络，使其后向兼容性好。

替换 TD-LTE 的硬件，使硬件支持 160MHz 带宽。由于中国移动原有的 TD-LTE 八通道 RRU 只支持 2575MHz～2635MHz 且不支持 massive-MIMO，为了使硬件支持 2515MHz～2675MHz，需要把原有的 TD-LTE 八通道 RRU 和天线更换为支持 2515MHz～2675MHz 的 AAU。替换下来的 TD-LTE 八通道 RRU 和天线，可以安装在乡镇或农村等暂时不需要部署 5G 的区域，以便充分利用硬件设备，节约投资。进行硬件调整还有以下两点好处。

（1）硬件一步到位支持 160MHz 带宽，后续的网络演进不需要再更换硬件设备。

（2）TD-LTE 八通道 RRU 最多只支持 4 流空分复用，部署 massive-MIMO 后，TD-LTE 有可能实现 16 流或 32 流的空分复用，因此可显著增加 TD-LTE 单小区的容量，满足 TD-LTE 用户爆炸式的流量增长需求。

2. 5G 部署中期：LTE/NR 按需分配带宽

随着 5G 用户数的持续增长，NR 网络将有效分流 LTE 网络的流量，因此可以只给 TD-LTE 网络固定分配 2655MHz～2675MHz。2615MHz～2655MHz 这 40MHz 的带宽可以根据业务负荷、用户分布等因素，灵活的分配给 LTE 网络或 NR 网络。对 2615MHz～2655MHz 进行灵活分配的好处是可以确保 NR 和 LTE 的频率都是连续的，避免分散的频率导致系统之间有干扰。随着早期入网但是不支持 2635MHz～2675MHz 的 TD-LTE 终端逐步退网，TD-LTE 网络部署在 2655MHz～2675MHz 也不会成为严重问题。

3. 5G 部署后期：2515MHz～2675MHz 全部部署为 NR

随着 5G 用户数继续增长和 4G 用户数的减少，可以把 2515MHz～2675MHz 全部分配给 NR 网络，即 100MHz 带宽（2515MHz～2615MHz）+60MHz 带宽（2615MHz～2675MHz），以便充分发挥 5G 的竞争优势。

中国移动 2515MHz～2675MHz 频率使用策略如图 3-1 所示。

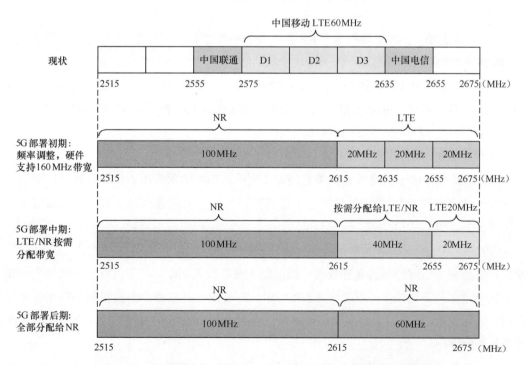

图3-1　中国移动 2515MHz～2675MHz 频率使用策略

3.2 信道带宽

与 LTE 一样，NR 也有信道带宽（Channel Bandwidth，CB）、保护带（Guard Band，GB）和传输带宽配置（Transmission Bandwidth Configuration，TBC）等概念，其定义与 LTE 类似，但是 NR 在下行方向没有直流成分（Direct Current，DC）子载波，这一点与 LTE 有明显区别，DC 子载波的分析请参见本章的 3.3 节。NR 信道带宽、传输带宽配置、保护带的定义如图 3-2 所示。

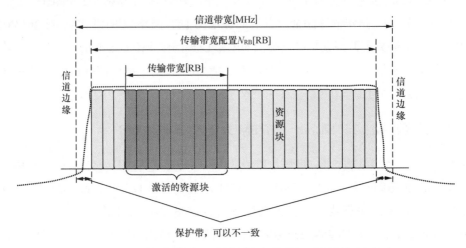

图3-2　NR信道带宽、传输带宽配置、保护带的定义

信道带宽是 5G 基站支持的单个 RF 载波带宽，与 LTE 不同的是，NR 可以在同一个载波上支持不同的 UE 信道带宽，用于向连接基站的 UE 发送或接收信号。可以在 BS 信道带宽的范围内灵活放置 UE 信道带宽，基站能够在载波资源块的任何位置发送或接收一个或多个 UE 的部分带宽（Bandwidth Part，BWP），BWP 小于或者等于 RF 载波的资源块数，BWP 的具体内容请参见本书的 4.3.4 节。

与 LTE 相比，NR 的保护带有以下 3 个显著特点。

（1）保护带占信道带宽的比例不是固定不变的，LTE 的保护带占信道带宽的比例固定是 10%（1.4MHz 除外），而 NR 只规定了最小保护带，两侧的最小保护带之和占信道带宽的比例是 2%～21%（FR1）/5%～7%（FR2）。

（2）信道两侧的保护带大小可以不一致。这样的设计给 NR 的部署带来了很大的灵活性，即可以根据相邻信道的干扰条件设置不同的保护带。如果 NR 与相邻信道的干扰较大，则设置较大的保护带以减少干扰；如果 NR 与相邻信道的干扰较小，则设置较小的保护带以提高频谱利用率。NR 的频谱利用率最高可以达到 98%（FR1）/95%（FR2），较 LTE 的 90% 有了显著的提高。

（3）在信道带宽确定的情况下，LTE 使用的 PRB 数就固定不变了。例如，LTE 的信道带宽是20MHz，PRB数必须是100个RB。这是因为控制信道必须使用所有的PRB。而NR在信道带宽确定的情况下，使用的PRB数是可以变化的。例如，当NR的信道带宽是100MHz，$SCS=30\text{kHz}$时，只要使用的PRB数不超过273个即可。这是因为NR的所有的信道和信号只占信道带宽的一部分且在频域位置上可以灵活配置，因此可以在满足最小保护带的条件下，只使用一部分PRB即可。这样的设计为NR规避频率干扰提供了一个选项。

3GPP协议定义了每个信道带宽和子载波间隔（Sub-Carrier Spacing，SCS）对应的最小保护带、传输带宽配置N_{RB}，根据公式（3-1）可以计算出PRB利用率（频谱利用率）。

$$\text{PRB 利用率} = N_{RB} \times 12 \times SCS / \text{信道带宽} \qquad \text{公式（3-1）}$$

FR1的最小保护带、N_{RB}和频谱利用率见表3-4；FR2的最小保护带、N_{RB}和频谱利用率见表3-5。

表3-4　FR1的最小保护带、N_{RB}和频谱利用率

信道带宽（MHz）	SCS=15kHz			SCS=30kHz			SCS=60kHz		
	每侧的最小保护带（kHz）	N_{RB}	频谱利用率	每侧的最小保护带（kHz）	N_{RB}	频谱利用率	每侧的最小保护带（kHz）	N_{RB}	频谱利用率
5	242.5	25	90%	505	11	79%	NA	NA	NA
10	312.5	52	94%	665	24	86%	1010	11	79%
15	382.5	79	95%	645	38	91%	990	18	86%
20	452.5	106	95%	805	51	92%	1330	24	86%
25	522.5	133	96%	785	65	94%	1310	31	89%
30	592.5	160	96%	945	78	94%	1290	38	91%
40	552.5	216	97%	905	106	95%	1610	51	92%
50	692.5	270	97%	1045	133	96%	1570	65	94%
60	NA	NA	NA	825	162	97%	1530	79	95%
70	NA	NA	NA	965	189	97%	1490	93	96%
80	NA	NA	NA	925	217	98%	1450	107	96%
90	NA	NA	NA	885	245	98%	1410	121	97%
100	NA	NA	NA	845	273	98%	1370	135	97%

表3-5　FR2的最小保护带、N_{RB}和频谱利用率

信道带宽（MHz）	SCS=60kHz			SCS=120kHz		
	每侧的保护带（kHz）	N_{RB}	频谱利用率	每侧的保护带（kHz）	N_{RB}	频谱利用率
50	1210	66	95%	1900	32	92%
100	2450	132	95%	2420	66	95%
200	4930	264	95%	4900	132	95%
400	NA	NA	NA	9860	264	95%

另外，当 $SCS=240$ kHz 的 SS/PBCH 块在信道边缘的时候，3GPP 协议对最小保护带进行了额外的规定，即当 BS 信道带宽为 100MHz、200MHz、400MHz 时，最小保护带分别是 3800kHz、7720kHz、15560kHz。这是因为 SS/PBCH 块是 UE 接入小区所解调的第一个信号/信道，传递的信息非常重要，设置较大的保护带可以避免 SS/PBCH 块受到邻近信道的干扰。

根据表 3-4 和表 3-5 还可以发现，去掉两侧的最小保护带后，NR 实际可用的子载波数比根据 N_{RB} 计算的子载波（即 $12\times N_{RB}$）数多了 1 个子载波。例如，当信道带宽为 100MHz、$SCS=30$kHz 时，根据 N_{RB} 计算的子载波数是 $12\times N_{RB}=12\times 273=3276$ 个，而去掉最小保护带后计算出来的子载波数是 $(100\times 1000 - 845\times 2)/30=3277$ 个。多出 1 子载波的原因是 NR 某些频带的开始频率或终止频率有时与信道栅格并不一致，因此需要增加 1 个子载波以确保两侧的保护带大于或等于最小保护带的要求，信道栅格的内容见本章的 3.3.2 节。

PRB 利用率的定义如图 3-3 所示，也即任何信道带宽中配置的 PRB 数应确保两侧的保护带都要大于或者等于最小保护带的要求。

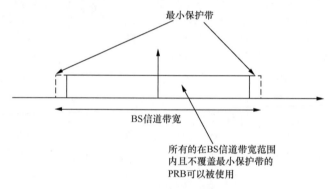

图3-3　PRB利用率的定义

当多个参数集（numerology）复用在同一个 OFDM 符号时，载波每侧的最小保护带是在配置的 BS 信道带宽处应用的保护带，发送多个参数集时定义的保护带如图 3-4 所示。例如，当 FR1 的 BS 信道带宽是 100MHz 时，参数集 X 的 $SCS=30$kHz，参数集 Y 的 $SCS=60$kHz，则参数集 X 左侧的最小保护带是 100MHz 带宽、$SCS=30$kHz 对应的最小保护带 845kHz；参数集右侧的最小保护带是 100MHz 带宽、$SCS=60$kHz 对应的最小保护带 1370kHz。需要注意的是，最小保护带的取值与整个 BS 信道带宽有关，而与参数集 X 或 Y 所在的带宽无关，参数集的内容详见本书的 4.1 节。

在多个参数集复用在同一个 OFDM 符号的情况下，还有以下 3 点需要注意。

（1）对于 FR1，如果在同一个 OFDM 符号上复用多个参数集并且 BS 信道带宽＞50MHz，则相邻于 $SCS=15$kHz 的保护带应与相同 BS 信道带宽的 $SCS=30$kHz 定义的保护带相同。例如，BS 信道带宽是 100MHz，当参数集 X 的带宽是 10MHz、$SCS=15$kHz 时，由于 BS 信道带宽等于 100MHz 时，没有定义 *SCS*=15kHz 的最小保护带，因此图 3-4 左侧的最小保护带应是 100MHz 带宽、*SCS*=30kHz 对应的最小保护带 845kHz。

图3-4 发送多个参数集时定义的保护带

（2）对于 FR2，如果在同一个符号上复用多个参数集并且 BS 信道带宽大于 200MHz，则相邻于 *SCS*=60kHz 的保护带应与相同 BS 信道带宽的 *SCS*=120kHz 定义的保护带相同。

（3）图 3-4 中两个参数集之间的保护带与实施有关，当同一个载波的不同部分用于发送不同的参数集时，参数集并不完全正交。如参数集 X 的 *SCS*=30kHz，参数集 Y 的 *SCS*=60kHz，则参数集 X 和 Y 相邻处会因为不同的 *SCS* 而产生干扰（详细内容参见本书的 4.1 节的图 4-2）。潜在的措施包括使用滤波器或预留一定的保护带，除此之外，也可以对带内辐射或 EVM、接收机灵敏度等进行额外的限制以增加不同参数集之间的隔离。

3GPP 协议针对每个工作频段的信道带宽和 SCS 分别进行了定义。每个工作频段的信道带宽和 SCS（FR1）见表 3-6；每个工作频段的信道带宽和 SCS（FR2）见表 3-7。

表3-6 每个工作频段的信道带宽和SCS（FR1）

NR 频段/SCS/BS 信道带宽													
NR 频段	SCS kHz	5 MHz	10 MHz	15 MHz	20 MHz	25 MHz	30 MHz	40 MHz	50 MHz	60 MHz	70 MHz	80 MHz	90 MHz	100 MHz
n1	15	是	是	是	是									
	30		是	是	是									
	60		是	是	是									
n2	15	是	是	是	是									
	30		是	是	是									
	60		是	是	是									
n3	15	是	是	是	是	是	是							
	30		是	是	是	是	是							
	60		是	是	是	是	是							
n5	15	是	是	是	是									
	30		是	是	是									
	60													

（续表）

NR频段	SCS kHz	5 MHz	10 MHz	15 MHz	20 MHz	25 MHz	30 MHz	40 MHz	50 MHz	60 MHz	70 MHz	80 MHz	90 MHz	100 MHz
n7	15	是	是	是	是									
	30		是	是	是									
	60		是	是	是									
n8	15	是	是	是	是									
	30		是	是	是									
	60													
n12	15	是	是	是										
	30		是	是										
	60													
n20	15	是	是	是	是									
	30		是	是	是									
	60													
n25	15	是	是	是	是									
	30		是	是	是									
	60		是	是	是									
n28	15	是	是	是	是									
	30		是	是	是									
	60													
n34	15	是												
	30													
	60													
n38	15	是	是	是	是									
	30		是	是	是									
	60		是	是	是									
n39	15	是	是	是	是	是	是							
	30		是	是	是		是							
	60		是	是	是		是							
n40	15	是	是	是	是				是					
	30		是	是	是		是		是	是		是		是
	60		是	是	是		是		是	是		是		是
n41	15		是	是	是			是	是					
	30		是	是	是			是	是	是	是	是		是
	60		是	是	是			是	是	是	是	是		是

（续表）

NR 频段	SCS kHz	5 MHz	10 MHz	15 MHz	20 MHz	25 MHz	30 MHz	40 MHz	50 MHz	60 MHz	70 MHz	80 MHz	90 MHz	100 MHz
n50	15		是	是	是			是	是					
n50	30		是	是	是			是	是	是		是		
n50	60		是	是	是			是	是	是		是		
n51	15	是												
n51	30													
n51	60													
n65	15		是	是	是									
n65	30		是	是	是									
n65	60		是	是	是									
n66	15	是	是	是	是			是						
n66	30		是	是	是			是						
n66	60		是	是	是			是						
n70	15		是	是	是	是								
n70	30		是	是	是	是								
n70	60		是	是	是	是								
n71	15	是	是	是	是									
n71	30		是	是	是									
n71	60													
n74	15		是	是	是									
n74	30		是	是	是									
n74	60		是	是	是									
n75	15	是	是	是	是									
n75	30		是	是	是									
n75	60		是	是	是									
n76	15	是												
n76	30													
n76	60													
n77	15		是	是	是		是	是	是					
n77	30		是	是	是		是	是	是	是	是	是	是	是
n77	60		是	是	是		是	是	是	是	是	是	是	是
n78	15		是	是	是		是	是	是					
n78	30		是	是	是		是	是	是	是	是	是	是	是
n78	60		是	是	是		是	是	是	是	是	是	是	是

NR 频段/SCS/BS 信道带宽													
NR 频段	SCS kHz	5 MHz	10 MHz	15 MHz	20 MHz	25 MHz	30 MHz	40 MHz	50 MHz	60 MHz	70 MHz	80 MHz	90 MHz	100 MHz
n79	15							是	是					
	30							是	是	是		是		是
	60							是	是	是		是		是
n80	15	是	是	是	是	是	是							
	30		是	是	是		是							
	60		是	是	是		是							
n81	15	是	是	是	是									
	30		是	是	是									
	60													
n82	15	是	是	是	是									
	30		是	是	是									
	60													
n83	15	是	是	是	是									
	30		是	是	是									
	60													
n84	15	是	是	是	是									
	30		是	是	是									
	60		是	是	是									
n86	15	是	是	是	是			是						
	30		是	是	是			是						
	60		是	是	是			是						

表3–7 每个工作频段的信道带宽和SCS（FR2）

NR 频段/SCS/BS 信道带宽				
NR 频段	SCS（kHz）	50 MHz	100 MHz	200 MHz	400 MHz
n257	60	是	是	是	
	120	是	是	是	是
n258	60	是	是	是	
	120	是	是	是	是
n260	60	是	是	是	
	120	是	是	是	是
n261	60	是	是	是	
	120	是	是	是	是

3.3 信道安排

3.3.1 信道间距

载波之间的间隔依赖于部署场景、可用频率的大小和 BS 信道带宽，两个相邻 NR 载波之间的标称信道间隔定义如下。

- 对于具有 100 kHz 信道栅格的 NR 工作频段

$$标称信道间隔 = (BW_{\text{Channel}(1)} + BW_{\text{Channel}(2)})/2$$

- 对于具有 15 kHz 信道栅格的 NR 工作频段

$$标称信道间隔 = (BW_{\text{Channel}(1)} + BW_{\text{Channel}(2)})/2 + (-5 \text{ kHz}, 0 \text{ kHz}, 5\text{kHz})$$

- 对于具有 60kHz 信道栅格的 NR 工作频段

$$标称信道间隔 = (BW_{\text{Channel}(1)} + BW_{\text{Channel}(2)})/2 + (-20 \text{ kHz}, 0 \text{ kHz}, 20\text{kHz})$$

其中，$BW_{\text{Channel}(1)}$ 和 $BW_{\text{Channel}(2)}$ 是两个 NR 载波的 BS 信道带宽，可以根据信道栅格调整信道间距以优化特定部署场景的性能。

对于带内连续聚合的载波，两个相邻成员载波之间的信道间隔应是信道栅格和子载波间隔的最小公倍数的倍数。NR 两个相邻聚合载波之间的标称信道间隔定义如下。

- 对于具有 100 kHz 信道栅格的 FR1 工作频段

$$标称信道栅格 = \left\lfloor \frac{BW_{\text{Channel}(1)} + BW_{\text{Channel}(2)} - 2|GB_{\text{Channel}(1)} - GB_{\text{Channel}(2)}|}{0.6} \right\rfloor 0.3\text{MHz}$$

- 对于具有 15kHz 信道栅格的 NR 工作频段

$$标称信道栅格 = \left\lfloor \frac{BW_{\text{Channel}(1)} + BW_{\text{Channel}(2)} - 2|GB_{\text{Channel}(1)} - GB_{\text{Channel}(2)}|}{0.015 \times 2^{n+1}} \right\rfloor 0.015 \times 2^n \text{MHz}$$

- 对于具有 60kHz 信道栅格的 NR 工作频段

$$标称信道栅格 = \left\lfloor \frac{BW_{\text{Channel}(1)} + BW_{\text{Channel}(2)} - 2|GB_{\text{Channel}(1)} - GB_{\text{Channel}(2)}|}{0.06 \times 2^{n+1}} \right\rfloor 0.06 \times 2^n \text{MHz}$$

其中，$BW_{\text{Channel}(1)}$ 和 $BW_{\text{Channel}(2)}$ 是两个 NR 载波各自的 BS 信道带宽，单位是 MHz，$GB_{\text{Channel}(i)}$ 是最小保护带，$n = \max(\mu_1, \mu_2) - 2$，$\mu_1$ 和 μ_2 是成员载波的子载波间隔配置（详细内容见本书 4.1 节）。在实际部署的时候，可以调整带内连续聚合载波的信道间隔为小于信道栅格和子载波间隔的最小公倍数的任何倍数，以优化特定部署场景的性能。

3.3.2 信道栅格

全局频率栅格（Global Frequency Raster，GFR）定义为一组参考频率（Reference

Frequency，RF），即F_{REF}，RF 参考频率用在信令中以识别 RF 信道、同步信号块（Synchronization Signal Block，SSB）的频率位置。全局频率栅格定义的频率范围是 0 到 100GHz，粒度是 ΔF_{Global}。RF 参考频率由 NR 绝对无线频率信道号（NR Absolute Radio Frequency Channel Number，NR-ARFCN）来定义，NR-ARFCN 的范围是（0～3279165），NR-ARFCN 和 F_{REF} 的关系根据公式（3-2）来计算。

$$F_{REF} = F_{REF\text{-}Offs} + \Delta F_{Global}(N_{REF} - N_{REF\text{-}Offs}) \qquad 公式（3\text{-}2）$$

在公式（3-2）中，F_{REF} 的单位是 MHz；N_{REF} 是频点号，也就是 NR-ARFCN；$F_{REF\text{-}Offs}$ 是频率起点，单位是 MHz；$N_{REF\text{-}Offs}$ 是频点起点号。全局频率栅格的 NR-ARFCN 参数见表 3-8。

表3-8 全局频率栅格的NR-ARFCN参数

频率范围（MHz）	ΔF_{Global}（kHz）	$F_{REF\text{-}Offs}$（MHz）	$N_{REF\text{-}Offs}$	NR_{EF} 的范围
0～3000	5	0	0	0～599999
3000～24250	15	3000	600000	600000～2016666
24250～100000	60	24250.08	2016667	2016667～3279165

例如，0～3000MHz 对应的 ΔF_{Global} 是 5kHz，占用 600000 个频点号，即 N_{REF} 的范围是 0～599999；3000MHz～24250MHz 对应的 ΔF_{Global} 是 15kHz，占用 1416667 个频点，即 N_{REF} 的范围是 600000～2016666；24250MHz～100000MHz 对应的 ΔF_{Global} 是 60kHz，占用 1262499 个频点，即 N_{REF} 的范围为 2016667～3279165。

信道栅格（Channel Raster，CR）用来识别上行和下行的 RF 信道位置，对于每个工作频段，信道栅格 ΔF_{Raster} 是全局频率栅格 ΔF_{Global} 的一个子集，也即 ΔF_{Raster} 的粒度可以等于或大于 ΔF_{Global}，信道栅格大于全局频率栅格的目的是为了减少计算量。

信道栅格有两类：一类是基于 100kHz 的信道栅格，主要集中在 2.4GHz 以下的频段；另一类是基于 SCS 的信道栅格，例如，15kHz、30kHz 等。基于 100kHz 的信道栅格可以确保与 LTE 共存，因为 LTE 的信道栅格也是 100kHz；基于 SCS 的信道栅格可以确保在载波聚合的时候，聚合的载波之间不需要预留保护带，从而提高频谱利用率。

对于 SUL 频段和表 3-2 中的所有 FDD 频段的上行频率，3GPP 协议还定义了 F_{REF_shift}，即在 F_{REF} 的基础上增加了一个偏移，F_{REF_shift} 的计算详见公式（3-3）。

$$F_{REF\_shift} = F_{REF} + \Delta_{shift}，\quad \Delta_{shift} = 0 \text{ kHz 或 } 7.5 \text{ kHz} \qquad 公式（3\text{-}3）$$

Δ_{shift} 的值由 gNB 通过高层参数 *frequencyShift7p5khz* 通知给 UE。

定义 Δ_{shift} 的目的是为了确保 UE 发射的 LTE 信号和 NR 信号不产生干扰。LTE 上行信号使用的是 SC-FDMA，实质上是单载波时域调制，为了避免基带 DC 部分的发射信号造成频率选择性衰落，从而对该离散傅里叶变换（Discrete Fourier Transform，DFT）内所有信号的矢量误差幅度（Error Vector Magnitude，EVM）产生负面影响，LTE 将基带数字的 DC 与模拟 DC 错开半个子载波宽度（即 7.5kHz），本振泄露在模拟 DC 部分产生的干扰，不会影响到 DC 处的信号，因此，基带 DC 信号被调制在了载波偏移 7.5kHz 的地方。由于 NR 上行可以使用 OFDM 信号，基带 DC 信号没有 7.5kHz 的偏移，如果不设置 7.5kHz 的偏移，则 NR 信号和 LTE 信号共存时就会产生干扰，因此 3GPP 协议专门定义了 Δ_{shift}。

FR1 的每个工作频段适用的 NR-ARFCN 见表 3-9；FR2 的每个工作频段适用的 NR-ARFCN 见表 3-10。ΔF_{Raster} 和 ΔF_{Global} 之间的关系通过 <步长> 来定义，步长的取值原则如下。

- 对于具有 100kHz 信道栅格的工作频段，$\Delta F_{\text{Raster}} = 20 \times \Delta F_{\text{Global}}$。在这种情况下，工作频段内的每 20 个 NR-ARFCN 适用于信道栅格，因此表 3-9 的信道栅格步长是 20。例如，对于频段 n40（2300MHz～2400MHz，TDD），ΔF_{Global}=5kHz，$\Delta F_{\text{Raster}} = 20 \times \Delta F_{\text{Global}} = 100\,\text{kHz}$，$\Delta F_{\text{Raster}}$ 是 ΔF_{Global} 的 20 倍，对应的步长为 20。

- 对于低于 3GHz 的具有 15kHz 的工作频段，$\Delta F_{\text{Raster}} = 3 \times \Delta F_{\text{Global}}$ 或 $\Delta F_{\text{Raster}} = 6 \times \Delta F_{\text{Global}}$。在这种情况下，工作频段内的每 3 个或 6 个 NR-ARFCN 适用于信道栅格，因此表 3-9 的信道栅格步长是 3 或 6。例如，频段 n41（2496MHz～2690MHz，TDD 频段），ΔF_{Global}=5 kHz，$\Delta F_{\text{Raster}} = 3 \times \Delta F_{\text{Global}}$=15 kHz，$\Delta F_{\text{Raster}}$ 是 ΔF_{Global} 的 3 倍，对应的步长为 3；或 $\Delta F_{\text{Raster}} = 6 \times \Delta F_{\text{Global}}$=30 kHz，$\Delta F_{\text{Raster}}$ 是 ΔF_{Global} 的 6 倍，对应的步长为 6。

- 对于高于 3GHz 的具有 15kHz 和 60kHz 的工作频段，$\Delta F_{\text{Raster}} = \Delta F_{\text{Global}}$ 或 $\Delta F_{\text{Raster}} = 2 \times \Delta F_{\text{Global}}$。在这种情况下，工作频段内的每 1 个或 2 个 NR-ARFCN 适用于信道栅格，因此表 3-9 的信道栅格步长是 1 或 2。

- 在具有两个信道栅格 ΔF_{Raster} 的频段中，最大的那个 ΔF_{Raster} 仅适用于 SCS 等于或者大于 ΔF_{Raster} 的信道。例如，频段 n41（2496 MHz～2690 MHz, TDD 频段），对应的 ΔF_{Global} 为 5kHz，ΔF_{Raster} 有 2 个取值，步长为 3 表示 ΔF_{Raster}=3× ΔF_{Global}=15kHz，步长为 6 表示 ΔF_{Raster}=6× ΔF_{Global}=30kHz。其中，ΔF_{Raster}=30kHz 仅适用于 SCS 等于或者大于 30kHz 的信道。

表3-9　FR1的每个工作频段适用的NR-ARFCN

NR 工作频段	ΔF_{Raster}（kHz）	N_{REF} 的上行范围（首 - <步长> - 尾）	N_{REF} 的下行范围（首 - <步长> - 尾）
n1	100	384000 - <20> - 396000	422000 - <20> - 434000
n2	100	370000 - <20> - 382000	386000 - <20> - 398000
n3	100	342000 - <20> - 357000	361000 - <20> - 376000
n5	100	164800 - <20> - 169800	173800 - <20> - 178800
n7	100	500000 - <20> - 514000	524000 - <20> - 538000
n8	100	176000 - <20> - 183000	185000 - <20> - 192000
n12	100	139800 - <20> - 143200	145800 - <20> - 149200
n20	100	166400 - <20> - 172400	158200 - <20> - 164200
n25	100	370000 - <20> - 383000	386000 - <20> - 399000

(续表)

NR工作频段	ΔF_{Raster}（kHz）	N_{REF}的上行范围（首-<步长>-尾）	N_{REF}的下行范围（首-<步长>-尾）
n28	100	140600 - <20> - 149600	151600 - <20> - 160600
n34	100	402000 - <20> - 405000	402000 - <20> - 405000
n38	100	514000 - <20> - 524000	514000 - <20> - 524000
n39	100	376000 - <20> - 384000	376000 - <20> - 384000
n40	100	460000 - <20> - 480000	460000 - <20> - 480000
n41	15	499200 - <3> - 537999	499200 - <3> - 537999
n41	30	499200 - <6> - 537996	499200 - <6> - 537996
n50	100	286400 - <20> - 303400	286400 - <20> - 303400
n51	100	285400 - <20> - 286400	285400 - <20> - 286400
n65	100	384000 - <20> - 402000	422000 - <20> - 440000
n66	100	342000 - <20> - 356000	422000 - <20> - 440000
n70	100	339000 - <20> - 342000	399000 - <20> - 404000
n71	100	132600 - <20> - 139600	123400 - <20> - 130400
n74	100	285400 - <20> - 294000	295000 - <20> - 303600
n75	100	N/A	286400 - <20> - 303400
n76	100	N/A	285400 - <20> - 286400
n77	15	620000 - <1> - 680000	620000 - <1> - 680000
n77	30	620000 - <2> - 680000	620000 - <2> - 680000
n78	15	620000 - <1> - 653333	620000 - <1> - 653333
n78	30	620000 - <2> - 653332	620000 - <2> - 653332
n79	15	693334 - <1> - 733333	693334 - <1> - 733333
n79	30	693334 - <2> - 733332	693334 - <2> - 733332
n80	100	342000 - <20> - 357000	N/A
n81	100	176000 - <20> - 183000	N/A
n82	100	166400 - <20> - 172400	N/A
n83	100	140600 - <20> - 149600	N/A
n84	100	384000 - <20> - 396000	N/A
n86	100	342000 - <20> - 356000	N/A

表3-10 FR2的每个工作频段适用的NR-ARFCN

NR工作频段	ΔF_{Raster}（kHz）	N_{REF}的上行和下行范围（首-<步长>-尾）
n257	60	2054166 - <1> - 2104165
n257	120	2054167 - <2> - 2104165
n258	60	2016667 - <1> - 2070832
n258	120	2016667 - <2> - 2070831
n260	60	2229166 - <1> - 2279165
n260	120	2229167 - <2> - 2279165

（续表）

NR 工作频段	ΔF_{Raster}（kHz）	N_{REF} 的上行和下行范围（首 - <步长> - 尾）
n261	60	2070833 - <1> - 2084999
	120	2070833 - <2> - 2087497

N_{REF} 首尾范围决定了不同工作频段的频率范围。以 n77 为例，将表 3-9 中的 N_{REF} 代入公式 $F_{REF} = F_{REF-Offs} + \Delta F_{Global}(N_{REF} - N_{REF-Offs})$，并采用 3000MHz～24350MHz 对应的 ΔF_{Global} = 15，$F_{REF-Offs}$ =3000MHz，$N_{REF-Offs}$ =6000，可以计算出 N_{REF} 的首尾范围分别是 620000 和 680000，分别对应着 3300MHz 和 4200MHz。需要注意的是，N_{REF} 的首尾范围与有些工作频段的频率范围并不一致。例如，n79 频段（4400MHz～5000MHz），N_{REF} 的首尾范围是 693334 和 733333，对应的 F_{REF} 分别是 4400.010MHz 和 4999.995MHz。

信道栅格对应着信道带宽的中心频点，用于识别 RF 信道的位置，信道栅格上的 RF 参考频率与对应的资源单元（Resource Element，RE）之间的映射关系与传输带宽配置的 RB 数 N_{RB} 有关系，其映射规则如下。

（1）如果 $N_{RB} \bmod 2 = 0$，则 $n_{PRB} = \left\lfloor \frac{N_{RB}}{2} \right\rfloor$，$k=0$。

（2）如果 $N_{RB} \bmod 2 = 1$，则 $n_{PRB} = \left\lfloor \frac{N_{RB}}{2} \right\rfloor$，$k=6$。

其中，n_{PRB} 是 PRB 的索引，k 是 RE 索引，n_{PRB} 和 k 的具体含义参见本书的 4.3 节，该映射规则适用于下行和上行。

LTE 下行方向的信道中心有一个未使用的子载波，即 DC 子载波，由于 DC 子载波不参与基带子载波的调制，因此信道栅格对应的频率正好是信道带宽的中心，而 NR 的 DC 子载波也参与基带子载波的调制，从而导致 NR 信道栅格对应的频率与信道带宽的中心频率之间有 1/2 个子载波的偏移。

在 RF 频率和信道配置带宽 BW_{config} 确定的情况下，同时满足公式（3-4）和公式（3-5）的 F_{REF} 对应的信道栅格即为可用的信道栅格，具体参数关系如下。

$$F_{REF} - \frac{1}{2} \times SCS - \frac{1}{2} \times BW_{config} - BW_{Guard} \geqslant F_{lower\_edge} \qquad 公式（3-4）$$

$$F_{REF} - \frac{1}{2} \times SCS + \frac{1}{2} \times BW_{config} + BW_{Guard} \leqslant F_{high\_edge} \qquad 公式（3-5）$$

在公式（3-4）和公式（3-5）中，BW_{config} 为信道带宽配置，$BW_{config} = N_{RB} \times 12 \times SCS$；$BW_{Guard}$ 为最小保护带；F_{lower_edge} 和 F_{high_edge} 为给定的起始频率和终止频率。

除了根据公式（3-4）和公式（3-5）计算可用的信道栅格外，也可以根据给定频率的中心频点计算信道栅格，然后上下移动信道栅格的位置，只要确保两侧的保护带都大于或等于最小保护带即可。

以 n78 为例，假设信道带宽是 100MHz、SCS=30kHz，对应的 N_{RB}=273，频率分别是 3300MHz～3400MHz 和 3400MHz～3500MHz。

对于 3300MHz～3400MHz，其中心频率是 3350MHz，根据公式（3-2），可以计算

出 N_{REF}= 623333.33，N_{REF} 取整为 623333 或 623334。如果 N_{REF}=623333，对应的 F_{REF} 是 3349.995MHz。根据 RF 参考频率和 RE 之间的映射规则，可以计算出两侧的保护带分别是 825kHz 和 895kHz，不满足表 3-4 中的最小保护带 845kHz 的要求，因此，N_{REF} 的取值不应为 623333。如果 N_{REF}=623334，对应的 F_{REF} 是 3350.010MHz，两侧的保护带分别是 855kHz 和 865kHz，满足最小保护带 845kHz 的要求，因此，N_{REF} 可以取值为 623334。3300MHz～3400MHz 和 3400MHz～3500MHz 的信道栅格如图 3-5 所示。N_{REF} 也可以取值为 623335，对应的 F_{REF} 是 3350.025MHz，两侧的保护带分别是 870kHz 和 850kHz。

对于 3400MHz～3500MHz，其中心频率是 3450MHz，根据公式（3-2），可以计算出 N_{REF}=630000，两侧的保护带分别是 845kHz 和 875kHz，满足表 3-4 最小保护带 845kHz 的要求，因此 N_{REF} 可以取值为 630000，对应的 F_{REF} 是 3450MHz，如图 3-5 所示。N_{REF} 也可以取值为 630001 和 630002，对应的 F_{REF} 分别是 3450.015MHz 和 3450.030MHz；630001 对应的保护带分别是 860kHz 和 860kHz，630002 对应的保护带分别是 875kHz 和 845kHz。

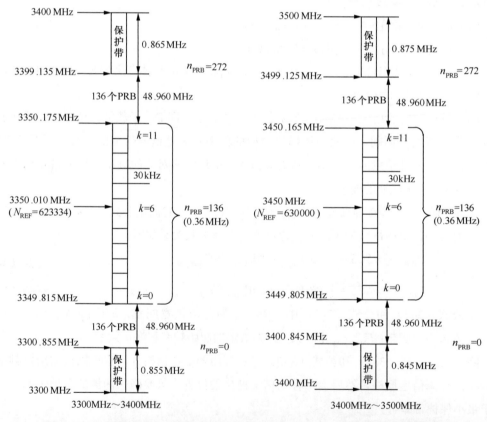

图3-5　3300MHz～3400MHz和3400MHz～3500MHz的信道栅格

RF 信道在频率上的位置除了通过信道栅格直接定义之外，还可以通过其他参考点来定义。例如 Point A，有关 Point A 的内容参见本书的 4.3.3 节。

3.3.3 同步栅格

同步栅格（Synchronization Raster，SR）用于指示 SSB 的频率位置，当不存在 SSB 位置显式信令的时候，UE 可用同步栅格获取 SSB 的频率位置。

全局同步栅格（Global Synchronization Raster，GSR）定义在所有频率上，SSB 的频率位置 SS_{REF}，其对应的编号是全局同步信道号（Global Synchronization Channel Number，GSCN），全局同步栅格的 GSCN 参数定义见表 3–11。

表3–11 全局同步栅格的GSCN参数定义

频率范围（MHz）	SS 块的频率位置 SS_{REF}	GSCN	GSCN 的范围
0~3000	$N \times 1200\text{kHz} + M \times 50\text{ kHz}$, $N=1:2499$，$M \in \{1, 3, 5\}$（注）	$3N+(M–3)/2$	2~7498
3000~24250	$3000\text{MHz} + N \times 1.44\text{MHz}$ $N= 0:14756$	$7499 + N$	7499~22255
24250~100000	$24250.08\text{MHz} + N \times 17.28\text{MHz}$ $N= 0:4383$	$22256 + N$	22256~26639

注：对于信道栅格是 SCS 倍数的工作频段，同步栅格的缺省值 $M=3$。

与 NR-ARFCN 相比，GSCN 的间隔较大。另外，与 LTE 的同步栅格固定为 100kHz 相比，NR 的 GSCN 的间隔也明显较大。这样设计的主要原因是 NR 的信道带宽很大（对于 FR1，最高可达 100MHz；对于 FR2，最高可达 400MHz），GSCN 的间隔较大可以显著减少 UE 初始接入时的搜索时间，从而可降低 UE 功耗、降低搜索的复杂度。

对于 0~3000MHz，在 N 确定的情况下，M 有 3 个可能的取值。其主要原因是，当使用基于 100kHz 的信道栅格时，3 个可能的 M 值可以确保信道栅格与同步栅格之间的差是 15kHz 的倍数。例如，假定 $N=1$，则当 $M=1$、3、5 时，对应的同步栅格分别是 1250kHz、1350kHz、1450kHz。假设信道栅格是 1400kHz，则信道栅格与同步栅格 1250kHz（即 $M=1$）的差是 15kHz 的倍数，此时 M 应取值为 1；假设信道栅格是 1500kHz，则信道栅格与同步栅格 1350kHz（$M=3$）的差是 15kHz 的倍数，此时 M 应取值为 3；假设信道栅格是 1600kHz，则信道栅格与同步栅格 1450kHz（$M=5$）的差是 15kHz 的倍数，此时 M 应取值为 5。

M 有 3 个可能取值的缺点是增加了 UE 的搜索次数，在相同信道带宽的条件下，0~3000MHz 的搜索次数是 3000MHz~24250MHz 的 1.2MHz×3（次）/1.44MHz=2.5 倍。但是对信道栅格是 SCS 倍数的工作频段，则没有影响，因为 M 缺省值等于 3。当 $M=3$ 时，同步栅格 $N\times1200+M\times50$kHz 与信道栅格的差正好是 15kHz 的整数倍。信道栅格和同步栅格之差必须是 15kHz 的倍数的原因是子载波间隔是 15kHz 或 15kHz 的倍数。

每个工作频段适用的同步栅格（FR1）见表 3–12；每个工作频段适用的同步栅格（FR2）见表 3–13，适用于 GSCN 的间距由表 3–12 和表 3–13 中的 <步长> 给出。

表3-12 每个工作频段适用的同步栅格（FR1）

NR 工作频段	SSB 的 SCS	SSB 图样	GSCN 的范围 （首 -<步长> - 尾）
n1	15 kHz	Case A	5279 - <1> - 5419
n2	15 kHz	Case A	4829 - <1> - 4969
n3	15 kHz	Case A	4517 - <1> - 4693
n5	15 kHz	Case A	2177 - <1> - 2230
n5	30 kHz	Case B	2183 - <1> - 2224
n7	15 kHz	Case A	6554 - <1> - 6718
n8	15 kHz	Case A	2318 - <1> - 2395
n12	15 kHz	Case A	1828 - <1> - 1858
n20	15 kHz	Case A	1982 - <1> - 2047
n25	15 kHz	Case A	4829 - <1> - 4981
n28	15 kHz	Case A	1901 - <1> - 2002
n34	15 kHz	Case A	5030 - <1> - 5056
n38	15 kHz	Case A	6431 - <1> - 6544
n39	15 kHz	Case A	4706 - <1> - 4795
n40	15 kHz	Case A	5756 - <1> - 5995
n41	15 kHz	Case A	6246 - <9> - 6714
n41	30 kHz	Case C	6252 - <3> - 6714
n50	15 kHz	Case A	3584 - <1> - 3787
n51	15 kHz	Case A	3572 - <1> - 3574
n65	15 kHz	Case A	5279 - <1> - 5494
n66	15 kHz	Case A	5279 - <1> - 5494
n66	30 kHz	Case B	5285 - <1> - 5488
n70	15 kHz	Case A	4993 - <1> - 5044
n71	15 kHz	Case A	1547 - <1> - 1624
n74	15 kHz	Case A	3692 - <1> - 3790
n75	15 kHz	Case A	3584 - <1> - 3787
n76	15 kHz	Case A	3572 - <1> - 3574
n77	30 kHz	Case C	7711 - <1> - 8329
n78	30 kHz	Case C	7711 - <1> - 8051
n79	30 kHz	Case C	8480 - <16> - 8880

表3-13 每个工作频段适用的同步栅格（FR2）

NR 工作频段	SSB 的 SCS	SSB 图样	GSCN 的范围（首 -<步长> - 尾）
n257	120 kHz	Case D	22388 - <1> - 22558
n257	240 kHz	Case E	22390 - <2> - 22556
n258	120 kHz	Case D	22257 - <1> - 22443
n258	240 kHz	Case E	22258 - <2> - 22442

（续表）

NR 工作频段	SSB 的 SCS	SSB 图样	GSCN 的范围（首 - <步长> - 尾）
n260	120 kHz	Case D	22995 - <1> - 23166
	240 kHz	Case E	22998 - <2> - 23162
n261	120 kHz	Case D	22446 - <1> - 22492
	240 kHz	Case E	22446 - <2> - 22490

表 3-12 和表 3-13 中的 SSB 图样（pattern）参见本书的 5.1 节。

有些频段给出了两个 SSB 图样。例如，频段 n5、n41、n257 等。设置两个 SSB 图样的目的是为了兼顾最小的信道带宽和 SSB 波束数量的平衡。例如，对于 n41 频段，支持 Case A（SCS=15kHz）和 Case C（SCS=30kHz）两种图样。Case A 可以支持较小的信道带宽（如 5MHz），而 Case C 支持的 SSB 波束数量可以达到 8 个，因此波束增益较大。如果某个频段有两个 SSB 图样，则 UE 通过盲检的方式得到 SSB 图样。

同步栅格对应的频率对应着 SSB 的中心频率，同步栅格与对应的 SSB 的 RE 的映射规则如下，该规则适合于上行和下行。

$$n_{PRB}=10，k=0$$

在 RF 频率和配置带宽 BW_{SS} 确定的情况下，同时满足公式（3-6）和公式（3-7）的同步栅格即为可用的同步栅格。

$$SS_{REF} - \frac{1}{2} \times SCS_{SS} - \frac{1}{2} \times BW_{SS} - BW_{Guard} \geq F_{lower\_edge} \qquad 公式（3-6）$$

$$SS_{REF} - \frac{1}{2} \times SCS_{SS} + \frac{1}{2} \times BW_{SS} + BW_{Guard} \leq F_{high\_edge} \qquad 公式（3-7）$$

在公式（3-6）和公式（3-7）中，BW_{SS} 为 SSB 的带宽，$BW_{SS}=N_{RB\_SS} \times 12 \times SCS_{SS}$，$N_{RB\_SS}$ 固定为 20；BW_{Guard} 为最小保护带；F_{lower_edge} 和 F_{lower_edge} 为给定的起始频率和终止频率。

以 n78 为例，根据表 3-12，其 SSB 的 SCS=30kHz，共计有 20 个 PRB，SSB 的带宽 BW_{SS}=7.2MHz，BW_{Guard}=845kHz。对于 3300MHz～3400MHz，SSB 的中心频率也即 SS_{REF} 可能的位置是 3305.280+$n \times$1.44MHz，n=0…62，对应的 $GSCN$=7711…7773；对于 3400MHz～3500MHz，SS_{REF} 可能的位置是 3404.640+$n \times$1.44MHz，n=0…63，对应的 $GSCN$=7780…7843。

SSB 的中心频率位置服从同步栅格，而 PDCCH/PDSCH 所在载波中心频率的位置服从信道栅格，SSB 的 PRB 和公共资源块（Common Resource Block，CRB）（参见本书 4.3.3 节）之间不一定完全对齐，SSB 的子载波 0 与 SSB 子载波 0 所在的 CRB（即 N_{CRB}^{SSB}）的子载波 0 之间的偏移为 k_{SSB} 个子载波。对于 FR1，k_{SSB} 的取值是 0～23，单位是 15kHz；对于 FR2，k_{SSB} 的取值是 0～11，单位是 60kHz。N_{CRB}^{SSB} 以 PRB 为单位来表示，由高层参数 $offsetToPointA$ 通知给 UE，且假定 FR1 采用 15kHz 的子载波间隔，FR2 采用 60kHz 的子载波间隔，也即 SSB 的子载波 0 的中心频率和 Point A 之间是（$offsetToPointA \times 12+k_{SSB}$）$\times$15kHz（FR1）或（$offsetToPointA \times 12 + k_{SSB}$）$\times$60kHz（FR2）。CORESET 0 的第一个子载波与 SSB 子载波

0所在的CRB的第一个子载波之间频率偏移为 *Offset* 个RB（参见本书5.2.5节），单位是CORESET 0的RB，CORESET 0的子载波间隔由MIB中的 *subCarrierSpacingCommon* 通知给UE。SSB、k_{SSB}、CORESET 0位置关系示意如图3-6所示。

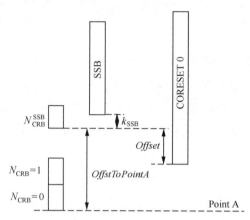

图3-6　SSB、k_{SSB}、CORESET 0位置关系示意

NR小区中，可以在不同频率位置上配置多个SSB，而不需要每个SSB都"携带"CORESET 0（Type0-PDCCH公共搜索空间在CORESET 0上），配置多个SSB的目的是方便UE测量小区的信道质量，用于波束选择或移动性管理。在空闲态下，当UE搜索到SSB不带CORESET 0时，gNB最好能够通知UE下一个携带CORESET 0的SSB位置，以便节省UE的搜索时间，降低UE的功耗，k_{SSB}和 *pdcch-ConfigSIB1* 就起到了这个作用。当$k_{SSB}>23$（FR1）或$k_{SSB}>11$（FR2）时，表示当前的SSB不"携带"CORESET 0，即对应的Type0-PDCCH公共搜索空间不存在。

UE通过k_{SSB}发现当前Type0-PDCCH公共搜索空间不存在时，可以通过k_{SSB}的值（对于FR1，$24 \leq k_{SSB} \leq 29$；对于FR2，$12 \leq k_{SSB} \leq 13$），在最近的GSCN上找到下一个"携带"CORESET 0的SSB。下一个SSB对应的GSCN的频点位置为$N_{GSCN}^{Reference} + N_{GSCN}^{Offset}$，其中，$N_{GSCN}^{Reference}$是当前这个SSB的GSCN的频点；$N_{GSCN}^{Offset}$是下一个SSB所在的GSCN的频点与当前这个SSB所在的GSCN频点$N_{GSCN}^{Reference}$之间的偏移。N_{GSCN}^{Offset}根据k_{SSB}和MIB中的 *pdcch-ConfigSIB1* 共同确定，N_{GSCN}^{Offset}的取值（FR1）见表3-14，N_{GSCN}^{Offset}的取值（FR2）见表3-15。

表3-14　N_{GSCN}^{offset}的取值（FR1）

k_{SSB}	*pdcch-ConfigSIB1*	N_{GSCN}^{offset}
24	0, 1, …, 255	1, 2, …, 256
25	0, 1, …, 255	257, 258, …, 512
26	0, 1, …, 255	513, 514, …, 768
27	0, 1, …, 255	−1, −2, …, −256
28	0, 1, …, 255	−257, −258, …, −512

（续表）

k_{SSB}	pdcch-ConfigSIB1	N_{GSCN}^{offset}
29	0，1，…，255	−513，−514，…，−768
30	0，1，…，255	保留，保留，…，保留

表3−15　N_{GSCN}^{offset}的取值（FR2）

k_{SSB}	pdcch-ConfigSIB1	N_{GSCN}^{offset}
12	0，1，…，255	1，2，…，256
13	0，1，…，255	−1，−2，…，−256
14	0，1，…，255	保留，保留，…，保留

如果 UE 在第二个 SSB 上，仍然没有监听到用于 Type0-PDCCH 公共搜索空间的 CORESET 0，则 UE 忽略执行小区搜索的 GSCN 信息。

如果 UE 收到的 k_{SSB}=31（FR1）或 k_{SSB}=15（FR2）时，表示 SSB 所在的 GSCN 范围 $[N_{GSCN}^{Reference}-N_{GSCN}^{Start}, N_{GSCN}^{Reference}+N_{GSCN}^{End}]$ 内的 SSB 都没有"携带"CORESET 0。N_{GSCN}^{Start} 和 N_{GSCN}^{End} 分别由 pdcch-ConfigSIB1 的高 4 位和低 4 位通知 UE。如果 UE 在一定时间周期（SSB 周期）内没有搜索到"携带"CORESET 0 的 SSB，则 UE 忽略执行小区搜索的 GSCN 信息。

通常 SSB 只占信道带宽的一部分，建议 SSB 放在信道的边缘，可以确保 SSB 和数据信道频分复用时，数据信道在频率资源上是连续的，因此有利于基站的调度。

对于 3400MHz～3500MHz，假定 SSB 在第 1 个可用的 GSCN 上，即 GSCN=7780，其对应的 SS_{REF}=3404.640MHz。以 SS_{REF}=3404.64MHz 为中心频点，可以计算出 SSB 的子载波 0 的中心频率是 3401.040MHz。参照本章的 3.3.2 节的计算结果，如果 N_{REF}=630000（3450MHz），数据信道的起始频率是 3400.845MHz，假设 Point A 的位置与数据信道的子载波 0 的中心位置保持一致，即 Point A 的位置是 3400.860MHz，SSB 的子载波 0 的中心频率和 Point A 之间相差 180kHz，对应着 1 个 PRB，k_{SSB} 等于 0 或 12。如果 k_{SSB}=0，则 offsetToPointA=1 个 PRB，此时会导致 SCS=15kHz 的 RB 的边界与 SCS=30kHz 的 RB 边界不对齐，因此 k_{SSB} 不应设置为 0；如果 k_{SSB}=12，则 offsetToPointA=0 个 PRB，此时 SCS=15kHz 的 RB 的边界与 SCS=30kHz 的边界可以对齐。3400MHz～3500MHz 的 SSB 的频率位置示意如图 3−7 所示。

同理，如果 N_{REF}=630 001 和 630 002，SS_{REF} 的位置不变，假设 Point A 的位置与数据信道的子载波 0 的中心位置保持一致，则 Point A 的位置分别是 3400.875MHz 和 3400.890MHz，SSB 的子载波 0 的中心频率和 Point A 位置分别相差 165kHz 和 150kHz，offsetToPointA=0，k_{SSB} 分别是 11 和 10 个子载波。

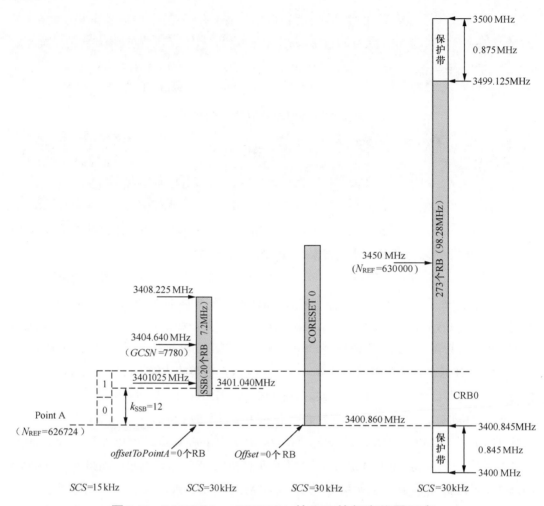

图3-7　3400MHz～3500MHz的SSB的频率位置示意

对于3300MHz～3400MHz，假定SSB在第1个可用的GSCN上，即 GSCN=7711上，其对应的 SS_{REF} =3305.280MHz，可以计算出SSB的子载波0的中心频率是3301.680MHz。参照本章3.3.2的结果，如果 N_{REF}=623334，数据信道的起始频率是3300.855MHz，假设Point A的位置与数据信道的子载波0的中心位置保持一致，即Point A的位置是3300.870MHz，SSB的子载波0的中心频率和Point A之间相差810kHz，810kHz对应着4个PRB以及6个子载波，因此offsetToPointA=4，k_{SSB}=6，3300MHz～3400MHz的SSB的频率位置示意如图3-8所示。

同理，如果 N_{REF}=623335，SS_{REF} 的位置不变，假设Point A的位置与数据信道的子载波0的中心位置保持一致，则Point A的位置是3300.885MHz，SSB的子载波0的中心频率和Point A位置相差795kHz，对应着4个PRB以及5个子载波，因此offsetToPointA=4，k_{SSB}=5。

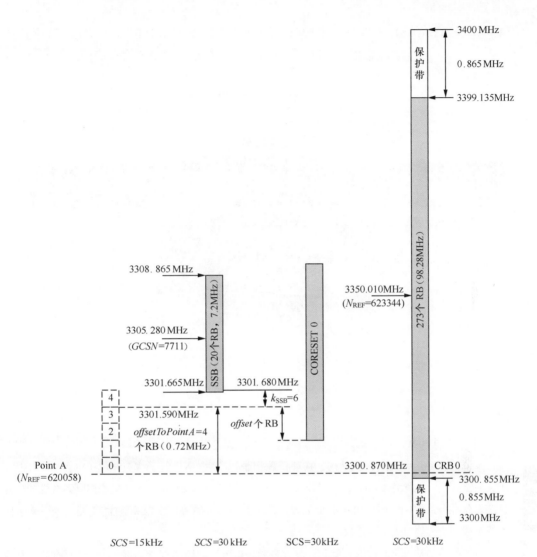

图3-8　3300MHz～3400MHz的SSB的频率位置示意

帧结构、物理资源和序列产生

第四章

导读

本章的内容是参数集、帧结构、物理资源和序列产生。NR 的子载波间隔（SCS）具有很大的灵活性，可以设置为 15kHz、30kHz、60kHz、120kHz 和 240kHz，在显著提高系统性能和方便差异化业务部署的同时，也给时隙配置、资源栅格、资源块、BWP 配置和高层信令带来了巨大的挑战。

本章的难点是 Point A 的理解和计算，资源块这节详细地分析了 Point A 的计算方法，并给出了信道带宽是 50MHz 时的 Point A 示例，当信道带宽等于 50MHz 时，同时支持 SCS=15kHz、30kHz 和 60kHz，具有较大的代表性。

本章的重点是时隙、BWP 配置的信令，因为时隙、BWP 配置具有很大的灵活性，相关的信令机制较为复杂，掌握了时隙、BWP 配置的信令，也就掌握了时隙、BWP 设计的精髓。

NR在物理层设计上的一个突出特点是子载波间隔（SCS）具有很大的灵活性，在显著提高系统性能和方便差异化业务部署的同时，也给时隙配置、资源栅格、资源块、BWP配置和高层信令带来了巨大的挑战，本章通过图表对上述内容进行了详细的分析。

子载波间隔

对于FR1，NR 支持的SCS是15kHz、30kHz、60kHz；对于FR2，NR支持的*SCS*是60kHz、120kHz、240kHz（240kHz仅应用于同步信道）。NR子载波的灵活性还体现在同一个载波上的同步信道和数据信道可以使用不同的*SCS*，同一个UE可以根据移动速度、业务和覆盖场景使用不同的*SCS*。

NR的无线帧和子帧的长度是固定的，且与LTE相同，从而可以更好的支持LTE和NR的共存。

NR的时隙长度是可变的，可以实现逐时隙的符号级变化，同时引入了自包含时隙。本书对时隙配置信令和时隙配置的选择进行了详细的分析。

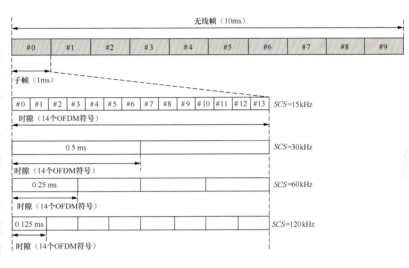

物理资源

NR的物理资源包括天线端口、资源网格、资源块（包括CRB、PRB、VRB）以及BWP。其中，不同子载波的CRB和PRB之间的频域位置关系是难点，BWP是NR新引入的概念。本书对PRB、CRB、BWP的计算方法与信令流程进行了详细的分析。

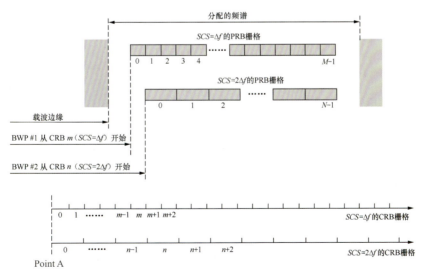

本章的最后给出了序列产生的方法，包括伪随机序列和低峰均比序列的产生方法，作为基础知识点，可在后续章节学习的时候再阅读序列产生的方法。

第四章　内容概要一览图

对于 NR，时域的基本时间单元是 $T_c=(\Delta f_{max} \times N_f)$。其中，最大的子载波间隔 $\Delta f_{max}=480 \times 10^3$Hz，FFT 的长度是 $N_f=4096$，故 $T_c=1/(48000 \times 4096)=0.509$ns，对应的最大采样率为 $1/T_c$，即 1966.08MHz。LTE 系统的基本时间单元是 $T_s=1/(\Delta f_{ref} \times N_{f,\,ref})$。其中，最大的子载波间隔 $\Delta f_{ref}=15 \times 10^3$Hz，FFT 的长度是 $N_{f,\,ref}=2048$，故 $T_s=1/(15000 \times 2048)=32.552$ns，对应的最大采样率为 $1/T_s$，即 30.72MHz。T_s 与 T_c 之间满足固定的比值关系，即常量 $k=\dfrac{T_s}{T_c}=64$，这种设计有利于 NR 和 LTE 的共存，即 NR 和 LTE 部署在同一个载波上。

4.1 参数集（numerology）

NR 的参数集可以简单地理解为子载波间隔，参数集基于指数可扩展的子载波间隔 $\Delta f=2^\mu \times 15$kHz。其中，对于 PSS、SSS 和 PBCH（以下简称同步信道），$\mu \in \{0, 1, 3, 4\}$；对于其他信道（以下简称数据信道），$\mu \in \{0, 1, 2, 3\}$。所有的子载波间隔都支持正常 CP，只有 $\mu=2$（SCS=60kHz）支持扩展 CP，其主要原因是，扩展 CP 的开销相对较大，与其带来的好处在大多数场景不成比例，且扩展 CP 在 LTE 中很少应用，预计在 NR 中应用的可能性也不高，但是作为一个特性，在协议中还是定义了扩展 CP，由于 FR1 和 FR2 都支持 $\mu=2$，所以只有 $\mu=2$ 支持扩展 CP。

虽然不同参数集的子载波间隔不同，但是每个 PRB 包含的子载波数都是固定的，即由 12 个连续的子载波组成，这意味着不同参数集的 PRB 占用的带宽随着子载波间隔的不同而扩展。根据 3GPP 协议，单个载波支持的最大 CRB 数是 275 个（基站或 UE 实际传输的最大 PRB 数是 273 个），即支持的最大子载波数是 $275 \times 12=3300$ 个子载波，15kHz、30kHz、60kHz、120kHz 支持的最大信道带宽分别是 50MHz、100MHz、200MHz 和 400MHz，NR 支持的参数集见表 4-1。

表4-1 NR支持的参数集

μ	$\Delta f=2^\mu \times 15$（kHz）	循环前缀（CP）	支持的信道		FR1		FR2	
			数据信道	同步信道	是否支持	适用的带宽（MHz）	是否支持	适用的带宽（MHz）
0	15	正常	是	是	是	5～50	否	
1	30	正常	是	是	是	5～100	否	
2	60	正常、扩展	是	否	是	10～100	是	50～200
3	120	正常	是	是	否		是	50～400
4	240	正常	否	是	否		否	

对于 FR1，（数据信道，同步信道）组合包括（15kHz,15kHz）、（30kHz,15kHz）、（60kHz, 15kHz）、（15kHz,30kHz）、（30kHz,30kHz）、（60kHz,30kHz）；对于 FR2，（数据信道，同步信道）的组合包括（60kHz,120kHz）、（120kHz,120kHz）、（60kHz,240kHz）、（120kHz, 240kHz）。

对于数据信道，子载波间隔大小影响着以下几个方面的性能。

1. 使用合理的 FFT 尺寸能够支持的最大信道带宽

大的子载波间隔意味着更大的带宽；或者说同样的信道带宽，大的子载波间隔意味着更少的子载波数，相应更小的 FFT 尺寸。通常频段越高，信道带宽越大，因此高频段倾向于使用大的子载波间隔，而低频段倾向于使用小的子载波间隔。

2. 由于相位噪声造成的子载波间干扰（Inter-Carrier Interference，ICI）

子载波间隔越大，对多普勒频移和相位噪声越不敏感。这是因为多普勒频移与载波频率和 UE 移动速度有关，在多普勒频移不变的情况下，子载波间隔越大，多普勒频移相对于子载波间隔就越小，就越能容忍大的多普勒频移。因此大的子载波间隔适合应用于高铁、高速公路、飞机等场景，以提升系统对频偏的鲁棒性。另外，随着载波频率的增加，由于本地晶振的不稳定会导致相位噪声增加，而大的子载波间隔对相位噪声不敏感，因此高频段倾向于使用大的子载波间隔。例如，SCS=60kHz、120kHz 或 240kHz 就适合于 6GHz 以上的高频段。

3. 符号长度和时延特征

多径时延扩展和小区半径与无线信道传播环境有关，通常情况下，小区半径越大，多径时延也越大。大的子载波间隔意味着更短的符号长度和更短的 CP，更短的 CP 意味着对多径时延扩展比较敏感，因此小区覆盖半径不能过大，适合于小区覆盖半径较小的高频段部署。而子载波间隔越小，符号长度和 CP 长度就越大，能容忍较大的多径时延扩展，因此小区半径覆盖较大时也不会带来严重的符号间干扰（Inter Symbol Interference，ISI），适合于覆盖半径较大的低频段部署。

4. 与 LTE 共存

由于 LTE 的子载波间隔是 15kHz，当 LTE 作为 NR 的带内部署时，NR 的子载波间隔也应该是 15kHz；而当 LTE 与 NR 处于邻频部署时，NR 的子载波间隔是 15kHz 的倍数，这样也有助于减少 NR 对 LTE 的干扰。

FR1（1GHz 以下）支持的子载波间隔是 15kHz、30kHz，FR1（1GHz 以上）支持的子载波间隔是 15kHz、30kHz 和 60kHz；FR2 支持的子载波间隔是 60kHz 和 120kHz，每个频段支持的 SCS 参见本书的 3.2 节。

可扩展的子载波间隔便于根据业务和覆盖场景灵活部署，举例如下。

（1）SCS=15kHz 适合于室外宏基站覆盖，如部署在 FDD 700MHz 频段，信道带宽是 5MHz、10MHz 或 20MHz。

（2）SCS=30kHz 适合于室外宏基站和微小区覆盖，如部署在 TDD 3GHz～5GHz 频段，信道带宽最大可达 100MHz。

（3）SCS=60kHz 适合于室内宽带覆盖，如部署在非授权的 6GHz 频段，信道带宽最大可达 100MHz。

（4）SCS=120kHz 适合于室内毫米波覆盖，如部署在 TDD 28GHz 频段，信道带宽最大可达 400MHz。

对于不同的参数集，RB 栅格是固定的，也即不同的参数集以嵌套的方式定义为 SCS=15kHz 的 RB 栅格的子集，嵌套的 RB 栅格确保多个基站的 RB 一致如图 4-1 所示。

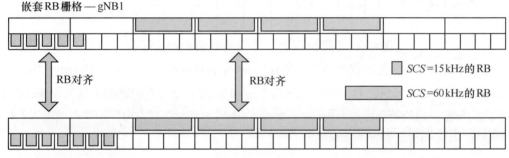

图 4-1　嵌套的 RB 栅格确保多个基站的 RB 一致

以嵌套方式定义不同的参数集可以带来的好处有：基站对某个 UE 分配的 RB 不依赖于以 FDM 方式复用的其他 UE 的调度决定；来自不同的基站具有同样参数集的 RB 在频率上是对齐的，因此使参考信号设计和 ICIC 方案更为容易。

不同的参数集既可以是时分复用（Time Division Multiplexing, TDM），也可以是频分复用（Frequency Division Multiplexing, FDM）。由于时分复用不涉及参数集之间的干扰，因此基站和 UE 实现起来相对容易，接下来重点讨论不同的参数集如何实现频分复用。

在 Rel-15，基站能够在同一个子帧上以频分复用的方式用不同的参数集发送数据，UE 在多个参数集上以频分复用的方式同时接收数据是可选的功能。

混合的参数集 FDM 操作有两个使用案例（Case），分别如下。

（1）Case 1

数据和数据混合的参数集 FDM，在同一个下行或上行时刻，不同参数集的物理信道（如

PDSCH、PDCCH、PUSCH、PUCCH）以FDM的方式在同一个载波上发送或接收。

（2）Case 2

数据和同步块混合的参数集FDM，在同一个下行时刻，不同参数集的SSB和其他物理信道（如PDSCH、PDCCH）以FDM的方式在同一个载波上发送或接收。

同一个载波在同一时刻以FDM的方式发送不同的参数集时带来的潜在问题是：在两个参数集的交界处，参数集有可能不完全正交，因此会带来干扰。0保护带时，不同参数集会产生干扰如图4-2所示。在$SCS=f_0$的子载波的部分抽样点位置，还有$SCS=2f_0$的子载波的残留，因此，$SCS=2f_0$的子载波会对$SCS=f_0$的子载波造成干扰；而在$SCS=2f_0$的子载波的抽样点位置上，不存在$SCS=f_0$的子载波残留，因此，$SCS=f_0$的子载波不会对$SCS=2f_0$的子载波造成干扰。

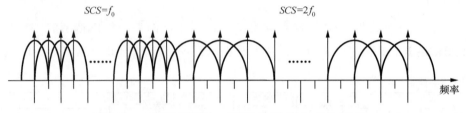

图4-2　0保护带时，不同参数集会产生干扰

减少不同参数集之间干扰的措施包括降低MCS和预留保护带（Guard Band，GB）。降低MCS的措施是指在受影响的频率上使用低阶的MCS；预留保护带的措施是指在两个参数集之间预留一定的频率资源（RB或子载波），不用于发射任何信号，但是不改变MCS。

降低MCS的方法有以下3种选项。

（1）降低所有RB的MCS。

（2）仅降低受影响RB的MCS。

（3）降低RB内受影响RE的MCS。

采用低阶的MCS在理论上可以保证接收机的性能，但是两个参数集之间相邻资源的干扰水平将变成频谱效率的瓶颈，尤其是当整个频段的频率资源是动态调度且在高负荷情况下，对频谱效率的影响更为严重。同时对于选项（1），尽管大部分RB都能支持高阶的MCS，但是由于所有的RB都采用低阶的MCS，因此整体频谱效率会降低。所以不建议采用降低MCS的方式来减少干扰。

保护带的颗粒度可以基于子载波，即选项（3），也可以基于RB，即选项（2）。理论上，基于子载波的保护带能带来更高的频谱效率，但是会对协议带来以下的影响：子带边缘的RB与该子带的其他RB不能对齐，子带边缘RB的参考信号和控制信道的设计与其他RB不同，因此，需要依赖于RB的设计；对于子带边缘的RB，需要特别的速率匹配；需要特殊的信令以指示UE保护带子载波的数量。

与此相反，基于 RB 粒度的保护带使协议更加清晰和紧凑，不同参数集之间的保护带可以通过现存的基于 RB 调度的信令隐含指示，因此不需要额外的信令。从频谱效率方面来看，可以通过在子带边缘 RB 上调度中/低 MCS 传输来避免基于 RB 的保护带造成的频率损失。

基于以上的分析，NR 并没有在 Rel-15 版本中明确规定不同参数集之间的保护带，代替为参数集之间保护带的大小（以 RB 为粒度）由网络调度来决定。除此之外，与单个参数集相比，Rel-15 不对 Case 1 和 Case2 定义额外的带内 RF 需求。主要原因有如下 3 个方面。

（1）对于 Case 1，不同的用户/参数集可以通过空间隔离的方式完成波束赋形。在低到中 SINR 的时候，参数集之间的干扰对性能的影响不显著；在高 SINR 的时候，基站调度器可以通过在相邻的参数集之间分配保护带的方式来减轻不同参数集之间的干扰。

（2）对于 Case 2，数据对 SS 的干扰较小，主要原因有两点。

① SS 设计的目标是在低 SINR 条件下完成小区搜索，因此参数集之间的干扰对 SS 的影响是不明显的。

② 只有在如下情况才会导致明显的干扰，即基站使用窄的波束发送数据，在相同方向上，恰好有一个 UE 试图从该基站监听宽波束的 SS 信号，在这种情形下，数据信道的功率高于 SS 的功率，但是这种情况仅仅发生在 UE 完成小区搜索的方向与数据发送的方向完全相同时。由于这种情形出现的概率较低，因此影响是不明显的。

对于 Case2，SS 对数据的干扰也较小，主要原因有以下 3 点。

① 由于 SS 波束是以扫描的方式发射的，并不是在所有的子帧上持续发射，因此 SS 对数据的干扰是间断的。

② 与 SS 增益相比，数据总是以相同的或比 SS 大的波束增益发射。

③ 只有在高的 SINR 条件下，SS 才会对数据造成干扰，如果在同一个子帧，SS 对高 SINR 的用户产生干扰，基站调度器可以预留一定的保护减轻干扰。

对于给定的 UE，数据传输的参数集由 gNB 半静态重配置/转换。

- **UE 移动速度发生变化或工作频段发生变化**

gNB 重配置 UE 的子载波间隔以减少多普勒频移和/或相位噪声的影响。

- **信道时延扩展发生变化，或传输模式发生变化**

例如，从非 SFN 模式到 SFN 模式转换，gNB 重配置 UE 的 CP 长度以减少时延扩展的影响。

- **服务变化**

为了在 1 个 NR 载波上有效支持各种服务。例如，eMBB、uRLLC 和 mMTC，gNB 可以根据服务的时延和可靠性需求，选择不同的子载波间隔。目前来看，具有不同时延和/或可靠性需求的 eMBB/uRLLC，最有可能使用不同的子载波间隔进行复用。

4.2 帧结构

NR 的无线帧和子帧的长度都是固定的，1 个无线帧的长度固定为 10ms，1 个子帧的长度固定为 1ms。这点与 LTE 相同，从而可以更好地支持 LTE 和 NR 的共存，有利于 LTE 和 NR 在共同部署模式下帧与子帧在结构上保持一致，从而简化小区搜索和频率测量。

4.2.1 帧和子帧

NR 无线帧的长度是 $T_f=(\Delta f_{max} \times N_f/100) \times T_c=10ms$，每个无线帧包含 10 个长度为 $T_{sf}=(\Delta f_{max} \times N_f/1000) \times T_c=1ms$ 的子帧，每个子帧中包括 $N_{symb}^{subframe,\mu}=N_{symb}^{slot}N_{slot}^{subframe,\mu}$ 个连续的 OFDM 符号，每个帧分成两个长度是 5ms 的半帧，每个半帧包含 5 个子帧，子帧 0~4 组成半帧 0，子帧 5~9 组成半帧 1。每个无线帧都有一个系统帧号（System Frame Number，SFN），SFN 周期等于 1024，即 SFN 经过 1024 个帧（10.24 s）重复 1 次。

每个载波上都有一组上行帧和一组下行帧，UE 传输的上行帧号 i 在 UE 对应的下行帧之前的 $T_{TA}=(N_{TA}+N_{TA,offset})T_c$ 处开始，上行—下行定时关系如图 4-3 所示。

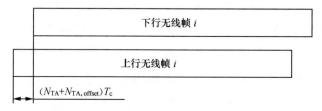

图4-3 上行—下行定时关系

$N_{TA,offset}$ 的取值与频段有关，$N_{TA,offset}$ 的取值见表 4-2。N_{TA} 由 MAC CE 通知给 UE。

表4-2 $N_{TA,offset}$ 的取值

用于上行传输的 FR	$N_{TA,offset}$（单位：T_c）
没有 LTE-NR 共存的 FR1 FDD 频段或 没有 LTE-NR 共存的 FR1 TDD 频段	25600[1]
LTE-NR 共存的 FR1 FDD 频段	0
LTE-NR 共存的 FR1 TDD 频段	39936 或 25600[2]
FR2	13792

注：1.UE 根据 n-TimingAdvanceOffset 识别 $N_{TA,offset}$，如果 UE 没有接收到 n-TimingAdvanceOffset，则 FR1 的缺省值是 25600。
2.SUL 载波的 $N_{TA,offset}$ 的值由非 SUL 载波来决定。

4.2.2 时隙和 OFDM 符号

对于子载波间隔配置 μ，子帧中的时隙按照升序编号为 $n_{s,f}^{\mu} \in \{0, 1, \cdots, N_{slot}^{subframe,\mu}-1\}$，

无线帧中的时隙也是按照升序编号为 $n_{s,f}^{\mu} \in \{0, 1, \cdots, N_{slot}^{subframe,\mu}-1\}$。每个时隙中包含 N_{symb}^{slot} 个连续的 OFDM 符号。其中，N_{symb}^{slot} 取决于表 4-3 和表 4-4 确定的循环前缀。每个子帧中时隙 n_s^{μ} 的开始与同一子帧中的 OFDM 符号 $n_s^{\mu}N_{symb}^{slot}$ 的开始在时间上保持一致。

在 Rel-15，NR 的下行传输方案使用 CP-OFDM，上行传输方案使用 CP-OFDM 或 SC-FDMA，因此与 LTE 的做法一样，为了对抗多径时延扩展带来的子载波正交性破坏的问题，通常在每个 OFDM 符号之前增加循环前缀（Cylic Prefix，CP），以消除多径时延带来的符号间干扰和子载波间干扰。在系统设计时，要求 CP 长度远大于无线多径信道的最大时延扩展，但是由于 CP 占用了系统资源，CP 长度过大将导致系统开销增加，吞吐量下降。

LTE 定义了两种 CP：正常 CP 和扩展 CP。LTE 定义两种 CP 有两个方面的原因，具体说明如下。

（1）尽管从 CP 负荷角度来看，长的 CP 将导致传输效率降低，但它可以在带有明显增大时间扩展的特定场景下受益。例如，对于覆盖半径非常大的小区。在大覆盖半径小区里，即使时延扩展非常显著，但长的 CP 不一定从中受益。这是因为与因循环前缀不够长而残余的时间色散所引起的信号失真相比，随着循环前缀增长而增大的功率损失将导致更大的负面影响。

（2）在基于 MBSFN 的多播传输情况下，CP 不仅需要覆盖实际信道时间色散的主要部分，还要覆盖接收到来自参与 MBSFN 传输的多个小区传输之间的定时差异。因此，MBSFN 模式下扩展 CP 是必需的。

与 LTE 一样，NR 也定义了两种 CP。NR 定义的扩展 CP 除了用于 MBSFN 之外，还可以用于以下 3 种场景。

- 6GHz 以下频率的 eMBB 和 uRLLC 的复用。例如，eMBB 使用的子载波间隔是 15kHz（正常 CP）或 60kHz（扩展 CP），uRLLC 使用的子载波间隔是 60kHz（扩展 CP）。
- 子载波间隔为 60kHz 的 uRLLC 传输。
- 高速场景。

正常 CP，每个时隙的 OFDM 数，每帧的时隙数以及每子帧的时隙数见表 4-3；扩展 CP，每个时隙的 OFDM 数，每帧的时隙数以及每子帧的时隙数见表 4-4。

表4-3　正常CP，每个时隙的OFDM数，每帧的时隙数以及每子帧的时隙数

μ	SCS（kHz）	N_{symb}^{slot}（个）	$N_{slot}^{frame,\mu}$（个）	$N_{slot}^{subframe,\mu}$（个）
0	15	14	10	1
1	30	14	20	2
2	60	14	40	4
3	120	14	80	8
4	240	14	160	16

表4-4 扩展CP，每个时隙的OFDM数，每帧的时隙数以及每子帧的时隙数

μ	SCS（kHz）	N_{symb}^{slot}（个）	$N_{slot}^{frame,\mu}$（个）	$N_{slot}^{subframe,\mu}$（个）
2	60	12	40	4

根据表4-3和表4-4可知，在不同子载波间隔的配置下，每个时隙中的符号数是相同的，即都是14个OFDM符号（对于扩展CP，是12个OFDM符号），但是每个无线帧和每个子帧中的时隙数不同，随着子载波间隔的增加，每个无线帧/子帧中所包含的时隙数也成倍地增加。这是因为子载波间隔 Δf 和OFDM符号长度 Δt 的关系为 $\Delta t=1/\Delta f$。因此，频域上子载波间隔增加，时域上的OFDM符号长度相应地缩短，NR的无线帧结构如图4-4所示。需要注意的是，短的时隙长度有利于低时延传输。

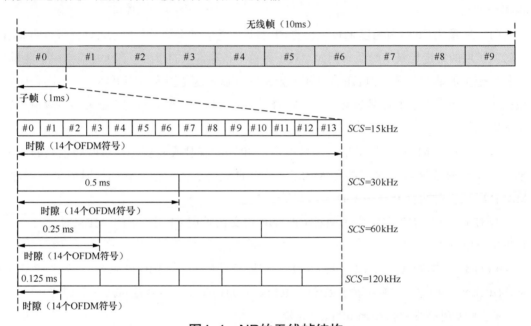

图4-4 NR的无线帧结构

NR的OFDM符号（含CP）的长度是 $\left(N_u^\mu + N_{CP,l}^\mu\right) \times T_C$，其中，$N_u^\mu$ 和 $N_{CP,l}^\mu$ 的取值如公式（4-1）所示。

$$N_u^\mu = 2048k \times 2^{-\mu}$$

$$N_{CP,l}^\mu = \begin{cases} 512k \times 2^{-\mu} & \text{扩展CP} \\ 144k \times 2^{-\mu} + 16k & \text{正常CP，} l=0 \text{ 或 } l=7\times 2^\mu \\ 144k \times 2^{-\mu} & \text{正常CP，} l \neq 0 \text{ 或 } l \neq 7\times 2^\mu \end{cases} \quad \text{公式（4-1）}$$

根据公式（4-1），可以计算出正常CP和扩展CP的符号长度和CP长度。正常CP在不同子载波间隔配置下的符号长度和CP长度如表4-5和图4-5所示；扩展CP的符号长度和CP长度如表4-6和图4-6所示，图4-5和图4-6中的数值单位是 $k \times T_C$，即32.552ns。

表4-5 正常CP,在不同子载波间隔配置下的符号长度和CP长度

μ	SCS(kHz)	符号长度(μs)	N_{symb}^{slot}	CP长度($l=0$ 或 $l=7\times 2^{\mu}$)(μs)	CP长度(其他符号)(μs)	时隙长度(ms)
0	15	66.67	14	5.21	4.69	1
1	30	33.33	14	2.86	2.34	0.5
2	60	16.67	14	1.69	1.17	0.25
3	120	8.33	14	1.11	0.57	0.125
4	240	4.17	14	0.81	0.29	0.0625

表4-6 扩展CP的符号长度和CP长度

μ	SCS(kHz)	符号长度(μs)	N_{symb}^{slot}	CP长度(μs)	时隙长度(ms)
2	60	16.67	12	4.17	0.25

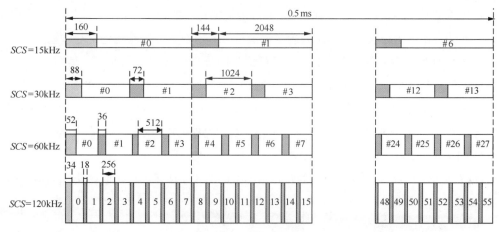

图4-5 正常CP,在不同子载波间隔配置下的符号长度和CP长度

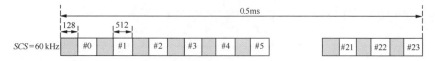

图4-6 扩展CP的符号长度和CP长度

对于正常CP,每0.5ms的第1个OFDM符号的CP长度比其他OFDM符号中的CP略长,其原因是为了简化0.5ms长度中所包含的基本时间单元数目 T_c 不能被7整除的问题。需要注意的是,当SCS=15kHz时,NR的帧、子帧、时隙数和OFDM符号数与LTE的完全相同,因此便于实现NR和LTE的共存。

4.2.3 时隙配置

与LTE相比,NR的时隙在设计上具有两个显著特点:第一,多样性,NR中的时隙类型更多,引入了自包含时隙;第二,灵活性,LTE的下行分配和上行分配只能实现子帧级

变化（特殊子帧除外），而 NR 的下行分配和上行分配可针对不同的 UE 进行动态调整，实现符号级变化。这样的设计可以支持动态的业务需求从而提高网络的利用率，同时支持更多的应用场景和业务类型，给用户提供更好的体验。

1. 时隙类型

NR 每个时隙中的 OFDM 符号可以分为下行符号（标记为"D"）、灵活符号（标记为"F"）或上行符号（标记为"U"）。下行符号仅用于下行传输；上行符号仅用于上行传输；灵活符号可用于上行传输、下行传输、GP 或作为预留资源。

对于不具备全双工能力的 UE，也即 H-FDD 的 UE，被宣布为下行的符号仅能用于下行传输，在下行传输的时间内没有上行传输；同理，被宣布为上行的符号仅能用于上行传输，在上行传输的时间内没有下行传输。UE 不假定灵活符号的传输方向，UE 监听下行控制信令，根据动态调度信令获取的信息来确定灵活符号是用于下行传输还是上行传输。

对于不具备全双工能力的 UE，在下行接收的最后一个符号结束后，需要在 $N_{RX-TX}T_C$ 后发送上行信号。N_{RX-TX} 的取值为 25600（FR1）或 13792（FR2），也即 UE 的接收—发送转换时间不小于 13μs（FR1）或 7μs（FR2）；对于不具备全双工的 UE，UE 上行发送的最后一个符号结束后，不再期望下行接收早于 $N_{RX-TX}T_C$，也即 UE 的发送—接收转换时间不小于 13μs（FR1）或 7μs（FR2）。

NR 的时隙类型可以分为 4 类，主要时隙类型如图 4-7 所示。每类时隙类型的特点如下。

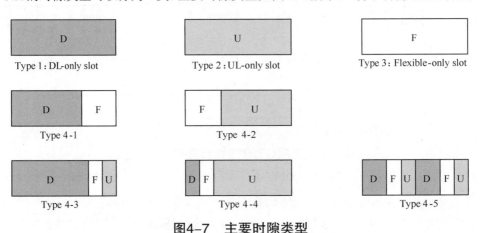

图4-7 主要时隙类型

- Type 1：全下行时隙（DL-only slot），Type 1 仅用于下行传输。
- Type 2：全上行时隙（UL-only slot），Type 2 仅用于上行传输。
- Type 3：全灵活时隙（Flexible-only slot），Type 3 具有前向兼容性，可以为未来的未知业务预留资源，同时，Type 3 的下行和上行资源可以进行自适应地调整，适用于动态 TDD 场景。

● Type 4：混合时隙（Mixed slot），Type 4 进一步又可以细分为 Type 4-1、Type 4-2、Type 4-3、Type 4-4、Type4-5 共 5 种类别。Type 4-1 和 Type 4-2 具有前向兼容性，可以为未知业务预留资源，同时 Type 4-1 和 Type 4-2 具有灵活的数据发送开始和结束位置，适用于非授权频段、动态 TDD 等场景；Type 4-3 适用于下行自包含子帧/时隙；Type 4-4 适用于上行自包含子帧/时隙；Type 4-5 是 7 个 OFDM 符号的 Mini-slot，支持更短的数据传输时间。

与 LTE 相比，NR 引入了自包含（Self-Contained）子帧/时隙，也即同一个子帧/时隙内包含 DL、UL 和 GP。自包含子帧/时隙的设计目标有两点。第一，更快的下行 HARQ-ACK 反馈和上行数据调度，以降低空口时延，用于满足超低时延的业务需求，尤其是在广/深覆盖且具有超低时延的场景，因为广/深覆盖场景使用低频段比较合理，但是低频段的时隙较长，不利于降低空口时延，而自包含子帧/时隙可以较好地解决低频段时隙较长的问题。对于 Mini-slot（Type 4-5），1 个时隙内有两个下行—上行转换周期，可以进一步降低空口时延，能满足 5G 毫秒级的数据时延要求。第二，更短的 SRS 发送周期，可以跟踪信道快速变化，提升 MIMO 性能。

自包含子帧/时隙有两种结构：下行主导（DL-dominant）时隙和上行主导（UL-dominant）时隙，即图 4-7 所示的 Type 4-3 和 Type 4-4。对于下行主导时隙，DL 用于数据传输，UL 用于上行控制信令，如用于对同一时隙下行数据的 HARQ 反馈，UL 也可以用于发送 SRS 信号或调度请求（Scheduling Request，SR）；对于上行主导时隙，UL 用于数据传输，DL 用于下行控制信令，如用于对同一时隙上行数据的调度。

自包含子帧/时隙在实际应用中会存在以下 4 个问题。

（1）较小的 GP 限制了小区覆盖范围

GP 除了用于空中接口往返时延外，还要预留一部分时间，用于下行数据解调以及生成 ACK/NACK 等。

（2）对 UE 硬件处理延时要求高

Rel-15 定义了两类 UE 的处理能力，$SCS=30kHz$ 时的基准能力是 10～13 个 OFDM 符号。

（3）频繁的上下行转换带来的 GP 开销大

（4）下行仅能降低重传时延

端到端时延影响因素很多，除了空中接口时延外，还包括核心网和传输的时延。

2. 时隙配置的信令

NR 有 3 种不同的信令机制通知 UE，1 个时隙内的 OFDM 符号是用于上行传输还是下行传输，具体描述如下。

（1）半静态信令

通过 RRC 信令，把时隙配置半静态的通知给 UE。

（2）动态信令

通过 PDCCH 信道的下行调度信令和上行授权信令，通知需要调度的 UE，1 个时隙内的 OFDM 符号，哪些用于下行传输，哪些用于上行传输，动态调度的详细过程见本书的 5.2 节、5.3.2 节和 6.3.2 节。

（3）动态时隙格式指示（Slot-Format Indication，SFI）信令

通过 PDCCH DCI 格式 2_0，以群组的方式把时隙格式指示通知给一组 UE。

这样设计的好处是可兼顾系统的可靠性和灵活性，半静态信令可以支持大规模组网的需要，易于网络规划和协调，并利于 UE 省电；而动态信令可以支持更动态的业务需求，进而可提高网络的利用率。但是完全动态的配置容易引起上下行的交叉时隙干扰，导致网络性能不稳定，也不利于 UE 省电，因此在实际网络使用中要谨慎。

上述 3 种机制的部分或全部联合起来使用，以确定每个时隙内的 OFDM 符号的传输方向。UE 提前知道符号的传输方向是非常有用的。例如，如果 UE 提前知道某些符号被指定为上行传输，则该 UE 就不必监听与这些上行符号在时间上重叠的下行控制信令，因此有助于 UE 省电。

半静态信令分为两种，小区专用（Cell-specific）信令和 UE 专用（UE-specific）信令，小区专用信令通过系统消息中的高层参数 *TDD-UL-DL-ConfigurationCommon* 通知给本小区下的所有 UE，UE 专用信令通过专用信令中的高层参数 *TDD-UL-DL-ConfigDedicated* 通知给特定的 UE。小区专用信令和 UE 专用信令指示的上下行资源，最小颗粒度均为符号级。

TDD-UL-DL-ConfigurationCommon 主要包括参考子载波配置 μ_{ref}、*pattern*1（必选）和 *pattern*2（可选）、周期等参数。如果只配置了 *pattern*1，则是单周期结构，如果同时配置了 *pattern*1 和 *pattern*2，则是双周期结构。*pattern*1 或 *pattern*2 的下行—上行转换周期 *P* 可配置为 0.5ms、0.625ms、1ms、1.25ms、2ms、5ms 或 10ms，实际可配置的周期与子载波间隔配置有关系，下行—上行转换周期见表 4-7。

表4-7 下行—上行转换周期

参考子载波间隔配置 μ_{ref}	SCS（kHz）	时隙长度（ms）	周期 *P*（ms）
0	15	1	1、2、5、10
1	30	0.5	0.5、1、2、2.5、5、10
2	60	0.25	0.5、1、1.25、2、2.5、5、10
3	120	0.125	0.5、0.625、1、1.25、2、2.5、5、10

对于 *pattern*1，在每个周期内，OFDM 符号按照"下行—灵活—上行"顺序配置，共有 *nrofDownlinkSlots*、*nrofDownlinkSymbols*、*nrofUplinkSlots*、*nrofUplinkSymbols* 4 个参数。其中，*nrofDownlinkSlots* 是在每个下行—上行转换点的开始，连续的全下行时隙数，最大

取值为320,Rel-15版本最大取值为80;*nrofDownlinkSymbols*是最后一个全下行时隙后的那个时隙的前部,连续下行符号数,取值为0~13,如果取值为0,则表示没有部分下行时隙;*nrofUplinkSlots*是在每个下行—上行转换点的尾部,连续的全上行时隙数,最大取值为320,Rel-15版本最大取值为80;*nrofUplinkSymbols*表示第一个全UL时隙之前的那个时隙的尾部,连续的上行符号数,取值为0~13,如果取值为0,则表示没有部分上行时隙。单周期结构的时隙配置示意如图4-8所示。

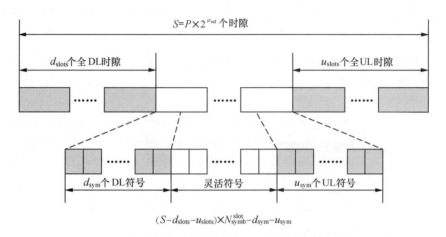

图4-8 单周期结构的时隙配置示意

如果配置了*pattern*2,*pattern*2的配置规则与*pattern*1相同,但是要求*pattern*1和*pattern*2周期之和P_1+P_2能被20ms整除,也即20ms周期内包含$20/(P_1+P_2)$个周期循环,且每$20/(P_1+P_2)$周期的第一个符号是偶数帧开始的第一个符号,双周期结构的时隙配置示意如图4-9所示。

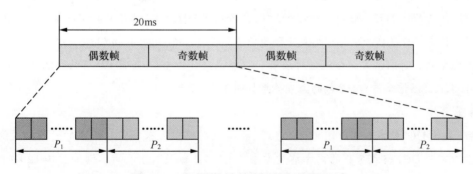

图4-9 双周期结构的时隙配置示意

*TDD-UL-DL-ConfigDedicated*的参考子载波配置μ_{ref}与*TDD-UL-DL-Configuration Common*的参考子载波配置μ_{ref}相同。*TDD-UL-DL-ConfigDedicated*包括一组时隙配置,对于每个时隙,包括1个时隙索引(slot index)和高层参数*symbols*,对于参数*symbols*:

- 如果*symbols* = "allDownlink",本时隙内的所有OFDM符号都是下行符号;

- 如果 symbols = "allUplink"，本时隙内的所有 OFDM 符号都是上行符号；
- 如果 symbols = "explicit"，则高层参数 nrofDownlinkSymbols 提供了位于本时隙前面的下行 OFDM 符号数量，UplinkSymbols 提供了位于本时隙后面的上行 OFDM 符号数量，本时隙内的剩余 OFDM 符号是灵活符号。

下行—上行转换周期以及每个时隙内的下行符号数量、上行符号数量和灵活符号数量由上文的两个高层参数 TDD–UL–DL–ConfigurationCommon 和 TDD–UL–DL–ConfigDedicated 联合确定，只有这两个参数都指示为灵活的符号才能视为灵活符号。如果 TDD–UL–DL–ConfigurationCommon 指示为下行的符号，TDD–UL–DL–ConfigDedicated 不能指示为上行的符号；同理，如果 TDD–UL–DL–ConfigurationCommon 指示为上行的符号，TDD–UL–DL–ConfigDedicated 也不能指示为下行的符号。小区专用信令和 UE 专用信令的示例如图 4-10 所示。

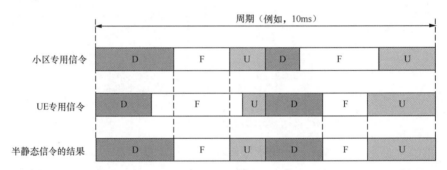

图4-10　小区专用信令和UE专用信令的示例

动态时隙格式指示的过程分为两步。
- 第 1 步

gNB 通过 RRC 信令，把高层参数 SlotFormatIndicator 通知给一个或一组 UE，SlotFormatIndicator 包括 SFI-RNTI，dci-PayloadSize 以及一个或多个时隙格式组合（Slot Format Combination），每个时隙格式组合包括一个时隙格式组合地址（SlotFormatCombinationId）和一个或多个预先定义的时隙格式，时隙格式组合地址对应着 DCI 格式 2_0 的 SFI。正常 CP 下的时隙格式定义见表 4-8。RRC 层信令与 SFI 参数的配置关系如图 4-11 所示。

- 第 2 步

UE 监听 DCI 格式 2_0 的 PDCCH 信道，根据获得的 SFI，来确定接下来的时隙格式配置，有关 PDCCH DCI 格式 2_0 的内容参见本书 5.2.3 节。配置 SFI 表的示例如图 4-12 所示。

表4-8　正常CP下的时隙格式定义

格式	1个时隙内的OFDM符号													
	0	1	2	3	4	5	6	7	8	9	10	11	12	13
0	D	D	D	D	D	D	D	D	D	D	D	D	D	D
1	U	U	U	U	U	U	U	U	U	U	U	U	U	U

（续表）

格式	\multicolumn{14}{c}{1个时隙内的OFDM符号}
	0	1	2	3	4	5	6	7	8	9	10	11	12	13
2	F	F	F	F	F	F	F	F	F	F	F	F	F	F
3	D	D	D	D	D	D	D	D	D	D	D	D	D	F
4	D	D	D	D	D	D	D	D	D	D	D	D	F	F
5	D	D	D	D	D	D	D	D	D	D	D	F	F	F
6	D	D	D	D	D	D	D	D	D	D	F	F	F	F
7	D	D	D	D	D	D	D	D	D	F	F	F	F	F
8	F	F	F	F	F	F	F	F	F	F	F	F	F	U
9	F	F	F	F	F	F	F	F	F	F	F	F	U	U
10	F	U	U	U	U	U	U	U	U	U	U	U	U	U
11	F	F	U	U	U	U	U	U	U	U	U	U	U	U
12	F	F	F	U	U	U	U	U	U	U	U	U	U	U
13	F	F	F	F	U	U	U	U	U	U	U	U	U	U
14	F	F	F	F	F	U	U	U	U	U	U	U	U	U
15	F	F	F	F	F	F	U	U	U	U	U	U	U	U
16	D	F	F	F	F	F	F	F	F	F	F	F	F	F
17	D	D	F	F	F	F	F	F	F	F	F	F	F	F
18	D	D	D	F	F	F	F	F	F	F	F	F	F	F
19	D	F	F	F	F	F	F	F	F	F	F	F	F	U
20	D	D	F	F	F	F	F	F	F	F	F	F	F	U
21	D	D	D	F	F	F	F	F	F	F	F	F	F	U
22	D	F	F	F	F	F	F	F	F	F	F	F	U	U
23	D	D	F	F	F	F	F	F	F	F	F	F	U	U
24	D	D	D	F	F	F	F	F	F	F	F	F	U	U
25	D	F	F	F	F	F	F	F	F	F	F	U	U	U
26	D	D	F	F	F	F	F	F	F	F	F	U	U	U
27	D	D	D	F	F	F	F	F	F	F	F	U	U	U
28	D	D	D	D	D	D	D	D	D	D	D	D	F	U
29	D	D	D	D	D	D	D	D	D	D	D	F	F	U
30	D	D	D	D	D	D	D	D	D	D	F	F	F	U
31	D	D	D	D	D	D	D	D	D	D	D	F	U	U
32	D	D	D	D	D	D	D	D	D	D	F	F	U	U
33	D	D	D	D	D	D	D	D	D	F	F	F	U	U
34	D	F	U	U	U	U	U	U	U	U	U	U	U	U
35	D	D	F	U	U	U	U	U	U	U	U	U	U	U
36	D	D	D	F	U	U	U	U	U	U	U	U	U	U
37	D	F	F	U	U	U	U	U	U	U	U	U	U	U

（续表）

格式	1个时隙内的 OFDM 符号													
	0	1	2	3	4	5	6	7	8	9	10	11	12	13
38	D	D	F	F	U	U	U	U	U	U	U	U	U	U
39	D	D	D	F	F	U	U	U	U	U	U	U	U	U
40	D	F	F	F	U	U	U	U	U	U	U	U	U	U
41	D	D	F	F	F	U	U	U	U	U	U	U	U	U
42	D	D	D	F	F	F	U	U	U	U	U	U	U	U
43	D	D	D	D	D	D	D	D	D	F	F	F	F	U
44	D	D	D	D	D	D	F	F	F	F	F	F	U	U
45	D	D	D	D	D	D	F	F	U	U	U	U	U	U
46	D	D	D	D	D	F	D	D	D	D	D	F	U	U
47	D	D	F	U	U	U	U	D	D	F	U	U	U	U
48	D	F	U	U	U	U	U	D	F	U	U	U	U	U
49	D	D	D	D	F	F	U	D	D	D	D	F	F	U
50	D	D	D	F	F	U	U	D	D	D	F	F	U	U
51	D	D	F	F	U	U	U	D	D	F	F	U	U	U
52	D	F	F	F	F	U	U	D	F	F	F	F	U	U
53	D	D	F	F	F	F	U	D	D	F	F	F	F	U
54	F	F	F	F	F	F	F	D	D	D	D	D	D	D
55	D	D	F	F	U	U	U	D	D	D	D	D	D	D
56～255	保留													

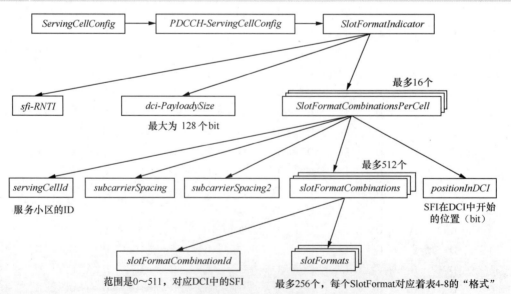

图4-11　RRC层信令与SFI参数的配置关系

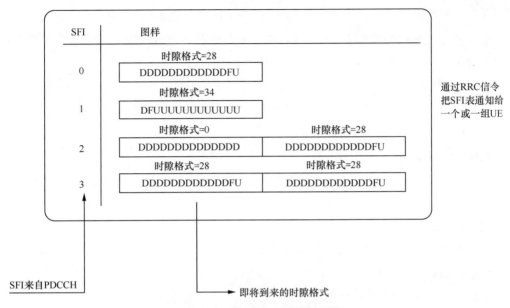

图4-12 配置SFI表的示例

由于动态调度（通过 PDCCH）的 UE 根据调度/授权信令知道某个符号是用于上行传输还是下行传输，SFI 信令机制的主要目的是把时隙格式通知给没有被动态调度的 UE。该机制允许 gNB 驳回（overrule）周期性的下行 CSI-RS 测量或上行 SRS 发射，通过 SFI 控制周期性的 CSI-RS 测量和 SRS 发射的示例如图 4-13 所示。

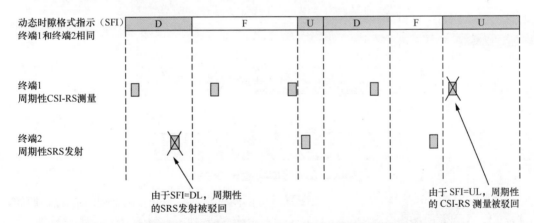

图4-13 通过SFI控制周期性的CSI-RS测量和SRS发射的示例

SFI 不能推翻半静态信令配置的上行传输或下行传输，SFI 也不能推翻动态信令调度的上行传输或下行传输，SFI 能够把半静态信令指示为灵活的 OFDM 符号限制为下行传输或上行传输。SFI 的另外一个作用是预留资源，如果 SFI 和半静态信令都指示某个符号为灵活符号，那么该符号应该被视为预留资源，由于 UE 既不能假设该符号用于上行传输，也不能假设该符号用于下行传输，所以，SFI 可作为一个工具把 NR 载波上的资源预留给其他无线系统，如预留给 LTE 使用或在未来版本的 NR 标准上增加一些功能。

综上所述，NR 可以通过上述 3 种机制以多层嵌套的方式实现动态的时隙配置调整，多层嵌套配置示意如图 4-14 所示。3 种机制的优先级如下。

- 第 1 级配置

通过系统消息中的高层参数 *TDD-UL-DL-ConfigurationCommon* 进行半静态配置，对本小区的所有 UE 都有效。

- 第 2 级配置

通过 UE 专用信令中的高层参数 *TDD-UL-DL-ConfigDedicated* 进行半静态配置，只针对特定的 UE。

- 第 3 级配置

通过 DCI 格式 2_0 的 SFI 进行动态配置，以群组的方式把时隙格式通知给一组 UE。

- 第 4 级配置

通过 UE 专用的 PDCCH 调度进行动态配置，只针对特定的 UE。

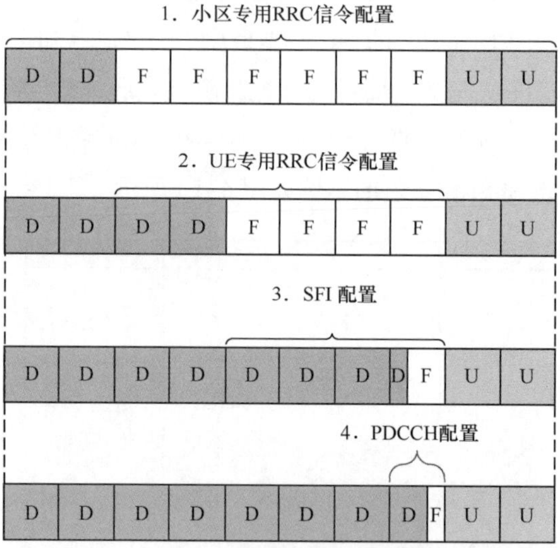

图 4-14　多层嵌套配置示意

需要注意的是，图 4-14 中的 4 级配置既可以同时出现，也可以各层独立配置。例如，只有小区专用的 RRC 信令配置，或只有小区专用的 RRC 信令配置和 SFI 配置。

4.2.4　帧结构的选择

相比于 LTE，NR 的帧结构在设计上非常灵活，灵活的帧结构设计是基础系统架构设计的核心，对于匹配不同业务类型非常关键，本节接下来将对帧结构的选择进行分析。

参与 5G 技术研发实验的各个厂家的帧结构各不相同，工业和信息化部（MIIT）在"5G

技术研发试验系统验证低频基站设备功能技术要求（V1.0）"中提出 5 种帧结构，中国移动（CMCC）发布的"5G 大规模外场测试技术要求（V1.0）"中提出 3 种帧结构。MIIT 和 CMCC 使用的频率范围都是 FR1，SCS=30kHz，每帧有 20 个时隙，每个时隙是 0.5ms，每个时隙有 14 个 OFDM 符号，初期主要面向 eMBB 场景。

MIIT 的 5 种帧结构如图 4-15 所示，每种帧结构的详细说明如下。

（1）选项 1

每 5ms 里面包含 5 个全下行时隙，3 个全上行时隙和 2 个特殊时隙，时隙 3 和时隙 7 为特殊时隙，配比为 10:2:2（可调整）。

（2）选项 2

每 2.5ms 里面包含 3 个全下行时隙、1 个全上行时隙和 1 个特殊时隙，特殊时隙配比为 10:2:2（可调整）。

（3）选项 3

2ms 里面包含 2 个全下行时隙，1 个上行为主时隙和 1 个特殊时隙。特殊时隙配比为 10:2:2（可调整），上行为主时隙配比为 1:2:11（可调整）。

（4）选项 4

每 2.5ms 里面包含 5 个双向时隙，4 个下行为主时隙和 1 个上行为主时隙。上行为主时隙配比是 1:1:12，下行为主时隙配比为 12:1:1。

（5）选项 5

每 2ms 里面包含 2 个全下行时隙，1 个下行为主时隙和 1 个全上行时隙，下行为主时隙配比为 12:2:0（可调整）。

CMCC 的 3 种帧结构如图 4-16 所示，每种帧结构的详细说明如下。

（1）CMCC 帧结构 1

下行—上行转换周期是 2.5ms，支持 2～4 个符号的 GP 配置。每 2.5ms 内，时隙 0、1、2 固定作为下行时隙，时隙 3 为下行为主时隙，SSB 可以在时隙 0、1、2、3 上传输，时隙 4 固定为上行时隙，PRACH 可以在时隙 4 上传输。

（2）CMCC 帧结构 2

下行—上行转换周期是 2ms，支持 2～4 个符号的 GP 配置。每 2ms 内，时隙 0、1 固定作为下行时隙，时隙 2 为下行为主时隙，SSB 可以在时隙 0、1、2 上传输，时隙 3 固定为上行时隙，PRACH 可以在时隙 3 上传输。

（3）CMCC 帧结构 3

下行—上行转换周期是 2.5ms+2.5ms，支持 2～4 个符号的 GP 配置。在每个 2.5ms+2.5ms 的周期内，对于第一个 2.5ms，时隙 0、1、2 固定作为下行时隙，时隙 3 为下行为主时隙，SSB 可以在时隙 0、1、2、3 上传输，时隙 4 为上行为主时隙。例如，配比为 0:2:12，

PRACH 可以在时隙 4 上传输。在每个 2.5ms+2.5ms 的周期内，对于第二个 2.5ms，时隙 5 和 6 固定为下行时隙，时隙 7 为下行为主时隙，时隙 8 和 9 固定为上行时隙，PRACH 可以在时隙 8 和 9 上传输。

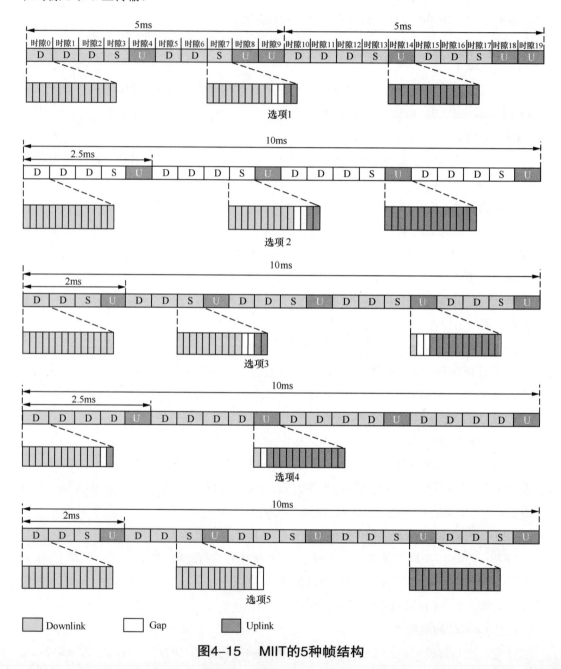

图4–15　MIIT的5种帧结构

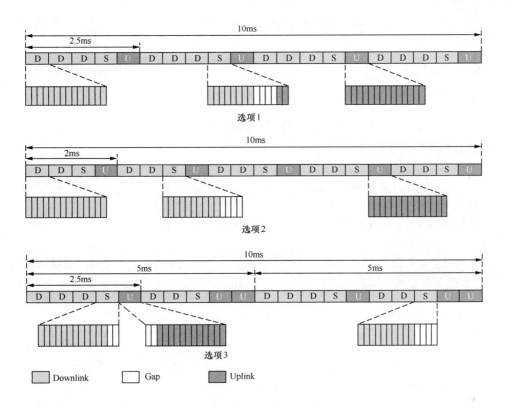

图4-16 CMCC的3种帧结构

帧结构对系统容量和网络覆盖有着直接的影响,接下来以MIIT的帧结构为例来分析帧结构的选择对容量和覆盖的影响。每种MIIT帧结构的容量见表4-9。

表4-9 每种MIIT帧结构的容量

MIIT帧结构	10ms内的符号总数	10ms内下行符号数	10ms内上行符号数	GP开销的符号数	下行占比	上行占比	GP开销占比
选项1	280	180	92	8	64.29%	32.86%	2.86%
选项2	280	208	64	8	74.29%	22.86%	2.86%
选项3	280	195	65	20	69.64%	23.21%	7.14%
选项4	280	196	64	20	70.00%	22.86%	7.14%
选项5	280	200	70	10	71.43%	25.00%	3.57%

通过表4-9我们可以发现,选项1上行占比最高,因此对上行业务有利;选项2下行占比最高,因此对下行业务有利;选项3和选项4的GP开销较大。通过调整特殊时隙配置,可以调整优化上下行业务占比,但总体趋势变化不大。

NR的覆盖距离与GP符号数、PRACH配置、CP配置(正常CP或扩展CP)等因素都有关系,PRACH配置对覆盖距离的影响见本书的6.1节,本节主要分析GP开销对覆盖距离的影响，NR 的最大覆盖距离如公式（4-2）所示。

$$\text{NR 的最大覆盖距离} = c \times (T_{GP} - T_{RX-TX}) \qquad 公式（4-2）$$

在公式（4-2）中，c 是光速，T_{RX-TX} 是 UE 从下行接收到上行发送的转换时间，也即对于 FR1 和 FR2，T_{RX-TX} 分别不小于 13μs 和 7μs。结合表 4-5，可以计算出不同 GP 符号数的最大覆盖距离，不同 GP 符号数的最大覆盖距离见表 4-10。

表4-10 不同GP符号数的最大覆盖距离

SCS（kHz）	30	30	30	30
符号长度（含CP）（μs）	35.67	35.67	35.67	35.67
一个时隙内 GP 占用的符号数（个）	1	2	3	4
一个时隙内 GP 长度（μs）	35.67	71.34	107.01	142.68
光速（km/s）	300000	300000	300000	300000
T_{RX-TX}（μs）	13	13	13	13
（$T_{CP}-T_{RX-TX}$）/2（μs）	11.34	29.17	47.01	64.84
最大覆盖距离（km）	3.40	8.75	14.10	19.45

根据表 4-10 我们可以发现，对于 SCS=30kHz，GP 符号数分别等于 1、2、3、4 个时，NR 的最大覆盖距离分别是 3.40km、8.75km、14.10km 和 19.45km。同理，也可以根据公式（4-2）计算出对于其他子载波间隔、频率范围（FR1 或 FR2）、GP 符号数的最大覆盖距离，本文在此不再赘述。GP 符号数越多，小区的最大覆盖距离就越大，但是开销也较大，在实际组网的过程中，要结合小区的覆盖半径和无线环境，确定合理的 GP 符号数。

NR 在实际部署的时候，建议根据上下行业务、覆盖距离、运营商的业务类型、建网要求等因素，合理确定上下行时隙配置。除此之外，上下行时隙配置还与运营商使用的频率有关。

对于中国移动，由于 5G 频率和 4G 频率共用 2515MHz～2675MHz，NR 上下行时隙配置要考虑 LTE 的上下行时隙配置，具体规则如下：LTE 的 SCS=15kHz，1 个无线帧是 10ms，含有 10 个 1ms 的子帧，每个子帧有 14 个 OFDM 符号。中国移动目前在 2575MHz～2635MHz 上配置的下行—上行转换周期是 5ms，上下行时隙配置是 3:1+10:2:2，即在每 5ms 的周期内，有 3 个下行子帧（简称 D）、1 个上行子帧（简称 U）和 1 个特殊子帧（简称 S），特殊子帧的 DwPTS、GP 和 UpPTS 分别有 10、2 和 2 个 OFDM 符号。

当 NR 部署在 2515MHz～2615MHz 时，SCS=30kHz，则 1 个子帧有 2 个时隙，每个时隙是 0.5ms。由于 LTE 频率和 NR 频率相邻，如果 LTE 和 NR 的上下行时隙不严格对齐，会导致 LTE 和 NR 产生交叉时隙干扰。根据 LTE 的上下行时隙配置原则，建议 NR 的下行—上行转换周期也是 5ms，上下行时隙配置是 7:2+6:4:4，即 7 个全下行时隙（简称 D），2 个全上行时隙（简称 U），1 个特殊时隙（简称 S），特殊时隙的下行符号、灵活符号和上行符号分别有 6、4、4 个 OFDM 符号，中国移动在 2515MHz～2675MHz 的 LTE 和 NR 的上下行时隙配置如图 4-17 所示。

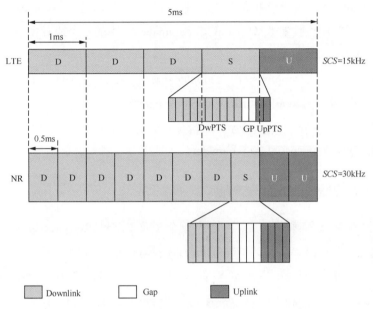

图4-17 中国移动在2515MHz～2675MHz的LTE和NR的上下行时隙配置

由于中国电信 5G 试验网频率（3400MHz～3500MHz）和中国联通 5G 试验网频率是（3500MHz～3600MHz）相邻。在 5G 部署的时候，建议中国电信和中国联通的上下时隙配置保持一致，以免造成上下行时隙交叉干扰。

4.3 物理资源

NR 物理资源包括天线端口、资源网格和资源单元、资源块和 BWP 等，本节将详细分析 NR 的物理资源。

4.3.1 天线端口

1. 天线端口（Antenna Ports）的定义

同一个天线端口传输的不同信号所经历的信道环境是一样的。每个天线端口都对应了一个资源网格，天线端口与物理信道或者信号有着严格的对应关系。

2. 准共址（Quasi Co-located，QCL）的定义

某个天线端口上的符号所经历的信道的大尺度属性可以从另一个天线端口上的符号所

经历的信道中推断出来。换一种表达方式就是，如果两个天线端口的大尺度属性是一样的，那么这两个天线端口被认为是准共址的。大尺度属性包括时延扩展（delay spread）、多普勒扩展（Doppler spread）、多普勒频移（Doppler shift）、平均增益（Average gain）、平均时延（Average delay）、空间接收参数（Spatial Rx parameters）中的一个或者多个。准共址的类型共有 4 个，具体描述如下。

（1）QCL-TypeA：{Doppler shift，Doppler spread，Average delay，Delay spread}

（2）QCL-TypeB：{Doppler shift，Doppler spread}

（3）QCL-TypeC：{Average delay，Doppler shift}

（4）QCL-TypeD：{Spatial Rx parameter}

4.3.2 资源网格和资源单元

对于每种参数集和载波，都定义了一个资源网格（Resource grid），资源网格由 $N_{\text{grid},x}^{\text{size},\mu} N_{\text{SC}}^{\text{RB}}$ 个连续子载波和 $N_{\text{symb}}^{\text{subframe},\mu}$ 个连续 OFDM 符号组成。其中，$N_{\text{SC}}^{\text{RB}} = 12$，$N_{\text{grid},x}^{\text{size},\mu}$ 是当子载波间隔配置为 μ 时的 PRB 数，由 IE *SCS-SpecificCarrier* 中的高层参数 *carrierBandwidth* 定义，取值为 1~275。上行方向和下行方向各有一个资源网格，$N_{\text{grid},x}^{\text{size},\mu}$ 的下标 x 取值为 DL 和 UL，分别表示下行方向和上行方向，在没有混淆风险的情况下，x 可以省略。$N_{\text{symb}}^{\text{subframe},\mu}$ 为 1 个子帧内的 OFDM 符号。需要注意的是，对于每个天线端口 p，每个子载波间隔配置 μ 以及每个传输方向（下行或上行）都有一个资源网格。

对于带宽为 $N_{\text{grid},x}^{\text{size},\mu}$ 的资源网格，在频域上的开始位置 $N_{\text{grid}}^{\text{start},\mu}$ 由 IE *SCS-SpecificCarrier* 中的高层参数 *offsetToCarrier* 通知给 UE，*offsetToCarrier* 定义为 Point A 和子载波间隔配置为 μ 的资源网格的最低子载波之间的频率偏移，最大取值为 275×8-1=2199，以 PRB 为单位。资源网格使用的子载波间隔由 IE *SCS-SpecificCarrier* 中的高层参数 *SubcarrierSpacing* 通知给 UE，对于 FR1，*SubcarrierSpacing* 仅可以取值为 15kHz 或 30kHz；对于 FR2，*SubcarrierSpacing* 仅可取值为 60kHz 或 120kHz。建议根据信道带宽可配置的最小子载波间隔（参见本书 3.2 节的表 3-6 和表 3-7）来配置 *SubcarrierSpacing*。例如，信道带宽是 50MHz(FR1) 时，可配置的子载波间隔是 15kHz、30kHz、60Hz，则建议 *offsetToCarrier* 的单位是 15×12=180kHz；而信道带宽是 100MHz(FR1) 时，可配置的子载波间隔是 30kHz、60kHz，则建议 *offsetToCarrier* 的单位是 30×12=360kHz。

天线端口 p 和子载波间隔配置 μ 对应的资源网格中的每个单元称为资源单元（Resource Element，RE），RE 在频域上占用 1 个载波、在时域上占用 1 个 OFDM 符号，由 $(k,l)_{p,\mu}$ 唯一标识。其中，k 是频域索引，l 表示相对于特定参考点的时域符号，资源单元 $(k,l)_{p,\mu}$ 对应一个物理资源和复值 $a_{k,l}^{(p,\mu)}$，在没有混淆风险的情况下，$a_{k,l}^{(p,\mu)}$ 也可以简写为 $a_{k,l}^{(p)}$ 或 $a_{k,l}$。

资源网格和资源单元的示意如图4-18所示。需要注意的是，不同子载波间隔配置μ的资源网格是重叠的，对于相同带宽、不同子载波间隔配置μ的资源网格，PRB数是不同的，每个子帧的OFDM长度和数量也是不同的，但是资源网格内包含的RE数是相同的。例如，18MHz的带宽，当子载波间隔配置$\mu=0$（SCS=15kHz）时，频域上有100个PRB（1200个子载波）、1个子帧上有14个OFDM符号，资源网格上共有16800个RE；当子载波间隔配置$\mu=1$（SCS=30kHz）时，频域上有50个PRB（600个子载波）、1个子帧上有28个OFDM符号，资源网格上也是共有16800个RE。

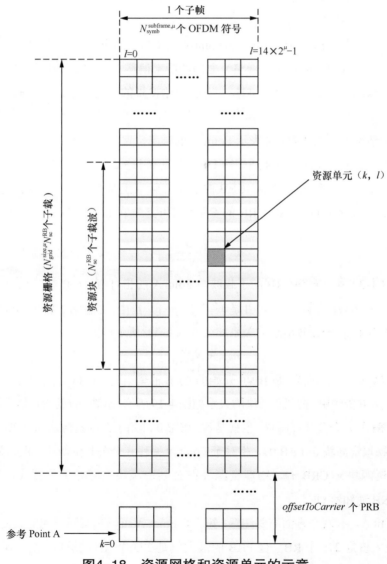

图4-18 资源网格和资源单元的示意

4.3.3 资源块

与 LTE 一样，NR 的一个资源块（Resource Block，RB）也是由频域上 N_{SC}^{RB}= 12 个连续的子载波组成。由于 NR 在同一个载波上支持多个参数集，不同参数集的 RB 在频域上占用的频率（以 Hz 为单位）是不相同的，为了保证不同参数集的 RB 对齐，NR 引入了 Point A、公共资源块（Common Resource Block，CRB）、物理资源块（Physical Resource Block，PRB）、虚拟资源块（Virtual Resource Block，VRB）等概念。

Point A 是不同子载波间隔配置 μ 的资源网格的公共参考点，采用绝对频点来表示，Point A 通过以下两种方式确定。

（1）PCell 下行的 *offsetToPointA* 表示 Point A 与 UE 初始小区选择所使用的 SS/PBCH 块的最小资源块索引（要先经过 k_{SSB} 调整）之间的频率偏移，以 PRB 为单位来表示，且假定 FR1 的 *SCS*=15kHz，FR2 的 *SCS*=60kHz，小区初始搜索的时候通过这种方式确定 Point A，参见本书 5.1 节。

（2）其他情况下，以 ARFCN 表示 Point A 的频率位置，ARFCN 通过系统消息 SIB1 的高层参数 *absoluteFrequencyPointA* 通知给 UE，参见本书 3.2 节。

对于不同的子载波间隔配置 μ，CRB 的索引在频域上从 0 开始，并往上递增，CRB 0 的子载波 0 的中心就是 Point A。CRB 的索引 n_{CRB}^{μ} 和资源单元（k, l）的关系如公式（4-3）所示。

$$n_{CRB}^{\mu} = \left\lfloor \frac{k}{N_{SC}^{RB}} \right\rfloor \qquad 公式（4-3）$$

在公式（4-3）中，k 是 CRB 的子载波与 Point A 的相对值，k=0 对应 Point A。

PRB 定义在 BWP 之内，其索引是 $0 \sim N_{BWP,i}^{size}-1$。其中，$i$ 是第 i 个 BWP 的索引，第 i 个 BWP 的 PRB n_{PRB} 和 CRB n_{CRB} 的关系如公式（4-4）所示。

$$n_{CRB} = n_{PRB} + N_{BWP,i}^{start} \qquad 公式（4-4）$$

在公式（4-4）中，$N_{BWP,i}^{start}$ 是 BWP 开始的 CRB 的索引与 CRB 0 的相对值。

Point A、公共资源块、物理资源块的关系如图 4-19 所示。$SCS=\Delta f$ 的物理资源块 0（PRB 0）相对 Point A 偏移 m 个公共资源块，也就是说，PRB 0 开始于公共资源块 m（CRB m）；同理，$SCS=2\Delta f$ 的物理资源块 0（PRB 0），相对于 Point A 偏移 n 个公共资源块，也就是说，PRB 0 开始于公共资源块 n（CRB n）。物理资源块在公共资源块上开始的位置（m 和 n），也即 $N_{BWP,i}^{start}$，由 gNB 通知给 UE。

对于 Point A，有两个方面需要注意：第一，Point A 可以在实际分配的载波之外，这也是 CRB 的最大值是 275 个 RB，而 PRB 的最大值是 273 个 RB 的原因；第二，对于不同的子载波间隔，其 Point A 是相同的，也就是不同子载波间隔的 CRB 0 的子载波 0 的中心频点是相同的。不同子载波间隔的 Point A 是相同的示意如图 4-20 所示。

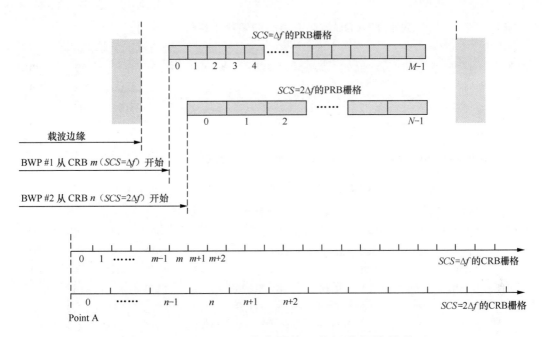

图4-19 Point A、公共资源块、物理资源块的关系

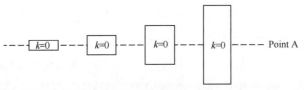

图4-20 不同子载波间隔的Point A是相同的示意

最小有效 SCS 分配必须保证某个子载波与 DC（信道的中心）对齐，因此导致对于确定的信道带宽，最小有效 SCS 的 DC 相对于信道中心有 1/2 个 SCS 的偏移。同时，对于确定的信道带宽，不同的 SCS 必须保证他们各自的子载波 0 也是对齐的。表 4-11 给出了不同的参数集，最小有效 SCS 的 RB 索引，表 4-11 适合于参考 SCS 是最小有效 SCS 的情形。

表4-11 不同的参数集，最小有效SCS的RB索引

SCS (kHz)	信道带宽（MHz）								
	5	10	15	20	25	40	50	60	80	100
15	RB0	RB0	RB0	RB0	RB0	RB0	RB0	NA	NA	NA
30	RB2	RB2	RB2	RB2	RB2	RB2	RB2	RB0	RB0	RB0
60	NA	RB4	RB4	RB6	RB4	RB6	RB6	RB2	RB2	RB2

对于不同的参数集，DC 与信道中心的偏移见表 4-12。

表4-12 DC与信道中心的偏移（单位：kHz）

SCS (kHz)	信道带宽（MHz）									
	5	10	15	20	25	40	50	60	80	100
15	−7.5	−7.5	−7.5	−7.5	−7.5	−7.5	−7.5	NA	NA	NA
30	75	−15	75	−15	75	−15	−15	−15	−15	−15
60	NA	−30	60	150	−120	−30	150	−30	150	150

根据表4-11和表4-12，不同参数集的底部和顶部的保护带见表4-13。

表4-13 不同参数集的底部和顶部的保护带（单位：kHz）

	SCS (kHz)	信道带宽（MHz）									
		5	10	15	20	25	40	50	60	80	100
底部保护带	15	242.5	312.5	382.5	452.5	522.5	552.5	692.5	NA	NA	NA
	30	595	665	735	805	875	905	1045	825	925	845
	60	NA	1010	1080	1510	1220	1610	1750	1530	1630	1550
顶部保护带	15	257.5	327.5	397.5	467.5	537.5	567.5	707.5	NA	NA	NA
	30	445	695	585	835	725	935	1075	855	955	875
	60	NA	1070	960	1210	1460	1670	1450	1590	1330	1250

基于表4-11、表4-12、表4-13的理解，接下来以信道带宽是50MHz为例进行详细的分析，信道带宽为50MHz时的Point A示例如图4-21所示。

当信道带宽为50MHz时，SCS可以配置为15kHz、30kHz和60kHz，可以分别配置最多270个、133个、65个RB，最小有效的SCS=15kHz。以SCS=15kHz作为参考SCS，SCS=15kHz的RB0的子载波0的中心频点作为参考点，对于SCS=15kHz，RB0的子载波0的中心频点是700kHz，对应SCS=15kHz的RB0，信道中心的频点是24992.5kHz，与DC相差24992.5−25000=−7.5kHz；对于SCS=30kHz，RB0的子载波0的中心频点是1060kHz，与700kHz相差360kHz，即2个RB（SCS=15kHz），对应SCS=15kHz的RB2，信道中心的频点是24985kHz，与DC相差24985−25000=−15kHz；对于SCS=60kHz，RB0的子载波0的中心频点是1780kHz，与700kHz相差1080kHz，即6个RB（SCS=15kHz），信道中心的频点是25150kHz，与DC相差25150−25000=150kHz。

如果以SCS=15kHz的RB0的子载波0（700kHz）作为Point A，对于SCS=15kHz，最小可用的CRB的子载波0的中心频点是700kHz，相对于Point A偏移0kHz，对应着CRB0；对于SCS=30kHz，最小可用的CRB的子载波0的中心频点是1060kHz，相对于Point A偏移360kHz，对应着CRB1；对于SCS=60kHz，最小可用的CRB的子载波0的中心频点是1780kHz，相对于Point A偏移1080kHz。由于1080kHz不是720kHz（SCS=60kHz的RB带宽）的整数倍，所以，如果SCS要配置为60kHz，就不能以SCS=15kHz的子载波0（700kHz）作为Point A。可以相对于SCS=15kHz的RB0的子载波0（700kHz）向下偏移2

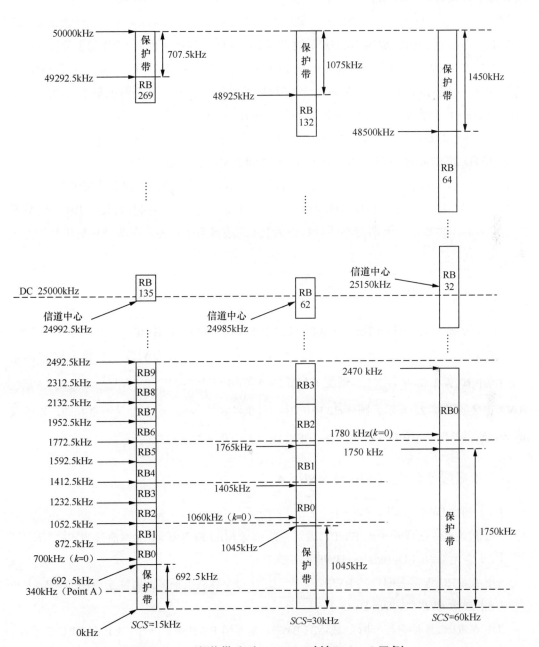

图4-21　信道带宽为50MHz时的Point A示例

个 RB，即以 700−360=340kHz 作为 Point A，对于 SCS=15kHz，最小可用的 CRB 的子载波 0 的中心频点是 700kHz，相对于 Point A 偏移 360kHz，对应着 CRB2（SCS=15kHz）；对于 SCS=30kHz，最小可用的 CRB 的子载波 0 的中心频点是 1060kHz，相对于 Point A 偏移 720kHz，对应着 CRB2（SCS=30kHz）；对于 SCS=60kHz，最小可用的 CRB 的子载波 0 的中心频点是 1780kHz，相对于 Point A 偏移 1440kHz，对应着 CRB2（SCS=60kHz）。因此，可以把 340kHz 作为 Point A，当然 Point A 还可以继续向下偏移，只要保证最小可用的 CRB（SCS=60kHz）的子载波 0 与 Point A 之间是 720kHz 的整数倍即可。

需要注意的是，不同的参数集的 RB 的边界并不是完全对齐，而是有一定的偏移。例如，SCS=30kHz 的 RB0 对应着 SCS=15kHz 的 RB2 和 RB3，但是 SCS=30kHz 的 RB0，相对于 SCS=15kHz 的 RB2 向下偏移了 7.5kHz。出现这种情况的原因是，不同参数集的 Point A 是一致的，因此造成了不同参数集的 RB 的边界并不完全对齐。不同参数集的 RB 的边界不完全对齐并不重要，因为即使不同参数集的 RB 的边界完全对齐，在两个参数集相邻处也会造成干扰。

4.3.4　BWP

部分带宽（Bandwidth Part，BWP）是 NR 提出的新概念，BWP 是 CRB 的一个子集，可以理解为 UE 的工作带宽。对某个特定参数集 μ_i，开始位置为 $N_{\text{BWP},i}^{\text{start},\mu}$，带宽为 $N_{\text{BWP},i}^{\text{size},\mu}$ 的第 i 个 BWP 应分别满足 $N_{\text{grid},x}^{\text{start},\mu} \leq N_{\text{BWP},i}^{\text{start},\mu} < N_{\text{grid},x}^{\text{start},\mu} + N_{\text{BWP},i}^{\text{start},\mu}$ 和 $N_{\text{grid},x}^{\text{start},\mu} < N_{\text{BWP},i}^{\text{size},\mu} + N_{\text{BWP},i}^{\text{start},\mu} \leq N_{\text{grid},x}^{\text{start},\mu} + N_{\text{grid},x}^{\text{size},\mu}$。BWP 定义如图 4-22 所示。图 4-22 中的 BWP #0 和 BWP #1 在频率上是不重叠的，这仅仅是个示例，不同的 BWP 在频率上部分重叠或者完全重叠都是可以的。

1. 根据配置场景，BWP 分为以下 4 类

（1）初始 BWP（Initial BWP）

UE 初始接入阶段使用的 BWP，通过系统消息 SIB1 或 RRC 重配置消息通知给 UE。

（2）专用 BWP（Dedicated BWP）

UE 在 RRC 连接态配置的 BWP，一个 UE 在每个载波上最多配置 4 个专用 BWP。

（3）激活 BWP（Active BWP）

UE 在 RRC 连接态某一时刻激活的 BWP，是专用 BWP 中的一个，UE 在 RRC 连接态，某一时刻只能激活 1 个专用 BWP。

（4）缺省 BWP（Default BWP）

UE 在 RRC 连接态时，当 BWP 的 bwp-InactivityTimer 超时后 UE 所工作的 BWP，也是专用 BWP 中的一个，通过 RRC 信令指示哪一个专用 BWP 作为缺省 BWP。

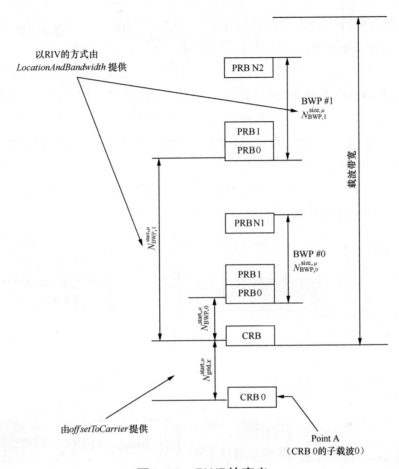

图4-22 BWP的定义

2. BWP 具有以下 4 个特点

（1）UE 可以配置多个 BWP，但同时只能激活一个。

（2）不同 BWP 可以采用不同的参数集（子载波间隔和 CP）。

（3）PRB 在 BWP 范围内定义。

（4）不同 UE 可以配置不同的 BWP，UE 的所有信道资源配置均在 BWP 内进行分配和调度，也即 UE 在激活的 BWP 范围内收发信息。

上述的 4 个特点在后文中会有详细叙述。

3. BWP 的作用

3GPP 引入 BWP 主要有以下 5 个目的。

（1）对于 LTE，所有的 UE 都能支持最大载波带宽 20MHz，但是对于 NR，由于最大的载波带宽可达 100MHz（FR1）或 400MHz（FR2），让所有的 NR UE 都支持大带宽是不合理的，通过引入 BWP，NR 可以对接收机带宽（例如，20MHz）小于整个载波带宽（例如，100MHz）的 UE 提供支持。

（2）UE 工作在大的接收带宽时耗电量大，因此可以通过不同带宽大小的 BWP 之间的转换和自适应来降低 UE 功耗。例如，UE 在低数据量周期以小的 BWP 监听控制信道或发送数据以降低 UE 功耗，而在高数据周期以大的 BWP 接收或发送数据。

（3）通过切换 BWP 可以变换空口参数集，以满足不同业务或部署场景的需求。

（4）载波中可以配置不连续的频段。

（5）载波中可以预留频段，用于支持尚未定义的传输格式。

BWP 的作用如图 4-23 所示。

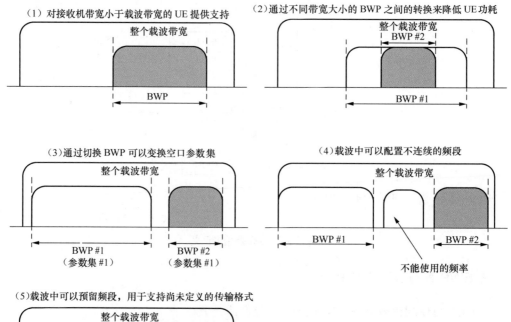

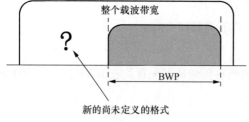

图4-23　BWP的作用

4. BWP 的配置要求

对于下行方向，一个 UE 在每个载波上最多配置 4 个 BWP，但是某个时刻只有一个激活的 BWP，激活的 BWP 表示小区工作带宽之内 UE 所使用的工作带宽，在 BWP 之外，

UE 不会接收 PDSCH、PDCCH 或 CSI-RS，移动性测量可以在激活的 BWP 之外完成，但是需要测量间隙。也就是说，UE 在激活的 BWP 进行测量时，不能同时监听下行控制信道。对于上行方向，一个 UE 在每个载波上最多配置 4 个 BWP，但是某个时刻只有一个激活的 BWP。如果 UE 配置了 SUL 载波，则 UE 可以额外配置最多 4 个 UL BWP 且同时只能激活一个 UL BWP，UE 不在 BWP 之外发送 PUSCH 或 PUCCH。对于激活小区，UE 也不在 BWP 之外发送 SRS。对于 FDD 系统，下行和上行可以独立转换 BWP；对于 TDD 系统，下行和上行需同时转换 BWP。

对于一组 DL BWP 或 UL BWP 的每个 DL BWP 或 UL BWP，gNB 为 UE 配置的 BWP 包括以下 5 个参数。

（1）*subcarrierSpacing*：子载波间隔。

（2）*cyclicPrefix*：循环前缀（CP）。

（3）BWP 在 CRB 上的开始位置 $N_{\text{BWP}}^{\text{start}} = O_{\text{carrier}} + RB_{\text{start}}$ 和连续的 PRB 数量 $N_{\text{BWP}}^{\text{size}} = L_{\text{RB}}$，$RB_{\text{start}}$ 和 L_{RB} 通过高层参数 *locationAndBandwidth* 通知给 UE，如本章图 4-22 所示。O_{carrier} 由高层参数 *offsetToCarrier* 通知给 UE（见本书 4.3.2 节）。*locationAndBandwidth* 需要被看作 RIV，取值范围是 0～37949，设置 $N_{\text{BWP}}^{\text{size}} = 275$。

（4）*bwp-Id*：DL BWP 和 UL BWP 的地址。

（5）*BWP-common* 和 *BWP-dedicated*：设置一组公共 BWP 和专用 BWP 参数。

如果 gNB 没有为 UE 提供高层参数 *initialDownlinkBWP*，则初始激活的 DL BWP 的 PRB 位置和连续的 PRB 数与 Type0-PDCCH 公共搜索空间所在的 CORESET 0 的 PRB 位置和 PRB 数保持一致，即初始激活的 DL BWP 的 PRB 开始于 CORSET 0 的最低索引的 PRB，结束于 CORSET 0 的最高索引的 PRB。初始激活的 DL BWP 的子载波间隔和 CP 与 Type0-PDCCH 公共搜索空间所在的 CORESET 0 的子载波间隔和 CP 保持一致，有关 CORSET 的内容参见本书 5.2.1 节。这样设计的原因是 UE 在初始接入小区的时候，gNB 无法为 UE 提供详细的 BWP 配置等信息，只能以 CORESET 0 作为参考，定义初始激活的 BWP（参见本书 5.2.5 节的图 5-18），以便 UE 接收 PDSCH，然后 gNB 再把详细的 BWP 配置通过 PDSCH 发送给 UE。如果 gNB 给 UE 提供高层参数 *initialDownlinkBWP*，则初始激活的 DL BWP 使用 *initialDownlinkBWP*，初始 BWP 的 *bwp-Id* 固定为 0。对于主小区或辅小区操作，通过高层参数 *initialUplinkBWP* 为 UE 提供初始激活的 UL BWP。如果 UE 配置了 SUL，则通过 IE *supplementaryUplink* 里面的高层参数 *initialUplinkBWP* 为 UE 提供在 SUL 上的初始的 UL BWP。

NR 可以通过以下 4 种方式进行 BWP 转换。

（1）使用专用的 RRC 信令进行 BWP 转换，对于 SpCell 或激活的 SCell，一旦 UE 在 RRC 配置（或 RRC 重配置）中接收到 *firstActiveDownlinkBWP-Id* 和 / 或 *firstActiveUplinkBWP-Id*，

则 UE 不需要接收 PDCCH 下发的 DCI，根据 *firstActiveDownlinkBWP-Id* 和 / 或 *firstActiveUplink BWP-Id* 指示的 DL BWP 和 / 或 UL BWP 即可进行 BWP 转换。

（2）使用 PDCCH 下发的 DCI 进行 BWP 转换，即通过下行调度分配和上行授权分别指示 DL BWP 和 UL BWP。

（3）通过 MAC 层的定时器 *bwp-InactivityTimer* 来进行 BWP 转换，*bwp-InactivityTimer* 可以取值为 2ms、3ms、4ms、5ms、6ms、8ms、10ms、20ms、40ms、50ms、60ms、80ms、100ms、200ms、300ms、500ms、750ms、1280ms、1920ms、2560ms。当 *bwp-InactivityTimer* 超时后，UE 从激活的 DL BWP 转换到缺省的 DL BWP 上；如果没有配置缺省的 BWP，则 UE 转换到初始 DL BWP。如果 gNB 没有配置 *bwp-InactivityTimer*，则 UE 不再转换到缺省 BWP。

（4）在随机接入过程的开始，通过 MAC 层信令来进行 BWP 转换，分为两种情况。第一种，如果在 PRACH 时机上没有配置激活的 UL BWP，则根据高层参数 *initialUplinkBWP* 指示的 BWP 转换到激活 UL BWP；如果服务小区是 SpCell，则根据 *initialDownlinkBWP* 指示的 BWP 转换到激活的 DL BWP。第二种，如果在 PRACH 时机上配置了 UL BWP 且服务小区是 SpCell 且激活的 DL BWP 的 *bwp-Id* 与激活的 UL BWP 的 *bwp-Id* 不一致，则激活的 DL BWP 需要转换 BWP，以使激活的 DL BWP 的 *bwp-Id* 与激活的 UL BWP 的 *bwp-Id* 保持一致，这样设计的目的是为了保证 UE 在发送完 PRACH 后可以监听 PDCCH。

UE 接收到 DCI 指令或 MAC 层定时器 *bwp-InactivityTimer* 结束后，转换到新的 BWP（子载波间隔发生变化或带宽、CP 发生变化）会引起中断。当 $SCS=15kHz$、$30kHz$、$60kHz$ 或 $120kHz$（时隙长度分别是 1ms、0.5ms、0.25ms、0.125ms）时，UE 的中断时长分别不能超过 1、1、3、5 个时隙。如果 BWP 转换涉及子载波间隔的变化，则 UE 的中断时间取值为 BWP 转换前的子载波间隔对应的中断时长和 BWP 转换后的子载波间隔对应的中断时长两者中的较大值。

UE 在第 n 个时隙接收到 DCI 指令请求 BWP 转换，或者 MAC 层定时器 *bwp-InactivityTimer* 结束后在第 n 个时隙开始 BWP 转换，UE 应该能够在不晚于 $n+Y$ 个时隙接收 PDSCH（对于下行激活 BWP 转换）或发送 PUSCH（对于上行激活 BWP 转换），Y 值是 BWP 转换时延，与终端能力有关，对于类型 1 终端，当 $SCS=15kHz$、$30kHz$、$60kHz$ 或 $120kHz$ 时，Y 值分别是 1、2、3、6 个时隙；对于类型 2 终端，当 $SCS=15kHz$、$30kHz$、$60kHz$ 或 $120kHz$ 时，Y 值分别是 3、5、9、17 个时隙。如果 BWP 转换涉及子载波间隔的变化，则 BWP 转换时延为 BWP 转换前的子载波间隔对应的时延和 BWP 转换后的子载波间隔对应的时延两者中较大的那个时延。

基于定时器机制的 BWP 转换如图 4-24 所示。假设 UE 激活的 BWP 为 BWP#1，PDCCH 下行分配后，MAC 层定时器 *bwp-InactivityTimer* 启动，在 *bwp-InactivityTimer* 结

束后，UE 在时隙 n 开始转换为缺省 BWP#0。其中，n 是定时器结束后，下行子帧（对于 FR1）或下行半个子帧（对于 FR2）开始位置的时隙，UE 在不晚于 Y 个时隙完成到缺省 BWP#0 的转换。

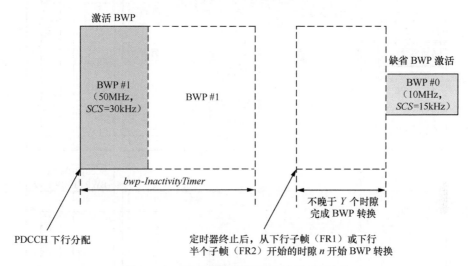

图 4-24　基于定时器机制的 BWP 转换

在载波聚合的情况下，为了在 PCell 中启用 BWP 自适应，gNB 需要通过 RRC 层信令（系统消息或 UE 专用信令）为 UE 配置 DL BWP 和 UL BWP，为了在 SCell 中启用 BWP，gNB 至少需要通过专用信令为 UE 配置 DL BWP。对于 PCell，UE 在初始 BWP 上发起随机接入过程；对于 SCell，初始 BWP 用作 SCell 激活。待初始随机接入过程完成或 SCell 激活后，即可通过 PDCCH 下发的 DCI 进行 BWP 转换。PCell 和 SCell 的配置和转换示例如图 4-25 所示。

UE 在各个阶段使用的 BWP 可以总结如下。

● UE 初始接入阶段：初始激活的 DL BWP 以 Type0-PDCCH 公共搜索空间所在的 CORESET 0 作为参考，与 CORESET 0 的 PRB 位置和 PRB 数以及 CP 保持一致，接收系统消息 SIB1。

● UE 使用 SIB1 定义的 *initialDownlinkBWP* 和 *initialUplinkBWP*，发起随机接入过程，建立 RRC 连接。

● RRC 连接建立后，RRC 信令为 UE 配置 1 个或多个专用 BWP，通过 RRC 层信令（对于 SpCell 或激活的 SCell）或 PDCCH 下发的 DCI 在专用 BWP 之间进行转换，或通过 MAC 层定时器 *bwp-InactivityTimer* 转换到缺省 BWP。

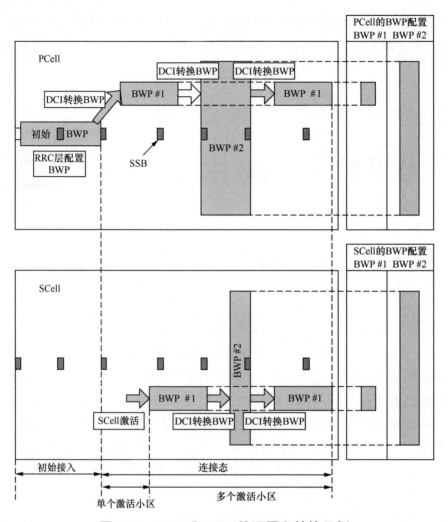

图4-25 PCell和SCell的配置和转换示例

4.4 序列产生

NR 的参考信号使用两类随机序列,分别是伪随机序列和低峰均比的序列。伪随机序列应用在 PDSCH、PDCCH 和 PBCH 的 DM-RS,PDSCH 的 PT-RS 以及 PUSCH(基于非码本传输)的 DM-RS 和 PT-RS,PUCCH 格式 2(控制信道与相应的 DM-RS);低峰均比序列应用在 PUSCH(基于码本传输)的 DM-RS,PUCCH 格式 0,PUCCH 格式 1、3、4(控制信道与对应的 DM-RS),SRS。

本节将介绍伪随机序列和低峰均比序列的产生方法,详细的使用方法将在后续的章节继续说明。

4.4.1 伪随机序列的产生

通用的伪随机序列通过长度为 31 的 Gold 序列定义，长度为 M_{PN} 的输出序列 $c(n)$，$n=0$，1，$\cdots$，$M_{PN}-1$ 根据公式（4-5）定义。

$$c(n) = (x_1(n+N_c) + x_2(n+N_c)) \bmod 2$$
$$x_1(n+31) = (x_1(n+3) + x_1(n)) \bmod 2 \qquad \text{公式（4-5）}$$
$$x_2(n+31) = (x_2(n+3) + x_2(n+2) + x_2(n+1) + x_2(n)) \bmod 2$$

在公式（4-5）中，$N_c=1600$，第 1 个 m 序列通过 $x_1(0)=1$，$x_1(n)=0$，$n=1$，2，$\cdots$，30 进行初始化，第 2 个 m 序列 $x_2(n)$ 通过 $c_{init} = \sum_{i=0}^{30} x_2(i) \times 2^i$ 进行初始化，c_{init} 的值依赖于序列的使用场景，在后续的章节中会对 c_{init} 进行详细的定义。如 $c_{init}=919$，转换成二进制就是 1110010111，则 $x_2(0)$，$x_2(1)$，$\cdots$，$x_2(30)$ 就是 00000000000000000000001110010111。

4.4.2 低峰均比序列的产生

低峰均比序列 $r_{u,v}^{(\alpha,\delta)}(n)$ 由公式（4-6）定义。

$$r_{u,v}^{(\alpha,\delta)}(n) = e^{j\alpha n} \bar{r}_{u,v}(n), 0 \leq n < M_{ZC} \qquad \text{公式（4-6）}$$

其中，$\bar{r}_{u,v}(n)$ 是基序列，$M_{ZC} = mN_{SC}^{RB}/2^\delta$ 是序列的长度，α 是循环移位，通过不同的 α 和 δ，从单个基序列上可以产生多个序列。

基序列 $\bar{r}_{u,v}(n)$ 分成多个组，其中，$\mu \in \{0, 1, \cdots, 29\}$ 是组号（group number），v 是组内的基序列号（base sequence number），当 1 个组只包括 1 个基序列（$v=0$）时，每个基序列的长度是 $M_{ZC} = mN_{SC}^{RB}/2^\delta$，其中，$1/2 \leq m/2^\delta \leq 5$；当 1 个组包括两个（$v=0$，1）基序列时，$M_{ZC} = mN_{SC}^{RB}/2^\delta$，其中，$6 \leq m/2^\delta$。

基序列 $\bar{r}_{u,v}(0)$，$\cdots$，$\bar{r}_{u,v}(M_{ZC}-1)$ 的定义依赖于序列长度 M_{ZC}。当基序列长度大于等于 36 时，也就是 $M_{ZC} \geq 3N_{SC}^{RB}$，基序列 $\bar{r}_{u,v}(0)$，$\cdots$ $\bar{r}_{u,v}(M_{ZC}-1)$ 由公式（4-7）和公式（4-8）定义。

$$\bar{r}_{u,v}(n) = x_q(n \bmod N_{ZC})$$
$$x_q(m) = e^{-j\frac{\pi qm(m+1)}{N_{ZC}}} \qquad \text{公式（4-7）}$$

其中，

$$q = \lfloor \bar{q} + 1/2 \rfloor + v \times (-1)^{\lfloor 2\bar{q} \rfloor}$$
$$\bar{q} = N_{ZC} \times (u+1)/31 \qquad \text{公式（4-8）}$$

长度 N_{ZC} 是满足 $N_{ZC} < M_{ZC}$ 的最大质数。

当基序列长度小于 36 时，分为以下两种情况。

对于 $M_{ZC}=30$，基序列由公式（4-9）定义。

$$\bar{r}_{u,v}(n) = e^{-j\frac{\pi(u+1)(n+1)(n+2)}{31}}, 0 \leq n \leq M_{ZC}-1 \qquad \text{公式（4-9）}$$

对于 $M_{ZC} \in \{6, 12, 18, 24\}$,基序列由公式(4-10)定义。

$$\bar{r}_{u,v}(n) = e^{j\varphi(n)/4}, 0 \leq n \leq M_{ZC} - 1 \qquad 公式(4-10)$$

在公式(4-10)中,$\varphi(n)$ 由 3GPP TS 38.211 协议 5.2.2 节的 4 个表格定义,分别对应 M_{ZC} 等于 6、12、18 和 24 共 4 种情况。其中,M_{ZC}=12 时,$\varphi(n)$ 的定义见表 4-14,其余 3 张表参见 3GPP TS 38.211 协议,本书在此不再赘述。

表4-14 M_{ZC}=12 时,$\varphi(n)$ 的定义

u	$\varphi(0), \cdots, \varphi(11)$											
0	-3	1	-3	-3	-3	3	-3	-1	1	1	1	-3
1	-3	3	1	-3	1	3	-1	-1	1	3	3	3
2	-3	3	3	1	-3	3	-1	1	3	-3	3	-3
3	-3	-3	-1	3	3	3	-3	3	-3	1	-1	-3
4	-3	-1	-1	1	3	1	1	-1	1	-1	-3	1
5	-3	-3	3	1	-3	-3	-3	-1	3	-1	1	3
6	1	-1	3	-1	-1	-1	-3	-1	1	1	1	-3
7	-1	-3	3	-1	-3	-3	-3	-1	1	-1	1	-3
8	-3	-1	3	1	-3	-1	-3	3	1	3	3	1
9	-3	-1	-1	-3	-3	-1	-3	3	1	3	-1	-3
10	-3	3	-3	3	3	-3	-1	-1	3	3	1	-3
11	-3	-1	-3	-1	-1	-3	3	3	-1	-1	1	-3
12	-3	-1	3	-3	-3	-1	-3	1	-1	-3	3	3
13	-3	1	-1	-1	3	3	-3	-1	-1	-3	-1	-3
14	1	3	-3	1	3	3	3	1	-1	1	-1	3
15	-3	1	3	-1	-1	-3	-3	-1	-1	3	1	-3
16	-1	-1	-1	-1	1	-3	-1	3	3	-1	-3	1
17	-1	1	1	-1	1	3	3	-1	-1	-3	1	-3
18	-3	1	3	3	-1	-1	-3	3	3	-3	3	-3
19	-3	-3	3	-3	-1	3	3	3	-1	-3	1	-3
20	3	1	3	1	3	-3	-1	1	3	1	-1	-3
21	-3	3	1	3	-3	1	1	1	1	3	-3	3
22	-3	3	3	3	-1	-3	-3	-1	-3	1	3	-3
23	3	-1	-3	3	-3	-1	3	3	3	-3	-1	-3
24	-3	-1	1	-3	1	3	3	3	-1	-3	3	3
25	-3	3	1	-1	3	3	-3	1	-1	1	-1	1
26	-1	1	3	-3	1	-1	1	-1	-1	-3	1	-1
27	-3	-3	3	3	3	-3	-1	1	-3	3	1	-3
28	1	-1	3	1	1	-1	-1	-1	1	3	-3	1
29	-3	3	-3	3	-3	-3	3	-1	-1	1	3	-3

下行物理信道和信号

Chapter 5

第五章

导读

本章是下行物理信道和信号，共分为 4 个部分。SS/PBCH 块（简称 SSB）的重点是单个 SSB 的结构、SSB 在频域上的位置，以及 SSB 的 5 个 Case 在时域上的位置。PDCCH 所在的时频域资源称为 CORESET，搜索空间则规定了 UE 在 CORESET 上的行为，需要重点关注 CCE 到 REG 的映射以及 UE 盲检 PDCCH 的行为。PDSCH 的重点和难点是时域资源分配、DM-RS 和 PT-RS 的时频域位置、PDSCH 的峰值速率计算方法。CSI-RS 在时频域位置上非常灵活，需要配置的参数较多，是 CSI-RS 的重点和难点。本书通过图表对上述的难点进行了详细的分析，有兴趣的读者可以根据本书提供的方法，更改一些参数，自行计算一下。

NR的下行物理信道包括PDSCH、PDCCH、PBCH，下行物理信号包括DM-RS、PT-RS和CSI-RS，由于部分参考信号是伴随物理信道的，因此本章的结构为SS/PBCH块（包括PSS、SSS、PBCH和PBCH的DM-RS）、PDCCH（含DM-RS）、PDSCH（含DM-RS和PT-RS）以及CSI-RS。

NR的同步信号和PBCH信号在一起联合发送，称为SS/PBCH块或SSB。其突出特点是可以以窄的波束发射通过波束扫描的方式覆盖整个小区。SSB共有5种Case，且其周期可以配置。

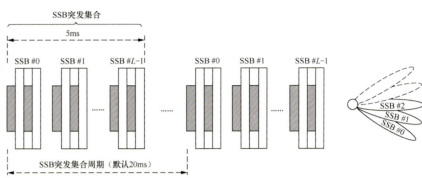

PDCCH所在的时频域资源称为CORESET，搜索空间则规定了UE在CORESET上的行为。ORESET的突出特点是频域占用的PRB可配置，时域占用的OFDM符号位置也可以配置。作为UE监听的第1个搜索空间Type0-PDCCH公共搜索空间，协议对其进行了严格的规定。

PDSCH的突出特点是可以实现基于符号的调度，DM-RS的配置非常灵活。本书对PDSCH的时频域资源分配、DM-RS、PT-RS、TBS的计算过程以及资源预留、峰值速率进行了详细的分析。

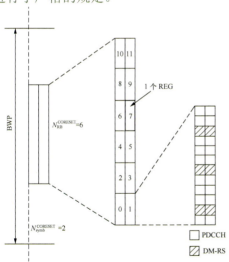

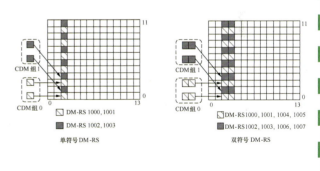

CSI-RS在时间、频率密度等方面具有更大的灵活性，其作用是用于下行信道质量测量和干扰测量，还承担了L1-RSRP计算（即波束管理）和移动性管理功能以及TRS时频跟踪功能。本书详细地分析了CSI-RS的基本结构。

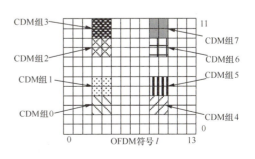

第五章　内容概要一览图

下行物理信道对应一组 RE，该组 RE 用来传递来自高层的信息，NR 在 Rel-15 共定义了 3 个下行物理信道，具体描述如下。

（1）物理下行共享信道（Physical Downlink Shared Channel，PDSCH）：主要用于单播的数据传输，也用于寻呼消息和部分系统消息的传输。

（2）物理广播信道（Physical Broadcast Channel，PBCH）：承载 UE 接入网络所必须的部分关键系统消息。

（3）物理下行控制信道（Physical Downlink Control Channel，PDCCH）：用于传输下行控制信息，包括用于 PDSCH 接收的调度分配和用于 PUSCH 发送的调度授权以及功率控制、时隙格式指示、资源抢占指示等信息。

下行物理信号对应一组 RE，该组 RE 被物理层使用，但是不传递来自高层的信息，下行物理信号包括下行参考信号和同步信号，NR 在 Rel-15 定义了如下 5 种物理信号。

（1）解调参考信号（Demodulation Reference Signal，DM-RS）：DM-RS 又可细分为 PBCH 的 DM-RS、PDCCH 的 DM-RS 和 PDSCH 的 DM-RS，DM-RS 主要用于相干解调时的信道估计，DM-RS 仅存在于分配给 PDSCH、PDCCH 或 PBCH 的 PRB 上。

（2）相位跟踪参考信号（Phase-Tracking Reference Signal，PT-RS）：PT-RS 可以看作 PDSCH 的 DM-RS 的扩展，主要目的是为了相位噪声的补偿，PT-RS 在时域上比 DM-RS 密集，但是在频域上比 DM-RS 稀疏，如果配置了 PT-RS，则 PT-RS 与 DM-RS 可结合使用。

（3）信道状态信息参考信号（Channel-State Information Reference Signal，CSI-RS）：CSI-RS 主要用于获得下行信道状态信息，特定的 CSI-RS 实例（Instance）被配置以方便时/频跟踪和移动性测量。

（4）主同步信号（Primary Synchronization Signal，PSS）：PSS 用于符号的时间同步，同时提供物理层小区标识组内的物理层标识。

（5）辅同步信号（Secondary Synchronization Signal，SSS）：SSS 用于提供物理层小区标识组，UE 通过 PSS 和 SSS 获得物理层小区标识，即 PCI。

天线端口是非常重要的物理层资源，3GPP 协议定义的下行天线端口包括以下 4 项。

（1）PDSCH 的天线端口从 1000 开始，Rel-15 最多可以配置 12 个 PDSCH 天线端口。

（2）PDCCH 的天线端口从 2000 开始，Rel-15 只有 1 个 PDCCH 天线端口。

（3）CSI-RS 的天线端口从 3000 开始，Rel-15 最多可以配置 32 个 CSI-RS 天线端口。

（4）SS/PBCH 块传输的天线端口从 4000 开始，Rel-15 只有 1 个 SS/PBCH 块天线端口。

需要注意的是，不同的物理信道或信号使用的天线端口都是不相同的，因此需要把物理信道和信号天线端口之间的准共址关系通过显示信令或隐含的方式通知给 UE，详见本书的 7.3 节。

物理下行信道的一般处理过程如图 5-1 所示。每个物理信道发送的码字数据先进行比特加扰；加扰后的数据比特调制为复数符号；复数符号映射到一层或几层上；针对每个天线端口，将复数符号映射到物理资源单元上；最后针对每个天线口，产生时域的 OFDM 信号。

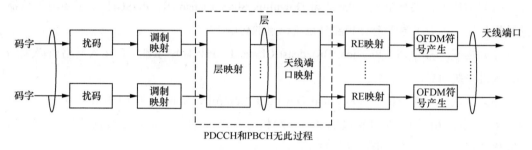

图5-1 物理下行信道的一般处理过程

PDSCH、PDCCH 和 PBCH 物理下行信道的主要特征总结见表 5-1。需要注意的是，NR 的 PDCCH 只支持 1 层复用，LTE 的 PDCCH 也只支持 1 层复用，但是 LTE 的 EPDCCH 最多支持 4 层复用，因此，也不排除后续版本的 PDCCH 进一步演进以便支持多层复用。

表5-1 PDSCH、PDCCH和PBCH物理下行信道的主要特征总结

下行物理信道	信道编码	调制方式	层数	波形
PDSCH	LDPC	QPSK、16QAM、64QAM、256QAM	1～8 层	CP-OFDM
PDCCH	Polar 码	QPSK	1 层	CP-OFDM
PBCH	Polar 码	QPSK	1 层	CP-OFDM

由于 DM-RS 和 PT-RS 是与物理下行信道伴随传输的，为了读者理解上的方便，本章接下来按照如下结构进行编写：5.1 节的内容是 SS/PBCH 块，包括 PSS、SSS、PBCH 以及 PBCH 的 DM-RS；5.2 节的内容是 PDCCH，包括 PDCCH 和 PDCCH 的 DM-RS；5.3 节的内容是 PDSCH，包括 PDSCH、PDSCH 的 DM-RS 和 PT-RS；5.4 节的内容是 CSI-RS。

5.1 SS/PBCH 块

LTE 的 PSS、SSS 和 PBCH 位于载波的中心，周期是固定的，且不进行波束赋形，必须覆盖整个小区。NR 部署在高频段时，基站必须使用 massive-MIMO 天线以增强覆盖，但是 massive-MIMO 天线会导致天线辐射图是非常窄的波束（Beam），单个波束难以覆盖整个小区。与此同时，由于受到硬件的限制，基站往往不能同时发送多个覆盖整个小区的波束，因此 NR 通过波束扫描（Beam Sweeping）的方法覆盖整个小区，即基站在某一个时

刻只发送一个或几个波束方向，通过多个时刻发送不同的波束覆盖整个小区所需要的方向。在每个波束中，都要配置 PSS、SSS 以及 PBCH，以便 UE 实现下行同步，PSS、SSS 和 PBCH 必须同时发送，简称 SS/PBCH 块（SS/PBCH Block），在没有混淆风险的前提下，也可简称同步块（Synchronization Signal Block，SSB）。

SSB 有两个作用：第一，小区搜索；第二，UE 进行小区测量的参考信号。通过测量 SSB，UE 可以上报 L1-RSRP 和 SS/PBCH 块的资源指示（SS/PBCH Block Resource Indicator，SSBRI）。其中，L1-RSRP 用于小区选择、小区重选以及切换等移动性管理过程，SSBRI 是 SS/PBCH 块的资源指示，用于初始的波束管理。

5.1.1 SS/PBCH 块

1. SS/PBCH 块

每个 SS/PBCH 块在频域上由 240 个连续的子载波（即 20 个 RB）组成，子载波在 SS/PBCH 块内按照升序从 0~239 进行编号；在时域上由 4 个连续的 OFDM 符号组成，OFDM 符号在 SS/PBCH 块内按照升序从 0~3 进行编号，单个 SS/PBCH 块的结构如图 5-2 所示。

SS/PBCH 块的子载波 0 与公共资源块 N_{CRB}^{SSB} 的子载波 0 之间偏移 k_{SSB} 个子载波，N_{CRB}^{SSB} 由高层参数 offsetToPointA 定义（见本书 4.3.3 节）。当 5G NR 部署在 FR1 时，SS/PBCH 块的子载波间隔是 15kHz 或者 30kHz，占用的带宽是 3.6MHz 或者 7.2MHz，$k_{SSB} \in \{0, 1, 2, \cdots, 23\}$，$k_{SSB}$ 的单位是 SCS=15kHz，这是因为 SS/PBCH 块的子载波间隔可能小于初始接入带宽的子载波间隔（例如，SS/PBCH 块的 SCS=15kHz，初始接入带宽的 SCS=30kHz），因此需要在 2 个 PRB（0~23）范围内指示子载波偏移；当 5G NR 部署在 FR2 时，SS/PBCH 块的子载波间隔是 120kHz 或者 240kHz，占用的带宽是 28.8MHz 或者 57.6MHz，$k_{SSB} \in \{0, 1, 2, \cdots, 11\}$，$k_{SSB}$ 的单位是 SCS=60kHz。这是因为 SS/PBCH 块的子载波间隔永远大于或等于初始接入带宽的子载波间隔，仅需要在 1 个 PRB（0~11）范围内指示子载波偏移。为了减少 UE 初始接入的搜索时间和降低 UE 开机搜索复杂度，NR 定义了同步栅格，用于指示 SS/PBCH 块在频率上的位置（见本书 3.3.3 节）。单个 SS/PBCH 块的子载波间隔和对应的频率范围见表 5-2。

表5-2 单个SS/PBCH块的子载波间隔和对应的频率范围

子载波间隔	SS/PBCH 块的带宽	单个 SS/PBCH 块的持续时间	频率范围
15kHz	3.6MHz	≈ 285μs	FR1
30kHz	7.2MHz	≈ 143μs	FR1
120kHz	28.8MHz	≈ 36μs	FR2
240kHz	57.6MHz	≈ 18μs	FR2

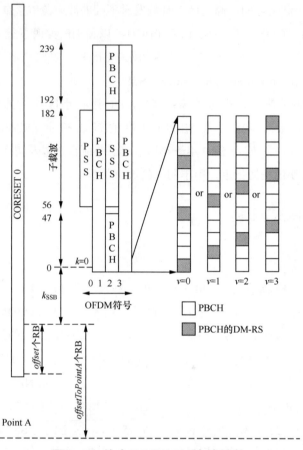

图5-2 单个SS/PBCH块的结构

PSS 在 SS/PBCH 块的第 1 个 OFDM 符号上，占用 SS/PBCH 块中间的 127 个子载波，两边分别有 56、57 个子载波不传输任何信号，这样的设计使 PSS 与其他信号之间有较大的频率隔离，便于 UE 把 PSS 与其他信号区分出来。SSS 在 SS/PBCH 块的第 3 个 OFDM 符号上，也是占用 SS/PBCH 块中间的 127 个子载波，两边分别有 8、9 个子载波不传输任何信号，这样的设计既方便把 SSS 与 PBCH 区分出来，又充分利用了第 3 个 OFDM 符号上的资源。PBCH 在 SS/PBCH 块的第 2~4 个 OFDM 符号上。其中，第 2 和第 4 个 OFDM 符号上各有 240 个子载波，第 3 个 OFDM 符号上有 96 个子载波，因此，PBCH 共计有 576 个 RE，去掉 PBCH 的 DM-RS 后，PBCH 共有 576×3/4=432 个 RE 用于传递信息。

与 LTE 的 PSS/SSS 固定的 5ms 周期不同，NR 的 SS/PBCH 块的周期是可变的，SS/PBCH 块的周期可以配置为 5ms、10ms、20ms、40ms、80ms 和 160ms，在每个周期内，多个 SS/PBCH 块被限制在某一个 5ms 的半帧内，SS/PBCH 块的集合被称为是 SS/PBCH 突发（Burst）集合，SS/PBCH 突发集合中的每个 SS/PBCH 块可以用波束扫描的方式进行发送，以增加小区的覆盖范围，SSB 突发集合内的多个 SS/PBCH 块以时分复用的方式发送如图 5-3 所示。

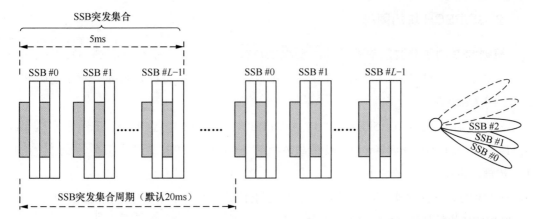

图5-3　SSB突发集合内的多个SS/PBCH块以时分复用的方式发送

SSB 的周期由高层参数 *ssb-periodicityServingCell* 通知给 UE，如果没有配置 *ssb-periodicityServingCell*，则 UE 假定 SSB 的周期是 20ms。对于初始小区搜索，由于此时 UE 还无法接收 *ssb-periodicityServingCell*，UE 假定 SSB 的周期是 20ms，这样 UE 就可以知道在某个频率上搜索 PSS/SSS 需要停留的时间，如果没有搜索到 PSS/SSS，则 UE 转换到下一个频率的同步栅格上继续搜索 PSS/SSS。

长的 SSB 周期可以使基站处于深度睡眠状态，从而达到降低基站功耗和节能的目的，也有利于节约 OFDM 符号等系统开销，缺点是导致 UE 长时间停留在某个频率上，以确定该频率上是否有 PSS/SSS 存在，也即增加了 UE 开机后的搜索复杂度及搜索时间。不过，SSB 周期的增加不一定影响用户的体验，这是因为智能手机开机/关机的频率大大降低，开机搜索的适当增加并不会严重影响用户的体验。此外，NR 使用了比 LTE 更稀疏的同步栅格，在一定程度上抵消了由于 SSB 周期增加所导致的搜索复杂度的加大。

尽管在初始小区搜索的时候，UE 假定 SSB 的周期是 20ms，但是在实际网络部署中，SSB 还是可以配置较短或较长的周期，具体原则描述如下。

● 较短的 SSB 周期用于连接模式下的 UE，便于 UE 快速进行小区搜索。

● 较长的 SSB 周期有利于节约基站的功耗，如果某个载波上的 SSB 周期大于 20ms，初始接入的 UE 有可能发现不了该载波，但是该载波可被连接模式下的 UE 使用，如在载波聚合的场景下，辅载波的 SSB 周期配置大于 20ms。

在网络实际部署的时候，建议根据基站类型设置 SSB 的周期，由于宏基站覆盖大，接入的用户数较多，因此可以设置较短的 SSB 周期以便 UE 快速同步和接入。而微基站由于覆盖范围小，接入的用户数较少，可以设置较长的 SSB 周期以节约系统开销和基站功耗。

除此之外，还可以根据业务需求设置 SSB 的周期，如果某个小区承载对时延要求非常高的 uRLLC 业务，则可以设置较短的 SSB 周期；如果某个小区承载对时延要求不高的 mMTC 业务，则可以设置较长的 SSB 周期。

2. SS/PBCH 块的图样

根据 SSB 的子载波间隔的不同，候选 SS/PBCH 块的图样有 A、B、C、D、E 共 5 种 Case，每个工作频段对应 1 个或 2 个图样（见本书 3.3.3 节）。每种 Case 的图样描述如下。

（1）Case A

SS/PBCH 块的 SCS=15kHz，候选的 SS/PBCH 块的第 1 个 OFDM 符号索引是 $\{2, 8\}+14\times n$。对于小于或者等于 3GHz 的载波频率，n=0、1，SS/PBCH 块在某个半帧的子帧 0、1 上传输，共有 4 个候选位置（L_{max}=4）；对于载波频率在 FR1 内且大于 3GHz，n=0、1、2、3，SS/PBCH 块在某个半帧的子帧 0、1、2、3 上传输，共有 8 个候选位置（L_{max}=8）。候选的 SS/PBCH 块的位置（Case A）如图 5–4 所示。

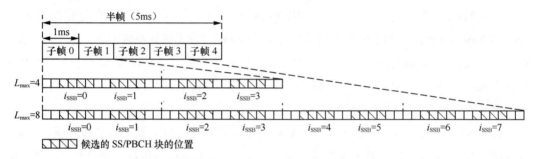

图5–4　候选的SS/PBCH块的位置（Case A）

SS/PBCH 块突发集合使用了非连续映射的方式，即 SS/PBCH 块在时间上并不是连续映射到各个 OFDM 符号上。对于 Case A，一个时隙内的前 2 个 OFDM 符号可用于传输 PDCCH，后 2 个 OFDM 符号可用于传输 PUCCH（也可用于上下行信号的保护时间）。SCS=15kHz 的 OFDM 符号 6、7 不映射 SS/PBCH 块的原因是为了考虑与 SCS=30kHz 的共存，即 SCS=15kHz 的 OFDM 符号 6 对应着 SCS=30kHz 的 OFDM 符号 12、13，可以用于传输 PUCCH；SCS=15kHz 的 OFDM 符号 7 对应着 SCS=30kHz 的 OFDM 符号 0、1，可用于传输 PDCCH。由于 NR 允许 SS/PBCH 块与数据和控制信道使用不同的子载波间隔，这样的设计可以保证，不论数据及其相应的控制信道使用的是 SCS=15kHz 还是 SCS=30kHz，都可以最大程度降低 SS/PBCH 块的传输对数据传输的影响。SCS=15kHz 和 SCS=30kHz 的时隙结构如图 5–5 所示。

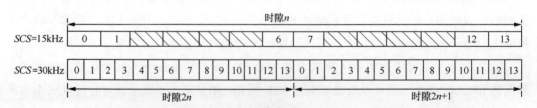

图5–5　SCS=15kHz和SCS=30kHz的时隙结构

（2）Case B

SS/PBCH 块的 SCS=30kHz，候选的 SS/PBCH 块的第 1 个 OFDM 符号索引是 {4，8，16，20}+28×n。对于小于或者等于 3GHz 的载波频率，n=0，SS/PBCH 块在某个半帧的子帧 0 上传输，共有 4 个候选位置（L_{max}=4）；对于载波频率在 FR1 内且大于 3GHz，n=0、1，SS/PBCH 块在某个半帧的子帧 0、1 上传输，共有 8 个候选位置（L_{max}=8）。候选的 SS/PBCH 块的位置（Case B）如图 5-6 所示。

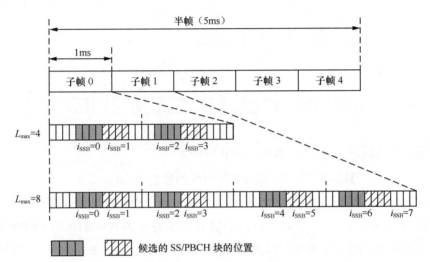

图5-6　候选的SS/PBCH块的位置（Case B）

对于 Case B，奇、偶时隙内 SS/PBCH 块所映射的符号有所区别，主要原因为：偶数时隙的前面 4 个 SCS=30kHz 的 OFDM 符号对应着 2 个 SCS=15kHz 的 OFDM 符号，奇数时隙的后面 4 个 SCS=30kHz 的 OFDM 符号对应着 2 个 SCS=15kHz 的 OFDM 符号，当 SCS=30kHz 的 SS/PBCH 块和 SCS=15kHz 的数据信道或控制信道共存时，这些 OFDM 符号可用于传输 PDCCH 或 PUCCH。

（3）Case C

SS/PBCH 块的 SCS=30kHz，候选的 SS/PBCH 块的第 1 个 OFDM 符号索引是 {2，8}+14×n。Case C 可以分为以下两种情况。

● 对于对称频谱（FDD），当载波频率小于或者等于 3GHz 时，n=0、1，SS/PBCH 块在某个半帧的子帧 0 上传输，共有 4 个候选位置（L_{max}=4）；当载波频率在 FR1 内且大于 3GHz 时，n=0、1、2、3，SS/PBCH 块在某个半帧的子帧 0、1 上传输，共有 8 个候选位置（L_{max}=8）。

● 对于非对称频谱（TDD），当载波频率小于或者等于 2.4GHz 时，n=0、1，SS/PBCH 块在某个半帧的子帧 0 上传输，共有 4 个候选位置（L_{max}=4）；当载波频率在 FR1 内且大于 2.4GHz 时，n=0、1、2、3，SS/PBCH 块在某个半帧的子帧 0、1 上传输，共有 8 个候选位置(L_{max}=8)。

候选的 SS/PBCH 块的位置(Case C)如图 5-7 所示。

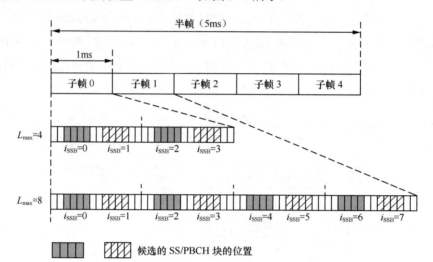

图5-7 候选的SS/PBCH块的位置(Case C)

对于 Case C,一个时隙内的 OFDM 符号 6、7 不映射 SS/PBCH 块的原因是为了考虑与 SCS=60kHz 的共存,即 SCS=30kHz 的 OFDM 符号 6 对应 SCS=60kHz 的 OFDM 符号 12、13,可用于传输 PUCCH;SCS=30kHz 的 OFDM 符号 7 对应 SCS=60kHz 的 OFDM 符号 0、1,可用于传输 PDCCH。

(4) Case D

SS/PBCH 块的 SCS=120kHz,候选的 SS/PBCH 块的第 1 个 OFDM 符号索引是 {4,8,16,20}+28×n,对于在 FR2 内的载波频率,n=0、1、2、3、5、6、7、8、10、11、12、13、15、16、17、18,SS/PBCH 块在某个半帧的子帧 0、1、2、3、4 上传输,共有 64 个候选位置(L_{max}=64)。Case D 共占用 16 个时隙对(一个时隙对包括 2 个时隙,共计 28 个 OFDM 符号),每个时隙对包含 4 个相同的 SS/PBCH 块。4 个时隙对为一组,每组之间间隔 2 个时隙,这样 4 组同步时隙对就可以均匀分布在一个 5ms 的半帧内。候选的 SS/PBCH 块的位置(Case D)如图 5-8 所示,需要注意的是,图 5-8 中的一个小长方形代表 4 个 OFDM 符号。

对于 Case D,数据信道或控制信道可以使用 SCS=60kHz 或 SCS=120kHz,因此,只需要考虑 SCS=120kHz 的 SS/PBCH 块与 SCS=60kHz 或 SCS=120kHz 的控制信道共存即可,与 Case B 类似,这里不再赘述。

(5) Case E

SS/PBCH 块的 SCS=240kHz,候选的 SS/PBCH 块的第 1 个 OFDM 符号索引是 {8,12,16,20,32,36,40,44}+56×n,对于在 FR2 内的载波频率,n=0、1、2、3、5、6、7、8,SS/PBCH 块在某个半帧的子帧 0、1、2 上传输,共有 64 个候选位置(L_{max}=64)。Case

E 共占用 16 个时隙对，每个时隙对包含 4 个 SS/PBCH 块。8 个时隙对为一组，共有两个组，每组之间间隔 4 个时隙。候选的 SS/PBCH 块的位置（Case E）如图 5-9 所示。需要注意的是，图 5-9 中的一个小长方形代表 4 个 OFDM 符号。

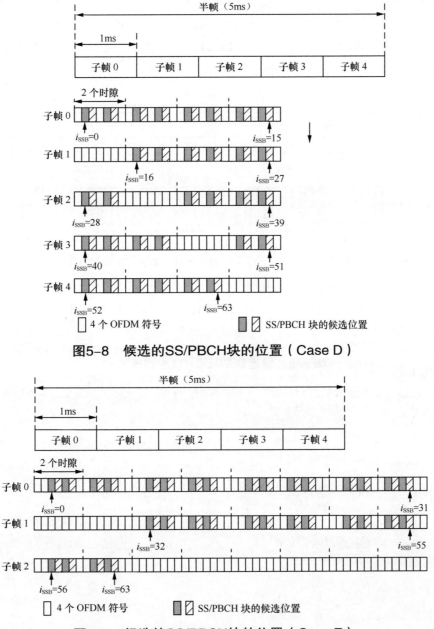

图5-8　候选的SS/PBCH块的位置（Case D）

图5-9　候选的SS/PBCH块的位置（Case E）

对于 Case E，每 4 个时隙（共 56 个 OFDM 符号）的前 8 个 $SCS=240$kHz 的 OFDM 符号对应着两个 $SCS=60$kHz 的 OFDM 符号，每 4 个时隙的后 8 个 $SCS=240$kHz 的 OFDM 符

号对应着两个 SCS=60kHz 的 OFDM 符号。当 SCS=240kHz 的 SS/PBCH 块和 SCS=60kHz 的数据信道或控制信道共存时，这些 OFDM 符号可用于传输 PDCCH 或 PUCCH。偶数时隙（共 28 个 OFDM 符号）的前 4 个 SCS=240kHz 的 OFDM 符号对应着两个 SCS=120kHz 的 OFDM 符号，奇数时隙的后 4 个 SCS=240kHz 的 OFDM 符号对应着两个 SCS=120kHz 的 OFDM 符号。当 SCS=240kHz 的 SS/PBCH 块和 SCS=120kHz 的数据信道或控制信道共存时，这些 OFDM 符号可用于传输 PDCCH 或 PUCCH。SCS=60kHz、SCS=120kHz 和 SCS=240kHz 的时隙结构如图 5-10 所示。

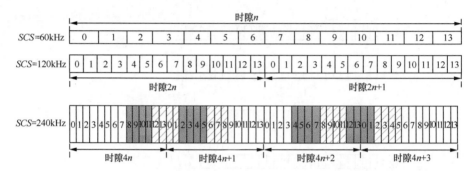

图5-10　SCS=60kHz、SCS=120kHz和SCS=240kHz的时隙结构

对于所有的 Case，每个时隙的最前面和最后面的两个 OFDM 不能用于 SS/PBCH 块的传输，主要原因是这些 OFDM 符号可分别用于传输 PDCCH 和 PUCCH。候选 SS/PBCH 块的图样总结见表 5-3。

表5-3　候选SS/PBCH块的图样总结

Case	SCS（kHz）	候选 SS/PBCH 块的第1 个 OFDM 符号索引	$f \leq 3\text{GHz}$		f 在 FR1 内且 $f>3\text{GHz}$		f 在 FR2 内	
			n	L_{max}	n	L_{max}	n	L_{max}
A	15	$\{2, 8\} + 14 \times n$	0, 1	4	0, 1, 2, 3	8		
B	30	$\{4, 8, 16, 20\} + 28 \times n$	0	4	0, 1	8		
C	30	$\{2, 8\} + 14 \times n$	0, 1	4	0, 1, 2, 3	8		
D	120	$\{4, 8, 16, 20\} + 28 \times n$					0, 1, 2, 3, 5, 6, 7, 8, 10, 11, 12, 13, 15, 16, 17, 18	64
E	240	$\{8, 12, 16, 20, 32, 36, 40, 44\} + 56 \times n$					0, 1, 2, 3, 5, 6, 7, 8	64

注：对于非对称频谱的 Case C，是以 2.4GHz 为界。

需要注意的是，图 5-4、图 5-6、图 5-7、图 5-8、图 5-9 的 SS/PBCH 块出现在一个无线帧的第 1 个半帧，如果出现在无线帧的第 2 个半帧，则需要将图 5-4、图 5-6、图 5-7、

图 5-8、图 5-9 中子帧 0～4 相应的位置修改为子帧 5～9 即可。对于 Case C，SS/PBCH 块的候选集的数量（L_{max}=4 个或 8 个）以载波频率 2.4GHz 为界，主要原因是中国移动部署的 5G 频率在 n41 频段（2496 MHz～2690 MHz）上，为了在 n41 频段支持更多数量的 SS/PBCH 块，3GPP TS 38.213 协议从 v15.3.0 版本开始，对于非对称频谱的 Case C，载波频率的界限从 3GHz 调整为 2.4GHz。

另外，需要注意的是，图 5-4、图 5-6、图 5-7、图 5-8、图 5-9 中给出的是在 SS/PBCH 突发集合内，SS/PBCH 块的可能候选位置，也就是 L_{max}=4、8、64 表示在不同频率范围的 5ms 半帧内，SS/PBCH 块的最大值。实际配置的 SS/PBCH 块的数量可以小于 L_{max}，甚至只配 1 个 SS/PBCH 块，如果配置的 SS/PBCH 块的数量小于最大值 L_{max}，SS/PBCH 块的位置可以不必连续。例如，对于 Case B，L_{max}=8，假设配置 4 个 SS/PBCH 块，则 SS/PBCH 块的位置（i_{SSB}）可以是 0、1、2、3，也可以是 0、1、4、5，只要在候选的 8 个 SS/PBCH 块位置中任意选择 4 个即可。基站通过系统消息 SIB1 或 UE 专用的 RRC 信令的高层参数 *ssb-PositionsInBurst* 通知给 UE，具体是哪些 SS/PBCH 块被使用了。

SS/PBCH 突发集合内的 SS/PBCH 块数量与天线的波束宽度密切相关，天线发射的波束越窄，需要配置的 SS/PBCH 块的数量越多，而波束的宽度与载波频率和 Massive-MIMO 天线的增益有关，对于定向天线，频率越高、增益越大，则波束越窄，因此需要配置的 SS/PBCH 块的数量也就越多。

宏基站需要通过较大的天线增益、较窄的波束实现较大的覆盖范围，波束数量较多，因此需要配置较多数量的 SS/PBCH 块；而微基站由于覆盖范围较小，波束较宽、波束数量较少，因此配置的 SS/PBCH 块可以较少，甚至只需要配置 1 个 SS/PBCH 块即可。波束数量较多的优点是通过波束扫描可以获得较大的覆盖增益，缺点是增加了基站实施复杂度和系统开销；波束数量较少的优点是减少了基站实施复杂度和系统开销，缺点是覆盖增益减少。

对于配置了载波聚合的小区，SS/PBCH 块的数量还与小区的类型有关，由于 UE 是在主服务小区上进行小区搜索和随机接入，为了减少系统开销，辅小区可以不配置 SS/PBCH 块，UE 通过同一组小区内的主服务小区（PCell）或主辅服务小区（PSCell）的 SS/PBCH 块获得时间和频率同步。

由于 SS/PBCH 块只能配置在下行符号上，因此 SS/PBCH 块的数量还与时隙配置有关，如果在 5ms 周期内配置的上行符号较多，实际可配置的 SS/PBCH 块的数量要小于 L_{max}。

5.1.2 PSS 和 SSS

5G NR 共有 336×3=1008 个物理小区标识（Physical Cell Identifier，PCI），PCI 的计算如公式（5-1）所示。

$$N_{ID}^{cell} = 3N_{ID}^{(1)} + N_{ID}^{(2)}$$
公式（5-1）

$N_{\text{ID}}^{(1)}$和$N_{\text{ID}}^{(2)}$分别通过 SSS 和 PSS 通知给 UE，每个小区有且仅有一个物理层小区标识。

PSS 序列有 3 种取值，与物理层小区标识组内的物理层标识$N_{\text{ID}}^{(2)} \in \{0, 1, 2\}$有一对一的映射关系。NR 的 PSS 是长度为 127 的伪随机序列，采用频域 BPSK M 序列，通过对基本的 M 序列进行循环移位的方式产生 3 个不同的 PSS 序列，3 个循环移位的位置分别是 0、43 和 86。PSS 是 UE 进行小区搜索的第一个信号，是小区搜索过程中搜索复杂度最高的过程，在此阶段，UE 不知道系统的定时信息，UE 内部的参考频率也不精确，UE 和网络之间在频率上还有较大的波动，因此 PSS 序列数量较少，也即循环移位的间隔较大，以便 UE 区分 PSS 序列。PSS 的序列$d_{\text{PSS}}(n)$通过公式（5-2）定义。

$$d_{\text{PSS}}(n) = 1 - 2x(m)$$
$$m = (n + N_{\text{ID}}^{(2)}) \bmod 127$$
$$0 \leq n < 127$$
公式（5-2）

其中，$x(n)$通过公式（5-3）定义。

$$x(i+7) = (x(i+4) + x(i)) \bmod 2$$
公式（5-3）

初始序列通过公式（5-4）定义。

$$[x(6)x(5)x(4)x(3)x(2)x(1)x(0)] = [1\ 1\ 1\ 0\ 1\ 1\ 0]$$
公式（5-4）

PSS 映射到 SS/PBCH 块中间的连续 127 个子载波上，详细映射位置如图 5-2 所示。只要搜索到 PSS，UE 即可获得 PSS 的定时、SS/PBCH 块的子载波间隔和 PCI 的$N_{\text{ID}}^{(2)}$，同时可以作为 UE 内部频率产生的参考，很大程度上消除了 UE 和网络之间的频率波动。

SSS 序列有 336 种取值，与物理层小区标识组$N_{\text{ID}}^{(1)} \in \{0, 1, \cdots, 335\}$有一对一的映射关系，相比于 PSS 的 3 个序列，SSS 序列数量要大得多，主要原因是 UE 已知 SSS 序列的定时，搜索 SSS 的复杂度显著降低，因此可以采用更多数量的 SSS 序列。NR 的 SSS 也是长度为 127 的伪随机序列，采用频域 BPSK M 序列，有两个生成多项式，SSS 的序列$d_{\text{SSS}}(n)$通过公式（5-5）定义。

$$d_{\text{SSS}}(n) = \left[1 - 2x_0((n+m_0) \bmod 127)\right]\left[1 - 2x_1((n+m_1) \bmod 127)\right]$$
$$m_0 = 15\left\lfloor \frac{N_{\text{ID}}^{(1)}}{112} \right\rfloor + 5N_{\text{ID}}^{(2)}$$
$$m_1 = N_{\text{ID}}^{(1)} \bmod 112$$
$$0 \leq n < 127$$
公式（5-5）

其中，$x_0(n)$和$x_1(n)$通过公式（5-6）定义。

$$x_0(i+7) = (x_0(i+4) + x_0(i)) \bmod 2$$
$$x_1(i+7) = (x_1(i+1) + x_1(i)) \bmod 2$$
公式（5-6）

初始序列通过公式（5-7）定义。

$$[x_0(6)x_0(5)x_0(4)x_0(3)x_0(2)x_0(1)x_0(0)] = [0\ 0\ 0\ 0\ 0\ 0\ 1]$$
$$[x_1(6)x_1(5)x_1(4)x_1(3)x_1(2)x_1(1)x_1(0)] = [0\ 0\ 0\ 0\ 0\ 0\ 1]$$
公式（5-7）

SSS 映射到 SS/PBCH 块中间的连续 127 个子载波上，详细映射位置如图 5-2 所示。只要搜索到 SSS，UE 即可获得 $N_{\text{ID}}^{(1)}$，根据 $N_{\text{ID}}^{(1)}$ 和 $N_{\text{ID}}^{(2)}$，UE 可获得小区的 PCI。

5.1.3　PBCH 和 PBCH 的 DM-RS

UE 搜索到 PSS/SSS 后，获得了 PCI，接下来即可解调 PBCH。由于 NR 中没有小区专用参考信号（Cell-specific Reference Signal，CRS），要解调 PBCH 信道，UE 必须先获得 PBCH 的 DM-RS 的位置，PBCH 的 DM-RS 在时域上的位置和 PBCH 相同，即占用 SS/PBCH 块的第 2~4 个 OFDM 符号；频域上的位置间隔 4 个子载波，也即每个 RB 上有 3 个 DM-RS，频域偏移由 PCI 确定，即根据 $v = N_{\text{ID}}^{\text{cell}} \bmod 4$ 确定频域偏移，同频邻区设置不同的频域偏移有利于降低不同小区之间的干扰，PBCH 的 DM-RS 的时频域位置如图 5-2 所示。

NR 的 PCI 规划原则与 LTE 相类似，也要满足以下原则：相同 PCI 的复用距离足够远，避免同一个基站的小区以及该基站的邻区列表出现 PCI 相同的情况，保留适量的 PCI 用于室分规划、位置边界规划和网络的扩展。由于 PSS 只有 3 个，为了避免 PSS 的干扰，NR 的 PCI 也要考虑模 3 干扰。NR 的 PCI 规划与 LTE 的 PCI 规划的主要差异是：LTE 的 PCI 数量是 504 个，而 NR 的 PCI 数量是 1008 个，PCI 发生冲突的概率会降低，与 NR 的小区覆盖范围较小、PCI 需要较大的复用距离相适应。

PBCH 的 DM-RS 序列 $r(m)$ 通过公式（5-8）定义。

$$r(m) = \frac{1}{\sqrt{2}}(1 - 2 \times c(2m)) + j\frac{1}{\sqrt{2}}(1 - 2 \times c(2m+1)) \qquad 公式（5-8）$$

$c(n)$ 的定义见本书 4.4.1 节，DM-RS 的扰码序列在每个 SS/PBCH 块都要根据 $N_{\text{ID}}^{\text{cell}}$、$n_{\text{hf}}$ 和 i_{SSB}，按照公式（5-9）进行初始化。

$$c_{\text{init}} = 2^{11}(\bar{i}_{\text{SSB}}+1)(\lfloor N_{\text{ID}}^{\text{cell}}/4 \rfloor + 1) + 2^{6}(\bar{i}_{\text{SSB}}+1) + (N_{\text{ID}}^{\text{cell}} \bmod 4)$$
$$\bar{i}_{\text{SSB}} = i_{\text{SSB}} + 4n_{\text{hf}} \qquad 公式（5-9）$$

其中，n_{hf} 是 PBCH 所在的半帧号，i_{SSB} 是 SS/PBCH 块的索引。n_{hf} 和 i_{SSB} 的具体取值与半帧（5ms）内 SS/PBCH 块的最大数量 $L_{\max}$ 有关，对于 $L_{\max}$=4，i_{SSB} 是 SS/PBCH 块索引的 2 个比特位，如果 PBCH 在无线帧的第 1 个半帧，则 n_{hf}=0，如果 PBCH 在无线帧的第 2 个半帧，则 n_{hf}=1；对于 $L_{\max}$=8 或 $L_{\max}$=64，i_{SSB} 是 SS/PBCH 块索引的 3 个最低比特位，n_{hf}=0。也即：

● 对于 $L_{\max}$=4，$\bar{i}_{\text{SSB}} = i_{\text{SSB}} + 4n_{\text{hf}}$，用 2 个 bit 表示 SS/PBCH 块的索引，1 个 bit 表示 SS/PBCH 块所在的半帧号；

● 对于 $L_{\max}$=8，n_{hf}=0，正好用 $\bar{i}_{\text{SSB}} = i_{\text{SSB}}$ 表示 SS/PBCH 块的索引，也即用 3 个 bit 表示 SS/PBCH 块的索引；

● 对于 $L_{\max}$=64，n_{hf}=0，$\bar{i}_{\text{SSB}}$ 为 SS/PBCH 块索引的低 3 个 bit，高 3 个 bit 为 $\bar{a}_{\bar{A}+5}$，

$\bar{a}_{\bar{A}+6}$、$\bar{a}_{\bar{A}+7}$（见下文），即用 DM-RS 承载的 3 个 bit 和 PBCH 编码时增加的额外 3 个 bit 联合表示 SS/PBCH 块索引（共计 6 个 bit）。

在公式（5-9）中，$N_{\text{ID}}^{\text{cell}}$ 是已知的，$\bar{i}_{\text{SSB}}$ 的取值有 8 种可能，也即 UE 在初始小区搜索的时候，使用 8 个 DM-RS 初始化序列，通过盲检的方式，确定 PBCH 使用的是哪一个 DM-RS。

PBCH 信道发送的信息包括两部分：一部分是高层产生的主消息块（Master Information Block，MIB）消息；另一部分是额外增加的与定时相关的信息。

MIB 包含了一些极其重要的信息，以便 UE 能够获得其他的系统消息，MIB 主要包括的信息如下。

● *systemFrameNumber*：系统帧号（System Frame Number，SFN）的高 6 个 bit，SFN 的低 4 个 bit 在 PBCH 的信道编码中传输（SFN 共 10 个 bit）。

● *subCarrierSpacingCommon*：初始接入、寻呼和广播系统消息 SIB1、Msg2、Msg4 的子载波间隔，共 1 个 bit，取值为 "scs15 or 60" 或 "scs30 or 120"。如果 UE 在 FR1 的载波频率上读取 MIB，"scs15 or 60" 对应的子载波间隔是 15kHz，"scs30 or 120" 对应的子载波间隔是 30kHz；如果 UE 在 FR2 的载波频率上读取 MIB，"scs15 or 60" 对应的子载波间隔是 60kHz，"scs30 or 120" 对应的子载波间隔是 120kHz。

● *ssb-SubcarrierOffset*：SSB 子载波偏移，对应着图 5-2 中的 k_{SSB}，也即从公共资源块 $N_{\text{CRB}}^{\text{SSB}}$ 的子载波 0 到 SSB 的子载波 0 之间偏移的子载波数量。*ssb-SubcarrierOffset* 共有 4 个 bit，4 个 bit 可以表示 0~15。对于 FR2，k_{SSB} 的取值为 0~11，只用 *ssb-SubcarrierOffset* 即可指示；对于 FR1，k_{SSB} 的取值是 0~23，只用 *ssb-SubcarrierOffset* 不足以指示，还需要在 PBCH 的信道编码中额外增加 1 个 bit。

● *dmrs-TypeA-Position*：PDSCH 的 DM-RS（Type A）在时隙内开始的位置，共 1 个 bit，取值为 "pos2" 或 "pos3"，"pos2" 表示 DM-RS 的开始位置在一个时隙内的 OFDM 符号 2（即第 3 个 OFDM 符号），"pos3" 表示 DM-RS 的开始位置在一个时隙内的 OFDM 符号 3（即第 4 个 OFDM 符号），有关 PDSCH 的 DM-RS 的内容参见本书 5.3.4 节。

● *pdcch-ConfigSIB1*：共 8 个 bit，对应着 *RMSI-PDCCH-Config*，其中，前面的 4 个 bit 用于指示初始 DL BWP 的公共 CORESET 0 的配置，后面的 4 个 bit 指示初始 DL BWP 的 Type0-PDCCH 公共搜索空间的配置（参见本书 5.2.5 节）。如果 *ssb-SubcarrierOffset* 指示 SIB1 不存在，则 *pdcch-ConfigSIB1* 可以通知 UE 在哪个频率上搜索到"携带"有 SIB1 的 SS/PBCH 块或在某个频率范围内没有"携带"SIB1 的 SS/PBCH 块（参见本书 3.3.3 节）。

● *cellBarred*：小区禁止标志，用于指示 UE 是否允许接入本小区，共 1 个 bit，取值为 "barred" 或 "notBarred"。

● *IntraFreqReselection*：同频小区重选标志，共 1 个 bit，取值为 "allowed" 或 "notAllowed"，当本小区的 *cellBarred* 取值为禁止（"barred"）时，该标志用于指示同频的

其他小区是否允许 UE 接入。

- *spare*：保留位，共 1 个 bit。

PBCH 除了传递 MIB 信息外，还通过 PBCH 信道编码额外增加 8 个与定时相关的信息。PBCH 信道编码的处理过程如下：$\bar{a}_1, \bar{a}_2, \bar{a}_3, \cdots, \bar{a}_{\bar{A}-1}$ 是物理层接收到的 PBCH 传输块，也即 MIB，$\bar{a}_{\bar{A}}, \bar{a}_{\bar{A}+1}, \bar{a}_{\bar{A}+2}, \bar{a}_{\bar{A}+3}, \cdots, \bar{a}_{\bar{A}+7}$ 是 8 个与定时相关的信息，$\bar{a}_1, \bar{a}_2, \bar{a}_3, \cdots, \bar{a}_{\bar{A}+7}$ 附加上 24 个 bit 的 CRC 编码，再经过信道编码、速率匹配、调制后映射到物理资源上，最后映射到天线端口上进行传输。PBCH 的信道编码采用 Polar 码，调制采用 QPSK 调制。额外增加的 8 个与定时相关的比特含义如下。

- $\bar{a}_{\bar{A}}, \bar{a}_{\bar{A}+1}, \bar{a}_{\bar{A}+2}, \bar{a}_{\bar{A}+3}$：SFN 的低 4 位，SFN 的高 6 位在 MIB 中。
- $\bar{a}_{\bar{A}+4}$：半帧标志位 $\bar{a}_{HRF}$。
- $\bar{a}_{\bar{A}+5}, \bar{a}_{\bar{A}+6}, \bar{a}_{\bar{A}+7}$：分为两种情况，如果 $L_{max}=64$，$\bar{a}_{\bar{A}+5}, \bar{a}_{\bar{A}+6}, \bar{a}_{\bar{A}+7}$ 是 SS/PBCH 块索引的高 3 位；如果 $L_{max}=4$ 或 $L_{max}=8$，则 $\bar{a}_{\bar{A}+5}$ 是 k_{SSB} 的高 1 位，$\bar{a}_{\bar{A}+6}, \bar{a}_{\bar{A}+7}$ 用做保留位。

PBCH 信道上承载的信息（含 CRC）见表 5-4。

表5-4　PBCH信道上承载的信息（含CRC）

信息	bit 数	
	FR1	FR2
SFN	10	10
SIB1 的子载波间隔（参数集）	1	1
SSB 的子载波偏移	5	4
PDSCH 的第 1 个 DM-RS 的时域位置	1	1
与 SIB1 相关的 PDCCH 配置	8	8
小区禁止标志	1	1
同频小区重选标志	1	1
SS/PBCH 块索引	0	3
半帧指示	1	1
Choice（指当前是否为扩展 MIB）	1	1
保留位	3	1
CRC	24	24
合计	56	56

UE 解码 PBCH 信道后，即可得到 SS/PBCH 块的索引信息，也就获得了时序的完整信息，包括帧号、子帧号和时隙号。详细的初始小区搜索过程见本书 7.1 节。

需要注意的是，PBCH 的周期固定为 80ms，但是可以在 80ms 内重复多次传输，PBCH 重复多次传输可以压制相邻小区的干扰，提高合并性能，重复的次数与 SSB 的周期有关。

5.2 PDCCH

与 LTE 相比，NR 的控制区域只有 PDCCH，而没有 PCFICH、PHICH。其中，PHICH 功能（传递 PUSCH 的 HARQ-ACK 信息）在 NR 中由 PDCCH 承担，PCFICH 的功能（传递 PDCCH 占用的 OFDM 符号数）则由系统消息通知给 UE。

NR 中引入了控制资源集合（Control-Resource Set，CORESET）这个概念，CORESET 是 PDCCH 所在的时频资源，而搜索空间则规定了 UE 在 CORESET 上的搜索行为。PDCCH 配置则是 CORESET 和搜索空间的组合，PDCCH 配置包括小区级（IE *PDCCH-ConfigCommon*）和 UE 级（IE *PDCCH-Config*），前者用于公共搜索空间的配置，通过系统消息下发给 UE，针对小区内的所有 UE；后者用于公共搜索空间或 UE 专用搜索空间的配置，通过 RRC 层信令通知给 UE，只针对特定的 UE。

PDCCH 用来调度在 PDSCH 上的下行传输和在 PUSCH 上的上行传输，PDCCH 上的下行控制信息（Downlink Control Information，DCI）包括以下调度信息。

- 下行分配至少包括调制和编码方式、资源分配和与 DL-SCH 相关的 HARQ 信息
- 上行授权至少包括调制和编码方式、资源分配和与 UL-SCH 相关的 HARQ 信息

除了调度信息，PDCCH 还可用于以下目的。

- 利用配置授权，激活或去激活配置的 PUSCH 传输
- 激活或去激活 PDSCH 半持续（semi-persistent）传输
- 向一个或多个 UE 通知时隙格式
- 向一个或多个 UE 通知不能利用的 PRB 和 OFDM 符号
- PUCCH 和 PUSCH 的发射功率控制（Transmission Power Control，TPC）命令传输
- 用于 SRS 传输的一个或多个 TPC 命令传输，该 TPC 命令可以被一个或多个 UE 使用
- 转换 UE 的激活 BWP
- 初始随机接入过程

NR PDCCH 处理过程包括以下 6 个步骤。

（1）CRC 校验

PDCCH 上传递的净负荷首先附加上 CRC 校验，LTE PDCCH 的 CRC 是 16 个 bit，NR PDCCH 的 CRC 增加到 24 个 bit，CRC 的位数增加减少了不正确接收控制信息的风险，有助于 UE 及早终止解码操作。与 LTE 一样，NR PDCCH 的 CRC 也要使用不同的 RNTI 进行扰码，以便区分传输信道 / 逻辑信道或 L1 层消息。

（2）信道编码

NR PDCCH 的信道编码使用 Polar 码。

（3）速率匹配

通过截短、打孔或重复的方式，使编码后的比特与可利用的 PDCCH 资源相匹配。

（4）加扰

扰码序列根据 $c_{\text{init}} = \left(n_{\text{RNTI}} \times 2^{16} + n_{\text{ID}}\right) \bmod 2^{31}$ 进行初始化，对于 UE 专用的搜索空间（UE-specific Search Space, USS），（如果配置，$n_{\text{ID}} \in \{0, 1, \cdots, 65535\}$ 等于高层参数 *pdcch-DMRS-ScramblingID*，否则 $n_{\text{ID}} = N_{\text{ID}}^{\text{cell}}$；对于使用 C-RNTI 扰码的 PDCCH 的 UE 专用搜索空间，如果配置，n_{RNTI} 等于高层参数 *pdcch-DMRS-ScramblingID*，否则 $n_{\text{RNTI}} = 0$。

（5）调制

NR PDCCH 固定使用 QPSK 调制方式。

（6）资源映射

5.2.1 CORESET

在 LTE 系统中，PDCCH 在频域上占用整个带宽，时域上占用每个子帧的前面 1~3 个 OFDM 符号，也即系统只需要把 PDCCH 占用的 OFDM 符号数通知 UE，UE 便能确定 PDCCH 的搜索空间。

而在 NR 系统中，由于系统的带宽（FR1 最高可达 100MHz，FR2 最高可达 400MHz）较大，如果 PDCCH 依然占用整个带宽，不仅浪费资源，盲检的复杂度也大。除此之外，PDCCH 在时域上的起始位置也可配置。

也就是说，在 NR 系统中，UE 要知道 PDCCH 在频域上的位置和时域上的位置才能成功解码 PDCCH。为了方便，NR 系统将 PDCCH 在频域上占用的频段和时域上占用的 OFDM 符号数等信息封装在 CORESET 中；将 PDCCH 起始的 OFDM 符号索引以及 PDCCH 监听周期等信息封装在搜索空间中。

1. CORESET 的时频资源

每个 BWP 最多可以配置 3 个 CORESET，由于每个小区最多配置 4 个 BWP，因此，每个小区最多可以配置 12 个 CORESET，其索引是 0~11，由高层参数 *ControlResourceSetId* 通知给 UE，*ControlResourceSetId* 在一个小区内的所有 BWP 中是唯一的，其中，CORESET 0 为 Type0 PDCCH 公共搜索空间（Common Search Space，CSS）专用。

CORESET 在频域上占用 $N_{\text{RB}}^{\text{CORESET}}$ 个 PRB，在频域上的位置可以灵活配置，由高层参数 *frequencyDomainResources* 通知给 UE，*frequencyDomainResources* 由 45 个 bit 组成，每个比特表示一组连续的 6 个 PRB，最高位的比特对应着 BWP 中的最低频率的 PRB 组。如果某个比特设置为 1，则表示该比特对应的 PRB 组在 CORESET 内，设置为 0，则表示该比特对应的 PRB 组不在 CORESET 内，因此 $N_{\text{RB}}^{\text{CORESET}}$ 最大取值为 45×6=270 个 PRB。CORESET

的配置支持连续和离散的频域资源分配，但是配置的 CORESET 必须在 BWP 的频域范围。不同的 CORESET 在频域上可能存在 PRB 重叠，重叠的 PRB 上无法支持不同 CORESET 内 PDCCH 的同时传输，从而导致 PDCCH 的相互阻塞，为了尽可能减少被阻塞的 PRB，除 PBCH 配置的 CORESET 外，其他 RRC 信令配置的 CORESET 在频域上的配置使用相同的参考点。

CORESET 在时域上占用 $N_{\text{Symb}}^{\text{CORESET}}$ 个连续的 OFDM 符号，在时隙中开始的位置可以配置（参见本书5.2.2节），$N_{\text{Symb}}^{\text{CORESET}}$ 取值为1、2或3，只有当高层参数 dmrs-TypeA-Position 等于 "pos3" 时，$N_{\text{Symb}}^{\text{CORESET}}$ 才可以取值为3，主要原因是 PDCCH 和 PDSCH 的 DM-RS 在时域上不能重叠。

与 LTE 一样，NR 也有控制信道单元（Control Channel Element，CCE）、资源单元组（Resource Element Group，REG）等概念，但是在细节上有些差别。NR 的一个 PDCCH 由 1 个或者多个 CCE 聚合而成，PDCCH 包含的 CCE 数也即 PDCCH 的聚合等级是 {1，2，4，8，16} 之一，一个 CCE 由 6 个 REG 组成，一个 REG 在频域上占用 1 个 RB，在时域上占用 1 个 OFDM 符号。在 CORESET 内，REG 以时间优先的方式，按照增序进行编号，CORESET 内的第 1 个 OFDM 符号、最低索引的 PRB 为 REG 0。REG 如果以频率优先的方式进行编号，则一个 CCE 的多个 REG 经过交织后，有可能在频率上还是相邻的，达不到频率分集的效果，所以 REG 以时间优先方式进行编号以避免这种情况的发生。

PDCCH 和 PDCCH 的 DM-RS 是频分复用的关系。PDCCH 的 DM-RS 的参考序列 $r_l(m)$ 由公式（5-10）定义。

$$r_l(m) = \frac{1}{\sqrt{2}}(1-2\times c(2m)) + j\frac{1}{\sqrt{2}}(1+2\times c(2m+1)) \qquad 公式（5-10）$$

伪随机序列 $c(i)$ 的定义见本书 4.4.1 节，伪随机序列根据公式（5-11）进行初始化。

$$c_{\text{init}} = \left(2^{17}\left(N_{\text{symb}}^{\text{slot}} n_{\text{s,f}}^{\mu} + l + 1\right)(2N_{\text{ID}}+1) + 2N_{\text{ID}}\right) \bmod 2^{31} \qquad 公式（5-11）$$

其中，l 是时隙内的 OFDM 符号索引，$n_{\text{s,f}}^{\mu}$ 是无线帧内的时隙号；$n_{\text{ID}} \in \{0, 1, \cdots, 65535\}$，如果配置了高层参数 pdcch-DMRS-ScramblingID，则 N_{ID} 等于 pdcch-DMRS-ScramblingID，否则 N_{ID} 等于 $N_{\text{ID}}^{\text{cell}}$。

公式（5-10）产生的序列 $r_l(m)$ 乘以幅度缩放因子 $\beta_{\text{DMRS}}^{\text{PDCCH}}$ 后，从 $r_l(0)$ 开始，按照先频域 (k)，后时域 (l) 的顺序映射到 $\text{RE}(k, l)_{p,u}$ 上（参见公式（5-12）），PDCCH 的天线端口号 $p=2000$。

$$\begin{aligned}
a_{k,l}^{(p,\mu)} &= \beta_{\text{DMRS}}^{\text{PDCCH}} \cdot r_l(3n+k') \\
k &= nN_{\text{sc}}^{\text{RB}} + 4k' + 1 \\
k' &= 0,1,2 \\
n &= 0,1,\cdots
\end{aligned} \qquad 公式（5-12）$$

其中，l 是时隙内的 OFDM 符号索引；如果 CORESET 是通过 PBCH 或 IE *PDCCH-*

ConfigCommon 中的 *ControlResourceSetZero* 字段配置，则 k 是相对于 CORESET 的最低 RB 索引的子载波 0 的索引，否则 k 是相对于 CRB 0 的子载波 0（即 Point A）的索引。

PDCCH 结构如图 5-11 所示，即 PDCCH 的 DM-RS 固定在一个 PRB 内的子载波 1、5 和 9 上。

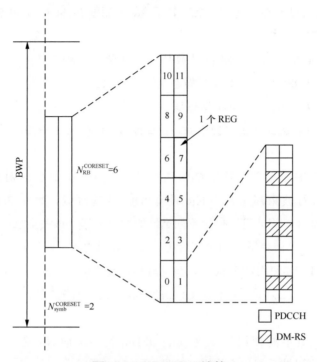

图 5-11 PDCCH 结构

在 Rel-15 版本中，DM-RS 只有一个天线端口，因此，PDCCH 只能进行单层传输，1 个 PRB 中有 12 个 RE。其中，3 个 RE 用于 DM-RS，剩余的 9 个 RE 用于 PDCCH。由于 PDCCH 采用 QPSK 调制，因此 1 个 REG 可用的比特数是 18 个，1 个 CCE 可用的比特数是 18×6=108 个。

NR 的 CORESET 与 LTE 的控制区域有以下 6 点区别。

（1）第一点

LTE 的 PDCCH 必须占用整个信道带宽，而 CORESET 在频域上的位置和占用的 PRB 数可以半静态配置，也即 CORESET 不必占用整个信道带宽，主要原因是 NR 的信道带宽最大可达 100MHz（FR1）或 400MHz（FR2），让所有的 UE 都支持这么大的带宽是不合理的。由于 UE 只在激活的 BWP 上接收或发送信号，因此 CORESET 是 BWP 的子集。在网络部署时，可以把同频相邻小区或宏/微基站同频邻区的 CORESET 配置在不同频率上，有利于实现频率上的干扰协调。

（2）第二点

LTE 只能配置在一个子帧内开始的 1~3 个 OFDM 符号（对于窄的带宽，一个子帧内开始的 2~4 个 OFDM 符号），而 NR 的 CORESET 可以配置在时隙上的任意位置。在通常情况下，尽管 CORESET 配置在时隙开始的位置上以适合于普通类型的业务调度，但是把 CORESET 配置在时隙的其他位置有利于低时延业务，因为该类业务只占用少数几个 OFDM 符号，网络可以不必等到下一个时隙开始即可调度 PDSCH 或 PUSCH。

（3）第三点

LTE 的 PDCCH 占用的 OFDM 符号数是动态变化的，由 PCFICH 通知给 UE，而 NR 的 CORESET 占用的 OFDM 符号数是半静态配置的，有利于降低 PDCCH 的处理时延。此外，NR 支持数据信道和 CORESET 资源动态复用，即数据信道（注意，不是 DM-RS）可映射在 CORESET 资源内，因此不需要使用动态信令配置 CORESET 资源。

（4）第四点

LTE 解调 PDCCH 的时候，使用 CRS 进行信道估计，由于 CRS 对所有的 UE 都是公共的，CRS 不能进行波束赋形。而 NR 解调 PDCCH 的时候，每个 PDCCH 都有专用的 DM-RS 用于信道估计，因此可以使用不同类型的波束赋形，该波束赋形对于 UE 来说是透明的，相比于 LTE 的非波束赋形的控制信道，波束赋形的控制信道有利于覆盖和性能的提升。PDCCH 的 DM-RS 使用波束赋形会涉及与其他参考信号（SSB 或 CSI-RS）的准共址（Quasi Co-Located, QCL）关系，有关 QCL 的内容参见本书 7.3 节。

（5）第五点

LTE 的数据信道不能使用控制区域的 OFDM 符号，而 NR 通过预留资源的机制，CORESET 的资源可以被数据信道使用（参见本书 5.3.4 节）。

（6）第六点

LTE 的一个 CCE 映射到 36 个 RE 上，而 NR 的一个 CCE（不含 DM-RS）映射到 54 个 RE 上，主要原因是 NR PDCCH 的 DM-RS 资源相比 LTE CRS 资源要少，导致信道估计性能的下降，因此需要较多的 RE；同时考虑到 NR 的 DCI 负荷相比 LTE 的 DCI 负荷会有所增大，为了保证 NR PDCCH 传输的可靠性和满足 NR PDCCH 的覆盖要求，最终确定了一个 CCE 包含 54 个 RE。

2. 交织映射和非交织映射

在一个 CORESET 内，CCE 到 REG 的映射支持交织和非交织两种方式。如果 gNB 有下行信道的详细信息，如对于静止或低速移动的 UE，则建议使用非交织方式，gNB 可根据获得的无线信道信息，在信道状态较好的频率资源上发送控制信息，即使用频率选择性传输获得调度增益。如果 gNB 没有下行信道的详细状态信息，如对于高度移动的 UE，则建议使用交织方式，进而可获得频率分集增益，增加传输的可靠性。需要注意的是，在 1 个特定的 CORESET 内，CCE 到 REG 的映射方式是唯一的，或者是交织映射或者是非交织映射，由于 UE 可以配置多个 CORESET，因此可以在不同的 CORESET 上配置不同的交织方式，在传输效率和可靠性之间取得平衡。

L 个 REG 组成了 1 个 REG bundle，通过 1 个或多个 REG bundle 实现 CCE 到 REG 的映射，具体映射规则如下。

（1）REG bundle i 包括的 REG 索引是 $\{iL, iL+1, \cdots, iL+L-1\}$，其中，$L$ 是 REG bundle 尺寸，由高层参数 *reg-BundleSize* 配置。

$N_{\text{REG}}^{\text{CORESET}} = N_{\text{RB}}^{\text{CORESET}} N_{\text{symb}}^{\text{CORESET}}$ 是一个 CORESET 内 REG 的数量。

（2）CCE j 由 REG bundle $\{f(6j/L), f(6j/L+1), \cdots, f(6j/L+6/L-1)\}$ 组成，其中，$f(\cdot)$ 是交织器。

对于非交织的 CCE 到 REG 映射，映射规则如公式（5-13）所示。

$$L = 6, f(j) = j \qquad \text{公式（5-13）}$$

对于交织的 CCE 到 REG 映射，对于 $N_{\text{symb}}^{\text{CORESET}} = 1$，$L \in \{2,6\}$；对于 $N_{\text{symb}}^{\text{CORESET}} \in \{2,3\}$，$L \in \{N_{\text{symb}}^{\text{CORESET}}, 6\}$。交织器的定义如公式（5-14）所示。

$$f(j) = (rC + c + n_{\text{shift}}) \mod (N_{\text{REG}}^{\text{CORESET}}/L)$$
$$j = cR + r$$
$$r = 0, 1, \cdots, R-1 \qquad \text{公式（5-14）}$$
$$c = 0, 1, \cdots, C-1$$
$$C = N_{\text{REG}}^{\text{CORESET}}/(LR)$$

在公式（5-14）中，R 是交织深度尺寸，$R \in \{2, 3, 6\}$ 由高层参数 *interleaverSize* 配置，设置 R 的目的是把 CCE 内的 REG bundle 扩展到不同频率上，以实现频率分集；n_{shift} 是映射时的偏移索引，n_{shift} 的具体取值如下所述。

（1）通过 PBCH 或 SIB1 配置的 CORESET，$n_{\text{shift}} = N_{\text{ID}}^{\text{cell}}$。

（2）其他情况，n_{shift} 由高层参数 *shiftIndex* 通知给 UE，$n_{\text{shift}} \in \{0, 1, \cdots, 274\}$。

需要注意的是，由于 $N_{\text{REG}}^{\text{CORESET}}$ 已经确定，L 和 R 的取值应该确保 C 是整数。

接下来，以 $N_{\text{RB}}^{\text{CORESET}} = 18$，$N_{\text{symb}}^{\text{CORESET}} = 2$，$n_{\text{shift}} = 0$ 为例来分析 CCE 到 REG 的映射。$N_{\text{REG}}^{\text{CORESET}} = 18 \times 2 = 36$，REG 的索引为 0，1，2，$\cdots$，35，共有 36/6=6 个 CCE，CCE 的索引为 0，1，$\cdots$，5。

对于非交织映射，根据公式（5-13），可以计算出 CCE 到 REG 的映射结果，非交织方式的 CCE 到 REG 的映射见表 5-5。

表5-5 非交织方式的CCE到REG的映射

CCE	CCE 0						CCE 1						……	CCE 5					
L=6	0						1							5					
映射结果	$f(0)$=0						$f(0)$=1						……	$f(0)$=5					
REG	0	1	2	3	4	5	6	7	8	9	10	11		30	31	32	33	34	35

对于交织映射，由于 $N_{\text{REG}}^{\text{CORESET}}$=2，因此 $L \in \{2, 6\}$，根据公式（5-14），可以计算出当

$L=2$、6 时，CCE 到 REG 的映射结果，在交织方式中，当 $L=2$ 时，CCE 到 REG 的映射见表 5-6，在交织方式中，当 $L=6$ 时，CCE 到 REG 的映射见表 5-7。

表5-6　在交织方式中，当$L=2$，CCE到REG的映射

CCE		CCE 0				CCE 1			……		CCE 5			
	$L=2$	0		1		2	3		4		5		16		16		17
映射结果	$R=2$	0		9		1	10		2		11		16		8		17
	REG	0	1	18	19	2	3	20	21	4	5	22	23	……	32	33	16	17	34	35
	$R=3$	0		6		12	1		7		13		5		11		17
	REG	0	1	12	13	24	25	2	3	14	15	26	27	……	10	11	22	23	34	35
	$R=6$	0		3		6	9		12		15		11		14		17
	REG	0	1	6	7	12	13	18	19	24	25	30	31	……	22	23	28	29	34	35

表5-7　在交织方式中，当$L=6$时，CCE到REG的映射

CCE		CCE 0						CCE 1						……	CCE 5					
	$L=6$	0						1							5					
	$R=2$	0						3							5					
映射结果	REG	0	1	2	3	4	5	18	19	20	21	22	23	……	30	31	32	33	34	35
	$R=3$	0						2							5					
	REG	0	1	2	3	4	5	12	13	14	15	16	17	……	30	31	32	33	34	35
	$R=6$	0						1							5					
	REG	0	1	2	3	4	5	6	7	8	9	10	11	……	30	31	32	33	34	35

CCE 到 REG 的映射如图 5-12 所示。

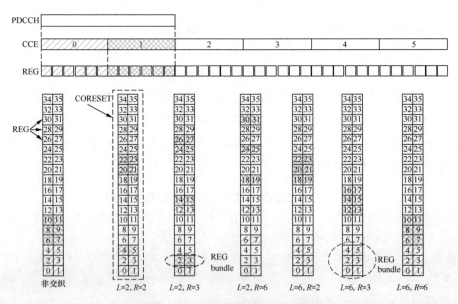

图5-12　CCE到REG的映射

在 $N_{RE G}^{CORESET}$ 确定的条件下，L 和 R 的取值不同，会影响到一个 CCE 内的多个 REG bundle 或一个 PDCCH 内的多个 CCE 在频域上的分布，也即对频率分集的效果有很大的影响。图 5-12 所示的当配置 $L=2$、$R=3$ 的时候，频率分集效果较好；对于 $L=6$，当一个 PDCCH 信道内有多个 CCE 时，$R=2$ 时的频率分集效果较好，当 $R=6$ 时，交织映射和非交织映射的结果相同。因此，在网络配置的时候，建议根据 $N_{RB}^{CORESET}$ 和 $N_{symb}^{CORESET}$ 的不同，合理设置 L 和 R 的值，以达到最好的频率分集效果。

由于 NR 是以 REG bundle 为单位进行信道估计的，因此 NR 的 PDCCH 在频域上的预编码粒度也可以配置。gNB 可以在不同的 REG bundle 之间使用不同的预编码，有利于提高 PDCCH 的传输效率；gNB 也可以在 CORESET 频域连续的 REG 上使用相同的预编码，以便利用频率分集增加传输的可靠性。

由于 PBCH 信道不传递 CCE 到 REG 映射的信息，因此 3GPP TS 38.211 协议特别规定，通过 PBCH 配置的 CORESET，UE 默认 REG bundle 尺寸 $L=6$，交织深度 $R=2$，以便获得频率分集增益。

5.2.2 搜索空间

UE 监听的一组 PDCCH 候选集称为 PDCCH 的搜索空间（Search Space）集合。gNB 实际发送的 PDCCH 随着时间变化，由于没有相关信令通知 UE，UE 需要在不同聚合等级下盲检 PDCCH。UE 会在搜索空间内对所有候选的 PDCCH 进行译码，如果 CRC 校验通过，则认为所译码的 PDCCH 的内容对该 UE 有效，并利用译码获得的信息进行后续操作。

一个 UE 可以配置多个 CORESET，在同一个 CORESET 上，也可以配置多个搜索空间，3GPP TS 38.213 协议对搜索空间的类型、时域特性、解码行为、盲检次数等进行了详细的定义。

1. 搜索空间的类型

与 LTE 一样，NR 的搜索空间也分为公共搜索空间（Common Search Space，CSS）和 UE 专用搜索空间（UE-specific Search Space，USS）。其中，NR 的搜索空间包括以下 6 项内容。

（1）Type0-PDCCH 公共搜索空间

通过 MIB 消息中 *pdcch-ConfigSIB1*，或 IE *PDCCH-ConfigCommon* 中的 *searchSpaceSIB1*，或 IE *PDCCH-ConfigCommon* 中的 *searchSpaceZero* 配置，CRC 使用 SI-RNTI 进行扰码，Type0-PDCCH 公共搜索空间只能配置在主小区（Primary Cell），其目的是用于 SIB1 的解码。

（2）Type0A-PDCCH 公共搜索空间

通过 IE *PDCCH-ConfigCommon* 中的 *searchSpaceOtherSystemInformation* 进行配置，

CRC 使用 SI-RNTI 进行扰码，Type0A-PDCCH 公共搜索空间只能配置在主小区，其目的是用于 SIB1 之外的 SIB 消息的解码。

（3）Type1-PDCCH 公共搜索空间

通过 IE *PDCCH-ConfigCommon* 中的 *ra-SearchSpace* 进行配置，CRC 使用 RA-RNTI 或 TC-RNTI 进行扰码，Type1-PDCCH 公共搜索空间只能配置在主小区，其目的是用于随机接入过程中的 Msg2 和 Msg4 的解码。

（4）Type2-PDCCH 公共搜索空间

通过 IE *PDCCH-ConfigCommon* 中的 *pagingSearchSpace* 进行配置，CRC 使用 P-RNTI 进行扰码，Type2-PDCCH 公共搜索空间只能配置在主小区，其目的是用于寻呼消息的解码。

（5）Type3-PDCCH 公共搜索空间

通过 IE *PDCCH-Config* 中的 *SearchSpace*（当 *searchSpaceType* = "common" 时）配置，CRC 使用 INT-RNTI、SFI-RNTI、TPC-PUSCH-RNTI、TPC-PUCCH-RNTI 或 TPC-SRS-RNTI 进行扰码。如果 CRC 使用 C-RNTI、MCS-C-RNTI 或 CS-RNTI 进行扰码，Type3-PDCCH 公共搜索空间只能配置主小区。

（6）UE 专用搜索空间

通过 IE *PDCCH-Config* 中的 *SearchSpace*（当 *search Space Type* = "ue-Specific" 时）配置，CRC 使用 C-RNTI、MCS-C-RNTI 或 CS-RNTI 进行扰码，UE 专用搜索空间的目的是用于 UE 专用 PDCCH 的解码。NR 的搜索空间总结见表 5-8。

表5-8　NR的搜索空间总结

名称	搜索空间类型	小区	RNTI	Use Case
Type0-PDCCH	公共	主小区	SI-RNTI	SIB1 解码
Type0A-PDCCH	公共	主小区	SI-RNTI	其他 SIB 解码
Type1-PDCCH	公共	主小区	RA-RNTI, TC-RNTI	Msg2、Msg4 解码
Type2-PDCCH	公共	主小区	P-RNTI	寻呼消息解码
Type3-PDCCH	公共	主小区或辅小区	INT-RNTI, SFI-RNTI, TPC-PUSCH-RNTI, TPC-PUCCH-RNTI, TPC-SRS-RNTI, C-RNTI, CS-RNTI（s）, SP-CSI-RNTI	其他公共消息的解码
UE 专用	UE 专用	主小区或辅小区	C-RNTI, 或 CS-RNTI（s）, 或 SP-CSI-RNTI	UE 专用的 PDCCH 解码

对于 Type0A-PDCCH 公共搜索空间、Type1-PDCCH 公共搜索空间和 Type2-PDCCH 公共搜索空间，如果没有配置 CORESET，则使用与 Type0-PDCCH 公共搜索空间相同的 CORESET，即使用 CORESET 0。公共搜索空间的 CCE 聚合等级和每个 CCE 聚合等级的

最大 PDCCH 候选集数量的定义见表 5-9。

表5-9　公共搜索空间的CCE聚合等级和每个CCE聚合等级的最大PDCCH候选集数量的定义

CCE 聚合等级	候选集的数量
4	4
8	2
16	1

需要注意的是，对于 UE 专用搜索空间，CCE 聚合等级是 {1，2，4，8，16} 之一。gNB 可根据实际传输时的无线信道状态对 PDCCH 的聚合等级进行调整，实现链路的自适应。例如，小区边缘 UE 的无线信道状态较差，gNB 使用 CCE 聚合等级较大（低编码速率）的 PDCCH；小区中心区域 UE 的无线信道状态较好，gNB 使用 CCE 聚合等级较小（高编码速率）的 PDCCH。

2. 搜索空间的参数

与 LTE 相比，NR 的搜索空间在配置上更为灵活，IE *SearchSpace* 定义了 UE 可以在哪里以及如何搜索 PDCCH 候选集，每个搜索空间通过 *ControlResourceSetId* 与 1 个 CORESET 相关联，所关联的 CORESET 决定了此搜索空间的物理资源。*SearchSpace* 包括以下 7 项参数。

（1）*SearchSpaceId*

搜索空间的地址，范围是 0~39，*SearchSpaceId* = 0 表示 MIB（通过 PBCH 传输）或 IE *ServingCellConfigCommon* 配置的 Type0-PDCCH 公共搜索空间。每个 BWP 内的公共和 UE 专用搜索空间的总数量限制在 10 个以内。

（2）*controlResourceSetId*

该搜索空间对应的 CORESET 的地址，0 表示 MIB 或 *ServingCellConfigCommon* 配置的公共 CORESET0。其他值由 SIB 或专用信令配置。

（3）*monitoringSlotPeriodicityAndOffset*

PDCCH 监听时隙的周期和偏移，监听周期可以配置为 {1，2，4，5，8，10，16，20，40，80，160，320，640，1280，2560} 之一，以时隙为单位。如果 UE 监听 DCI 格式 2_0，监听周期仅可配置 {1，2，4，5，8，10，16，20} 之一；如果 UE 监听 DCI 格式 2_1，监听周期仅可以配置为 {1，2，4} 中的之一。

（4）*duration*

每个搜索空间时机（occasion）的连续时隙数，搜索空间的时机由参数 *monitoringSlotPeriodicityAndOffset* 确定，缺省值为 1 个时隙，最大值为"监听周期 –1"，也就是在每个时隙上都监听搜索空间。

（5）monitoringSymbolsWithinSlot

每个监听时隙内，CORESET 的第 1 个符号位置，监听时隙由 monitoringSlotPeriodicityAndOffset 和 duration 确定，CORESET 占用的 OFDM 符号数（1~3 个）在 CORESET 中定义。monitoringSymbolsWithinSlot 使用 14 个 bit 的位图，最高位（左边）表示时隙内的第 1 个 OFDM 符号。在配置 monitoringSymbolsWithinSlot 的时候需要注意，PDCCH 候选集必须映射在同一个时隙内，即不支持跨时隙的 PDCCH 候选集；另外，相邻两个符号位置要大于或等于 CORESET 时域符号数量。

（6）nrofCandidates

nrofCandidates 为不同聚合等级时，PDCCH 候选集的数量。

（7）searchSpaceType

搜索空间的类型，指示搜索空间是公共搜索空间还是 UE 专用搜索空间，以及 UE 在某个特定搜索空间上监听的 DCI 格式。

UE 根据 SearchSpace 配置的监听时隙的周期和偏移、连续的时隙数，确定 PDCCH 的监听时机。对于在 CORESET p 上的搜索空间集合 s，PDCCH 监听时机开始的时隙满足公式（5-15）。

$$\left(n_\text{f} \times N_\text{slot}^{\text{frame},\mu} + n_\text{f}^{\mu} - o_{p,s}\right) \bmod k_{p,s} = 0 \qquad 公式（5-15）$$

在公式（5-15）中，n_f 是无线帧号，$N_\text{slot}^{\text{frame},\mu}$ 是子载波间隔配置为 μ 的无线帧包含的时隙数，n_f^{μ} 是无线帧内子载波间隔配置为 μ 的时隙号，$o_{p,s}$ 是时隙偏移，$k_{p,s}$ 是监听周期，$o_{p,s}$ 和 $k_{p,s}$ 由高层参数 monitoringSlotPeriodicityAndOffset 定义。如果高层参数 duration（即 $T_{p,s}$）提供给 UE，则 UE 监听在 CORESET p 上的搜索空间集合 s，从 n_f^{μ} 开始的 $T_{p,s}$ 个连续时隙，对于接下来的 $k_{p,s}-T_{p,s}$ 个连续时隙，UE 不再监听。

假设 SCS=30kHz，则 1 个子帧有 2 个时隙，每个时隙有 14 个 OFDM 符号；同时假设 PDCCH 的监听周期 $k_{p,s}$=4 个时隙，时隙偏移 $o_{p,s}$=1；每次搜索空间时机持续 $T_{p,s}$=2 个时隙；monitoringSymbolsWithinSlot=10001000100000，即在监听时隙内，CORESET 的第 1 个 OFDM 符号位于第 1 个、第 5 个和第 9 个 OFDM 符号上；再假设每个 CORESET 占用 2 个 OFDM 符号。根据以上参数可以确定 PDCCH 搜索空间的时域资源配置，PDCCH 搜索空间的时域资源配置如图 5-13 所示。

3. 盲检

根据 5.2.1 节确定了 PDCCH 信道的物理资源（CORESET）、搜索空间类型（公共或 UE 专用）、时域特性后，UE 在搜索空间中按照不同的 RNTI 进行搜索，UE 在 CORESET 上搜索 PDCCH 的过程称为盲检。UE 首先要确定搜索空间内的 PDCCH 候选集，对于关联

CORESET p 的搜索空间 s，在时隙 $n_{s,f}^\mu$ 上，聚合等级为 L 的 PDCCH 候选集 $m_{s,n_{CI}}$，根据公式（5-16）计算。

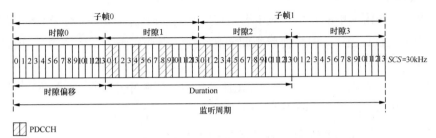

图5-13 PDCCH搜索空间的时域资源配置

$$L \times \left\{ \left(Y_{P,n_{s,f}^\mu} + \left\lfloor \frac{m_{s,n_{CI}} \times N_{CCE,p}}{L \times M_{s,\max}^{(L)}} \right\rfloor + n_{CI} \right) \mod \lfloor N_{CCE,p}/L \rfloor \right\} + i \qquad 公式（5-16）$$

在公式（5-16）中，L 是聚合等级，对于 UE 专用搜索空间，$L \in \{1, 2, 4, 8, 16\}$；对于公共搜索空间，$L \in \{4, 8, 16\}$。与 LTE 相比，NR 增加了聚合等级 16，主要目的是通过低的信道编码率来增加覆盖。

（1）$Y_{P,n_{s,f}^\mu}$

PDCCH 候选集在搜索空间中开始的位置。对于公共搜索空间，$Y_{P,n_{s,f}^\mu} = 0$，也即对于所有的 UE，PDCCH 候选集开始的 CCE 都是相同的。对于 UE 专用搜索空间，$Y_{P,n_{s,f}^\mu} = \left(A_p \times Y_{P,n_{s,f}^\mu -1} \right) \mod D$。其中，$Y_{P,-1} = n_{RNTI} \neq 0$，$A_p$ 的取值与 CORESET p 有关，当 $p \mod 3 = 0$ 时，$A_p = 39827$；当 $p \mod 3 = 1$ 时，$A_p = 39829$；当 $p \mod 3 = 2$ 时，$A_p = 39839$；$D = 65537$，也即对于 UE 专用搜索空间，PDCCH 候选集开始的 CCE 位置与 RNTI 有关，同时随着时隙的变化而变化。这样设计的目的是为了避免两个 UE 的 PDCCH 持续的阻塞，假如在某个时刻，两个 UE 的 PDCCH 发生冲突，那么在下一个时刻，通过 RNTI 随机化后，这两个 UE 发生冲突的可能性会大大下降。

（2）i

$i = 0, \ldots, L-1$

（3）$N_{CCE,p}$

在 CORESET p 上 CCE 的数量，索引从 0 到 $N_{CCE,p} - 1$。

（4）n_{CI}

载波指示，在跨载波调度时，n_{CI} 的值由 IE *CrossCarrierSchedulingConfig* 中的高层参数 *schedulingCellId* 通知给 UE，以保证调度不同载波的 PDCCH 候选集时尽可能占用不重叠的 CCE。如果没有跨载波调度，$n_{CI} = 0$；对于公共搜索空间，$n_{CI} = 0$。

（5）$m_{s,n_{CI}}$

PDCCH 候选集的地址，取值为 $0, \cdots, M_{s,n_{CI}}^{(L)} - 1$。其中，$M_{s,n_{CI}}^{(L)}$ 为搜索空间 s，聚合等级为 L，

服务小区对应 n_CI 的 PDCCH 候选集的数量。

（6）$M_{s,\max}^{(L)}$

聚合等级 L 的候选集的数量，对于公共搜索空间，$M_{s,\max}^{(L)} = M_{s,0}^{(L)}$；对于 UE 专用搜索空间，$M_{s,\max}^{(L)}$ 是在 CORESET p 中，搜索空间 s 上，CCE 聚合等级 L 下的所有 n_CI 取值范围内的 $M_{s,n_\text{CI}}^{(L)}$ 的最大值。

为了减少 UE 的搜索次数，一个 PDCCH 信道包含的 L 个连续的 CCE 开始位置必须满足 $i \bmod L = 0$。其中，i 为 CCE 的索引，即：

① 使用 1 个 CCE 的 PDCCH 可以从任意 CCE 位置开始；
② 使用 2 个 CCE 的 PDCCH 从偶数位置开始；
③ 使用 4 个 CCE 的 PDCCH 从 4 的整数倍的 CCE 位置开始；
④ 使用 8 个 CCE 的 PDCCH 从 8 的整数倍的 CCE 位置开始；
⑤ 使用 16 个 CCE 的 PDCCH 从 16 的整数倍的 CCE 位置开始。

两个 UE 使用同一个搜索空间，在不同聚合等级下，PDCCH 候选集的示意如图 5-14 所示。在图 5-14 中，如果 gNB 为 UE B 分配聚合等级为 8（CCE 8～15）的 PDCCH 信道，则 gNB 不能给 UE A 分配聚合等级为 4 的 PDCCH 信道，因为 UE A 的聚合等级为 4 的 PDCCH 候选集（CCE 8～11 和 CCE 12～15）全部被 UE B 使用了。下一个时刻，UE B 的聚合等级为 8 的候选集的位置可能变化为 CCE 16～23，CCE 16～23 与 UE A 的聚合等级为 4 的 PDCCH 候选集（CCE 8～11 和 CCE 12～15）不再重叠，因此 UE B 的聚合等级为 8 的 PDCCH 候选集就不再阻塞 UE A 的聚合等级为 4 的 PDCCH 候选集了，gNB 就可以为 UE A 分配聚合等级为 4 的 PDCCH 信道。

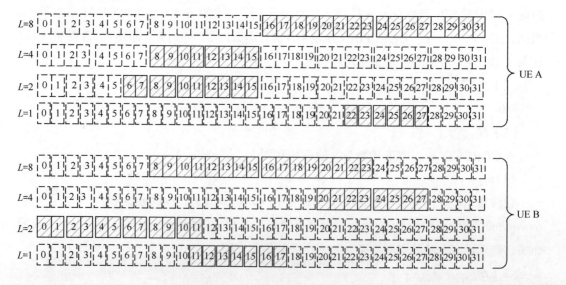

图5-14　PDCCH候选集的示意

4. PDCCH 候选集的最大值

对于公共搜索空间和 UE 专用搜索空间，不同聚合等级对应的候选集数量在 IE *SearchSpace* 中定义；对于公共搜索空间，在未配置候选集数量的情况下，采用缺省值，见表 5-9。

一个时隙上的 PDCCH 候选集越多，gNB 调度 UE 就越灵活，但是过多的 PDCCH 候选集会导致 UE 搜索时间变长、盲检复杂度和功耗均增加。为了避免 PDCCH 候选集过多，同时兼顾调度的灵活性，3GPP TS 38.213 协议对每个服务小区的一个时隙上的 $M_{\text{PDCCH}}^{\max,\text{slot},\mu}$ 进行了定义，不同子载波间隔配置 μ 下，PDCCH 候选集的最大值 $M_{\text{PDCCH}}^{\max,\text{slot},\mu}$ 见表 5-10。

表 5-10 不同子载波间隔配置 μ 下，PDCCH 候选集的最大值 $M_{\text{PDCCH}}^{\max,\text{slot},\mu}$

μ	$M_{\text{PDCCH}}^{\max,\text{slot},\mu}$
0	44
1	36
2	22
3	20

一个时隙上非重叠（non-overlapped）的 CCE 数越多，不同 UE 之间 PDCCH 发生冲突的可能性就越小，但是过多的 CCE 会导致开销过多。为了平衡调度的灵活性和 CCE 开销，3GPP TS 38.213 协议还对每个服务小区的一个时隙上的 $C_{\text{PDCCH}}^{\max,\text{slot},\mu}$ 进行了定义，不同子载波间隔配置 μ 下，非重叠 CCE 的最大值 $C_{\text{PDCCH}}^{\max,\text{slot},\mu}$ 见表 5-11。非重叠 CCE 的定义为：不同的 CORESET，或对于各个 PDCCH 候选集，不同的第 1 个 OFDM 符号位置。

表 5-11 不同子载波间隔配置 μ 下，非重叠 CCE 的最大值 $C_{\text{PDCCH}}^{\max,\text{slot},\mu}$

μ	$C_{\text{PDCCH}}^{\max,\text{slot},\mu}$
0	56
1	56
2	48
3	32

根据表 5-10 和表 5-11 可以发现，子载波间隔越大，1 个时隙内 PDCCH 候选集和非重叠 CCE 的数量越少，主要原因是大的子载波间隔用于高频段，小区覆盖范围小，需要调度的 UE 数也相对较少。

当在某一个时隙 n 内，同时有公共搜索空间和 UE 专用搜索空间时，UE 优先盲检公共搜索空间。

UE 盲检公共搜索空间时，PDCCH 候选集的数量是 $M_{\text{PDCCH}}^{\text{CSS}} = \sum_{i=0}^{I_{\text{CSS}}-1} \sum M_{S_{\text{CSS}(i)}}^{(L)}$。其中，$I_{\text{CSS}}$ 是时隙 n 内公共搜索空间集合的数量，$M_{S_{\text{CSS}(i)}}^{(L)}$ 是第 i 个公共搜索空间上聚合等级为 L 的

PDCCH 候选集数量，公共搜索空间使用的非重叠 CCE 的数量是 $C_{\text{PDCCH}}^{\text{CSS}}$。$M_{\text{PDCCH}}^{\text{CSS}}$ 和 $C_{\text{PDCCH}}^{\text{CSS}}$ 不能超过表 5-10 和表 5-11 定义的值。

UE 盲检 UE 专用搜索空间候选集数量不能超过 $M_{\text{PDCCH}}^{\text{USS}} = M_{\text{PDCCH}}^{\text{max,slot},\mu} - M_{\text{PDCCH}}^{\text{CSS}}$，使用的非重叠 CCE 的数量不能超过 $C_{\text{PDCCH}}^{\text{USS}} = M_{\text{PDCCH}}^{\text{max,slot},\mu} - C_{\text{PDCCH}}^{\text{CSS}}$。对于第 j 个 UE 专用搜索空间集合 $S_{\text{USS}}(j)$，假设盲检 PDCCH 候选集的数量是 $\sum_L M_{S_{\text{USS}(j)}}^L$，使用的非重叠 CCE 的数量是 $C(V_{\text{CCE}}(S_{\text{USS}}(j)))$，对于所有的 UE 专用搜索空间 $S_{\text{USS}}(k)$，$0 \leq k \leq j$，PDCCH 盲检次数和 CCE 的数量定义程序如下：

设 $M_{\text{PDCCH}}^{\text{USS}} = M_{\text{PDCCH}}^{\text{max,slot},\mu} - M_{\text{PDCCH}}^{\text{CSS}}$，

设 $C_{\text{PDCCH}}^{\text{USS}} = M_{\text{PDCCH}}^{\text{max,slot},\mu} - C_{\text{PDCCH}}^{\text{CSS}}$，

设 $j=0$，

while $\sum_L M_{S_{\text{USS}(j)}}^L \leq M_{\text{PDCCH}}^{\text{USS}}$ and $C(V_{\text{CCE}}(S_{\text{USS}}(j))) \leq C_{\text{PDCCH}}^{\text{USS}}$ 时

为 UE 专用搜索空间 $S_{\text{USS}}(j)$ 分配 $\sum_L M_{S_{\text{USS}(j)}}^L$ 个 PDCCH 候选集，

则 $M_{\text{PDCCH}}^{\text{USS}} = M_{\text{PDCCH}}^{\text{USS}} - \sum_L M_{S_{\text{USS}(j)}}^L$

$C_{\text{PDCCH}}^{\text{USS}} = C_{\text{PDCCH}}^{\text{USS}} - C(V_{\text{CCE}}(S_{\text{USS}}(j)))$

$j = j+1$

end while

5.2.3 DCI

NR 的下行控制信息（Downlink Control Information，DCI）共有三大类，分别是 DCI 格式 0、DCI 格式 1、DCI 格式 2。其中，DCI 格式 0 用于调度 PUSCH；DCI 格式 1 用于调度 PDSCH；DCI 格式 2 用于其他目的，每类 DCI 格式又可以细分为几个小类，DCI 格式见表 5-12。

表5-12　DCI格式

DCI 格式	用途
0_0	调度一个小区上的 PUSCH
0_1	调度一个小区上的 PUSCH
1_0	调度一个小区上的 PDSCH
1_1	调度一个小区上的 PDSCH
2_0	向一组 UE 通知时隙格式
2_1	向一组 UE 通知不可用的 PRB 和 OFDM 符号
2_2	向一组 UE 通知 PUCCH 和 PUSCH 的 TPC 命令
2_3	发送一组 SRS 的 TPC 命令，该命令被一个或多个 UE 使用

在 LTE 中，DCI 格式与 DCI 尺寸是紧密相关的，而在 NR 中，DCI 格式与 DCI 尺寸之间的关联度不大，不同 DCI 格式的 DCI 尺寸有可能是相同的。通常情况下 UE 需要监听最

多 4 个不同尺寸的 DCI，其中一个用于其他 DCI 格式的回退，一个用于监听下行分配，一个用于监听上行授权，最后一个用于监听时隙格式指示或资源抢占（Pre-emption）指示等其他目的。

为了满足 DCI 尺寸的限制，DCI 格式 0_0 的大小要始终保持与 DCI 格式 1_0 的大小一致；如果 DCI 格式 0_0 的信息比特与 DCI 格式 1_0 的信息比特不相等，则需要对 DCI 格式 0_0 或 DCI 格式 0_1 中的信息比特进行补零或截短，进而保证这两个 DCI 格式的大小相等。

本文接下来对下行分配（DCI 格式 1_0 和 DCI 格式 1_1）、上行授权（DCI 格式 0_0 和 DCI 格式 0_1）、DCI 格式 2（DCI 格式 2_0、DCI 格式 2_1、DCI 格式 2_2 和 DCI 格式 2_3）进行分析。

1. DCI 格式 1_0 和 DCI 格式 1_1

DCI 格式 1_1 是非回退格式，支持 NR 的所有功能，其尺寸与系统参数配置密切相关且变化较大，但是一旦 UE 知道了参数配置，则 DCI 格式 1_1 的尺寸也就固定不变，因此 UE 能够进行盲解码。DCI 格式 1_0 是 DCI 格式 1_1 的回退格式，只支持有限的 NR 功能，其尺寸较小且相对固定。下行调度分配的 DCI 格式 1_0 和 DCI 格式 1_1 包含的主要内容见表 5-13。

表5-13 下行调度分配的DCI格式1_0和DCI格式1_1包含的主要内容

类别	字段	DCI 格式 1_0	DCI 格式 1_1
DCI 格式标识符		是	是
资源信息	载波指示		是
	BWP 指示		是
	频域资源分配	是	是
	时域资源分配	是	是
	VRB-to-PRB 映射	是	是
	PRB Bundling 尺寸指示		是
	速率匹配指示		是
	ZP CSI-RS 触发		是
传输块相关的信息	MCS	是	是
	新数据指示	是	是
	冗余版本	是	是
	MCS（第二个传输块）		是
	新数据指示（第二个传输块）		是
	冗余版本（第二个传输块）		是

（续表）

类别	字段	DCI 格式 1_0	DCI 格式 1_1
HARQ 相关的信息	HARQ 进程号	是	是
	下行分配索引	是	是
	PDSCH-to-HARQ_feedback 定时指示	是	是
	CBGTI		是
	CBGFI		是
多天线相关的信息	天线端口		是
	传输配置指示		是
	SRS 请求		是
	DM-RS 序列初始化		是
PUCCH 相关的信息	被调度的 PUCCH TPC 命令	是	是
	PUCCH 资源指示	是	是

在表 5-13 中，每个字段的具体含义具体如下。

（1）DCI 格式标识符（Identifier for DCI Formats）

1 个 bit，指示 DCI 格式是上行授权还是下行调度。对于 DCI 格式 1_0 和 DCI 格式 1_1，固定取值为 1。本字段的主要目的是区分尺寸相等的 DCI 格式 1_0 和 DCI 格式 0_0 以及尺寸相等的 DCI 格式 1_1 和 DCI 格式 0_1。

以下字段为资源信息。

（2）载波指示（Carrier Indicator）

0 或 3 个 bit，仅存在于 DCI 格式 1_1。当存在交叉载波调度时，本字段是 3 个 bit，指示 DCI 与哪个载波相关；否则本字段是 0 个 bit。由于 DCI 格式 1_0 向多个 UE 发送公共信令，并不是所有的 UE 都支持跨载波调度，为了让所有的 UE 都能正确接收 DCI 格式 1_0，因此 DCI 格式 1_0 不存在本字段。

（3）BWP 指示（Bandwidth Part Indicator）

0、1 或 2 个 bit，仅存在于 DCI 格式 1_1，用于激活高层信令配置的最多 4 个 BWP 中的某一个 BWP，如果 UE 不支持通过 DCI 激活转换 BWP，则 UE 忽略本字段。

（4）频域资源分配（Frequency Domain Resource Assignment）

指示 UE 接收的 PDSCH 在频域上的资源块位置。PDSCH 在频域上资源分配有两种方式：tpye 0 和 type 1。DCI 格式 1_0 支持"仅 type 1"；DCI 格式 1_1 支持"仅 type 0"、"仅 type 1"或者"type0 和 type1 之间动态转换"。频域资源分配字段的尺寸与信道带宽、资源分配方式等都有关系，如果仅支持 type 0，本字段是 N_{RBG} 个 bit；如果仅支持 type1，本字段是 $\left\lceil \log_2 \left(N_{RB}^{DL,BWP} \left(N_{RB}^{DL,BWP} + 1 \right) / 2 \right) \right\rceil$ 个 bit；如果支持在 type 0 和 type 1 之间动态转换，本字段

是 $\max\left(\left\lceil\log_2\left(N_{RB}^{DL,BWP}\left(N_{RB}^{DL,BWP}+1\right)/2\right)\right\rceil,N_{RBG}\right)+1$ 个 bit。有关 PDSCH 频域资源分配的内容参见本书 5.3.3 节。

（5）时域资源分配（Time Domain Resource Assignment）

指示 PDSCH 在时域上的符号位置。对于 DCI 格式 1_0，本字段固定是 4 个 bit；对于 DCI 格式 1_1，本字段是 0、1、2、3 或 4 个 bit，具体数值与高层参数 *pdsch-TimeDomainAllOcationList* 有关，参见本书 5.3.2 节。

（6）VRB-to-PRB 映射

0 或 1 个 bit，指示 VRB 到 PRB 的映射方式（交织或非交织）。对于频域资源分配 type 0，本字段不存在（0 个 bit）；对于频域资源分配 type 1，本字段存在（1 个 bit），取值为 0 代表非交织映射，取值为 1 代表交织映射，参见本书 5.3.3 节。

（7）PRB Bundling 尺寸指示（PRB Bundling Size Indicator）

0 或 1 个 bit，仅存在于 DCI 格式 1_1，指示 PDSCH Bundling 尺寸。如果高层参数 *prb-BundlingType* 没有配置或设置为"static"，则本字段是 0 个 bit；如果高层参数 *prb-BundlingType* 设置为"dynamic"，则本字段是 1 个 bit，参见本书 5.3.3 节。

（8）速率匹配指示（Rate Matching Indicator）

0、1 或 2 个 bit，仅存在于 DCI 格式 1_1。如果没有配置 *rateMatchPatternGroup*，本字段是 0 个 bit。如果只配置 1 个 *rateMatchPatternGroup*，本字段是 1 个 bit。如果配置了 2 个 *RateMatchPatternGroup*，本字段是 2 个 bit，见本书 5.3.8 节。

（9）ZP CSI-RS 触发（ZP CSI-RS Trigger）

0、1 或 2 个 bit，仅存在 DCI 格式 1_1，用于触发 ZP CSI-RS 资源。本字段是 $\lceil\log_2(n_{ZP}+1)\rceil$ 个 bit。其中，n_{ZP} 是由高层参数配置的 ZP CSI-RS 资源集合的数量，参见本书 7.4.1 节。

以下字段为传输块信息。

（10）调制编码方式（Modulation and Coding Scheme，MCS）

5 个 bit，为 UE 提供调制方式、编码速率。本字段与频域资源分配字段结合在一起，为 UE 提供 PDSCH 的传输块尺寸（Transport Block Size，TBS）。

（11）新数据指示（New Data Indicator，NDI）

1 个 bit，指示调度的 PDSCH 是新数据还是重传数据。此外，本字段还具有清除 HARQ 进程缓存的功能。

（12）冗余版本（Redundancy Version，RV）

2 个 bit，指示调度的 PDSCH 数据的冗余版本信息，参见本书 5.3.1 节。

以下字段为 HARQ 相关的信息。

（13）HARQ 进程号

4 个 bit，用于通知 UE，当前 PDSCH 使用的 HARQ 进程号，以便进行软合并。

（14）下行分配索引（Downlink Assignment Index，DAI）

0、2 或 4 个 bit，指示 HARQ 反馈的比特数。对于 DCI 格式 1_1，如果下行配置的服务小区超过 1 个且高层参数 *pdsch-HARQ-ACK-Codebook*="dynamic"，本字段是 4 个 bit。如果下行只配置 1 个服务小区且高层参数 *pdsch-HARQ-ACK-Codebook*="dynamic"，本字段是 2 个 bit，其他情况下，本字段是 0 个 bit。对于 DCI 格式 1_0，本字段是 2 个 bit。

（15）PDSCH-to-HARQ_feedback 定时指示

0、1、2 或 3 个 bit，提供与 PDSCH 接收相关的 HARQ-ACK 反馈信息定时的指示信息。对于 DCI 格式 1_0，本字段是 3 个 bit。对于 DCI 格式 1_1，本字段是 $[\log_2 I]$ 个 bit。其中，I 是高层参数 *dl-DataToUL-ACK* 的入口（entry）数量，参见本书 6.2.7 节。

（16）CBG 传输信息（CBG Transmission Information，GBGTI）

0、2、4、6 或 8 个 bit，用于指示码块组（Code Block Group，CBG）的重传。仅存在于 DCI 格式 1_1 且配置了 CBG 重传的情形，其尺寸由高层参数 *maxCodeBlockGroupsPerTransportBlock* 和 *Number-MCS-HARQ-DL-DCI* 共同确定，参见本书 5.3.7 节。

（17）CBG 清空信息（CBG Flushing out Information，CBGFI）

0 或 1 个 bit，指示软缓存是否被清除。仅存在于 DCI 格式 1_1 且配置了 CBG 重传的情况，参见本书 5.3.7 节。

以下字段为多天线信息。

（18）天线端口（Antenna Port）

4、5 或 6 个 bit，仅存在于 DCI 格式 1_1，指示 PDSCH 数据在哪个天线端口号上传输以及其他 UE 的天线端口号信息，参见本书 5.3.4 节。

（19）传输配置指示（Transmission Configuration Indication，TCI）

0 或 3 个 bit，仅存在 DCI 格式 1_1 中，指示与下行传输相关的准共址（QCL）信息。如果高层参数 *tci-PresentInDCI* 不使能，本字段是 0 个 bit；如果高层参数 *tci-PresentInDCI* 使能，本字段是 3 个 bit，参见本书 7.3.1 节。

（20）SRS 请求

2 或 3 个 bit，仅存在于 DCI 格式 1_1，指示 SRS 的发送请求。如果 UE 没有配置 SUL，则本字段是 2 个 bit，如果 UE 配置了 SUL，则本字段是 3 个 bit，本字段也可以用于指示相关联的 CSI-RS。

（21）DM-RS 序列初始化（DM-RS Sequence Initialization）

1 个 bit，仅存在于 DCI 格式 1_1，在两个预先配置的初始化值中选择 DM-RS 序列。

以下字段为 PUCCH 相关的信息。

（22）被调度的 PUCCH TPC 命令

2 个 bit，指示 PUCCH 的功率控制命令。

(23) PUCCH 资源指示

3 个 bit，从一组预先配置的 PUCCH 资源中选择 PUCCH 资源，参见本书 6.2.6 节和 6.2.7 节。

需要注意的是，表 5-13 给出的 DCI 格式 1_0 的字段信息是当 CRC 使用 C-RNTI、CS-RNTI 或 MCS-RNTI 加扰的情形，如果 DCI 格式 1_0 的 CRC 使用 P-RNTI、SI-RNTI、RA-RNTI 或 TC-RNTI 加扰，DCI 格式 1_0 所包含的字段与表 5-13 有所不同，这种情形本书不再赘述。

2. DCI 格式 0_0 和 DCI 格式 0_1

DCI 格式 0_1 是非回退格式，DCI 格式 0_0 是回退格式。与下行调度一样，DCI 格式 0_1 支持 NR 的所有功能，并且其尺寸与系统参数配置密切相关且变化较大。上行调度授权的 DCI 格式 0_0 和 DCI 格式 0_1 包含的主要字段见表 5-14。

表5-14 上行调度授权的DCI格式0_0和DCI格式0_1包含的主要字段

类别	字段	DCI 格式 0_0	DCI 格式 0_1
DCI 格式标识符		是	是
资源信息	载波指示		是
	UL/SUL 指示	是	是
	BWP 指示		是
	频域资源分配	是	是
	时域资源分配	是	是
	跳频标志	是	是
	UL-SCH 指示	是	是
传输块相关的信息	MCS	是	是
	新数据指示	是	是
	冗余版本	是	是
HARQ 相关的信息	HARQ 进程号	是	是
	第一个下行分配索引		是
	第二个下行分配索引		是
	CBGTI		是
多天线相关的信息	SRS 资源指示		是
	预编码信息和层数		是
	天线端口		是
	SRS 请求		是
	CSI 请求		是
	PTRS-DMRS 关联		是
	DM-RS 序列初始化		是

（续表）

类别	字段	DCI 格式 0_0	DCI 格式 0_1
功率控制的信息	被调度的 PUSCH TPC 命令	是	是
	beta_offset 指示		是

在表 5-14 中，每个字段的具体含义如下。

（1）DCI 格式标识符（Identifier for DCI Formats）

1 个 bit，指示 DCI 格式是上行授权还是下行调度。对于 DCI 格式 0_0 和 DCI 格式 0_1，固定取值为 0。

以下为资源信息。

（2）载波指示（Carrier Indicator）

0 或 3 个 bit，仅存在于 DCI 格式 0_1。当存在交叉载波调度时，本字段是 3 个 bit，指示 DCI 与哪个载波相关，否则本字段是 0 个 bit；DCI 格式 0_0 不存在本字段。

（3）UL/SUL 指示（UL/SUL Indicator）

0 或 1 个 bit，指示被授权的载波是 SUL 还是普通上行（Normal UpLink，NUL）。如果在小区中没有为 UE 配置 SUL 或虽然在小区中配置了 SUL 但是仅在 PUCCH 载波上配置了 PUSCH 传输，则本字段是 0 个 bit。如果小区中为 UE 配置了 SUL，则本字段是 1 个 bit，取值为 0 的含义是在 NUL 上传输，取值为 1 的含义是在 SUL 载波上传输。

（4）BWP 指示（Bandwidth Part Indicator）

0、1 或 2 个 bit，仅存在于 DCI 格式 0_1，用于激活高层信令配置的最多 4 个 BWP 中的某一个 BWP。如果 UE 不支持经通过 DCI 激活转换 BWP，则 UE 忽略本字段。

（5）频域资源分配

指示 UE 接收的 PUSCH 在频域上的资源块位置，PUSCH 在频域上的资源分配有两种方式：type 0 和 type 1。DCI 格式 0_0 支持"仅 type 1"，DCI 格式 0_1 支持"仅 type 0"、"仅 type 1"或者"type0 和 type1 之间动态转换"。频域资源分配的尺寸与信道带宽、资源分配方式等都有关系，如果仅支持 type 0，本字段是 N_{RBG} 个 bit；如果仅支持 type1，本字段是 $\lceil \log_2 \left(N_{RB}^{UL,BWP} \left(N_{RB}^{UL,BWP} + 1 \right)/2 \right) \rceil$ 个 bit；如果支持 type 0 和 type 1 之间的动态转换，本字段是 $\max \left(\lceil \log_2 \left(N_{RB}^{UL,BWP} \left(N_{RB}^{UL,BWP} + 1 \right)/2 \right) \rceil, N_{RBG} \right) + 1$ 个 bit。

（6）时域资源分配

指示 PUSCH 在时域上的符号位置，对于 DCI 格式 0_0，固定为 4 个 bit；对于 DCI 格式 0_1，是 0、1、2、3 或 4 个 bit，具体取值与高层参数 *pusch-TimeDomainAllocationList* 有关，参见本书 6.3.2 节。

（7）跳频标志（Frequency Hopping Flag）

0 或 1 个 bit，指示 PUSCH 是否跳频，仅适用于频域资源分配是 type 1，如果频域资源分配是 type 0 或高层参数 *frequencyHopping* 没有配置，则本字段是 0 个 bit，否则本字段是 1 个 bit，参见本书 6.3.4 节。

（8）UL-SCH 指示（UL-SCH Indicator）

1 个 bit，指示 PUSCH 上传输的是 UL-SCH 还是 CSI-RS 的测量报告。仅存在于 DCI 格式 0_1，取值为 1 表示 UL-SCH 应该在 PUSCH 上传输，取值为 0 表示 UL-SCH 不应该在 PUSCH 传输。UE 不期望接收到 UL-SCH 指示为 0 且 CSI 请求也全为 0 的 DCI 格式 1_0。

以下字段为传输块相关的信息。

（9）调制编码方式（Modulation and Coding Scheme，MCS）

5 个 bit，为 UE 提供调制方式、编码速率。本字段与频域资源分配字段结合在一起，为 UE 提供 PUSCH 的 TBS。

（10）新数据指示（New Data Indicator，NDI）

1 个 bit，指示调度的 PUSCH 是新数据还是重传数据。此外，本字段还具有清除 HARQ 缓存的功能。

（11）冗余版本（Redundancy Version，RV）

2 个 bit，指示调度的 PUSCH 数据的冗余版本信息。

以下字段为 HARQ 相关的信息。

（12）HARQ 进程号

4 个 bit，用于通知 UE，当前 PUSCH 使用的 HARQ 进程。

（13）第一个下行分配索引（1st Downlink Assignment Index，DAI）

1 或 2 个 bit，仅存在于 DCI 格式 0_1，指示 HARQ 反馈的比特数。对于半静态 HARQ-ACK 码本，本字段是 1 个 bit；对于动态 HARQ-ACK 码本，本字段是 2 个 bit。

（14）第二个下行分配索引（2nd Downlink assignment index，DAI）

0 或 2 个 bit，指示 HARQ 反馈的比特数。对于动态 HARQ-ACK 码本且具有两个 HARQ-ACK 子码本，本字段是 2 个 bit，否则本字段是 0 个 bit。

（15）CBGTI（CBG Transmission Information）

0、2、4、6 或 8 个 bit，仅存在于 DCI 格式 0_1 且配置了 CBG 重传的情形，用于指示 CBG 的重传。本字段的尺寸由高层参数 *maxCodeBlockGroupsPerTransportBlock* 确定。

以下字段为多天线相关的信息。

（16）SRS 资源指示（SRS Resource Indicator）

仅存在于 DCI 格式 0_1，用于确定 PUSCH 传输的天线端口号和上行传输波束。其尺寸与配置的 SRS 组的数量和 PUSCH 支持的最大层数有关，本字段的尺寸是

$$\left\lceil \log_2\left(\sum_{k=1}^{\min(L_{\max}, N_{SRS})} \binom{N_{SRS}}{k}\right) \right\rceil \text{个 bit 或} \left\lceil \log_2(N_{SRS}) \right\rceil \text{个 bit。}$$

（17）预编码信息和层数

0、1、2、3、4、5 或 6 个 bit，仅存在于 DCI 格式 0_1，用于选择预编码矩阵与基于码本的预编码层数。其尺寸与天线端口数、UE 支持的最大秩（Rank）、码本子集（CodebookSubset）类型等有关。

（18）天线端口（Antenna Port）

2、3、4 或 5 个 bit，仅存在于 DCI 格式 0_1，指示 PUSCH 数据在哪个天线端口号上传输以及其他 UE 的天线端口号信息。

（19）SRS 请求（SRS Request）

2 或 3 个 bit，仅存在于 DCI 格式 0_1，指示 SRS 的发送请求。如果 UE 没有配置 SUL，则本字段是 2 个 bit，如果 UE 配置了 SUL，则本字段是 3 个 bit。本字段也可以指示相关联的 CSI-RS。

（20）CSI 请求（CSI Request）

0、1、2、3、4、5 或 6 个 bit，仅存在于 DCI 格式 0_1，指示 CSI 上报请求，其尺寸由高层参数 *reportTriggerSize* 确定，参见本书 7.4.2 节。

（21）PTRS-DMRS 关联（PTRS-DMRS Association）

0 或 2 个 bit，仅存在于 DCI 格式 0_1，指示 DM-RS 端口和 PT-RS 端口的关联关系。如果没有配置 *PTRS-UplinkConfig* 且传输预编码不使能，或传输预编码使能，或高层参数 *maxRank*=1，则本字段是 0 个 bit，否则本字段是 2 个 bit。

（22）DM-RS 序列初始化

0 或 1 个 bit，仅存在于 DCI 格式 0_1，在两个预先配置的初始化值中选择 DM-RS 序列。如果传输预编码使能，则本字段是 0 个 bit，如果传输预编码不使能，则本字段是 1 个 bit。

以下字段为功率控制信息。

（23）被调度的 PUSCH TPC 命令

2 个 bit，指示 PUSCH 的功率控制信息。

（24）Beta_Offset 指示（Beta_Offset Indicator）

0 或 2 个 bit，仅存在于 DCI 格式 1_0，用于调整在 PUSCH 上被 UCI 使用的资源数量。如果高层参数 *betaOffsets* = "semiStatic"，则本字段是 0 个 bit，否则本字段是 2 个 bit。

3. 其他 DCI 格式

DCI 格式 2_0 用于向一个或一组 UE 通知时隙格式，其 CRC 使用 SFI-RNTI 进行扰码，DCI 格式 2_0 传递的信息如图 5-15 所示。其中，SFI 对应着高层参数 *slotFormat - CombinationId*，*positionInDCI* 为 SFI 在 DCI 中开始的位置。DCI 格式 2_0 的尺寸最大可以配置为 128 个 bit，SFI 的取值为 0～511，对应着 9 个 bit，因此 DCI 格式 2_0 最多可以传递 14 个群组的 SFI，有关 SFI 的内容参见本书 4.2.3 节。

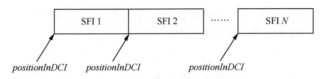

图5-15　DCI格式2_0传递的信息

DCI 格式 2_1 用于向一组 UE 通知不可用的 PRB 和 OFDM 符号，其 CRC 使用 Int-RNTI 进行扰码，DCI 格式 2_1 传递的信息如图 5-16 所示。其中，Pre-emption Indication 是资源抢占指示，positionInDCI 为资源抢占指示在 DCI 中开始的位置。DCI 格式 2_1 的尺寸最大可以配置为 126 个 bit，每个资源抢占指示有 14 个 bit，因此 DCI 格式 2_1 最多可以传递 9 个群组的资源抢占指示。

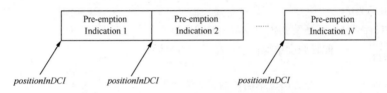

图5-16　DCI格式2_1传递的信息

DCI 格式 2_2 用于向一组 UE 通知 PUCCH 和 PUSCH 的 TPC 命令，其 CRC 使用 TPC-PUSCH-RNTI 或 TPC-PUCCH-RNTI 进行扰码，DCI 格式 2_2 传递的信息如图 5-17 所示。每个 Block Number（块号）的大小是 2 个或 3 个 bit。IE *PUSCH-TPC-CommandConfig* 或 *PUCCH-TPC-CommandConfig* 中的高层参数 *tpc-Index* 确定了 TPC 命令的第 1 个 bit 在 DCI 格式 2_2 中的位置。若 DCI 格式 2_2 的比特长度小于公共搜索空间的 DCI 格式 1_0 的比特长度，则 DCI 格式 2_2 应该用 0 进行填充，直至其尺寸与 DCI 格式 1_0 的尺寸相等。DCI 格式 2_2 最多包含 15 个块号，即 30 个或 45 个 bit 信息。

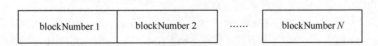

图5-17　DCI格式2_2传递的信息

DCI 格式 2_3 传输一组 SRS 的 TPC 命令，该命令被一个或多个 UE 使用，其 CRC 使用 TPC-SRS-RNTI 进行扰码。若 DCI 格式 2_3 的比特长度小于公共搜索空间的 DCI 格式 1_0 的比特长度，则 DCI 格式 2_2 应该用 0 进行填充，直至其尺寸与 DCI 格式 1_0 的尺寸相等。

5.2.4　RNTI

UE 在 PDCCH 搜索空间上使用 RNTI 进行盲检，NR 中各种 RNTI 的用途见表 5-15，

NR 中各种 RNTI 的取值见表 5-16。

表5-15 NR中各种RNTI的用途

RNTI	用途	传输信道	逻辑信道
P-RNTI	寻呼和系统消息改变通知	PCH	PCCH
SI-RNTI	系统消息广播	DL-SCH	BCCH
RA-RNTI	随机接入响应	DL-SCH	N/A
TC-RNTI	竞争解决（当没有有效的 C-RNTI 可利用时）	DL-SCH	CCCH
TC-RNTI	Msg3 传输	UL-SCH	CCCH、DCCH、DTCH
C-RNTI、MCS-C-RNTI	动态调度单播传输	UL-SCH	DCCH、DTCH
C-RNTI	动态调度单播传输	DL-SCH	CCCH、DCCH、DTCH
MCS-C-RNTI	动态调度单播传输	DL-SCH	DCCH、DTCH
C-RNTI	触发 PDCCH order 的随机接入	N/A	N/A
CS-RNTI	配置调度单播传输（激活、再激活和重传）	DL-SCH、UL-SCH	DCCH、DTCH
CS-RNTI	配置调度单播传输（去激活）	N/A	N/A
TPC-PUCCH-RNTI	PUCCH 功率控制	N/A	N/A
TPC-PUSCH-RNTI	PUSCH 功率控制	N/A	N/A
TPC-SRS-RNTI	SRS 触发和功率控制	N/A	N/A
INT-RNTI	DL 资源抢占指示	N/A	N/A
SFI-RNTI	指定小区的时隙格式指示	N/A	N/A
SP-CSI-RNTI	PUSCH 上的半持续 CSI 报告的激活	N/A	N/A

注：MCS-C-RNTI 的用途与 MAC 过程（C-RNTI MAC CE 除外）中的 C-RNTI 的用途相同

表5-16 NR中各种RNTI的取值

值（十六进制）	RNTI
0000	N/A
0001～FFEF	RA-RNTI、Temporary C-RNTI、C-RNTI、MCS-C-RNTI、CS-RNTI、TPC-PUCCH-RNTI、TPC-PUSCH-RNTI、TPC-SRS-RNTI、INT-RNTI、SFI-RNTI 和 SP-CSI-RNTI
FFF0～FFFD	保留
FFFE	P-RNTI
FFFF	SI-RNTI

5.2.5　UE 监听 Type0-PDCCH 公共搜索空间的过程

在初始小区搜索过程中，UE 通过 SSB 获得了一些重要的系统消息，诸如频率、无线帧号（SFN）、子载波间隔、k_{SSB}、pdcch-ConfigSIB1 等信息，但是这些信息还不足以让 UE

驻留在小区和进一步发起初始接入，UE 还需要获得一些"必备"的系统消息。这些"必备"的系统消息在 NR 中称为剩余最少的系统信息（Remaining Minimum System Information，RMSI）。在 NR Rel-15 版本中，RMSI 可以认为只是 SIB1 消息，本书接下来会对 UE 如何获得 RMSI 进行详细的分析。

SIB1 在 PDSCH 中传输，并通过 PDCCH 进行调度，PDCCH 的 CRC 使用 SI-RNTI 进行扰码。由于 UE 在接收 SIB1 时没有获得详细的系统消息，因此 3GPP TS 38.213 协议对调度 SIB1 的 PDCCH 进行了详细的规定。调度 SIB1 的 PDCCH 映射在 Type0-PDCCH 公共搜索空间上，其关联的 CORESET 是 CORESET 0。SSB、PDCCH、RMSI（即 SIB1）三者的关系参见本书的 3.3.3 节。

UE 解码"携带"Type0-PDCCH 公共搜索空间信息的 SSB 后，获得了 k_{SSB}、pdcch-ConfigSIB1 等信息，pdcch-ConfigSIB1 的高 4 位指示了 CORESET 0 的配置，也即 SS/PBCH 块与 CORESET 0 的复用模式、CORESET 0 占用的 RB 数和 OFDM 符号数以及 RB 的偏移；低 4 位指示了 Type0-PDCCH 的公共搜索空间，也即确定了 PDCCH 的监听时机，包括 CORESET 0 所在的 SFN 帧号 SFN_C、时隙号 n_c 等。

pdcch-ConfigSIB1 的高 4 位对应着 3GPP TS 38.213 协议的表 13-1～表 13-10，本书只给出 3GPP 38.213 的表 13-2，当 {SSB，PDCCH} 的 SCS={15，30}kHz 时，CORESET 0 的 RB 数和符号数见表 5-17。限于篇幅，其他 9 张表格在此就不再罗列了。3GPP TS 38.213 协议的表 13-1～表 13-10 的汇总见表 5-18。

表5-17 当{SSB，PDCCH} 的 SCS={15，30}kHz时，CORESET 0的RB数和符号数

索引	SS/PBCH 块和 CORESET 的复用模式	$N_{RB}^{CORESET}$	$N_{symb}^{CORESET}$	Offset（RB）
0	1	24	2	5
1	1	24	2	6
2	1	24	2	7
3	1	24	2	8
4	1	24	3	5
5	1	24	3	6
6	1	24	3	7
7	1	24	3	8
8	1	48	1	18
9	1	48	1	20
10	1	48	2	18
11	1	48	2	20
12	1	48	3	18
13	1	48	3	20
14		保留		
15		保留		

表5-18　3GPP TS 38.213协议的表13-1～表13-10的汇总

表格	SS/PBCH 块和 CORESET 的复用模式	{SSB, PDCCH} 的 SCS	最小的信道带宽	$N_{RB}^{CORESET}$	$N_{symb}^{CORESET}$	Offset（RB）
13-1	1	{15, 15}kHz	5 或 10MHz	24、48 或 96	1～3	0、2、4、12、16 或 38
13-2	1	{15, 30}kHz	5 或 10MHz	24 或 48	1～3	5、6、7、8、18 或 20
13-3	1	{30, 15}kHz	5 或 10MHz	48 或 96	1～3	2、6 或 28
13-4	1	{30, 30}kHz	5 或 10MHz	24 或 48	1～3	0、1、2、3、4、12、14 或 16
13-5	1	{30, 15}kHz	40MHz	48 或 96	1～3	0、40 或 56
13-6	1	{30, 30}kHz	40MHz	24 或 48	1～3	0、4 或 28
13-7	1 或 2	{120, 60}kHz	—	48 或 96	1～3	-42、-41、0、8、28 或 97
13-8	1 或 3	{120, 120}kHz	—	24 或 48	1～2	-21、-20、0、4、14 或 48
13-9	1	{240, 60}kHz	—	96	1～2	0 或 16
13-10	1 或 2	{240, 120}kHz	—	24 或 48	1～2	-42、-41、0、8 或 49

{SSB，PDCCH} 的 SCS 分别定义了 SSB 和 PDCCH 的子载波间隔。其中，SSB 的子载波间隔与频段有关，通过同步栅格的搜索获得，参见本书 3.3.3 节；PDCCH 的子载波间隔由 MIB 消息中的 *subCarrierSpacingCommon* 提供，参见本书 5.1.3 节。最小的信道带宽由 FR1 的频段确定，参见本书 3.2 节的表 3-6。例如，对于 n79 频段，其最小的信道带宽是 40MHz，因此适用于 3GPP TS 38.213 协议的表 13-5 或表 13-6。对于 FR1 的其他频段，其最小的信道带宽是 5MHz 或 10MHz，因此适用于 3GPP TS 38.213 协议的表 13-1～表 13-4。$N_{RB}^{CORESET}$ 是 CORESET 0 在频域上占用的 RB 数，与初始 BWP 的带宽密切相关，配置的 CORESET 0 不能在初始 BWP 之外；$N_{symb}^{CORESET}$ 是 CORESET 0 在时域上占用的 OFDM 符号数。*Offset* 是 CORESET 0 的 CRB 最低 RB 索引与 SS/PBCH 块的最低 RB 索引的偏移，*Offset* 的单位是 RB，子载波间隔是 CORESET 0 的子载波间隔，SS/PBCH 块的最小 RB 索引要考虑 k_{SSB} 的影响，参见本书 3.3.3 节。

SS/PBCH 块和 CORESET 0 的物理资源，在时域上有 3 种映射关系，即 3 种复用模式，SS/PBCH 块和 CORESET 0 的复用模式示意如图 5-18 所示。

模式 1 的 SS/PBCH 块和 CORESET 0 是时分复用的关系，适用于 FR1 和 FR2。在复用模式 1 下，SS/PBCH 块和 CORESET 0 映射在不同的 OFDM 符号上，且 CORESET 0 的频率范围要包含 SS/PBCH 块，CORESET 0 的频率下边界总是低于或者等于 SS/PBCH 块的频率下边界，CORESET 0 的频率下边界与 SS/PBCH 块频率的下边界相差 *Offset* 个 RB（见表

5-18）。

复用模式 2 的 SS/PBCH 块和 CORESET 0 是频分复用+时分复用的关系，只适合 FR2 的 {120，60}kHz 和 {240，120}kHz，SS/PBCH 块和 CORESET 0 之间有 1 个 RB 的间隔，目的是为了减少 SS/PBCH 块和数据信道之间因为子载波间隔不同而造成的干扰。

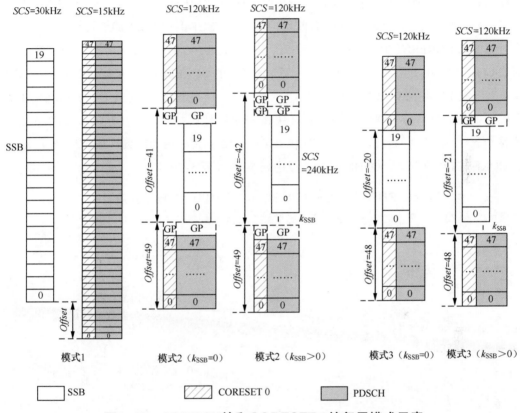

图5-18　SS/PBCH块和CORESET 0的复用模式示意

复用模式 3 的 SS/PBCH 和 CORESET 0 是频分复用关系，只适合 FR2 的 {120，120} kHz。

在复用模式 2 和复用模式 3 中，CORESET 0 的频率下边界与 SS/PBCH 块的频率下边界的偏移，也是由 Offset 定义。其中，偏差值为"负"代表 CORESET 0 的频率下边界高于 SS/PBCH 块的频率上边界，偏差值为"正"代表 CORESET 0 的频率下边界低于 SS/PBCH 块的频率下边界。

对于 SS/PBCH 和 CORESET 0 的复用模式 1，UE 在 Type0-PDCCH 公共搜索空间上监听从 n_0 开始的连续 2 个时隙的 PDCCH，监听周期是 20ms，对于索引为 i 的 SS/PBCH 块，n_0 由公式（5-17）定义。

$$n_0 = \left(O \times 2^\mu + \lfloor i \times M \rfloor\right) \bmod N_{\text{slot}}^{\text{frame},\mu} \qquad 公式（5-17）$$

如果 $\lfloor(O\times 2^\mu+\lfloor i\times M\rfloor)/N_{\text{slot}}^{\text{frame},\mu}\rfloor \bmod 2=0$，则 n_0 所在的 SFN_c 满足 $\text{SFN}_c\bmod 2=0$，如果 $\lfloor(O\times 2^\mu+\lfloor i\times M\rfloor)/N_{\text{slot}}^{\text{frame},\mu}\rfloor \bmod 2=1$，则 n_0 所在的 SFN_c 满足 $\text{SFN}_c\bmod 2=1$。其中，$\mu\in\{0,1,2,3\}$，该子载波间隔是 CORESET 0 的子载波间隔。M 是相邻两个 SS/PBCH 块对应的第 1 个 CORESET 0 在时域上的间隔，单位是时隙，如果 M=2，不同 SS/PBCH 块对应的 CORESET 0 在时域位置上相对宽松，每个时隙内的 CORESET 0 只与 1 个 SS/PBCH 块有对应关系；如果 M=1，不同 SS/PBCH 块对应的 CORESET 0 在时域上的位置密度中等，每个时隙内的 CORESET 0 有可能与 2 个 SSB 有对应关系；如果 M=1/2，不同 SS/PBCH 块对应的 CORESET 0 在时域的位置上紧密，每个时隙内的 CORESET 0 有可能与 2 个 SS/PBCH 块有对应关系，并且 1 个时隙内有 2 个 CORESET 0。O 确定了 CORESET 0 与 SS/PBCH 块在时域上的偏移，可以理解为 SS/PBCH 块和 SS/PBCH 块对应的第 1 个 CORESET 0 之间偏移 O ms，设置 O 的目的是避免 CORESET 0 与 SS/PBCH 块的冲突。M、O、时隙 n_c 上的 CORESET 0 的第 1 个 OFDM 符号索引由表 5-19 和表 5-20 定义。

表5-19　Type0-PDCCH CCS的PDCCH监听时机的参数（复用模式1和FR1）

索引	O	每个时隙上的搜索空间的数量	M	第 1 个 OFDM 符号索引
0	0	1	1	0
1	0	2	1/2	{0, 如果 i 是偶数}；{$N_{\text{symb}}^{\text{CONRESET}}$, 如果 i 是奇数}
2	2	1	1	0
3	2	2	1/2	{0, 如果 i 是偶数}；{$N_{\text{symb}}^{\text{CONRESET}}$, 如果 i 是奇数}
4	5	1	1	0
5	5	2	1/2	{0, 如果 i 是偶数}；{$N_{\text{symb}}^{\text{CONRESET}}$, 如果 i 是奇数}
6	7	1	1	0
7	7	2	1/2	{0, 如果 i 是偶数}；{$N_{\text{symb}}^{\text{CONRESET}}$, 如果 i 是奇数}
8	0	1	2	0
9	5	1	2	0
10	0	1	1	1
11	0	1	1	2
12	2	1	1	1
13	2	1	1	2
14	5	1	1	1
15	5	1	1	2

表5-20　Type0-PDCCH CCS的PDCCH监听时机的参数（复用模式1和FR2）

索引	O	每个时隙上的搜索空间的数量	M	第 1 个 OFDM 符号索引
0	0	1	1	0

（续表）

索引	O	每个时隙上的搜索空间的数量	M	第 1 个 OFDM 符号索引
1	0	2	1/2	{0, 如果 i 是偶数}；{7, 如果 i 是奇数}
2	2.5	1	1	0
3	2.5	2	1/2	{0, 如果 i 是偶数}；{7, 如果 i 是奇数}
4	5	1	1	0
5	5	2	1/2	{0, 如果 i 是偶数}；{7, 如果 i 是奇数}
6	0	2	1/2	{0, 如果 i 是偶数}；{7, 如果 i 是奇数}
7	2.5	2	1/2	{0, 如果 i 是偶数}；{7, 如果 i 是奇数}
8	5	2	1/2	{0, 如果 i 是偶数}；{7, 如果 i 是奇数}
9	7.5	1	1	0
10	7.5	2	1/2	{0, 如果 i 是偶数}；{7, 如果 i 是奇数}
11	7.5	2	1/2	{0, 如果 i 是偶数}；{7, 如果 i 是奇数}
12	0	1	2	0
13	5	1	2	0
14			保留	
15			保留	

对于 SS/PBCH 块和 CORESET 0 的复用模式 1，接下来以一个例子进行说明，假设条件有如下 3 项。

（1）载波频率小于 3GHz，SS/PBCH 块的 SCS=15kHz，在 5ms 的 SSB 周期内最多可以配置 4 个 SSB，参见本书 5.1.1 节。

（2）CORESET 0 的 SCS=30kHz，也即 μ=1，对应的 $N_{slot}^{frame,\mu}$ = 20。

（3）pdcch-ConfigSIB1 的低 4 位取值为 2，对应着表 5-19 中的中 M=2、O=1，CORESET 0 在时隙 n_c 上的第 1 个 OFDM 符号索引为 0；同时假设 pdcch-ConfigSIB1 的高 4 位取值为 0，对应着表 5-17 的第 1 行，即 $N_{symb}^{CORESET}$ = 2，CORESET 0 在时隙 n_c 的 OFDM 符号 0 和 1 上。

根据以上假设的 3 项条件，可以计算出当 SS/PBCH 块的索引 i 取值不同时，与 SS/PBCH 块关联的 CORESET 0 的 SFN_C、n_0 和 n_c 的结果如下。

（1）当 SS/PBCH 块索引 i=0 时，SFN_C=0；n_0=2，对应的 n_c=2、3。

（2）当 SS/PBCH 块索引 i=1 时，SFN_C=0；n_0=3，对应的 n_c=3、4。

（3）当 SS/PBCH 块索引 i=2 时，SFN_C=0；n_0=4，对应的 n_c=4、5。

（4）当 SS/PBCH 块索引 i=3 时，SFN_C=0；n_0=5，对应的 n_c=5、6。

根据以上的计算结果，可以画出 SS/PBCH 块和 CORESET 0 复用模式 1，SS/PBCH 块和 CORESET 0 复用模式 1 的示意如图 5-19 所示。

对于复用模式 2 和 3，UE 监听 Type0-PDCCH 公共搜索空间的周期等于 SSB 的周期，

CORESET 0 与 SS/PBCH 块在同一个时隙或在 SS/PBCH 块的前一个时隙，CORESET 0 所在的 SFN_c、n_c 以及 CORESET 0 的第 1 个 OFDM 符号定义如下。

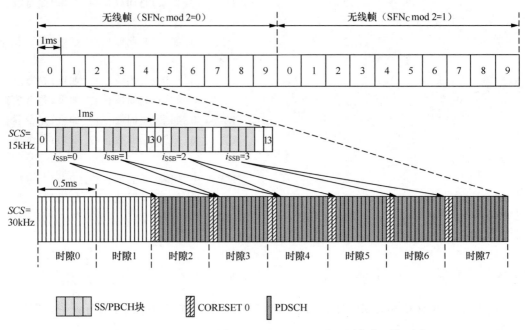

图5-19　SS/PBCH块和CORESET 0复用模式1的示意

（1）对于复用模式 2

当 {SSB，PDCCH} 的 SCS 是 {120，60}kHz 时，PDCCH 监听时机是 $SFN_c=SFN_{SSB,i}$，$n_c=n_{SSB,i}$；当 $i=4k$、$i=4k+1$、$i=4k+2$、$i=4k+3$ 时，与 SS/PBCH 块关联的 CORESET 0 的第 1 个 OFDM 符号索引分别是 0、1、6、7。其中 $k=0$，1，…，15。

（2）对于复用模式 2

当 {SSB，PDCCH} 的 SCS 是 {240，120}kHz 时，PDCCH 监听时机是 $SFN_c=SFN_{SSB,i}$，$n_c=n_{SSB,i}$ 或 $n_c=n_{SSB,i}-1$。当 $i=8k$、$i=8k+1$、$i=8k+2$、$i=8k+3$、$i=8k+6$、$i=8k+7$（$n_c=n_{SSB,i}$）时，与 SS/PBCH 块关联的 CORESET 0 的第 1 个 OFDM 符号索引分别是 0、1、2、3、0、1。当 $i=8k+4$、$i=8k+5$（$n_c=n_{SSB,i}-1$）时，与 SS/PBCH 块关联的 CORESET 0 的第 1 个 OFDM 符号索引分别是 12、13。其中，$k=0$，1，…，15。

（3）对于复用模式 3

{SSB/PDCCH} 的子载波间隔是 {120，120}kHz，PDCCH 监听时机是 $SFN_c=SFN_{SSB,i}$，$n_c=n_{SSB,i}$。当 $i=4k$、$i=4k+1$、$i=4k+2$、$i=4k+3$ 时，与 SS/PBCH 块关联的 CORESET 0 的第 1 个 OFDM 符号索引分别是 4、8、2、6。其中，$k=0$，1，…，15。

其中，SFN_c 和 n_c 分别是基于 CORESET 0 子载波间隔的帧号和时隙号。$SFN_{SSB,i}$ 和 $n_{SSB,i}$ 分别是 SS/PBCH 块索引 i 所在的基于 CORESET 0 子载波间隔的帧号和时隙号。根据 SS/PBCH 块和 CORESET 0 在时域上的位置关系,可以画出 SS/PBCH 块和 CORESET 0 复用模式 2 和 3 在时域上的关系图,SS/PBCH 块和 CORESET 0 的复用模式 2 的示意如图 5-20 所示;SS/PBCH 块和 CORESET 0 的复用模式 3 的示意如图 5-21 所示。需要注意的是,根据 3GPP TS 38.213 协议,复用模式 2 的 CORESET 0 只能占用 1 个 OFDM 符号;复用模式 3 的 CORESET 0 只能占用 2 个 OFDM 符号。

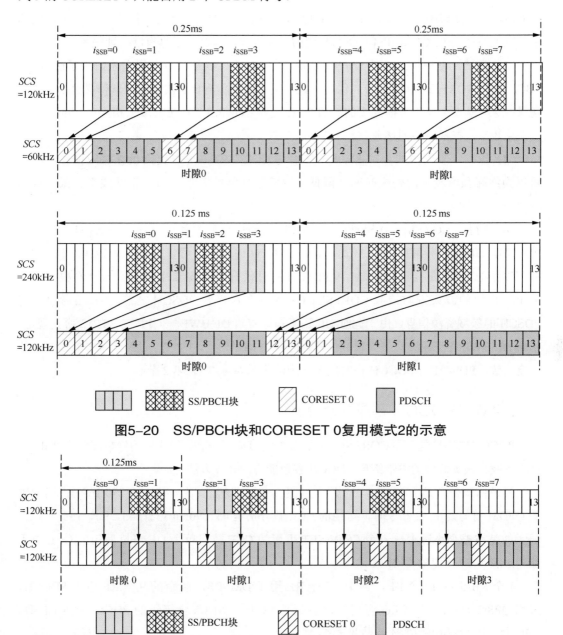

图5-20　SS/PBCH块和CORESET 0复用模式2的示意

图5-21　SS/PBCH块和CORESET 0的复用模式3的示意

根据以上对 SS/PBCH 块和 CORESET 0 复用模式在时域、频域上的分析，可以得出以下 4 个简要的结论。

（1）第一，复用模式 1 既适合窄的信道带宽，也适合宽的信道带宽；复用模式 2 和复用模式 3 只适合宽的信道带宽。

（2）第二，与 SS/PBCH 块一样，SIB1 也需要覆盖整个小区，因此调度 SIB1 的 PDCCH 和承载 SIB1 的 PDSCH 也需要像 SS/PBCH 块一样进行波束扫描。SS/PBCH 块和 SS/PBCH 块对应的 CORESET 0 使用相同的波束方向，即这两者具有准共址关系。

（3）第三，复用模式 1 的 SS/PBCH 块和 CORESET 0 是时分复用关系，为了确保 SS/PBCH 块和 CORESET 0 覆盖方向保持一致，复用模式 1 适合于波束较宽、扫描速度较慢的场景；复用模式 2 和复用模式 3 的 SS/PBCH 块和 CORESET 0 在时域上相同或相邻，适合于波束较窄、扫描较快的场景。

（4）第四，复用模式 1 的 SS/PBCH 块与 CORESET 0 可以灵活设置时间偏移，因此可以为终端预留较长的处理时间，降低了对终端性能的要求，适合于低成本、低功耗等场景。

UE 获得了 CORESET 0 相对于 SS/PBCH 块的位置后，就可以在 CORESET 0 上监听 PDCCH，UE 接收并解码 DCI 格式 1_0 的 PDCCH 信道后，可以获得 PDSCH（承载 SIB1）的调度信息。UE 在接收 PDCCH 和 PDSCH 的时候有两点需要注意：第一，UE 根据接收 SS/PBCH 块的波束方向接收 CORESET 0；第二，在接收 PDSCH 之前，UE 还需要获得 PDSCH 的频域资源信息，由于此时 UE 还不知道初始 DL BWP，3GPP TS 38.213 协议规定，初始 DL BWP 在子载波间隔、频域位置、连续的 RB 数以及 CP 等方面，与 CORESET 0 的完全一致。PDSCH 与 PDCCH 在时间位置上的关系参见本书 5.3.2 节。

5.2.6　PDCCH 容量能力分析

PDCCH 的容量能力与 CORESET 的资源配置、DCI 格式以及 L1 层的参数配置密切相关，接下来我们根据假设的参数给出 PDCCH 容量能力的计算方法。

假设信道带宽是 100MHz，$N_{RB}^{CORESET}$ 取最大值，即 $N_{RB}^{CORESET} = 45 \times 6 = 270$ 个 RB，当配置的 OFDM 符号是 1、2 和 3 时，可用的 CCE 数分别是 45、90 和 135。45、90、135 个 CCE 表示的是在整个小区上，一个 CORESET 可用的 CCE 数，单个 UE 可以使用的 CCE 数不能超过表 5-11 规定的 CCE 数。

1 个 RB 上有 12 个 RE，其中，3 个 RE 用于 DM-RS，剩余的 9 个 RE 用于 PDCCH，采用 QPSK 调制，1 个 REG 可用的比特数是 18 个，不同聚合等级的 PDCCH 的 CCE 数、REG 数、RE 数和可用的比特数见表 5-21。

表5-21 不同聚合等级的PDCCH的CCE数、REG数、RE数和可用的比特数

聚合等级	CCE（个）	REG（个）	RE（个）	可用的比特数（个）
1	1	6	54	108
2	2	12	108	216
4	4	24	216	432
8	8	48	432	864
16	16	96	864	1728

每种DCI格式传输的尺寸是不固定的，与NR的L1层参数、复用的用户数（对于DCI格式2）等密切相关。DCI传输的信息包括频域资源分配、时域资源分配、天线端口数、传输块信息、预编码信息和层数等，有些信息的尺寸是固定的，有些信息的尺寸是可变的。其中，频域资源分配字段的尺寸变化最大，接下来我们来分析频域资源分配字段的尺寸。

PDSCH或PUSCH的频域资源分配类型有两种，分别是type 0和type 1。type 0是位图类型，以资源块组（Resource Block Groups，RBG）为单位分配频域资源，RBG的大小与BWP的带宽有关，取值是{2，4，8，16}个PRB之一。当N_{RB}^{BWP} = 273时，RBG的取值是16，可以用$N_{RBG} = \lceil N_{RB}^{BWP}/16 \rceil$ = 18个bit来指示，每个比特对应着1个RBG。type 1是连续RB分配类型，由资源指示值（Resource Indication Value，RIV）来指示分配的PRB的开始位置和长度，当N_{RB}^{BWP} = 273时，可以用$\lceil \log_2(N_{RB}^{BWP}(N_{RB}^{BWP}+1)/2) \rceil$ = 16个bit来指示。

DCI格式0_0和DCI格式1_0只能用type 1，频域资源分配字段是16个bit；DCI格式0_1和DCI格式1_1可以用"仅type 0""仅type 1"或"type 0和type 1之间动态转换"，当在type 0和type 1之间动态转换时，频域资源分配字段的尺寸最大，是max{16，18}+1=19个bit。

其他字段的尺寸按照最大值计取，DCI格式0_0和DCI格式0_1的尺寸见表5-22，DCI格式1_0和DCI格式1_0的尺寸见表5-23。

表5-22 DCI格式0_0和DCI格式0_1的尺寸

类别	字段	DCI格式0_0	DCI格式0_1
DCI格式标识符		1	1
资源信息	载波指示		3
	UL/SUL指示	1	1
	BWP指示		2
	频域资源分配	16	19
	时域资源分配	4	4
	跳频标志	1	1
	UL-SCH指示		1
传输块相关的信息	MCS	5	5
	新数据指示	1	1
	冗余版本	2	2

（续表）

类别	字段	DCI 格式 0_0	DCI 格式 0_1
HARQ 相关的信息	HARQ 进程号	4	4
	第一个下行分配索引		2
	第二个下行分配索引		2
	CBGTI		8
多天线相关的信息	SRS 资源指示		5
	预编码信息和层数		6
	天线端口		5
	SRS 请求		3
	CSI 请求		6
	PTRS-DMRS 关联		2
	DM-RS 序列初始化		1
功率控制的信息	被调度的 PUSCH TPC 命令	2	2
	Beta_Offset 指示		2
	合计	37	88

表5-23　DCI格式1_0和DCI格式1_1的尺寸

类别	字段	DCI 格式 1_0	DCI 格式 1_1
DCI 格式标识符		1	1
资源信息	载波指示		3
	BWP 指示		2
	频域资源分配	16	19
	时域资源分配	4	4
	VRB-to-PRB 映射	1	1
	PRB Bundling 尺寸指示		1
	速率匹配指示		2
	ZP CSI-RS 触发		2
传输块相关的信息	MCS	5	5
	新数据指示	1	1
	冗余版本	2	2
	MCS（第二个传输块）		5
	新数据指示（第二个传输块）		1
	冗余版本（第二个传输块）		2
HARQ 相关的信息	HARQ 进程号	4	4
	下行分配索引	2	4
	PDSCH-to-HARQ_Feedback 定时指示	3	3

（续表）

类别	字段	DCI 格式 1_0	DCI 格式 1_1
HARQ 相关的信息	CBGTI		8
	CBGFI		1
多天线相关的信息	天线端口		6
	传输配置指示		3
	SRS 请求		3
	DM-RS 序列初始化		1
PUCCH 相关的信息	被调度的 PUCCH TPC 命令	2	2
	PUCCH 资源指示	3	3
合计		44	89

DCI 格式 2_0 的最大尺寸是 128 个 bit，DCI 格式 2_1 的最大尺寸是 126 个 bit，3GPP TS 38.212 协议规定 DCI 格式 2_2 和 DCI 格式 2_3 的尺寸与 DCI 格式 1_0 的尺寸相同，为简化起见，本书假定 DCI 格式 2 的尺寸是 128 个 bit。

上述计算出来的 DCI 尺寸，还要经过 CRC 添加、信道编码和速率匹配 3 个步骤后才能在 PDCCH 上传输。CRC 是 24 个 bit，假设信道编码速率是 1/3，DCI 格式 0_0 需要的比特数是（37+24）×3=183 个，DCI 格式 0_1 需要的比特数是（88+24）×3=336 个，DCI 格式 1_0 需要的比特数是（44+24）×3=204 个，DCI 格式 1_1 需要的比特数是（89+24）×3=339 个，DCI 格式 2 需要的比特数是（128+24）×3=456 个。

根据表 5-21 可知，DCI 格式 0_0、DCI 格式 0_1、DCI 格式 1_0、DCI 格式 1_1、DCI 格式 2 需要的 CCE 数分别是 2、4、2、4、8 个。当配置的 OFDM 符号是 1、2 和 3 个时，可用的 PDCCH 数见表 5-24。

表5-24 可用的PDCCH数

OFDM 符号	可用的 CCE 数	DCI 格式				
		0_0	0_1	1_0	1_1	2
		2	4	2	4	8
1	45	22	11	22	11	5
2	90	45	22	45	22	11
3	135	67	33	67	33	16

与 LTE 一样，NR 的 PDCCH 和 PDSCH 共享下行物理资源，PDCCH 分配的资源过多会导致 PDSCH 资源减少，PDCCH 分配的资源过少会导致 PDCCH 拥塞，两者都会导致 PDSCH 的数据吞吐量下降。在实际网络部署的时候，可以根据本书给出的 PDCCH 容量能力计算方法，结合实际的参数配置、用户数、控制信道利用率等数据，合理配置 CORESET 资源，以便在 PDCCH 信道和 PDSCH 信道之间取得平衡。

5.3 PDSCH

PDSCH 通过 PDCCH DCI 格式 1_0 或 1_1 调度，NR 支持每个 UE 在每个小区最大 16 个 HARQ 进程，默认为 8 个进程。

PDSCH 信道支持闭环的基于空分复用的 DM-RS，配置类型 1 和配置类型 2 的 DM-RS 分别支持最多 8 和 12 个正交的 DL DM-RS 端口。对于 SU-MIMO，每个 UE 最多支持 8 个正交的 DL DM-RS 端口，也即支持最多 8 层传输；对于 MU-MIMO，每个 UE 最多支持 4 个 DL DM-RS，也即支持最多 4 层传输。在 1～4 层传输时，SU-MIMO 的码字数目是 1 个；在 5～8 层传输时，SU-MIMO 的码字数目是 2 个。在 MU-MIMO 中，每个 UE 的码字数目只能是 1 个。

DM-RS 和对应的 PDSCH 使用相同的预编码矩阵，UE 在解调的时候不需要知道预编码矩阵。在这种模式下，预编码与波束赋形等关键的操作体现在 DM-RS 端口到物理天线端口的映射中，由于这一过程取决于厂家实现，gNB 不需要对 UE 进行传输方案的指示。对于 PDSCH 带宽的不同部分，发送端可以使用不同的预编码矩阵，因此是频率分集的预编码。UE 也可以假定一组 PRB 使用相同的预编码矩阵。1 个时隙上的 PDSCH 占用 2～14 个 OFDM 符号。

与 LTE 一样，NR 的 PDSCH 仅支持 1 种波形，即 CP-OFDM。CP-OFDM 的优点是频谱利用率高，但是 PAPR 较高。

5.3.1 PDSCH 的物理层处理过程

PDSCH 的物理层处理过程如图 5-22 所示。

1. 增加 CRC

CRC 可以使接收侧检测到传输块（Transport Block，TB）的错误，并且通过 HARQ 的重传机制，保证数据传输的正确性和完整性。NR 的 CRC 尺寸依赖于传输块尺寸 A，如果传输块尺寸大于 3824 个 bit，则 CRC 是 24 个 bit；否则，CRC 是 16 个 bit。

2. 选择 LDPC base graph（基图）

NR 的 LDPC 编码器适合于 2 个码块（Code-Block，CB）尺寸，对于基图 1，码块尺寸是 8424 个 bit；对于基图 2，码块尺寸是 3840 个 bit。对于编码速率为 R 的传输块，NR 根据如下原则选择基图 1 或基图 2。如果 $A \leq 292$，或如果 $A \leq 3824$ 且 $R \leq 0.67$，或如果 $R \leq 0.25$，使用 LDPC 基图 2，否则使用 LDPC 基图 1。选择 LDPC 基图示意如图 5-23 所示。

3. 码块分割和增加 CRC

如果传输块（Transport Block，TB）和 CRC 的尺寸之和大于 8424 个 bit 或 3840 个 bit，

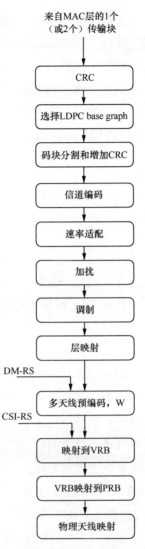

图5-22 PDSCH的物理层处理过程

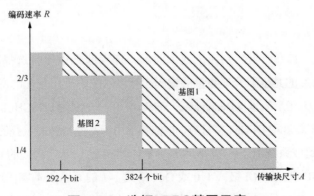

图5-23 选择LDPC基图示意

则要通过码块分割（Code-Block Segmentation）的方式把传输块分割成多个尺寸相等的码块（Code Block，CB）。每个分割的码块也要增加上 CRC（24 个 bit），在单个码块传输的情况下，不增加码块 CRC，码块分割如图 5-24 所示。增加码块 CRC 的目的是码块组（Code-Block Group，CBG）发生错误后，仅需要重传错误的码块组，而不必重传整个传输块，因此有助于减少 UE 的处理负荷。传输块 CRC 有助于通过差错检测增加额外的保护，由于码块分割仅应用在大的传输块上，因此增加传输块 CRC 的开销相对较小。

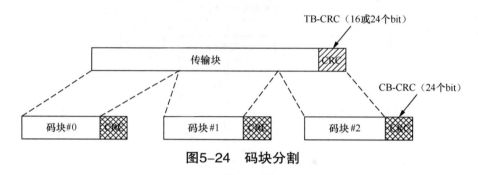

图5-24 码块分割

4. 信道编码

NR 的 PDSCH 信道编码采用 LDPC 码，LDPC 码本质上是一种线性分组码，通过一个生成矩阵 G 将信息序列映射成发送序列，也就是码字序列，对于生成矩阵 G，完全等效地存在一个奇偶校验矩阵 H，所有的码字序列 C 构成了 C 的零空间，即 $H \times C^T = 0$。LDPC 码具有译码复杂度低、可并行译码以及译码错误的可检测性等特点。LDPC 码支持以中到高的编码速率支持较大的负荷，适用于高速率业务场景；同时 LDPC 码也支持以较低的码率提供较好的性能，适用于对可靠性要求高的场景。3GPP 协议设计了 2 个 Base Graph（基图），基图 1 支持的编码速率是 1/3～22/24（接近于 0.33～0.92），基图 2 支持的编码速率是 1/5～5/6（接近于 0.2～0.83）。通过打孔（Puncturing），NR 最高的信道编码速率可以增加到 0.95，信道编码速率超过 0.95 后，UE 不经过解码直接丢弃码块。

5. 速率匹配

对于每个码块，LDPC 码分别完成速率匹配，速率匹配由比特选择和比特交织两部分组成。比特选择的目的是提取合适数量的编码比特以匹配物理层分配的资源，同时产生不同的用于 HARQ 进程的冗余版本（Redundancy Version，RV）。因为 PDSCH 上传输的比特数量不仅依赖于分配的 RB 数量和 OFDM 符号数，也依赖于用于其他目的的重叠的 RE 的数量，例如，参考信号、控制信道或系统消息。RV 版本的示意如图 5-25 所示，不同的 RV 对应着循环缓存不同的开始位置，RV 通过 DCI 格式 1_0 或 DCI 格式 1_1 的冗余版本字段通知给 UE。比特交织的目的是将信道上产生的突发错误进行扩散，转化为随机的错误，以改善系统性能。

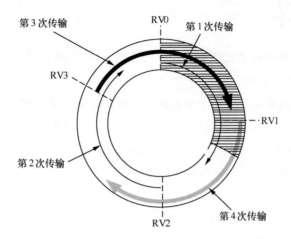

图5-25　RV版本的示意

6. 加扰

加扰的目的是通过对相邻小区使用不同的扰码序列，使解交织后的干扰信号随机化，因此可以适当的压制干扰，确保完全利用信道编码提供的处理增益。PDSCH 的扰码序列通过公式（5-18）进行初始化。

$$C_{\text{int}}=n_{\text{RNTI}}\times 2^{15}+q\times 2^{14}+n_{\text{ID}} \qquad 公式（5\text{-}18）$$

如果配置了高层参数 *dataScramblingIdentityPDSCH*，且 RNTI 等于 C-RNTI、MCS-C-RNTI 或 CS-RNTI，且不是使用在公共搜索空间上的 DCI 格式 1_0 调度的 PDSCH，则 $n_{\text{ID}} \in \{0, 1, \cdots, 1023\}$ 等于高层参数 *dataScramblingIdentityPDSCH*；否则 $n_{\text{ID}}=N_{\text{ID}}^{\text{cell}}$。设置 n_{ID} 的目的是确保在 MU-MIMO 时，即在多个 UE 使用相同的时频资源进行传输时，不同的 UE 使用不同的扰码序列。n_{RNTI} 对应着与 PDSCH 传输相关联的 RNTI。如果 PDSCH 使用两个码字进行传输，即对应着两个传输块，则 $q \in \{0, 1\}$，意味着这两个传输块使用不同的扰码序列；如果 PDSCH 只使用单个码字传输，则 $q=0$。

7. 调制

调制的目的是把扰码后的比特变换成复值的调制符号，PDSCH 支持的调制方式包括 QPSK、16QAM、64QAM 和 256QAM，分别对应着 2、4、6 和 8 个 bit。

8. 层映射

层映射的目的是把调制符号分布到不同的传输层上，每 n 个符号映射到 n 个层上，NR 的 PDSCH 最多有 2 个码字，1 个码字最多映射 4 层，码字 0 映射到 0～3 层上，码字 1 映射到 4～7 层上。

9. 多天线预编码

多天线预编码的目的是通过预编码矩阵把不同的传输层映射到一组天线端口上。在下行，用于信道估计的 DM-RS 和 PDSCH 使用相同的预编码，因此对 UE 来说，预编码是不可见的，而是把预编码看作是整个信道的一部分，gNB 不需要把预编码矩阵通知给 UE。UE 通过 CSI-RS 测量下行信道状态信息，UE 假定特定的预编码矩阵 W 应用在 gNB，并把该预编码矩阵 W 的全部或者部分信息反馈给 gNB，gNB 可以使用 UE 反馈的预编码矩阵 W，也可以使用有利于数据传输的其他预编码矩阵 W。

10. 资源映射

资源映射包括把复值信号映射到 VRB 以及 VRB 映射到 PRB 两个过程，其主要目的是让调制符号在每个天线端口上进行传输，并把调制符号映射到一组由 MAC 调度器分配的 RB 上的可用的 RE 上，参见本书 5.3.2 节和 5.3.3 节。

5.3.2　PDSCH 时域资源分配

在时域上，LTE 以子帧（1ms）为单位进行资源分配，NR 既可以按时隙为单位进行时域资源分配，也可以按符号为单位进行时域资源分配，而且不同时隙的时域资源分配可以动态转换，因此非常有利于使用动态 TDD 或为上行控制信令预留资源。相应地，NR 的 DCI 格式 1_0 和格式 1_1 中新增了时域资源分配字段来支持数据信道在时域上调度的灵活性。

PDSCH 在时隙内的符号分配，由开始和长度指示值（Start and Length Indicator Value，SLIV）或直接由开始符号位置 S 和分配的符号长度 L 来确定。S 和 L 的取值与 PDSCH 时域资源映射类型有关，具体规则如下。

（1）PDSCH 映射类型 A

在一个时隙内，PDSCH 开始的符号位置 S 为 {0，1，2，3}，PDSCH 分配的符号长度 L 为 {3，…，14}（正常 CP）或 {3，…，12}（扩展 CP）。

（2）PDSCH 映射类型 B

在一个时隙内，PDSCH 开始的符号位置 S 为 {0，…，12}（正常 CP）或 {0，…，10}（扩展 CP），PDSCH 分配的符号长度 L 为 {2，4，7}（正常 CP）或 {2，4，6}（扩展 CP）。

PDSCH 映射类型 A 和映射类型 B 的总结见表 5-25。

表5-25　PDSCH映射类型A和映射类型B的总结

PDSCH 映射类型	正常 CP			扩展 CP		
	S	L	S+L	S	L	S+L
类型 A	{0, 1, 2, 3} （注1）	{3, …, 14}	{3, …, 14}	{0, 1, 2, 3} （注1）	{3, …, 12}	{3, …, 12}
类型 B	{0, …, 12}	{2, 4, 7}	{2, …, 14}	{0, …, 10}	{2, 4, 6}	{2, …, 12}

注：仅当 *dmrs-TypeA-Position* = 3 时，S 才能等于 3。

为了减少传输的比特数，PDSCH 的开始符号位置 S 和分配的符号长度 L 可以用一个数字 SLIV 联合指定，通过高层参数 *startSymbolAndLength* 通知给 UE，具体规则如下：

If $(L-1) \leq 7$ then

$$SLIV = 14 \times (L-1) + S$$

else

$$SLIV = 14 \times (14-L+1) + (14-1-S)$$

where $0 < L \leq 14-S$

SLIV 的值见表5-26。

表5-26　SLIV 的值

S \ L	1	2	3	4	5	6	7	8	9	10	11	12	13	14
0	0	14	28	42	56	70	84	98	97	83	69	55	41	27
1	1	15	29	43	57	71	85	99	96	82	68	54	40	
2	2	16	30	44	58	72	86	100	95	81	67	53		
3	3	17	31	45	59	73	87	101	94	80	66			
4	4	18	32	46	60	74	88	102	93	79				
5	5	19	33	47	61	75	89	103	92					
6	6	20	34	48	62	76	90	104						
7	7	21	35	49	63	77	91							
8	8	22	36	50	64	78								
9	9	23	37	51	65									
10	10	24	38	52										
11	11	25	39											
12	12	26												
13	13													

两个参数用一个参数联合表示的方法在 NR 中较为常见，其目的是节约信令开销，尤其是当 S 和 L 的数值比较大时，两个参数联合表示的方法会节约较多的比特数。

在 NR 网络实际部署的时候，建议根据应用场景选择映射类型。映射类型 A 分配的符号数较多，因此适合于大带宽场景，典型的应用为：一个时隙内前面 1~3 个 OFDM 符号为 PDCCH 信道，剩下的 11~13 个 OFDM 符号为 PDSCH 信道，即 PDSCH 占用除 PDCCH 外的整个时隙，因此映射类型 A 也称为基于时隙的调度。映射类型 B 的开始位置可以灵活配置，但是分配的符号数量较少，时延很低，适合于 uRLLC 场景，映射类型 B 也称为基于符号的调度。

PDSCH 的时域分配参数除了映射类型和 *SLIV* 外，还包括时隙偏移 K_0。其中，K_0 的取值为 0~32，缺省值为 0。假设调度 PDSCH 的 DCI 在 PDCCH 时隙 n 上发送，则 PDSCH 分配的时隙是 $\left\lfloor n \times \frac{2^{\mu_{PDSCH}}}{2^{\mu_{PDSCH}}} \right\rfloor + K_0$。其中，$\mu_{PDSCH}$ 和 μ_{PDSCH} 分别是 PDSCH 和 PDCCH 的子载波间隔配置，K_0 是时隙偏移（时隙以 PDSCH 子载波间隔的时隙为单位）。

K_0 有两个作用，第一个作用是根据终端的处理能力，合理设置 PDSCH 相对于 PDCCH 的时延，如果终端处理能力强，例如，eMBB 场景和 uRLLC 场景，K_0 可以设置为 0，即 PDCCH 和 PDSCH 在同一个时隙，类似于 LTE；如果终端处理能力弱，例如，mMTC 场景，则 K_0 可以设置较大的值，以便为 PDCCH 的解码预留足够的处理时间，类似于 NB-IoT 和 eMTC。

K_0 的第二个作用是当 PDCCH 和 PDSCH 子载波间隔不同时，确保 PDSCH 的每个时隙都可以被调度。PDSCH 时隙偏移 K_0 示意如图 5-26 所示。当一个 PDCCH 时隙对应多个 PDSCH 时隙时，如果 K_0 与 LTE 一样固定为 0，则 PDCCH 时隙 n 对应的 PDSCH 时隙 $2n+1$ 永远都不能被调度，即如果图 5-26 的上图（1 个 PDCCH 时隙对应多个 PDSCH 时隙）的 K_0 只能取值 0，则在符号 7 上的 PDCCH 也是调度时隙 $2n$ 的 PDSCH。当多个 PDCCH 时隙对应一个 PDSCH 时隙时，则 K_0 可以固定为 0。PDCCH 和 PDSCH 配置不同的子载波间隔应用的一个场景是 UE 配置了载波聚合且支持跨载波调度。

如果基站通过 PDCCH 信令把上述的时隙偏移 K_0、PDSCH 开始的符号位置 S 和分配的符号长度 L、PDSCH 映射类型等参数直接通知给 UE，PDCCH 负荷太大。为了减少 PDCCH 的负荷，NR 引入了可配置的 PDSCH 时域资源分配列表，即首先通过系统消息中的 IE *pdsch-ConfigCommon* 或 UE 专用信令中的 IE *pdsch-Config* 为 UE 配置 PDSCH 时域资源分配列表 *PDSCH-TimeDomainResourceAllocationList*，该列表最多包含 16 行，每行包括时隙偏移 K_0、PDSCH 开始符号的符号位置 S 和分配的符号长度 L（联合编码为 *SLIV*）、PDSCH 映射类型。当 PDCCH 调度 PDSCH 的时候，只需要把 PDSCH 时域资源分配列表的行号（对应 DCI 格式 1_0 或 DCI 格式 1_1 中的时域资源分配字段）通知给 UE 即可，0 代表 PDSCH 时域资源分配列表的第一行，1 代表 PDSCH 时域资源分配列表的第二行，依此类推，PDSCH 时域资源分配信令示意如图 5-27 所示。

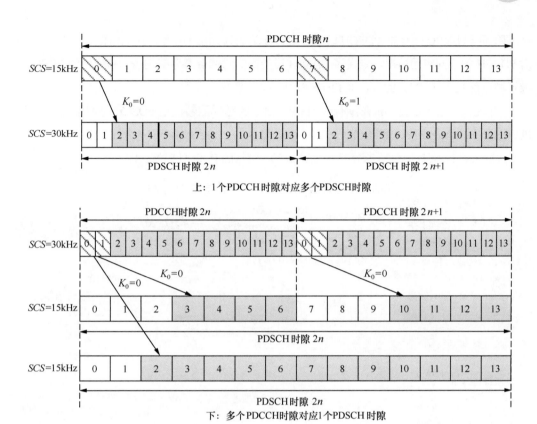

图5-26　PDSCH时隙偏移K_0示意

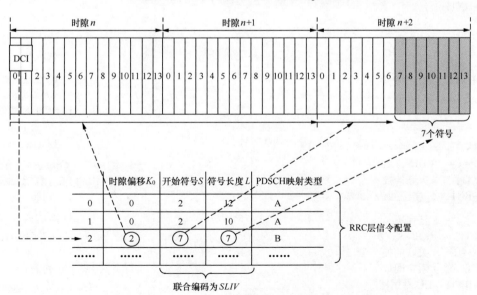

图5-27　PDSCH时域资源分配信令示意

除了通过 RRC 信令把 PDSCH 时域资源分配列表通知给 UE 外，3GPP TS 38.214 协议还针对 PDSCH 的不同应用情况，定义了 PDSCH 所使用的时域资源分配列表，可应用的 PDSCH 时域资源分配见表 5-27。此外，3GPP TS 38.214 协议还定义了默认的 PDSCH 时域资源分配 A、B、C 等几张表格，以便 UE 在没有收到 RRC 信令的时候能够确定 PDSCH 时域资源，默认的 PDSCH 时域资源分配 A（正常 CP）见表 5-28，默认的 PDSCH 时域资源分配 A（扩展 CP）见表 5-29，默认的 PDSCH 时域资源分配 B 见表 5-30，默认的 PDSCH 时域资源分配 C 见表 5-31。

表5-27 可应用的PDSCH时域资源分配

RNTI	PDSCH 搜索空间	SS/PBCH 块和 CORESET 复用模式	pdsch-Config-Common 是否包括 PDSCH 时域分配列表	pdsch-Config 是否包括 PDSCH 时域分配列表	PDSCH 时域资源分配
SI-RNTI	Type0 公共	1	—	—	默认 A（正常 CP）
		2	—	—	默认 B
		3	—	—	默认 C
SI-RNTI	Type0A 公共	1	否	—	默认 A
		2	否	—	默认 B
		3	否	—	默认 C
		1、2、3	是	—	pdsch-ConfigCommon 提供的 PDSCH 时域分配列表
RA-RNTI、TC-RNTI	Type1 公共	1、2、3	否	—	默认 A
		1、2、3	是	—	pdsch-ConfigCommon 提供的 PDSCH 时域分配列表
P-RNTI	Type2 公共	1	否	—	默认 A
		2	否	—	默认 B
		3	否	—	默认 C
		1、2、3	是	—	pdsch-ConfigCommon 提供的 PDSCH 时域分配列表
C-RNTI、MCS-C-RNTI、CS-RNTI	任何与 CORESET 0 关联的搜索空间	1、2、3	否	—	默认 A
		1、2、3	是	—	pdsch-ConfigCommon 提供的 PDSCH 时域分配列表
C-RNTI、MCS-C-RNTI、CS-RNTI	任何不与 CORESET 0 关联的搜索空间或 UE 专用搜索空间	1、2、3	否	否	默认 A
		1、2、3	是	否	pdsch-ConfigCommon 提供的 PDSCH 时域分配列表
		1、2、3	否/是	是	pdsch-Config 提供的 PDSCH 时域分配列表

通过分析表 5-27，我们可以发现以下规律。

（1）对于承载 SIB1（Type 0 公共搜索空间）的 PDSCH，根据 SS/PBCH 块和 CORESET 0 的复用模式 1、2 或 3，使用默认的 PDSCH 时域资源分配 A（正常 CP）、B 或 C。

（2）对于承载随机接入响应消息（Type 1 公共搜索空间）的 PDSCH，如果 *pdsch-ConfigCommon* 配置了时域资源分配列表，则使用 *pdsch-ConfigCommon* 提供的 PDSCH 时域分配列表，否则使用默认的 PDSCH 时域资源分配 A。

（3）对于承载其他系统消息（Type 0A 公共搜索空间）和寻呼消息（Type 2 公共搜索空间）的 PDSCH，如果 *pdsch-ConfigCommon* 配置了时域资源分配列表，则使用 *pdsch-ConfigCommon* 提供的 PDSCH 时域分配列表，否则根据 SS/PBCH 块和 CORESET 0 的复用模式 1、2 或 3，使用默认的 PDSCH 时域资源分配 A、B 或 C。

（4）对于 CRC 使用 C-RNTI、MCS-C-RNTI、CS-RNTI 扰码的 PDSCH，如果 *pdsch-Config* 配置了 PDSCH 时域分配列表，则使用 *pdsch-Config* 提供的 PDSCH 时域分配列表；如果 *pdsch-ConfigCommon* 配置了时域资源分配列表，则使用 *pdsch-ConfigCommon* 提供的 PDSCH 时域分配列表，否则使用默认的 PDSCH 时域资源分配 A。

表5-28 默认的PDSCH时域资源分配A（正常CP）

行索引	dmrs-TypeA-Position	PDSCH 映射类型	K_0	S	L
1	2	Type A	0	2	12
1	3	Type A	0	3	11
2	2	Type A	0	2	10
2	3	Type A	0	3	9
3	2	Type A	0	2	9
3	3	Type A	0	3	8
4	2	Type A	0	2	7
4	3	Type A	0	3	6
5	2	Type A	0	2	5
5	3	Type A	0	3	4
6	2	Type B	0	9	4
6	3	Type B	0	10	4
7	2	Type B	0	4	4
7	3	Type B	0	6	4
8	2, 3	Type B	0	5	7
9	2, 3	Type B	0	5	2
10	2, 3	Type B	0	9	2
11	2, 3	Type B	0	12	2
12	2, 3	Type A	0	1	13
13	2, 3	Type A	0	1	6

（续表）

行索引	dmrs-TypeA-Position	PDSCH 映射类型	K_0	S	L
14	2，3	Type A	0	2	4
15	2，3	Type B	0	4	7
16	2，3	Type B	0	8	4

表5-29　默认的PDSCH时域资源分配A（扩展CP）

行索引	dmrs-TypeA-Position	PDSCH 映射类型	K_0	S	L
1	2	Type A	0	2	6
	3	Type A	0	3	5
2	2	Type A	0	2	10
	3	Type A	0	3	9
3	2	Type A	0	2	9
	3	Type A	0	3	8
4	2	Type A	0	2	7
	3	Type A	0	3	6
5	2	Type A	0	2	5
	3	Type A	0	3	4
6	2	Type B	0	6	4
	3	Type B	0	8	2
7	2	Type B	0	4	4
	3	Type B	0	6	4
8	2，3	Type B	0	5	6
9	2，3	Type B	0	5	2
10	2，3	Type B	0	9	2
11	2，3	Type B	0	10	2
12	2，3	Type A	0	1	11
13	2，3	Type A	0	1	6
14	2，3	Type A	0	2	4
15	2，3	Type B	0	4	6
16	2，3	Type B	0	8	4

表5-30　默认的PDSCH时域资源分配B

行索引	dmrs-TypeA-Position	PDSCH 映射类型	K_0	S	L
1	2，3	Type B	0	2	2
2	2，3	Type B	0	4	2
3	2，3	Type B	0	6	2
4	2，3	Type B	0	8	2
5	2，3	Type B	0	10	2
6	2，3	Type B	1	2	2
7	2，3	Type B	1	4	2
8	2，3	Type B	0	2	4
9	2，3	Type B	0	4	4
10	2，3	Type B	0	6	4

（续表）

行索引	dmrs-TypeA-Position	PDSCH 映射类型	K_0	S	L
11	2, 3	Type B	0	8	4
12（注）	2, 3	Type B	0	10	4
13（注）	2, 3	Type B	0	2	7
14	2	Type A	0	2	12
	3	Type A	0	3	11
15	2, 3	Type B	1	2	4
16		保留			

注：如果使用在 PDCCH Type0 公共搜索空间上的 SI-RNTI 调度 PDSCH（即 SIB1），则 UE 假定不应用该 PDSCH 资源分配

表5-31　默认的PDSCH时域资源分配C

行索引	dmrs-TypeA-Position	PDSCH 映射类型	K_0	S	L
1（注）	2, 3	Type B	0	2	2
2	2, 3	Type B	0	4	2
3	2, 3	Type B	0	6	2
4	2, 3	Type B	0	8	2
5	2, 3	Type B	0	10	2
6		保留			
7		保留			
8	2, 3	Type B	0	2	4
9	2, 3	Type B	0	4	4
10	2, 3	Type B	0	6	4
11	2, 3	Type B	0	8	4
12	2, 3	Type B	0	10	4
13（注）	2, 3	Type B	0	2	7
14（注）	2	Type A	0	2	12
	3	Type A	0	3	11
15（注）	2, 3	Type A	0	0	6
16（注）	2, 3	Type A	0	2	6

注：如果使用在 PDCCH Type0 公共搜索空间上的 SI-RNTI 调度 PDSCH（即 SIB1），则 UE 假定不应用该 PDSCH 资源分配

接下来分析 UE 接收 PDSCH（承载 SIB1 消息）的过程（参见本书 5.2.5 节）。根据表 5-27 可知，在 Type0-PDCCH 公共搜索空间上，当 SS/PBCH 块和 CORESET 是复用模式 1 的时候，PDSCH 资源时域分配使用默认 A（正常 CP）。默认的 PDSCH 时域资源分配 A（正常 CP）对应表 5-28，假设 PDCCH DCI 格式 1_0 的时域资源分配字段取值为 0，对应表 5-28 的行索引为 1。当 Dmrs-TypeA-Position=2（该参数通过 MIB 消息中的 Dmrs-TypeA-Position 通知给 UE）时，PDSCH 的时隙偏移 K_0=0、开始的符号位置 S=2、分配的符号长

度 $L=12$，即与 LTE 相类似，PDCCH 和 PDSCH 在同 1 个时隙上，前面 2 个 OFDM 符号是 PDCCH 信道，后面的 12 个 OFDM 符号是 PDSCH 信道。

PDSCH 信道支持时隙聚合（Slot Aggregation）以获得覆盖增益。当 UE 接收的 PDSCH 通过 PDCCH 调度（使用 C-RNTI、MCS-C-RNTI 或 CS-RNTI CRC 对 CRC 进行扰码）或 UE 接收的 PDSCH 通过 *SPS-Config* 调度时，如果 UE 配置了 *pdsch-AggregationFactor*（取值为 1、2、4 或 8），则相同的符号分配在 *pdsch-AggregationFactor* 个连续的时隙上传输。需要注意的是，当 PDSCH 支持时隙聚合时，PDSCH 限定在单个传输层。当 *pdsch-AggregationFactor* 存在时，应用的冗余版本定义见表 5-32。

表5-32 当*pdsch-AggregationFactor*存在时，应用的冗余版本定义

调度 PDSCH 的 DCI 指示 r_{vid}	应用在第 n^{th} 个传输时刻的 r_{vid}			
	n mod 4 = 0	n mod 4 = 1	n mod 4 = 2	n mod 4 = 3
0	0	2	3	1
2	2	3	1	0
3	3	1	0	2
1	1	0	2	3

5.3.3 PDSCH 频域资源分配

NR 的 PDSCH 支持两种类型的频域资源分配：type 0 和 type 1。其中，type 0 是基于位图的分配方式，type 1 是基于 RIV 的连续频域资源分配方式。使用 PDCCH DCI 格式 1_0 调度 PDSCH 时，只支持 tpye 1 的分配方式；使用 PDCCH DCI 格式 1_1 调度 PDSCH 时，既支持 type 0 的分配方式，也支持 type 1 的分配方式，还支持 tpye 0 和 type 1 之间动态转换的分配方式。

为了减少 PDCCH 信道的负荷，PDSCH 的资源分配是在 BWP 上进行的。UE 按照如下原则确定 BWP。

● 如果在 DCI 上没有 BWP 指示字段或 UE 不支持经 DCI 转换激活的 BWP，则下行 type 0 和 type 1 频域资源分配的 RB 索引由 UE 的激活 BWP 确定。

● 如果 DCI 上配置了 BWP 指示字段且 UE 支持经 DCI 转换激活的 BWP，则下行 type 0 和 type 1 频域资源分配的 RB 索引由 DCI 上的 BWP 指示字段指示的 BWP 确定。一旦 UE 监听到 PDCCH 上含有转换激活 BWP 的信息，UE 确定第一个下行载波的 BWP，然后在该 BWP 上接收 PDSCH。

● 对于在任何类型的 PDCCH 公共搜索空间上，用 DCI 格式 1_0 调度的 PDSCH，不管 BWP 是否是激活的 BWP，PDSCH 的 RB 索引从接收 DCI 的 CORESET 的最低的 RB 索引开始；否则 RB 索引从已经确定的下行激活 BWP 上的最低 RB 索引开始。

1. 下行频域资源分配 type 0

对于下行频域资源分配 type 0，RB 索引信息是一个位图（bitmap），该位图的每个比特对应一个资源块组（Resource Block Group，RBG）。RBG 是一组连续的 VRB，其大小由高层参数 *RBG-Size* 定义，*RBG-Size* 的尺寸与 BWP 有关，RBG 尺寸 P 见表 5-33。

表5-33　RBG尺寸P

BWP 带宽	RBG 配置 1	RBG 配置 2
1～36	2	4
37～72	4	8
73～144	8	16
145～275	16	16

设置 P 的原因是为了减少 PDCCH 的负荷，以 BWP 的带宽等于 273 为例，$P=16$，根据 5.2.6 节的论述分析结果，对于 PDCCH DCI 格式 1_1，频域资源分配字段只需要 18+1=19 个 bit，DCI 格式 1_1 共计是 89 个 bit；如果每个 RB 都用 1 个 bit 来指示，则频域资源分配字段需要 273+1=274 个 bit，DCI 格式 1_1 共计是 344 个 bit，增加了 2.87 倍。设置 P 带来的后果就是只能以 P 为单位分配频域资源，调度的灵活性变差，因此对于每个 BWP 带宽，都有两个尺寸的 RBG 可供选择，由高层参数 *RBG-Size* 通知给 UE，这样既减少了 PDCCH 的负荷，又适当的兼顾了调度的灵活性。

对于带宽为 $N_{\text{BWP},i}^{\text{size}}$ 个 PRB 的 DL BWP i，总的 RBG 数（N_{RBG}）由公式（5-19）定义。

$$N_{\text{RBG}} = \left\lceil \left(N_{\text{BWP},i}^{\text{size}} + \left(N_{\text{BWP},i}^{\text{start}} \bmod P \right) \right) / P \right\rceil \qquad 公式（5-19）$$

其中，第一个 RBG 的尺寸是 $RBG_0^{\text{size}} = P - N_{\text{BWP},i}^{\text{size}} \bmod P$；

如果 $\left(N_{\text{BWP},i}^{\text{start}} + N_{\text{BWP},i}^{\text{size}} \right) \bmod P > 0$，则最后一个 RBG 的尺寸是 $RBG_{\text{last}}^{\text{size}} = \left(N_{\text{BWP},i}^{\text{start}} + N_{\text{BWP},i}^{\text{size}} \right) \bmod P$，否则，最后一个 RBG 的尺寸是 P；所有其他的 RBG 的尺寸是 P。

通过公式（5-19）确定的位图可以确保每个 RBG 都可以被访问，接着按照从低频到高频的顺序对 RBG 进行编号，位图的最高有效位（Most Significant Bit，MSB）对应第一个 RBG，即 RBG 0，位图的最低有效位（Least Significant Bit，LSB）对应着最后一个 RBG，即 RBG $N_{\text{RBG}}-1$。如果在位图上的某个比特取值为 1，则表示该比特对应的 RBG 分配给 UE；否则表示该比特位对应的 RBG 没有分配给 UE。

上述规则可以理解为以 CRB 的索引为基准，把所有的 CRB 划分成大小为 P 的 RBG。如果 UE 激活的 BWP 落在 CRB 的 RBG 上，不管是一个完整的 RBG 还是一个 RBG 的部分 RB，都用 1 个 bit 来表示。这样设计的其中一个好处是可以确保当不同 UE 激活的 BWP 开始位置不同时，相同大小的 RBG 的边界是对齐的；另外一个好处是不同尺寸的 RBG 以嵌套方式排列，便于 gNB 统一分配频域资源。带来的一个后果就是第一个和最后一个 RBG 有可能不是完整的 RBG。下行频域资源分配 type 0 的示例如图 5-28 所示。假设共有 25 个 RB，UE 1 和 UE 2 激活的 BWP 相同，开始位置为 CRB 2，BWP 带宽是 22 个 RB；UE 3 激活的 BWP 开始位置是 CRB 5，BWP 带宽是 19 个 RB。对于 UE 1，假设 RBG 的大小是 4 个 RB，bitmap 包含 6 个 bit，当 *bitmap*=000001 时，表示分配的是 CRB 20~23，共 4 个 RB；对于 UE 2，假设 RBG 的大小是 2 个 RB，bitmap 包含 11 个 bit，当 *bitmap*=10000101100 时，表示分配的是 CRB 2、3、12、13、16、17、18、19 共 8 个 RB；对于 UE 3，假设 RBG 的大小也是 2 个 bit，bitmap 包含 10 个 bit，当 *bitmap*=1001010000 时，表示分配的是 CRB 5、10、11、14、15 共 5 个 RB。

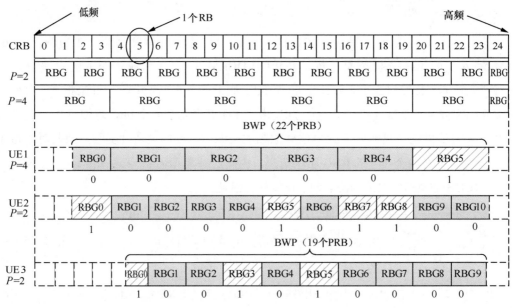

图5-28　下行频域资源分配type 0的示例

2. 下行频域资源分配 type 1

对于下行频域资源分配 type 1，分配的频域资源最小粒度可以达到 RB 级，缺点是只能分配连续的 RB，因此不利于基于频率选择的资源调度。下行频域资源分配 type 1 的激活 BWP 的带宽 N_{BWP}^{size} 按照如下规则确定：当 DCI 格式 1_0 在任何公共搜索空间上解码时，如果该小区配置了 CORESET 0，则 N_{BWP}^{size} 等于 CORESET 0 的带宽；如果该小区没有配置 CORESET 0，则 N_{BWP}^{size} 等于初始 DL BWP 的带宽。

下行频域资源分配 type 1 的频域资源分配字段是一个资源指示值（Resource Indication Value，RIV），RIV 用于指示分配给 UE 的 PDSCH 开始 VRB 索引 RB_{start} 以及连续的 RB 长度 L_{RBs}。RIV 定义如下。

if $(L_{RBs}-1) \leq \lfloor N_{BWP}^{size}/2 \rfloor$ then
$$RIV = N_{BWP}^{size}(L_{RBs}-1) + RB_{start}$$
else
$$RIV = N_{BWP}^{size}(N_{BWP}^{size} - L_{RBs} - 1) + (N_{BWP}^{size} - 1 - RB_{start})$$

其中，$L_{RBs} \geq 1$ 且不应超过 $N_{BWP}^{size} - RB_{start}$。

RIV 的表示方法与 5.3.2 节的 *SLIV* 类似。*RIV* 的尺寸是 $\lceil \log_2(N_{RB}^{DL,BWP}(N_{RB}^{DL,BWP}+1)/2) \rceil$ 个 bit，下行频域资源分配 type 1 的示例如图 5-29 所示。对于 UE 1，VRB 开始位置是 0，连续分配的 VRB 长度是 2，通过联合编码，用 *RIV*=25 来指示；对于 UE 2，VRB 开始位置是 2，连续分配的 VRB 长度是 5，通过联合编码，用 *RIV*=102 来指示；UE 3 和 UE 4 依此类推。

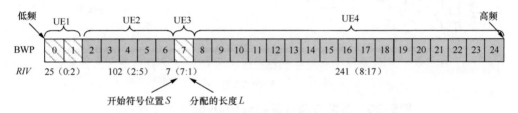

图5-29 下行频域资源分配type 1的示例

当在 UE 专用搜索空间上的 DCI 格式 1_0 的 DCI 尺寸从在公共搜索空间上的 DCI 格式 1_0 的尺寸导出，但是使用另外一个带宽为 $N_{BWP}^{initial}$ 的激活 BWP 时，调度的频域资源要按照系数 K 进行等比例"放大"，即下行频域资源分配 type 1 的 *RIV* 的开始位置是 $RB_{start} = 0, K, 2 \times K, \cdots, (N_{BWP}^{initial}-1) \times K$，连续分配的 VRB 是 $L_{RBs} = 0, K, 2 \times K, \cdots, N_{BWP}^{initial} \times K$。其中，$N_{BWP}^{initial}$ 按照如下规则给出。

如果该小区配置了 CORESET 0，$N_{BWP}^{initial}$ 的尺寸就是 CORESET 0 的尺寸。

如果该小区没有配置 CORESET 0，$N_{BWP}^{initial}$ 的尺寸就是初始 DL BWP 的尺寸。

RIV 定义如下。

if $(L_{RBs}-1) \leq \lfloor N_{BWP}^{initial}/2 \rfloor$ then
$$RIV = N_{BWP}^{initial}(L'_{RBs}-1) + RB'_{start}$$
else
$$RIV = N_{BWP}^{initial}(N_{BWP}^{initial} - L'_{RBs} - 1) + (N_{BWP}^{initial} - 1 - RB'_{start})$$

其中，$L'_{RBs} = L_{RBs}/K$，$RB'_{start} = RB_{start}/K$ 且 L'_{RBs} 不应超过 $N_{BWP}^{initial} - RB'_{start}$。如果 $N_{BWP}^{active} > N_{BWP}^{initial}$，则 K 是满足 $K \leq \lfloor N_{BWP}^{active}/N_{BWP}^{initial} \rfloor$ 的最大值，$K \in \{1, 2, 4, 8\}$；否则，K 值取 1。

3. 下行频域资源分配 type 0 和 type 1 的比较

频域资源分配 type 0 和 type 1 的尺寸对比如图 5-30 所示。我们可以发现，对于频域资源分配 type 0，配置 0 和配置 1 的最大尺寸都是 18 个 bit，当 BWP 的带宽小于等于 144 个 VRB 时，配置 2 的尺寸是配置 1 的尺寸的 1/2；当 BWP 的带宽大于 144 个 VRB 时，配置 1 和配置 2 的尺寸相同。对于频域资源分配 type 1，其频域资源分配的尺寸随着 BWP 带宽的增加而增加，最大为 16 个 bit。

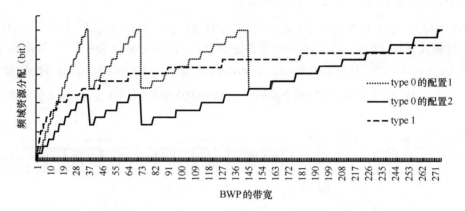

图5-30　频域资源分配type 0和type 1的尺寸对比

4. VRB 到 PRB 的映射

上述的 PDSCH 频域资源分配是 VRB 资源，在 PDSCH 传输之前，还要把 VRB 映射到 PRB 上。VRB 到 PRB 有两种映射方式，分别是非交织映射（non-Interleaved mapping）和交织映射（Interleaved mapping）。如果 gNB 已知信道条件，则优先使用非交织映射，以便实现基于频率的调度；如果 gNB 不知道信道条件或知道的信道条件不充分，则优先使用交织映射，以便实现频率分集。当使用频域资源分配 type 0（位图）时，只能是非交织映射方式；当使用频域资源分配 type 1（*RIV*）时，gNB 通过 DCI 格式 1_0 或 1_1 的 VRT-to-PRB 映射字段，通知 UE 是非交织映射还是交织映射，默认是非交织映射。

非交织的 VRB-to-PRB 映射比较简单，VRB n 直接映射 PRB n 上，但是有一种情况比较特殊，当通过公共搜索空间的 DCI 格式 1_0 调度 PDSCH 时，VRB n 映射到 PRB $n + N_{start}^{CORESET}$ 上。其中，$N_{start}^{CORESET}$ 是 DCI 所在的 CORESET 的 PRB 的最低索引。这样设计的原因是通过公共搜索空间的 DCI 格式 1_0 调度 PDSCH 时，UE 有可能还没有收到 BWP 的配置信息，因此 PRB 以 CORESET 的 PRB 最低索引为起点。PDSCH 的 VRB 到 PRB 映射示例如图 5-31 所示。其中，图 5-31 中的上图为非交织映射；下图为交织映射。

对于交织映射，映射规则如下。

（1）确定 VRB bundle 尺寸 L_i：通过高层参数 *vrb-ToPRB-Interleaver* 通知给 UE，L_i 取值为 2 个或 4 个 VRB。

（2）VRB bundle 划分：激活 BWP 内的 VRB 按照 L_i 分割成 N_{Bundle} 个 VRB bunding。其中，$N_{\text{Bundle}} = \left\lceil \left(N_{\text{BWP},i}^{\text{size}} + \left(N_{\text{BWP},i}^{\text{start}} \bmod L_i \right) \right) / L_i \right\rceil$，$N_{\text{BWP},i}^{\text{start}}$ 是激活 BWP 开始的位置，$N_{\text{BWP},i}^{\text{size}}$ 是激活 BWP 的带宽，其划分方法与前文的 RBG 的划分类似。

（3）根据以下规则把 VRB $\in \{0, 1, \cdots, N_{\text{Bundle}}-1\}$ 映射到 PRB 上。

VRB bundle $N_{\text{Bundle}}-1$ 映射到 PRB $N_{\text{Bundle}}-1$ 上。

VRB bundle $j \in \{0, 1, \cdots, N_{\text{Bundle}}-2\}$ 映射到 PRB bundle $f(j)$ 上，如公式（5-20）所示。

$$\begin{aligned} f(j) &= rC + c \\ j &= cR + r \\ r &= 0, 1, \cdots, R-1 \\ c &= 0, 1, \cdots, C-1 \\ R &= 2 \\ C &= \lfloor N_{\text{Bundle}} / R \rfloor \end{aligned}$$ 公式（5-20）

VRB 到 PRB 的交织映射函数 $f(j)$ 与 5.2.1 节的 CORESET 上的 CCE 到 REG 的映射函数类似，两者的主要区别是 CORESET 上的交织深度尺寸 R 可以配置为 2、3 或 6，而 PDSCH 的 VRB 到 PRB 交织深度尺寸 R 固定为 2。

对于 PDSCH 的 VRB 到 PRB 的交织映射，有以下几点需要注意：第一，如果没有配置 vrb-To PRB-Interleaver，VRB bundle 尺寸 L_i 默认为 2 个 VRB；第二，如果 PRG 的尺寸（见下文）配置为 4 时，VRB bundle 尺寸 L_i 不能配置为 2 个 VRB；第三，通过公共搜索空间的 DCI 格式 1_0 调度 PDSCH 时，VRB bundle 尺寸 L_i 固定为 2 个 VRB。

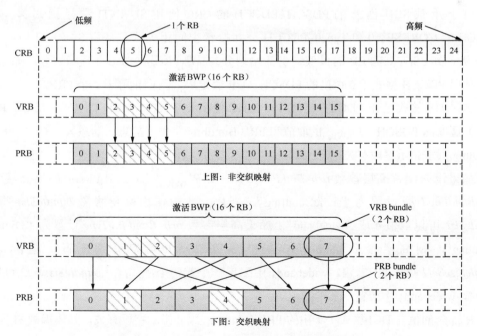

图5-31　PDSCH的VRB到PRB映射示例

VRB 到 PRB 的交织映射示例如图 5-31 中的下图。假设激活 BWP 有 16 个 RB，VRB bundle 尺寸是 2 个 VRB，则 VRB 分割成 8 个 VRB bundle；同时假设 PDSCH 连续分配 4 个 VRB，对应激活 BWP 上的 VRB bundle 编号 1 和 2，根据公式（5-20）可以计算出，VRB bundle 编号 1 和 2 对应的 PRB bundle 分别是 4 和 1。

5. 基于 PRG 的预编码

在 LTE 中，对于某个 UE，PDSCH 的全部 PRB 使用相同的预编码，而 NR 支持频率选择的预编码，即频域上不同的 PRB 可以采用不同的预编码矩阵。采用相同预编码矩阵的一组 PRB 称为一个预编码资源块组（Precoding Resource Block Group，PRG）。PRG 的尺寸也称为预编码的颗粒度，由频域上 $P'_{\text{BWP},i}$ 个连续的 PRB 组成，$P'_{\text{BWP},i}$ 可以配置为 $\{2, 4, \text{wideband}\}$ 之一，其具体配置规则如下所述。

如果 $P'_{\text{BWP},i}$ 配置为 "wideband"，UE 只能接收连续的 PRB 分配，且在分配的 PRB 上使用相同的预编码。如果 $P'_{\text{BWP},i}$ 配置为 2 或 4，则以 $P'_{\text{BWP},i}$ 个连续的 PRB 为单位，把 BWP 划分成多个 PRG，在每个 PRG 上，实际的 PRB 数量可能是 1 个或多个。第一个 PRG 的尺寸是 $P'_{\text{BWP},i} - N^{\text{start}}_{\text{BWP},i} \bmod P'_{\text{BWP},i}$；如果 $\left(N^{\text{start}}_{\text{BWP},i} + N^{\text{size}}_{\text{BWP},i}\right) \bmod P'_{\text{BWP},i} \neq 0$，则最后一个 PRG 的尺寸是 $\left(N^{\text{start}}_{\text{BWP},i} + N^{\text{size}}_{\text{BWP},i}\right) \bmod P'_{\text{BWP},i}$，如果 $\left(N^{\text{start}}_{\text{BWP},i} + N^{\text{size}}_{\text{BWP},i}\right) \bmod P'_{\text{BWP},i} = 0$，则最后一个 PRG 的尺寸是 $P'_{\text{BWP},i}$，其划分方法与前文的 RBG 的划分类似。UE 假定在一个 PRG 上，任何下行连续分配的 PRB，使用相同的预编码。

对于承载 SIB1 消息的 PDSCH（PDCCH 的 CRC 使用 SI-RNTI 进行扰码），如果 PDCCH 的 CORESET 0 和 Type0-PDCCH 公共搜索空间相关联且使用 SI-RNTI 访问，则 PRG 从 CORESET 0 的 RB 的最低索引开始划分；否则 PRG 从 CRB 0 开始划分。如果 UE 接收使用 PDCCH 格式 1_0 调度的 PDSCH，UE 假定 $P'_{\text{BWP},i}$ 固定等于 2 个 PRB。

如果 UE 接收使用 PDCCH 格式 1_1（CRC 使用 C-RNTI、MCS-C-RNTI 或 CS-RNTI 扰码）调度的 PDSCH，$P'_{\text{BWP},i}$ 的取值和 PRB Bundling 类型（静态、动态）、DCI 中的 PRB Bundling 尺寸指示字段有关。

如果没有配置高层参数 *prb-BundlingType*，则 $P'_{\text{BWP},i}$ 等于 2 个 PRB；如果高层参数 *prb-BundlingType* 设置为 "staticBundling"，则 $P'_{\text{BWP},i}$ 的值由高层参数 *bundleSize* 指示，*bundleSize* 可以取值 4 或 "wideband"；如果高层参数 *prb-BundlingType* 设置为 "Dynamic Bundling"，则高层参数 *bundleSizeSet1* 和 *bundleSizeSet2* 可以分别配置一组 $P'_{\text{BWP},i}$，*bundleSizeSet1* 可以从 $\{2, 4, \text{wideband}\}$ 中配置一个或两个 $P'_{\text{BWP},i}$，*bundleSizeSet2* 可以从 $\{2, 4, \text{wideband}\}$ 中配置一个 $P'_{\text{BWP},i}$。

$P'_{\text{BWP},i}$ 的值与 DCI 格式 1_1 中的 PRB Bundling 尺寸指示字段有关，具体规则如下。

（1）PRB Bundling 尺寸指示字段设置为 0，当 UE 接收使用该 DCI 调度的 PDSCH 时，

$P'_{\text{BWP},i}$ 使用 *bundleSizeSet2* 配置的值。

（2）PRB bundling 尺寸指示字段设置为 1 且 *bundleSizeSet1* 配置了 1 个 $P'_{\text{BWP},i}$，当 UE 接收使用该 DCI 调度的 PDSCH 时，$P'_{\text{BWP},i}$ 使用 *bundleSizeSet1* 设置的值。

（3）PRB bundling 尺寸指示字段设置为 1 且 *bundleSizeSet1* 配置了 2 个 $P'_{\text{BWP},i}$，即 *bundleSizeSet1* 设置为 "n2-wideband"（对应 2 和 "wideband" 两个 $P'_{\text{BWP},i}$）或 "n4-wideband"（对应 4 和 "wideband" 两个 $P'_{\text{BWP},i}$），当 UE 接收使用该 DCI 调度的 PDSCH 时，$P'_{\text{BWP},i}$ 按照如下规则取值。

● 如果调度的 PRB 是连续的且调度的 PRB 的尺寸大于 $N_{\text{BWP},i}^{\text{size}}/2$，则 $P'_{\text{BWP},i}$ 与调度的带宽相同，否则，$P'_{\text{BWP},i}$ 的值取为 2 或 4。

此外，$P'_{\text{BWP},i}$ 的值还受 RBG 的值和 VRB 到 PRB 映射的交织深度尺寸制约，具体规则如下。

● 如果 UE 在 BWP 上配置的 *RBG*=2 或者 UE 在 BWP 上配置的 VRB 到 PRB 映射的交织深度尺寸是 2，则 UE 的 $P'_{\text{BWP},i}$ 不能配置为 4。

5.3.4　PDSCH 的 DM-RS

DM-RS 的作用是进行信道估计，用于 PDSCH 的解调。在 LTE 中，解调信号的类型与 PDSCH 的传输模式有关，对于传输模式 1～6 的 PDSCH，使用 CRS 作为解调信号；对于传输模式 7 及 7 以上的 PDSCH，使用 UE 专用的 DM-RS。而在 NR 中，PDSCH 只支持基于空分复用的闭环 DM-RS，对于配置类型 1 和配置类型 2，分别支持最多 8 个和 12 个 DL DM-RS，对于 SU-MIMO，每个 UE 最多支持 8 个正交的 DL DM-RS；对于 MU-MIMO，每个 UE 最多支持 4 个正交的 DL DM-RS。

为了使 DM-RS 在频域上有小的功率波动，NR 的 DM-RS 也是采用基于 Gold 序列的伪随机序列 $r(n)$，$r(n)$ 由公式（5-21）定义。

$$r(n) = \frac{1}{\sqrt{2}}(1-2 \times c(2n)) + j\frac{1}{\sqrt{2}}(1-2 \times c(2n+1)) \quad \text{公式（5-21）}$$

其中，伪随机序列 $c(i)$ 的定义见本书 4.4.1 节，伪随机序列根据公式（5-22）进行初始化。

$$c_{\text{init}} = \left(2^{17}\left(N_{\text{symb}}^{\text{slot}} n_{\text{s,f}}^{\mu} + l + 1\right)\left(2N_{\text{ID}}^{n_{\text{SCID}}}+1\right) + 2N_{\text{ID}}^{n_{\text{SCID}}} + n_{\text{SCID}}\right) \bmod 2^{31} \quad \text{公式（5-22）}$$

在公式（5-22）中，l 是时隙内的 OFDM 符号索引，$n_{\text{s,f}}^{\mu}$ 是帧内的时隙号，$N_{\text{ID}}^{n_{\text{SCID}}}$ 的定义如下。

● 如果在 IE *DMRS-DownlinkConfig* 中分别提供了高层参数 *scramblingID0* 和 *scramblingID1*，且 PDSCH 通过 PDCCH DCI 格式 1_1（使用 C-RNTI、MCS-C-RNTI 或 CS-RNTI 对 CRC 进行扰码）调度，则 $N_{\text{ID}}^{n_{\text{SCID}}}$ 的值等于 N_{ID}^{0}，$N_{\text{ID}}^{1} \in \{0, 1, \ldots, 65535\}$。

● 如果在 IE *DMRS-DownlinkConfig* 中提供了高层参数 *scramblingID0*，且 PDSCH 通过 PDCCH DCI 格式 1_0（使用 C-RNTI、MCS-C-RNTI 或 CS-RNTI 对 CRC 进行扰码）调度，则 $N_{\text{ID}}^{n_{\text{SCID}}}$ 的值等于 $N_{\text{ID}}^{0} \in \{0, 1, \ldots, 65535\}$。

- 在其他情况下，$N_{\text{ID}}^{n_{\text{SCID}}} = N_{\text{ID}}^{\text{cell}}$。

对于 n_{SCID}，如果 PDSCH 通过 PDCCH DCI 格式 1_1 调度，则 $n_{\text{SCID}} \in \{0, 1\}$，$n_{\text{SCID}}$ 具体取值是 0 还是 1 由 DCI 格式 1_1 中的 DM-RS 序列初始化字段提供。对于其他情况，$n_{\text{SCID}}=0$。

动态选择 DM-RS 序列的原因是在 MU-MIMO 时，也即两个 UE 的 PDSCH 使用相同的 RB 时，不同的 DM-RS 序列可以使干扰随机化，使信道估计更为精确，从而把两个 PDSCH 传输区分开来。

由公式（5-21）产生的伪随机序列 $r(m)$，乘以幅度缩放因子 $\beta_{\text{PDSCH}}^{\text{DMRS}}$ 后，根据公式（5-23）映射到 RE 上。

$$a_{k,l}^{(p,\mu)} = \beta_{\text{PDSCH}}^{\text{DMRS}} w_f(k') w_t(l') r(2n+k')$$

$$k = \begin{cases} 4n + 2k' + \Delta & \text{配置类型 1} \\ 6n + k' + \Delta & \text{配置类型 2} \end{cases}$$

$$k'=0, 1$$

$$l = \bar{l} + l'$$

$$n = 0, 1, \cdots$$

公式（5-23）

在公式（5-23）中，p 是 DM-RS 的天线端口号，μ 是子载波间隔配置，k 和 l 分别是 DM-RS 映射的 RE 在频域和时域上的位置，PDSCH DM-RS 配置类型 1 的参数见表 5-34，PDSCH DM-RS 配置类型 2 的参数见表 5-35。$w_f(k')$、$w_t(l')$ 和 Δ 的含义见表 5-34 和表 5-35。

表 5-34　PDSCH DM-RS 配置类型 1 的参数

p	CDM 组 λ	Δ	$W_f(k')$		$W_t(l')$	
			$k'=0$	$k'=1$	$l'=0$	$l'=1$
1000	0	0	+1	+1	+1	+1
1001	0	0	+1	−1	+1	+1
1002	1	1	+1	+1	+1	+1
1003	1	1	+1	−1	+1	+1
1004	0	0	+1	+1	+1	−1
1005	0	0	+1	−1	+1	−1
1006	1	1	+1	+1	+1	−1
1007	1	1	+1	−1	+1	−1

表 5-35　PDSCH DM-RS 配置类型 2 的参数

p	CDM 组 λ	Δ	$W_f(k')$		$W_t(l')$	
			$k'=0$	$k'=1$	$l'=0$	$l'=1$
1000	0	0	+1	+1	+1	+1
1001	0	0	+1	−1	+1	+1
1002	1	2	+1	+1	+1	+1

（续表）

p	CDM 组 λ	Δ	$W_f(k')$		$W_t(l')$	
			$k'=0$	$k'=1$	$l'=0$	$l'=1$
1003	1	2	+1	−1	+1	+1
1004	2	4	+1	+1	+1	+1
1005	2	4	+1	−1	+1	+1
1006	0	0	+1	+1	+1	−1
1007	0	0	+1	−1	+1	−1
1008	1	2	+1	+1	+1	−1
1009	1	2	+1	−1	+1	−1
1010	2	4	+1	+1	+1	−1
1011	2	4	+1	−1	+1	−1

子载波 $k=0$ 的参考点定义如下。

- 如果调度 PDSCH 的 PDCCH 与 CORESET 0 和 Type 0-PDCCH 公共搜索空间相关联，且使用 SI-RNTI 对 CRC 进行扰码，则子载波 k 的参考点是 CORESET 0 的最低 RB 索引的子载波 0。
- 否则子载波 k 的参考点是 CRB 0 的子载波 0，也即 Point A。

需要注意的是，PDSCH 的 DM-RS 只存在于分配给 PDSCH 的 RB 上，也即 DM-RS 在频域上的带宽与分配给 PDSCH 的带宽相同。

与 LTE 的 DM-RS 和 CRS 相比，NR 的 PDSCH DM-RS 更为灵活，下面就 DM-RS 的时域特性、DM-RS 配置类型、DCI 中的天线端口字段分别进行分析。

1. DM-RS 的时域特性

DM-RS 在时域上的位置与 PDSCH 映射类型（PDSCH Mapping type）、持续时间（Duration）、前置 DM-RS（Front Loaded DM-RS）占用的 OFDM 符号数、附加 DM-RS（Additional DM-RS）的数量等都有关系。

PDSCH 映射类型（见本书 5.3.2 节）确定了参考点 l 和第一个 DM-RS 的位置 l_0。

（1）对于 PDSCH 映射类型 A

- l 定义为相对于时隙开始的位置，即以时隙的开始位置为边界。
- 如果高层参数 dmrs-TypeA-Position 等于"pos3"，则 $l_0=3$，否则 $l_0=2$。

（2）对于 PDSCH 映射类型 B

- l 定义为相对于被调度 PDSCH 资源开始的位置，即以被调度 PDSCH 资源开始的位置为边界。
- $l_0=0$。

DM-RS 在时域上的位置与 $\bar{l}$ 和持续时间 l_d 有关，其中，对于单符号 DM-RS，PDSCH DM-RS 位置 $\bar{l}$ 定义见表 5-36，对于双符号 DM-RS，PDSCH DM-RS 的位置 $\bar{l}$ 定义见表

5-37。持续时间 l_d 定义如下。

（1）PDSCH 映射类型 A

- l_d 是时隙内的第一个 OFDM 符号和在该时隙内被调度的 PDSCH 的最后一个 OFDM 符号之间的 OFDM 符号数。

（2）PDSCH 映射类型 B

- l_d 是被调度的 PDSCH 的 OFDM 符号数。

前置 DM-RS 在时隙内可以占用 1 个 OFDM 符号（简称单符号 DM-RS）或两个 OFDM 符号（简称双符号 DM-RS），由 IE *DMRS-DownlinkConfig* 中的参数 *maxLength* 和 DCI 中的天线端口（Antenna Port）字段共同确定。如果 *maxLength* 取值为 1，前置 DM-RS 只能占用 1 个 OFDM 符号；如果 *maxLength* 取值为 2，要根据 DCI 中的天线端口字段的取值来确定前置 DM-RS 是占用 1 个还是 2 个 OFDM 符号。前置 DM-RS 可以占用 2 个 OFDM 符号的目的是提供更多的天线端口数，传输更多层的数据，以满足 NR 对系统带宽效率的要求。

附加 DM-RS 的位置由 IE *DMRS-DownlinkConfig* 中的参数 *dmrs-AdditionalPosition* 提供，可以取值为 {pos0，pos1，pos2，pos3} 之一，缺省值为"pos2"。当 UE 高速移动时，信号在时间上波动较快，需要在时域上配置更多的 DM-RS 进行信道估计，通过在一个时隙内配置额外的 DM-RS，可以使接收机进行更精确的信道估计，以满足对信道时变性的估计精度，从而改善接收性能。每组附加 DM-RS 都是前置 DM-RS 的重复。

表5-36 对于单符号DM-RS，PDSCH DM-RS的位置 $\bar{l}$ 定义

l_d	DM-RS 位置 $\bar{l}$							
	PDSCH 映射类型 A				PDSCH 映射类型 B			
	dmrs-AdditionalPosition				*dmrs-AdditionalPosition*			
	pos0	pos1	pos2	pos3	pos0	pos1	pos2	pos3
2	—	—	—	—	l_0	l_0		
3	l_0	l_0	l_0	l_0	—			
4	l_0	l_0	l_0	l_0	l_0	l_0		
5	l_0	l_0	l_0	l_0	—			
6	l_0	l_0	l_0	l_0	l_0	l_0, 4		
7	l_0	l_0	l_0	l_0	l_0	l_0, 4		
8	l_0	l_0, 7	l_0, 7	l_0, 7	—			
9	l_0	l_0, 7	l_0, 7	l_0, 7	—			
10	l_0	l_0, 9	l_0, 6, 9	l_0, 6, 9	—			
11	l_0	l_0, 9	l_0, 6, 9	l_0, 6, 9	—			
12	l_0	l_0, 9	l_0, 6, 9	l_0, 5, 8, 11	—			
13	l_0	l_0, l_1	l_0, 7, 11	l_0, 5, 8, 11	—			
14	l_0	l_0, l_1	l_0, 7, 11	l_0, 5, 8, 11	—			

表5-37 对于双符号DM-RS，PDSCH DM-RS的位置$\bar{l}$定义

l_d	DM-RS 位置 positions					
	PDSCH 映射类型 A			PDSCH 映射类型 B		
	dmrs-AdditionalPosition			dmrs-AdditionalPosition		
	pos0	pos1	pos2	pos0	pos1	pos2
<4	—	—	—	—	—	—
4	l_0	l_0		—	—	—
5	l_0	l_0		—	—	—
6	l_0	l_0		l_0	l_0	—
7	l_0	l_0		l_0	l_0	—
8	l_0	l_0		—	—	—
9	l_0	l_0		—	—	—
10	l_0	l_0, 8		—	—	—
11	l_0	l_0, 8		—	—	—
12	l_0	l_0, 8		—	—	—
13	l_0	l_0, 10		—	—	—
14	l_0	l_0, 10		—	—	—

对于表 5-36 和表 5-37，有以下 4 点需要注意。

第一，只有在 dmrs-TypeA-Position 等于"pos2"时，dmrs-AdditionalPosition 才可以取值为"pos3"。

第二，对于 PDSCH 映射类型 A，当 l_d=3 或 l_d=4 时，dmrs-TypeA-Position 只能等于"pos2"。

第三，对于 PDSCH 映射类型 A 的单符号 DM-RS，如果以下所有的条件都满足。

● 配置了高层参数 lte-CRS-ToMatchAround，且任何 PDSCH DM-RS 的符号与任何包括 LTE CRS 的符号（通过高层参数 lte-CRS-ToMatchAround 指示）在时间上一致。

● 高层参数 dmrs-AdditionalPosition 等于"pos1"且 l_0=3，则 l_1=12，否则，l_1=11。

这样设计的主要目的是在 LTE/NR 频谱共存时，避免 LTE 的 CRS 和 NR 的 DM-RS 在时域位置上发生冲突，因为 LTE 在 l_1=11 上有 CRS。

第四，对于 PDSCH 映射类型 B

● 如果分配给 PDSCH 的持续时间 l_d 是 2、4、7 个 OFDM 符号（正常 CP）或 2、4、6 个 OFDM 符号（扩展 CP），且 PDSCH 的资源和与预留给 CORESET 资源冲突时，DM-RS 应该推迟但是第一个 DM-RS 必须紧邻着 CORESET。

● 如果持续时间 l_0 是 2，DM-RS 不能越过第 2 个符号。

● 如果持续时间 l_0 是 4，DM-RS 不能越过第 3 个符号。

● 如果持续时间 l_0 是 7（正常 CP）或 6（扩展 CP），DM-RS 不能越过第 4 个符号；如

果配置了附加的单符号 DM-RS，当前置 DM-RS 符号在第 1 个或第 2 个符号时，附加的 DM-RS 只能分别在第 5 个或第 6 个符号上。

● 当持续时间 l_0 是 2 或 4 个 OFDM 符号时，只支持单符号的 DM-RS。

根据表 5-36 和表 5-37 可以分别画出 PDSCH 的 DM-RS 在时域上的位置，PDSCH 映射类型 A，单符号 DM-RS 在时域上的位置（假设 l_0=2）如图 5-32 所示；PDSCH 映射类型 A，双符号 DM-RS 在时域上的位置（假设 l_0=2）如图 5-33 所示，PDSCH 映射类型 B，DM-RS 在时域上的位置如图 5-34 所示。

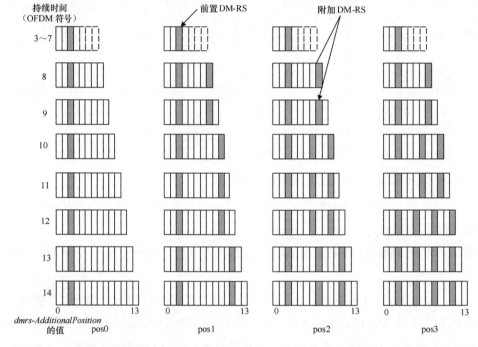

图 5-32　PDSCH 映射类型 A，单符号 DM-RS 在时域上的位置（假设 l_0=2）

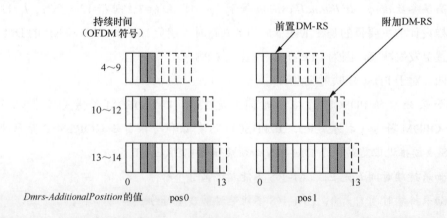

图 5-33　PDSCH 映射类型 A，双符号 DM-RS 在时域上的位置（假设 l_0=2）

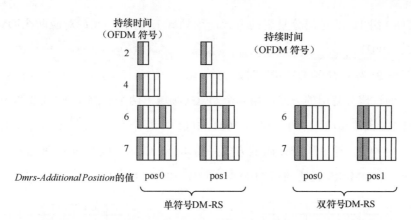

图5-34　PDSCH映射类型B，DM-RS在时域上的位置

从图5-32、图5-33、图5-34中我们可以发现，在每个调度时间单位内，DM-RS首次出现的位置尽可能地靠近调度的起始位置。例如，对基于时隙的调度（PDSCH映射类型A），前置DM-RS的位置紧邻CORESET之后；对于基于符号的调度（PDSCH映射类型B），前置DM-RS从调度区域的第1个OFDM符号开始传输。这样的设计有助于接收端快速估计信道并进行解调，对于降低时延并支持自包含时隙具有重要的作用。

2.DM-RS的配置类型

PDSCH的DM-RS支持两种配置类型（Configuration Type），即配置类型1和配置类型2。在高层信令配置之前，配置类型1是默认的DM-RS配置。

对于DM-RS配置类型1，单符号DM-RS最多支持4个正交的DL DM-RS，双符号DM-RS最多支持8个正交的DL DM-RS；对于DM-RS配置类型2，单符号DM-RS最多支持6个正交的DL DM-RS，双符号DM-RS最多支持12个DL DM-RS。

对于配置类型1和2的DM-RS，分为多个CDM组（CDM group），即多个DM-RS天线端口，通过时频域码分的方式复用在一组物理资源中。PDSCH DM-RS配置类型1和2的参数分别见表5-34和表5-35。

配置类型1的DM-RS密度是3个RE/天线端口/PRB；而配置类型2的DM-RS密度是2个RE/天线端口/PRB。在频率选择性较高的场景中，配置类型1在中低SINR的场景中性能较好，但是其性能优势随着SINR的提高而减少；在时延扩展较小的场景中，尤其是在高SINR的区域，开销更小的配置类型2具有更高的吞吐量性能。

配置类型1的DM-RS如图5-35所示，具体说明如下。

（1）当配置为单符号DM-RS时，每个RB上的子载波{0, 2}{4, 6}{8, 10}组成CDM组0，通过码分复用的方式，用频域上的两个正交序列码（Orthogonal Cover Codes，OCC）对应两个DM-RS天线端口{1000, 1001}；每个RB上的子载波的{1, 3}{5, 7}{9,

11}组成CDM组1,通过码分复用的方式,用频域上的两个OCC对应两个DM-RS天线端口{1002,1003}。

(2)当配置为双符号DM-RS时,每个RB上的子载波{0,2}{4,6}{8,10}组成CDM组0,通过码分复用的方式,用4个OCC(频域上两个OCC×时域上两个OCC)对应4个DM-RS天线端口{1000,1001,1004,1005};每个RB上的子载波{1,3}{5,7}{9,11}组成CDM组1,通过码分复用的方式,用4个OCC(频域上两个OCC×时域上两个OCC)对应4个DM-RS天线端口{1002,1003,1006,1007}。

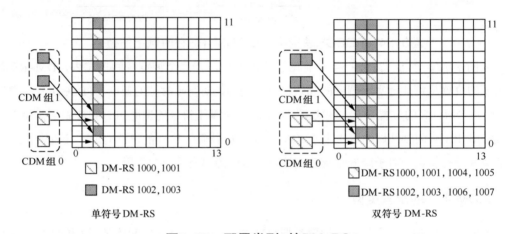

图5-35 配置类型1的DM-RS

配置类型2的DM-RS如图5-36所示,具体说明如下。

(1)当配置为单符号DM-RS时,每个RB上的子载波{0,1}{6,7}组成CDM组0,通过码分复用的方式,用频域上的两个OCC对应两个DM-RS天线端口{1000,1001};每个RB上的子载波的{2,3}{8,9}组成CDM组1,通过码分复用的方式,用频域上的两个OCC对应两个DM-RS天线端口{1002,1003};每个RB上的子载波的{4,5}{10,11}组成CDM组2,通过码分复用的方式,用频域上的两个OCC对应两个DM-RS天线端口{1004,1005}。

(2)当配置为双符号DM-RS时,每个RB上的子载波{0,1}{6,7}组成CDM组0,通过码分复用的方式,用4个OCC(频域上两个OCC×时域上两个OCC)对应4个DM-RS天线端口{1000,1001,1006,1007};每个RB上的子载波{2,3}{8,9}组成CDM组1,通过码分复用的方式,用4个OCC(频域上两个OCC×时域上两个OCC)对应4个DM-RS天线端口{1002,1003,1008,1009};每个RB上的子载波{4,5}{10,11}组成CDM组2,通过码分复用的方式,用4个OCC(频域上两个OCC×时域上两个OCC)对应4个DM-RS天线端口{1004,1005,1010,1011}。

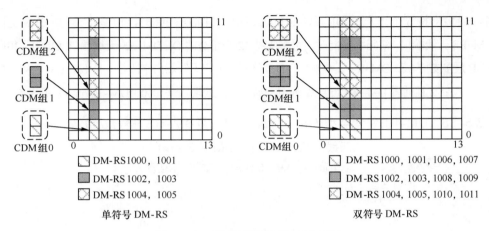

图5-36　配置类型2的DM-RS

3.DCI 中的天线端口字段

如果 PDSCH 通过 DCI 格式 1_0 的 PDCCH 调度，DCI 格式 1_0 上不包括天线端口字段，UE 使用默认的 DM-RS 配置，即使用配置类型 1、单符号 DM-RS，天线端口默认为 1000，*dmrs-AdditionalPosition* 的缺省值为 "pos2"，实际的 DM-RS 位置依赖于 PDSCH 占用的符号长度。

如果 PDSCH 通过 DCI 格式 1_1 的 PDCCH 调度，则通过 DCI 格式 1_1 的天线端口字段指示分配给某个 UE 的 PDSCH 的 DM-RS 天线端口号。DM-RS 天线端口数与 DM-RS 配置类型、前置 DM-RS 符号数、码字数等都有关系，具体原则如下。

（1）如果 DM-RS 配置类型 *dmrs-Type*=1 且前置 DM-RS 符号数 *maxLength*=1，最多支持 4 个正交的 DL DM-RS 天线端口（1000～1003），DCI 格式 1_1 的天线端口字段是 4 个 bit，DM-RS 配置类型 *dmrs-Type*=1 且前置 DM-RS 符号数 *maxlength*=1，天线端口（1000 + DM-RS port）见表 5-38。

（2）如果 DM-RS 配置类型 *dmrs-Type*=1 且前置 DM-RS 符号数 *maxLength*=2，单码字使能时，最多支持 4 个正交的 DL DM-RS 天线端口（1000～1003）；双码字使能时，最多支持 8 个正交的 DL DM-RS 天线端口（1000～1007）。DCI 格式 1_1 的天线端口字段是 5 个 bit，DM-RS 配置类型 *dmrs-Type*=1 且前置 DM-RS 符号数 *maxlength*=2，天线端口（1000 + DM-RS port）见表 5-39。

（3）如果 DM-RS 配置类型 *dmrs-Type*=2 且前置 DM-RS 符号数 *maxLength*=1，单码字使能时，最多支持 6 个正交的 DL DM-RS 天线端口（1000～1005），但是 1 个 UE 最多支持 4 个 DM-RS 天线端口；双码字使能时，最多支持 6 个正交的 DL DM-RS 天线端口（1000～1005），1 个 UE 最多支持 6 个 DM-RS 天线端口。DCI 格式 1_1 的天线端口字段是 5 个 bit，DM-RS 配置类型 *dmrs-Type*=2 且前置 DM-RS 符号数 *maxlength*=1，天线端口（1000 + DM-RS port）见表 5-40。

（4）如果 DM-RS 配置类型 *dmrs-Type*=2 且前置 DM-RS 符号数 *maxLength*=2，单码字使

能时,最多支持 6 个正交的 DL DM-RS 天线端口(1000~1005),但是 1 个 UE 最多支持 4 个 DM-RS 天线端口;双码字使能时,最多支持 12 个正交的 DL DM-RS 天线端口(1000~1011),1 个 UE 最多支持 8 个 DM-RS 天线端口。DCI 格式 1_1 的天线端口字段是 6 个 bit,DM-RS 配置类型 *dmrs-Type*=2 且前置 DM-RS 符号数 *maxlength*=2,天线端口(1000+DM-RS port)见表 5-41。

表5-38 DM-RS配置类型*dmrs-Type*=1且前置DM-RS符号数*maxlength*=1,天线端口(1000 + DM-RS port)

值	没有数据的 DM-RS CDM 组数	DM-RS port(s)
\multicolumn{3}{c}{1 个码字:码字 0 使能,码字 1 不使能}
0	1	0
1	1	1
2	1	0, 1
3	2	0
4	2	1
5	2	2
6	2	3
7	2	0, 1
8	2	2, 3
9	2	0~2
10	2	0~3
11	2	0, 2
12~15	保留	保留

表5-39 DM-RS配置类型*dmrs-Type*=1且前置DM-RS符号数*maxlength*=2,天线端口(1000 + DM-RS port)

1个码字:码字0使能,码字1不使能				两个码字:码字0使能,码字1使能			
值	没有数据的 DM-RS CDM 组数	DM-RS port(s)	前置符号数	值	没有数据的 DM-RS CDM 组数	DM-RS port(s)	前置符号数
0	1	0	1	0	2	0~4	2
1	1	1	1	1	2	0, 1, 2, 3, 4, 6	2
2	1	0, 1	1	2	2	0, 1, 2, 3, 4, 5, 6	2
3	2	0	1	3	2	0, 1, 2, 3, 4, 5, 6, 7	2
4	2	1	1	4~31	保留	保留	保留
5	2	2	1				
6	2	3	1				
7	2	0, 1	1				

（续表）

1个码字：码字0使能，码字1不使能				两个码字：码字0使能，码字1使能			
值	没有数据的DM-RS CDM 组数	DM-RS port（s）	前置符号数	值	没有数据的DM-RS CDM 组数	DM-RS port（s）	前置符号数
8	2	2, 3	1				
9	2	0~2	1				
10	2	0~3	1				
11	2	0, 2	1				
12	2	0	2				
13	2	1	2				
14	2	2	2				
15	2	3	2				
16	2	4	2				
17	2	5	2				
18	2	6	2				
19	2	7	2				
20	2	0, 1	2				
21	2	2, 3	2				
22	2	4, 5	2				
23	2	6, 7	2				
24	2	0, 4	2				
25	2	2, 6	2				
26	2	0, 1, 4	2				
27	2	2, 3, 6	2				
28	2	0, 1, 4, 5	2				
29	2	2, 3, 6, 7	2				
30	2	0, 2, 4, 6	2				
31	保留	保留	保留				

表5-40　DM-RS配置类型*dmrs-Type*=2且前置DM-RS符号数*maxlength*=1，天线端口（1000 + DM-RS port）

1个码字：码字0使能，码字1不使能			两个码字：码字0使能，码字1使能		
值	没有数据的DM-RS CDM 组数	DM-RS port（s）	值	没有数据的DM-RS CDM 组数	DM-RS port（s）
0	1	0	0	3	0~4
1	1	1	1	3	0~5
2	1	0, 1	2~31	保留	保留
3	2	0			
4	2	1			

（续表）

1个码字：码字0使能，码字1不使能			两个码字：码字0使能，码字1使能		
值	没有数据的DM-RS CDM 组数	DM-RS port（s）	值	没有数据的DM-RS CDM 组数	DM-RS port（s）
5	2	2			
6	2	3			
7	2	0，1			
8	2	2，3			
9	2	0～2			
10	2	0～3			
11	3	0			
12	3	1			
13	3	2			
14	3	3			
15	3	4			
16	3	5			
17	3	0，1			
18	3	2，3			
19	3	4，5			
20	3	0～2			
21	3	3～5			
22	3	0～3			
23	2	0，2			
24～31	保留	保留			

表5-41　DM-RS配置类型 *dmrs-Type*=2且前置DM-RS符号数 *maxlength*=2，天线端口（1000 + DM-RS port）

1个码字：码字0使能，码字1不使能				两个码字：码字0使能，码字1使能			
值	没有数据的DM-RS CDM 组数	DM-RS port（s）	前置符号数	值	没有数据的DM-RS CDM 组数	DM-RS port（s）	前置符号数
0	1	0	1	0	3	0～4	1
1	1	1	1	1	3	0～5	1
2	1	0，1	1	2	2	0，1，2，3，6	2
3	2	0	1	3	2	0，1，2，3，6，8	2
4	2	1	1	4	2	0，1，2，3，6，7，8	2
5	2	2	1	5	2	0，1，2，3，6，7，8，9	2

（续表）

	1个码字：码字0使能，码字1不使能				两个码字：码字0使能，码字1使能		
值	没有数据的DM-RS CDM 组数	DM-RS port（s）	前置符号数	值	没有数据的DM-RS CDM 组数	DM-RS port（s）	前置符号数
6	2	3	1	6～63	保留	保留	保留
7	2	0，1	1				
8	2	2，3	1				
9	2	0～2	1				
10	2	0～3	1				
11	3	0	1				
12	3	1	1				
13	3	2	1				
14	3	3	1				
15	3	4	1				
16	3	5	1				
17	3	0，1	1				
18	3	2，3	1				
19	3	4，5	1				
20	3	0～2	1				
21	3	3～5	1				
22	3	0～3	1				
23	2	0，2	1				
24	3	0	2				
25	3	1	2				
26	3	2	2				
27	3	3	2				
28	3	4	2				
29	3	5	2				
30	3	6	2				
31	3	7	2				
32	3	8	2				
33	3	9	2				
34	3	10	2				
35	3	11	2				
36	3	0，1	2				
37	3	2，3	2				
38	3	4，5	2				
39	3	6，7	2				

（续表）

1个码字：码字0使能，码字1不使能				2个码字：码字0使能，码字1使能			
值	没有数据的DM-RS CDM组数	DM-RS port（s）	前置符号数	值	没有数据的DM-RS CDM组数	DM-RS port（s）	前置符号数
40	3	8，9	2				
41	3	10，11	2				
42	3	0，1，6	2				
43	3	2，3，8	2				
44	3	4，5，10	2				
45	3	0，1，6，7	2				
46	3	2，3，8，9	2				
47	3	4，5，10，11	2				
48	1	0	2				
49	1	1	2				
50	1	6	2				
51	1	7	2				
52	1	0，1	2				
53	1	6，7	2				
54	2	0，1	2				
55	2	2，3	2				
56	2	6，7	2				
57	2	8，9	2				
58～63	保留	保留	保留				

对于表5-38、表5-39、表5-40、表5-41，有以下两点需要注意。

第一，DM-RS天线端口的数量确定了PDSCH的层数且DM-RS天线端口和PDSCH的层（layer）之间有一一对应关系。例如，在表5-41中，当两个码字都使能，且天线端口字段的值等于3时，DM-RS的端口数是0、1、2、3、6、8，DM-RS端口0对应PDSCH的层0，DM-RS端口1对应PDSCH的层1，依此类推，DM-RS端口8对应PDSCH的层5。

第二，没有数据的DM-RS CDM组数取值为1、2或3时，分别对应DM-RS CDM组{0}、{0，1}或{0，1，2}。没有数据的DM-RS CDM组数示意如图5-37所示。对于DM-RS配置类型1，当没有数据的DM-RS CDM组数取值为1时，DM-RS只使用DM-RS CDM组0对应的RE，DM-RS CDM组1对应的RE可以用于PDSCH传输，如图5-37（a）所示。对于DM-RS配置类型2，当没有数据的DM-RS CDM组数取值为1时，DM-RS只使用 DM-RS CDM 组 0 对应的 RE，DM-RS CDM 组 1 和 CDM 组 2 对应的 RE 可以用于 PDSCH 传输，如图 5-37（b）所示；当没有数据的 CDM 组数取值为 2 时，DM-RS 只使用 DM-RS CDM 组 0 和 DM-RS CDM 组 1 对应的 RE，DM-RS CDM 组 2 对应的 RE 可以用于 PDSCH 传输，如图 5-37（c）所示。

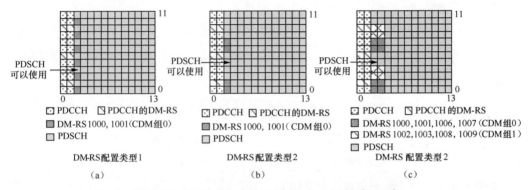

图5-37　没有数据的DM-RS CDM组数示意

5.3.5　PDSCH 的 PT-RS

PT-RS 是 NR 新引入的参考信号，可以看作是 DM-RS 的扩展，二者具有紧密的关系，如使用相同的预编码、端口关联性，正交序列的生成相同，具有准共址关系等。

PT-RS 的主要作用是跟踪相位噪声的变化，相位噪声来源于射频器件在各种噪声（随机性白噪声、闪烁噪声）等作用下引起的系统输出信号相位的随机变化。由于频率越高，相位噪声越高，因此 PT-RS 主要应用在高频段。例如，毫米波波段。由于相位噪声引起的共相位误差在整个频带上具有相同的频域特性，在时间上具有随机的相位特性，因此 PT-RS 在时域上密度较高，但是在频率上密度较低，且 PT-RS 必须与 DM-RS 一起使用，同时 gNB 可以配置 PDSCH 是否存在 PT-RS。

子载波 k 的 PT-RS 参考信号可根据公式（5-24）计算。

$$r_k = r(2m+k')　　　　　公式（5-24）$$

其中，$r(2m+k')$ 是时域位置为 l_0、频域位置为 k 的 DM-RS（见本书 5.3.4 节）。公式（5-24）产生的序列 r_k 乘以幅度缩放因子 $\beta_{\text{PT-RS},i}$ 后映射到 $\text{RE}(k,l)_{p,\mu}$ 上，如公式（5-25）所示。

$$a_{k,l}^{(p,\mu)} = \beta_{\text{PT-RS},i} r_k　　　　　公式（5-25）$$

PT-RS 映射到的 RE 需要同时满足以下两个条件。

（1）l 在分配给 PDSCH 传输的 OFDM 符号上。

（2）$\text{RE}(k,l)_{p,\mu}$ 不能使用 DM-RS、NZP CSI-RS（用于移动测量的 CSI-RS 和非周期性的 CSI-RS 除外）、ZP CSI-RS、SS/PBCH 块、PDCCH 以及被宣布为"not available"的

RE,也即 PT-RS 的优先级低于所有的参考信号和公共信道,仅高于 PDSCH。

PT-RS 在时域上的密度是 $L_{PT-RS} \in \{1, 2, 4\}$,表示每隔 L_{PT-RS} 个 OFDM 有 1 个 PT-RS,L_{PT-RS} 的具体取值与 I_{MCS} 有关。需要注意的是,当 PT-RS 的 OFDM 符号与 DM-RS 的 OFDM 符号在时域上重叠时,PT-RS 的符号在 DM-RS 的符号(如果是双符号 DM-RS,则在最后 1 个 DM-RS 符号)之后的 L_{PT-RS} 个符号上。

为了 PT-RS 映射的目的,分配给 PDSCH 的 RB 从 0 到 $N_{RB}-1$ 进行编号,对应的子载波从最低频率位置开始,以增序的方式从 0 到 $N_{sc}^{RB} N_{RB} - 1$ 进行编号,PT-RS 可根据公式(5-26)映射到频域上。

$$k = k_{ref}^{RE} + (iK_{PT-RS} + k_{ref}^{RB})N_{sc}^{RB}$$

$$k_{ref}^{RB} = \begin{cases} n_{RNTI} \bmod K_{PT-RS} & \text{如果} N_{RB} \bmod K_{PT-RS} = 0 \\ n_{RNTI} \bmod (N_{RB} \bmod K_{PT-RS}) & \text{其他情况} \end{cases} \quad \text{公式(5-26)}$$

公式(5-26)中,各个参数的含义如下。

(1)$i = 0, 1, 2\cdots$

(2)k_{ref}^{RE} 是与 PT-RS 天线端口号关联的 DM-RS 天线端口号,参数 k_{ref}^{RE} 的定义见表 5-42。其中,*resourceElementOffset* 在 IE *PTRS-DownlinkConfig* 配置,如果没有配置,则 *resourceElementOffset* 缺省值是 00。

(3)n_{RNTI} 是与调度 PDSCH 相关联的 DCI 中的 RNTI。

(4)N_{RB} 是分配给 PDSCH 的 RB 数。

(5)$K_{PT-RS} \in \{2, 4\}$ 是 PT-RS 在频域上密度,即表示 PT-RS 每隔 K_{PT-RS} 个 RB 出现 1 次,与分配给 PDSCH 的 RB 数有关。

表5-42 参数 k_{ref}^{RE} 的定义

DM-RS 天线端口	k_{ref}^{RE}							
	DM-RS 配置类型 1				DM-RS 配置类型 2			
	resourceElementOffset				*resourceElementOffset*			
	00	01	10	11	00	01	10	11
1000	0	2	6	8	0	1	6	7
1001	2	4	8	10	1	6	7	0
1002	1	3	7	9	2	3	8	9
1003	3	5	9	11	3	8	9	2
1004	—	—	—	—	4	5	10	11
1005	—	—	—	—	5	10	11	4

PT-RS 在时域上的密度 L_{PT-RS} 和在频域上的密度 K_{PT-RS} 不是通过 RRC 层信令直接配置的,而是通过 IE *phaseTrackingRS* 中的 *timeDensity* 和 *frequencyDensity* 间接配置的。

timeDensity 配置了 3 个 MCS 索引，分别是 ptrs-MCS$_i$，i=1，2，3。UE 根据 DCI 中的 MCS 字段得到 I_{MCS}，然后通过 I_{MCS} 与 ptrs-MCS$_i$ 的对比，确定 L_{PT-RS}，PT-RS 的时域密度是被调度的 MCS 的函数见表 5-43。同理，frequencyDensity 配置了两个 RB 值，分别是 $N_{RB,i}$，i=1，2，UE 根据 DCI 中的频域资源分配字段获得分配给 PDSCH 的 RB 数 N_{RB}，然后通过 N_{RB} 与 $N_{RB,i}$ 的对比，确定 K_{PT-RS}。PT-RS 的频域密度是被调度带宽的函数见表 5-44。

表5-43　PT-RS的时域密度是被调度的MCS的函数

被调度的 MCS	时域密度（L_{PT-RS}）
I_{MCS}<ptrs-MCS$_1$	PT-RS 不存在
ptrs-MCS$_1$ ≤ I_{MCS}<ptrs-MCS$_2$	4
ptrs-MCS$_2$ ≤ I_{MCS}<ptrs-MCS$_3$	2
ptrs-MCS$_3$ ≤ I_{MCS}<ptrs-MCS$_4$	1

表5-44　PT-RS的频域密度是被调度带宽的函数

被调度带宽	时域密度（K_{PT-RS}）
N_{RB}<$N_{RB,0}$	PT-RS 不存在
$N_{RB,0}$ ≤ N_{RB}<$N_{RB,1}$	2
$N_{RB,1}$ ≤ N_{RB}	4

需要注意的是，ptrs-MCS$_4$ 并不是通过显示信令通知给 UE 的，对于 PDSCH 索引表 1～3（表 5-45、表 5-46、表 5-47），ptrs-MCS$_4$ 分别等于 28、27 和 28。通过表 5-43 可以发现，I_{MCS} 值越大，时域密度也越大。这是因为调制阶数越高，对相位噪声越敏感，因此需要在时域上加密 PT-RS，以便更好地跟踪相位变化。

对于 PT-RS 的时域密度和频域密度，还有以下 4 点需要注意。

第一，如果 gNB 配置了 PT-RS，但是没有配置 timeDensity 和 frequencyDensity，则 L_{PT-RS} 的缺省值是 1，K_{PT-RS} 的缺省值是 2。

第二，如果 PDSCH 使用 QPSK 调制或分配的 RB 数小于 3，则没有 PT-RS。这是因为 QPSK 调制对相位噪声不敏感，不需要通过额外的 PT-RS 来跟踪相位变化。

第三，PT-RS 的参考 RB（即 k_{ref}^{RB}）随着 n_{RNTI} 而变化，因而不同小区 PT-RS 所在的 RB 位置有可能不同，可以减少不同小区之间的干扰。

第四，在 MU-MIMO 时，通过 resourceElementOffset 为不同 UE 的 PT-RS 配置不同的子载波偏移，可以减少同一小区不同 UE 的 PT-RS 之间的干扰。

假设单符号的 DM-RS 开始位置是 2 和 11，双符号的 DM-RS 开始位置是 2 和 10，PT-RS 的时域密度 L_{PT-RS}=2，resourceElementOffset 不配置，即采用缺省值 00。根据以上条件，PT-RS 的结构如图 5-38 所示。

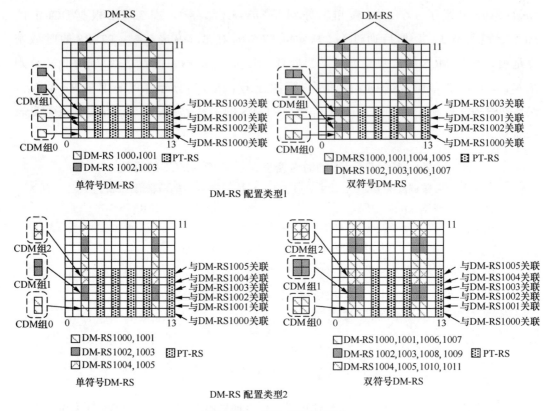

图5-38 PT-RS的结构

5.3.6 确定调制阶数、目标编码速率、RV和TBS

UE通过两步来确定PDSCH的调制阶数、目标编码速率和传输块尺寸（Transport Block Size, TBS）。

第1步：在DCI上读取5-bit的MCS字段I_{MCS}，确定调制阶数Q_m和目标编码速率R；在DCI上读取冗余版本字段，确定冗余版本。

第2步：UE使用层数v，分配给PDSCH的PRB数量n_{PRB}，确定TBS。

对于下行初始传输，如果有效的信道编码速率R_{eff}大于0.95，则UE可以不解码传输块并由物理层通知高层解码不成功，有效信道编码速率定义为下行信息比特（包括CRC比特）除以PDSCH的物理信道比特N_{RE}^{PDSCH}。

1. 确定调制阶数和目标编码速率

NR中为PDSCH定义了3个MCS表，分别是MCS索引1、2和3，PDSCH的MCS索引1见表5-45；PDSCH的MCS索引2见表5-46；PDSCH的MCS索引3见表5-47。其中，MCS索引1（表5-45）的最高调制方式和频谱效率分别是64QAM和

948×6/1024=5.5547，对应正常码率传输；MCS 索引 2（表 5-46）的最高调制方式和频谱效率分别是 256QAM 和 948×8/1024=7.4063，对应高码率传输；MCS 索引 3（表 5-47）的最高调制方式和频谱效率分别是 64QAM 和 772×6/1024= 4.5234，对应低码率传输。

表5-45　PDSCH的MCS索引1

MCS 索引 I_{MCS}	调制阶数 Q_m	目标编码速率 $R \times 1024$	频谱效率
0	2	120	0.2344
1	2	157	0.3066
2	2	193	0.3770
3	2	251	0.4902
4	2	308	0.6016
5	2	379	0.7402
6	2	449	0.8770
7	2	526	1.0273
8	2	602	1.1758
9	2	679	1.3262
10	4	340	1.3281
11	4	378	1.4766
12	4	434	1.6953
13	4	490	1.9141
14	4	553	2.1602
15	4	616	2.4063
16	4	658	2.5703
17	6	438	2.5664
18	6	466	2.7305
19	6	517	3.0293
20	6	567	3.3223
21	6	616	3.6094
22	6	666	3.9023
23	6	719	4.2129
24	6	772	4.5234
25	6	822	4.8164
26	6	873	5.1152
27	6	910	5.3320
28	6	948	5.5547
29	2	保留	
30	4	保留	
31	6	保留	

表5-46　PDSCH的MCS索引2

MCS 索引 I_{MCS}	调制阶数 Q_m	目标编码速率 $R \times 1024$	频谱效率
0	2	120	0.2344
1	2	193	0.3770
2	2	308	0.6016
3	2	449	0.8770
4	2	602	1.1758
5	4	378	1.4766
6	4	434	1.6953
7	4	490	1.9141
8	4	553	2.1602
9	4	616	2.4063
10	4	658	2.5703
11	6	466	2.7305
12	6	517	3.0293
13	6	567	3.3223
14	6	616	3.6094
15	6	666	3.9023
16	6	719	4.2129
17	6	772	4.5234
18	6	822	4.8164
19	6	873	5.1152
20	8	682.5	5.3320
21	8	711	5.5547
22	8	754	5.8906
23	8	797	6.2266
24	8	841	6.5703
25	8	885	6.9141
26	8	916.5	7.1602
27	8	948	7.4063
28	2	保留	
29	4	保留	
30	6	保留	
31	8	保留	

表5-47　PDSCH的MCS索引3

MCS 索引 I_{MCS}	调制阶数 Q_m	目标编码速率 $R \times 1024$	频谱效率
0	2	30	0.0586
1	2	40	0.0781
2	2	50	0.0977

（续表）

MCS 索引 I_{MCS}	调制阶数 Q_m	目标编码速率 $R \times 1024$	频谱效率
3	2	64	0.1250
4	2	78	0.1523
5	2	99	0.1934
6	2	120	0.2344
7	2	157	0.3066
8	2	193	0.3770
9	2	251	0.4902
10	2	308	0.6016
11	2	379	0.7402
12	2	449	0.8770
13	2	526	1.0273
14	2	602	1.1758
15	4	340	1.3281
16	4	378	1.4766
17	4	434	1.6953
18	4	490	1.9141
19	4	553	2.1602
20	4	616	2.4063
21	6	438	2.5664
22	6	466	2.7305
23	6	517	3.0293
24	6	567	3.3223
25	6	616	3.6094
26	6	666	3.9023
27	6	719	4.2129
28	6	772	4.5234
29	2	保留	
30	4	保留	
31	6	保留	

UE 按照以下原则确定调制阶数和目标编码速率。

如果 IE *PDSCH-Config* 中的高层参数 *MCS-Table* 设置为"qam256"，且 PDSCH 通过 PDCCH DCI 格式 1_1（用 C-RNTI 对 CRC 扰码）调度，UE 根据 I_{MCS} 和 PDSCH 索引 2（表 5-46），确定 PDSCH 的调制阶数 Q_m 和目标编码速率 R。

否则，如果 UE 没有配置 MCS-C-RNTI，且 IE *PDSCH-Config* 中的高层参数 *mcs-Table* 设置为"qam64LowSE"，且 PDSCH 通过在 UE 专用搜索空间上的 PDCCH（用

C-RNTI 对 CRC 扰码）调度，UE 根据 I_{MCS} 和 PDSCH 的索引 3（表 5-47），确定 PDSCH 的调制阶数 Q_m 和目标编码速率 R。

否则，如果 UE 配置了 MCS-C-RNTI，且 PDSCH 通过 PDCCH（用 MCS-C-RNTI 对 CRC 扰码）调度，UE 根据 I_{MCS} 和 PDSCH 的索引 3（表 5-47），确定 PDSCH 的调制阶数 Q_m 和目标编码速率 R。

否则，如果 IE *SPS-Config* 没有配置高层参数 *MCS-Table*，但是 IE *PDSCH-Config* 中的高层参数 *mcs-Table* 配置为"qam256"。

如果通过 PDCCH DCI 格式 1_1（使用 CS-RNTI 对 CRC 扰码）调度的 PDSCH，或如果没有对应的 PDCCH，但是使用 *SPS-Config* 调度的 PDSCH，UE 根据 I_{MCS} 和 PDSCH 索引表（表 5-46），确定 PDSCH 的调制阶数 Q_m 和目标编码速率 R。

否则，如果 IE *SPS-Config* 中的高层参数 *mcs-Table* 配置为"qam64LowSE"。

如果通过 PDCCH DCI 格式 1_1（使用 CS-RNTI 对 CRC 扰码）调度的 PDSCH，或如果没有对应的 PDCCH 但是使用 *SPS-Config* 调度的 PDSCH，UE 根据 I_{MCS} 和 PDSCH 索引 3（表 5-47），确定 PDSCH 的调制阶数 Q_m 和目标编码速率 R。

否则，UE 根据 I_{MCS} 和 PDSCH 索引 1（表 5-45），确定 PDSCH 的调制阶数 Q_m 和目标编码速率 R。

UE 接收 PDSCH 时，选择的 MCS 索引总结见表 5-48。需要注意的是，PDSCH 通过 PDCCH（用 MCS-C-RNTI 对 CRC 扰码）调度时，只能使用 PDSCH 的 MCS 索引 3（表 5-47）。

表 5-48　UE 接收 PDSCH 时，选择的 MCS 索引总结

IE	*MCS-Table* 的值	DCI 格式	RNTI	PDSCH 的 MCS 索引	备注
PDSCH-Config	qam256	1_1	C-RNTI	索引 2	
PDSCH-Config	qam64LowSE	—	C-RNTI	索引 3	未配置 MCS-C-RNTI，PDCCH 在 USS
—	—	—	MCS-C-RNTI	索引 3	配置 MCS-C-RNTI
PDSCH-Config	qam256	1_1	CS-RNTI	索引 2	*SPS-Config* 没有配置 *mcs-Table*
PDSCH-Config	qam256	*SPS-Config* 调度		索引 2	
SPS-Config	qam64LowSE	—	CS-RNTI	索引 3	*SPS-Config* 配置了 *mcs-Table*
SPS-Config	qam64LowSE	*SPS-Config* 调度		索引 3	
其他情况				索引 1	

需要注意的是，对于使用 P-RNTI、RA-RNTI 和 SI-RNTI 调度的 PDSCH，只能使用 QPSK 调制，即 $Q_m=2$。这样设计的原因：这些 PDSCH 承载的寻呼消息、随机接入响应消息和系统消息要覆盖整个小区，通过限制调制阶数，保证小区边缘的 UE 也能正确接收上述消息。

2.TBS 的计算过程

UE 在计算 TBS 之前,需要先确定使用的是 1 个码字还是两个码字,由 IE *PDSCH-Config* 中的高层参数 *maxNrofCodeWordsScheduledByDCI* 通知给 UE。

在 *maxNrofCodeWordsScheduledByDCI*=2 且使用 DCI 格式 1_1 调度时,gNB 可以调度两个传输块,传输块 1 和传输块 2 分别对应码字 0 和码字 1。如果在 DCI 格式 1_1 上的两个传输块中的某个传输块的 I_{MCS}=26 且 r_{id}=1,则表示该传输块在此次调度时被关闭,也即不传输该传输块。在单个传输块传输时,传输块固定映射到码字 0 上。

UE 计算 TBS 的过程需要以下 5 个步骤。

(1)第 1 步:计算分配给 PDSCH 的 RE 数 N_{RE},该步骤进一步可分为两个小步骤。

① 计算 1 个时隙内 1 个 PRB 上的 RE 数 N_{RE}',如公式(5-27)所示。

$$N_{RE}' = N_{sc}^{RB} \times N_{symb}^{sh} - N_{DMRS}^{PRB} - N_{oh}^{PRB} \qquad 公式(5-27)$$

其中,N_{sc}^{RB} 是 1 个 PRB 包含的子载波数,固定等于 12。N_{symb}^{PRB} 是该时隙内分配给 PDSCH 的 OFDM 符号数。N_{DMRS}^{PRB} 是 1 个 PRB 内用于 PDSCH DM-RS 的 RE 数,只包括没有数据的 DM-RS CDM 组,N_{DMRS}^{PRB} 与 DM-RS 占用的 OFDM 数量、密度等有关。N_{oh}^{PRB} 是高层配置的负荷,由 IE *PDSCH-ServingCellconfig* 中的高层参数 *xOverhead* 通知给 UE,取值是 {0, 6, 12, 18} 之一。如果没有配置 *xOverhead*,则 N_{symb}^{sh} 缺省值为 0;如果 PDSCH 通过 PDCCH(使用 SI-RNTI、RA-RNTI 或 P-RNTI 对 CRC 扰码)调度,N_{symb}^{sh} 固定为 0。

② 根据分配给 PDSCH 的 PRB 数 n_{PRB},计算出分配给 PDSCH 总的 RE 数 N_{RE},如公式(5-28)所示。

$$N_{RE} = \min(156, N_{RE}') \times n_{PRB} \qquad 公式(5-28)$$

(2)第 2 步:计算中间的信息比特 N_{info},如公式(5-29)所示。

$$N_{info} = N_{RE} \times R \times Q_m \times v \qquad 公式(5-29)$$

其中,N_{RE} 根据公式(5-28)计算。R 是目标码率,Q_m 是调制阶数,根据 I_{MCS} 通过查找表 5-45、表 5-46 和表 5-47 得到 R 和 Q_m。v 是数据的层数,根据 DCI 格式 1_1 中的天线端口字段得到 v。在 SU-MIMO 的情况下,传输给 UE 的数据最多是两个传输块,每个传输块最多是 4 层,即在 SU-MIMO 时,层数 v 最多是 8 层;在 MU-MIMO 的情况下,传输给每个 UE 的数据是 1 个传输块,每个传输块最多是 4 层,即在 MU-MIMO 时,层数 v 最多是 4 层。

如果 N_{info}≤3824,根据第 3 步计算 TBS;如果 N_{info}>3824,根据第 4 步计算 TBS。

(3)第 3 步:当 N_{info}≤3824,根据以下方式计算 TBS。

① 根据公式(5-30),计算量化的中间信息比特 N_{info}'

$$N_{info}' = \max\left(24, 2^n \times \left\lfloor \frac{N_{info}}{2^n} \right\rfloor \right) \qquad 公式(5-30)$$

其中，$n = \max\left(3, \lfloor \log_2(N_{\text{info}}) \rfloor - 6\right)$。公式（5-30）的实际含义是把中间的信息比特 N_{info} 量化为 8、16、32…的倍数。

② 根据 3GPP TS 38.214 协议，$N_{\text{info}} \leqslant 3824$ 的 TBS 见表 5-49，通过查找表 5-49 得到最接近的不小于 N'_{info} 的 TBS。

表5-49　$N_{\text{info}} \leqslant 3824$ 的 TBS

索引	TBS	索引	TBS	索引	TBS	索引	TBS
1	24	31	336	61	1288	91	3624
2	32	32	352	62	1320	92	3752
3	40	33	368	63	1352	93	3824
4	48	34	384	64	1416		
5	56	35	408	65	1480		
6	64	36	432	66	1544		
7	72	37	456	67	1608		
8	80	38	480	68	1672		
9	88	39	504	69	1736		
10	96	40	528	70	1800		
11	104	41	552	71	1864		
12	112	42	576	72	1928		
13	120	43	608	73	2024		
14	128	44	640	74	2088		
15	136	45	672	75	2152		
16	144	46	704	76	2216		
17	152	47	736	77	2280		
18	160	48	768	78	2408		
19	168	49	808	79	2472		
20	176	50	848	80	2536		
21	184	51	888	81	2600		
22	192	52	928	82	2664		
23	208	53	984	83	2728		
24	224	54	1032	84	2792		
25	240	55	1064	85	2856		
26	256	56	1128	86	2976		
27	272	57	1160	87	3104		
28	288	58	1192	88	3240		
29	304	59	1224	89	3368		
30	320	60	1256	90	3496		

（4）第 4 步：当 $N_{\text{info}} > 3824$，根据以下方式计算 TBS。

① 根据公式（5-31）计算量化的中间信息比特 N'_{info}。

$$N'_{info} = \max\left(3840, 2^n \times round\left(\frac{N_{info} - 24}{2^n}\right)\right)$$ 公式（5-31）

其中，$n = \lfloor \log_2(N_{info} - 24) \rfloor - 5$，round 函数为向上取整。

② 如果 $R \leq 1/4$（对应 LDPC 基图 2 的多码块组），则

$$TBS = 8 \times C \times \left\lceil \frac{N'_{info} + 24}{8 \times C} \right\rceil - 24$$ 公式（5-32）

其中，$C = \left\lceil \frac{N'_{info} + 24}{3816} \right\rceil$。

如果 $R > 1/4$ 且 $N'_{info} > 8424$（对应 LDPC 基图 1 的多码块组），则

$$TBS = 8 \times C \times \left\lceil \frac{N'_{info} + 24}{8 \times C} \right\rceil - 24$$ 公式（5-33）

其中，$C = \left\lceil \frac{N'_{info} + 24}{3816} \right\rceil$。

如果 $R > 1/4$ 且 $N'_{info} \leq 8424$（对应 LDPC 基图 1 的单码块组），则

$$TBS = 8 \times \left\lceil \frac{N'_{info} + 24}{8 \times C} \right\rceil - 24$$ 公式（5-34）

（5）第 5 步：验证有效的信道编码码率。

对于下行初始传输，如果有效的信道编码码率 R_{eff} 大于 0.95，则 UE 可以不解码传输块并由物理层通知高层解码不成功，有效信道编码码率定义为下行信息比特（包括 CRC 比特）除以 PDSCH 的物理信道比特 N_{RE}^{PDSCH}。在分配给 PDSCH 的 PRB 上，DM-RS、CSI-RS、PT-RS 以及预留给 SS/PBCH 块的 RE 不能用于 PDSCH 传输，因此在计算 N_{RE}^{PDSCH} 时需要去掉上述 RE。不成功解码会导致传输速率下降，因此建议 PDSCH 的有效信道编码码率小于 0.95。

根据第 3 步或第 4 步计算得到 TBS 后，需要验证有效的信道编码码率，如果有效的信道编码码率大于 0.95，则降低目标码率 R 一个等级，重复第 2 步到第 4 步，直至有效的信道编码码率小于 0.95。

TBS 的计算过程有两点需要注意：第一，对于承载系统消息的 PDSCH（PDCCH DCI 格式 1_0 的 CRC 使用 SI-RNTI 进行扰码），TBS 不能超过 2976 个 bit；第二，对于承载寻呼消息或随机响应消息的 PDSCH（PDCCH DCI 格式 1_0 的 CRC 使用 P-RNTI 或 RA-RNTI 进行扰码），也是按照上述的第 1~4 步计算 TBS，但是在第 2 步计算 N_{info} 时有些差别，N_{info} 的计算公式为 $N_{info}=S \times N_{RE} \times R \times Q_m \times v$。其中，缩放因子 S 根据 DCI 中的 TB 缩放（TB scaling）字段确定，TB 缩放字段的详细含义见表 5-50。

表5-50　TB缩放字段的详细含义

TB 缩放字段	缩放因子 S
00	1
01	0.5
10	0.25
11	—

5.3.7 基于 CBG 的 PDSCH 传输

在 NR 中,由于传输块的尺寸可能非常大,按照 5.3.1 节把传输块分割成多个码块(Code Block,CB)后,码块可以组成码块组(Code Block Group,CBG),HARQ ACK/NACK 可以针对 CBG 进行反馈,即如果某个 CBG 传输出现错误,只需要对出错的 CBG 进行重传,而不必重新传输整个传输块,因此提高了传输效率。UE 是否基于 CBG 传输由高层参数 *codeBlockGroupTransmission* 配置。如果 UE 配置了基于 CBG 的传输,UE 首先根据公式(5-35)确定传输块的 CBG 数量。

$$M=\min(N, C) \qquad 公式(5-35)$$

其中,N 是每个传输块的 CBG 的最大数量,由高层参数 *maxCodeBlockGroupsPerTransportBlock* 通知给 UE。如果只有 1 个传输块(对应 1 个码字)传输,CBG 的最大数量可以设置为 2、4、6 或 8;如果有 2 个传输块(对应 2 个码字)传输,CBG 的最大数量可以设置为 2 或 4。C 是传输块的码块数量。对于 LDPC Base Graph 1(LDPC 基图 1),最大的码块尺寸是 K_{cb}=8448;对于 LDPC Base Graph 2(LDPC 基图 2),最大的码块尺寸是 K_{cb}=3840,C 按照如下规则计算。

如果 $B \leqslant K_{cb}$

  L=0

  码块数量:C=1

否则

  L=24

  码块数量:$C=[B/(K_{cb}-L)]$

结束

其中,B 是传输块的尺寸(包括 CRC),通过本书 5.3.6 节的计算方法得到,L 是码块的 CRC 长度。

接下来对 C 个码块进行分组,首先定义 $M_1=\mod(C, M)$、$K_1=\left\lceil\dfrac{C}{M}\right\rceil$ 和 $K_2=\left\lfloor\dfrac{C}{M}\right\rfloor$。如果 $M_1>0$,则 M_1 个 CBG 包含 K_1 个码组,即 CBG m 由码块索引为 $m\times K_1+K$,$K=0, 1, \cdots, K_1-1$ 的码块组成,m-0, 1, $\cdots$, M_1-1;其他的 $M-M_1$ 个 CBG 包含 K_2 个码块,即 CBG m 由码块索引为 $M_1\times K_1+(m-M_1)\times K_2+K$,$K$=0, 1, $\cdots$, K_2-1 的码块组成,$m=M_1$, M_1+1, $\cdots$, $M-1$。

需要注意的是,在两个传输块的情况下,需要对每个传输块分别计算 M 并对码块进行分组。

基于 CBG 的传输过程如下。

(1)DCI 格式 1_1 的 CBGTI 字段的长度是 $N_{TB}\times N$ 个 bit。其中,N_{TB} 是传输块的数量,由高层参数 *maxNrofCodeWordsScheduledByDCI* 通知给 UE。如果 N_{TB}=2,CBGTI 从 MSB

开始的 N 个比特集合对应第一个传输块,如果第二个传输块被调度,则 CBGTI 后面的 N 个比特集合对应第二个传输块。CBGTI 字段的每组的 N 个 bit 的前面 M 个 bit 和传输块的 M 个 CBG 按照顺序进行一对一的映射,MSB 映射到 CBG#0 上,依此类推。

(2) DCI 的新数据指示字段指示为初始传输的传输块,UE 假定该传输块的所有 CBG 都是存在的。

(3) DCI 的新数据指示字段指示为重传的传输块,UE 可以做如下假定。

● DCI 的 CBGTI 字段指示 CBG 是否存在,CBGTI 字段的比特取值为 0 表示对应的 CBG 不存在,取值为 1 表示对应的 CBG 存在。

● 如果 DCI 的 CBGFI 字段存在,CBGFI 设置为 0 指示前面接收的 CBG 可能被破坏,UE 可以清空前面接收的 CBG;CBGFI 设置为 1 指示重传的 CBG 可以和前面接收的 CBG 进行合并。

● 重传的 CBG 包含了与初始传输的传输块相同的码组。

接下来以一个例子来说明基于 CBG 的 PDSCH 重传。假设有两个传输块,每个传输块的 CBG 的最大数量 $N=4$,则 CBGTI 共有 8 个 bit,前面 4 个 bit 对应传输块 1 的 CBG,后面 4 个 bit 对应传输块 2 的 CBG。同时假设第一个传输块有 3 个码块,即 $C=3$,则 $M=\min(N, C)=3$,$M_1=\mod(C, M)=0$,$K_1=\left\lceil\dfrac{C}{M}\right\rceil=1$,$K_2=\left\lfloor\dfrac{C}{M}\right\rfloor=2$。CBG#0 对应码块 #0,CBG#1 对应码块 #1,CBG#2 对应码块 #2。假设第二个传输块有 6 个码块,即 $C=6$,则 $M=\min(N, C)=4$,$M_1=\mod(C, M)=2$,$K_1=\left\lceil\dfrac{C}{M}\right\rceil=2$,$K_2=\left\lfloor\dfrac{C}{M}\right\rfloor=1$。CBG#0 对应码块 #0、#1,CBG#1 对应码块 #2、#3,CBG#2 对应码块 #4,CBG#3 对应码块 #5。

基于 CBG 的 PDSCH 传输示意如图 5-39 所示。当 DCI 的 CBGTI 字段为 00001000 时,表示只有传输块 2 的 CBG #0(即 CB#0 和 CB#1)需要重传,而传输块 1 的所有 CBG 与传输块 2 的 CBG #1~#3 不需要重传,因此提高了 PDSCH 的传输效率。

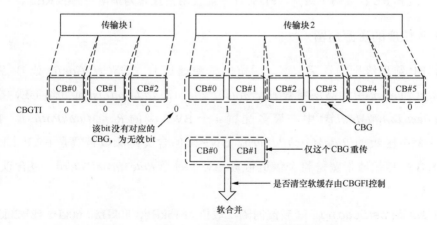

图 5-39 基于 CBG 的 PDSCH 传输示意

5.3.8 PDSCH 资源映射

在分配给 PDSCH 的资源上，有一些时频域资源有特殊用途，不能作为 PDSCH 资源使用，这部分资源被称为"预留资源（Reserved Resources）"，也称为"速率匹配（Rate Matching）"，如系统消息、CORESET、LTE 的 CRS 等，gNB 把预留的资源通知给 UE 的过程称为 PDSCH 资源映射（PDSCH Resource Mapping）。NR 的资源预留还有另外一个目的，就是确保前向兼容性（Forward Compatibility），也就是以单一的方式，方便新功能的引入和扩展，而不产生后向兼容性（Backward Compatibility）问题。需要注意的是，在 PUSCH 上不需要专门定义预留资源，因为 gNB 可以在上行授权的时候，只要不调度这些特殊的资源即可。

资源预留的配置使用半静态方式，通过 RRC 层信令采用以下 3 种方式通知给 UE。

（1）参考 LTE 的载波配置预留资源，即通过 IE *RateMatchPatternLTE-CRS* 把 LTE 的载波配置通知给 UE，主要参数包括 LTE 的下行载波频点、下行信道带宽、CRS 的天线端口数、参考信号在频域上的偏移，还有可能包括 MBSFN 子帧的配置信息。这种配置方法用于 LTE/NR 频谱共存的场景，即 LTE 作为 NR 的带内部署场景，其目的是给持续发射的 LTE CRS 预留资源。

（2）参考 CORESET 的配置预留资源，通过 IE *RateMatchPattern* 中的高层参数 *controlResourceSet* 把 CORESET 的地址通知给 UE，预留的资源与该地址对应的 CORESET 的资源在时频域上保持一致。这种配置方法可以动态地控制信令资源能否用于数据传输，因此不必为 CORESET 周期性的预留资源，只在需要的时候为 CORESET 预留资源即可。

（3）使用一组 Bitmap（位图）表来配置预留资源，具体内容见下文。PDSCH 资源预留分为 RB 粒度和 RE 粒度两个级别，PDSCH 不能使用被宣布为预留资源的 RE。

1. RB 粒度的资源预留

对于 RB 粒度级别的资源预留，预留的资源通过 IE *PDSCH-Config* 或 IE *ServingCellConfigCommon* 中的高层参数 *rateMatchPatternToAddModList* 通知给 UE，在 *RateMatchPatternToAddModList* 中，最多配置 4 个 BWP 级的 *RateMatchPattern*，同时最多配置 4 个小区级的 *RateMatchPattern*，BWP 级的含义是频域带宽是 BWP 上的带宽，小区级的含义是频域带宽是整个信道带宽。对于每个 *RateMatchPattern*，包含以下几个参数。

（1）*subcarrierSpacing*：子载波间隔，取值为 15kHz、30kHz、60kHz 或 120kHz。对于小区级，子载波间隔由 *subcarrierSpacing* 配置；对于 BWP 级，子载波间隔与关联的

BWP 的子载波间隔相同。

（2）*bitmaps*：通过一个时频位图对（频域位图 *resourceBlocks* 和时域位图 *symbolsIn-ResourceBlock*）共同指示哪些资源是预留资源，通过第 3 个位图 *periodicityAndPattern* 指示上述位图对的重复图样，3 个位图的定义如下。

① *resourceBlock*：RB 级的位图，每个 bit 对应一个 RB，共计有 275 个 bit。如果是小区级的速率匹配，该位图被认为是 CRB；如果是 BWP 级的速率匹配，该位图被认为是在 BWP 上的 PRB，该位图的第一个 bit 对应着 RB 0，依此类推。

② *symbolsInResourceBlock*：符号级的位图，每个位图对应一个 OFDM 符号，共计有 14 个 bit（单时隙）或 28 个 bit（双时隙）。该位图的第一个 bit 对应时隙内的第一个符号，依此类推。频域位图和时域位图组成一个二维平面，频域位图和时域位图都取值为 1 所对应的资源是预留资源，即不能被 PDSCH 使用，预留资源的示意如图 5-40 所示。

③ *periodicityAndPattern*：对于上述的时频位图对，配置的重复图样。*periodicityAndpattern* 的每个 bit 对应着一个单元（unit），该单元等于时域位图的持续时间（1 个时隙或 2 个时隙），*periodicityAndpattern* 可以是 1 个、2 个、4 个、5 个、8 个、10 个、20 个或 40 个单元，但是 *periodicityAndpattern* 的周期最大是 40ms，该位图是否起作用由下面的参数 *dummy* 来确定。

（3）*dummy*：取值为"dynamic"或"semiStatic"。如果取值为"dynamic"，则表示预留的资源通过 DCI 动态的控制；如果取值为"semiStatic"，则表示预留的资源通过位图"*periodicityAndpattern*"半静态的控制。

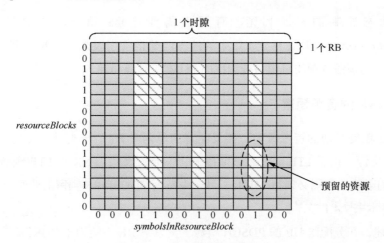

图5-40 预留资源的示意

对于半静态控制的资源预留，由 { *resourceBlock*, *symbolsInResourceBlock*, *periodicityAndpattern* } 这 3 个位图指示哪些时频资源是预留资源，半静态控制的资源预留示意如图 5-41 所示。

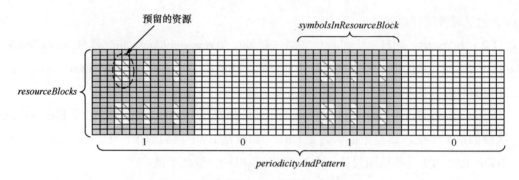

图5-41 半静态控制的资源预留示意

对于动态控制的资源预留，最多可以配置两个 *rateMatchPatternGroup*，每个 *rateMatchPatternGroup* 包括 1 到 8 个 *RateMatchPattern*，通过 DCI 格式 1_1 的速率匹配指示字段指示哪个 *rateMatchPatternGroup* 上的时频资源是预留资源。接下来以一个例子来说明动态控制的资源预留信令过程，假设配置了 3 个 *RateMatchPattern*，配置了 2 个 *rateMatchPatternGroup*。*rateMatchPatternGroup1* 由 *RateMatchPattern1* 和 *RateMatchPattern2* 组成，在 *RateMatchPattern1* 和 *RateMatchPattern2* 中都不是预留资源的 RE，才可以被 PDSCH 使用；而 *rateMatchPatternGroup2* 由 *RateMatchPattern1* 和 *RateMatchPattern3* 组成，在 *RateMatchPattern1* 和 *RateMatchPattern3* 中都不是预留资源的 RE，才可以被 PDSCH 使用。DCI 格式 1_1 中的速率匹配指示字段是 2 个 bit，第 1 个 bit 对应 *rateMatchPatternGroup1*，第 2 个 bit 对应 *rateMatchPatternGroup2*，通过 DCI 指示动态控制的资源预留示意如图 5-42 所示。

对于动态控制的资源预留，有两点需要注意：第一，如果只配置了 1 个 *rateMatchPatternGroup*，DCI 格式 1_1 中的速率匹配指示字段是 1 个 bit；第二，通过 DCI 格式 1_1 指示的预留资源的时隙与被调度的 PDSCH 时隙相同。

2. RE 粒度的资源预留

对于 RE 粒度级别的资源预留，需要配置的是两类 RE：一类是上文提到的为 LTE 的 CRS 预留的资源，由于 LTE 的子载波间隔是 15kHz，因此当 NR 与 LTE 频谱共存时，NR 的 PDSCH 的子载波间隔必须是 15kHz；另一类是为 ZP CSI-RS 预留的资源，有关 ZP CSI-RS 内容参见本书 7.4.1 节。

综上所述，在分配给 UE 的 PDSCH 资源上，以下 RE 不能用于 PDSCH。

（1）与 PDSCH 相关联的 DM-RS 或其他共调度 UE 的 DM-RS。

（2）NZP CSI-RS（用于移动测量的 CSI-RS 和非周期性的 CSI-RS 除外），有关 NZP CSI-RS 的内容参见本书 7.4.1 节。

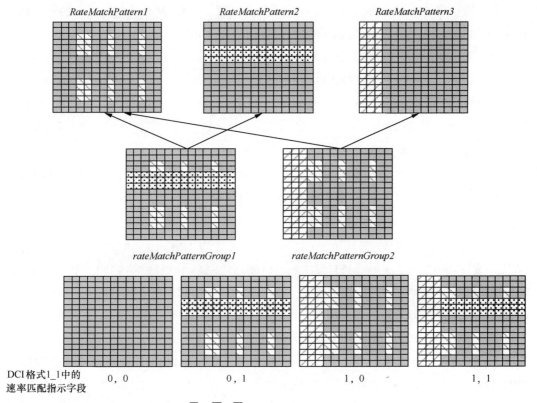

图5-42 通过DCI指示动态控制的资源预留示意

(3) 与 PDSCH 相关联的 PT-RS，参见本书 5.3.5 节。

(4) 宣布为"not available for PDSCH"，即上文提及的预留资源。

5.3.9 PDSCH 的峰值速率分析

本书接下来以 FR1 的 100MHz 信道带宽为例分析 PDSCH 的峰值速率。当信道带宽为 100MHz 时，数据信道的 SCS=30kHz 或 SCS=60kHz，对应的 RB 数分别是 273 个、135 个。先假设 SCS=30kHz，则 1 个子帧内有 2 个时隙，每个时隙是 0.5ms。

接下来以下行单用户（SU-MIMO）为例来演示 PDSCH 峰值速率的计算过程。下行单用户（SU-MIMO）达到峰值速率的条件是：PDSCH 在频域上分配 273 个 PRB，PDCCH 占用 1 个 OFDM 符号，PDSCH 在时域上分配 13 个 OFDM 符号；两个传输块，每个传输块有 4 层数据，共有 8 层数据；DM-RS 使用配置类型 1 或者配置类型 2，时域上占用连续两个 OFDM 符号，对应的 DM-RS 端口数分别是 8 个和 12 个。

下行单用户（SU-MIMO）峰值速率的计算过程如下。

（1）第 1 步：计算 1 个时隙内的 RE 数 N_{RE}

本步骤中各个参数的取值如下：$N_{\text{symb}}^{\text{sh}}=13$，$N_{\text{DMRS}}^{\text{PRB}}=24$，$N_{\text{oh}}^{\text{PRB}}=0$，$n_{\text{RPB}}=273$。因此，$N'_{\text{RE}}=12\times13-24-0=132$，根据公式（5-28），得到$N_{\text{RE}}=\min(156,N'_{\text{RE}})\times n_{\text{RPB}}=36036$。

（2）第2步：计算中间的信息比特N_{info}

本步骤中，$v=4$，使用PDSCH的MCS索引2（表5-46），先假设$I_{\text{MCS}}=27$，对应的$R=948/1024$，$Q_{\text{m}}=8$（256QAM）。$N_{\text{info}}=36036\times948/1024\times8\times4=1067566.5$，由于$N_{\text{info}}>3824$，使用本书5.3.6节的第4步。

（3）第3步：计算TBS

根据公式（5-30），计算出量化的中间信息比特$N'_{\text{info}}=1081344$，由于$R>1/4$且$N'_{\text{info}}>8428$，根据公式（5-33），计算出TBS等于1081512。

（4）第4步：验证有效的信道编码码率

本步骤中，假设分配给PDSCH的PRB中只有DM-RS，$N_{\text{RE}}^{\text{PDSCH}}=\left(N_{\text{sc}}^{\text{RB}}\times N_{\text{symb}}^{\text{sh}}-N_{\text{DMRS}}^{\text{PRB}}-N_{\text{oh}}^{\text{PRB}}\right)\times n_{\text{RPB}}\times Q_{\text{m}}\times v=1153152$，$R_{\text{eff}}=(1081512+24)/1153152=0.9379$，小于0.95，说明初始传输使用$I_{\text{MCS}}=27$有可能解码成功。TBS等于1081512，单个时隙有两个传输块，时隙长度是0.5ms，假设所有的时隙都是下行时隙，则下行单用户（SU-MIMO）的峰值速率=$2\times1081512/0.0005/1024/1024=4126$Mbit/s。

下行单小区（MU-MIMO）达到峰值速率的条件是：PDSCH在频域上分配273个PRB，PDCCH占用1个OFDM符号，PDSCH在时域上分配13个OFDM符号；3个用户复用，每个用户使用1个传输块，每个传输块有4层数据；DM-RS使用配置类型2，在时域上占用连续两个OFDM符号，共有12个DM-RS端口。$I_{\text{MCS}}=27$，计算出TBS等于1081512，单个时隙有3个传输块，假设所有的时隙都是下行时隙，下行单小区（MU-MIMO）的峰值速率=$3\times1081512/0.0005/1024/1024=6118$Mbit/s。

同理，根据上述的计算方法，假设$N_{\text{symb}}^{\text{sh}}=13$，$N_{\text{DMRS}}^{\text{PRB}}=24$，$N_{\text{oh}}^{\text{PRB}}=0$，使用PDSCH的MCS索引2（表5-46），$Q_{\text{m}}=8$（256QAM），可以计算出不同信道带宽的下行峰值速率，不同信道带宽的下行峰值速率见表5-51。

表5-51 不同信道带宽的下行峰值速率

频率范围	信道带宽（MHz）	子载波间隔（kHz）	RB数（个）	I_{MCS}	TBS（bit）	SU-MIMO		MU-MIMO	
						TB（个）	峰值速率（Mbit/s）	TB（个）	峰值速率（Mbit/s）
FR1	50	15	270	27	1081512	2	2063	3	3094
	50	30	133	27	524640	2	2001	3	3002
	50	60	65	27	1153152	2	1814	3	2721
	100	30	273	27	1081512	2	4126	3	6188
	100	60	135	27	540776	2	4126	3	6189
FR2	100	60	132	27	1153152	2	4003	3	6004
	100	120	66	27	262376	2	4004	3	6005

（续表）

频率范围	信道带宽（MHz）	子载波间隔（kHz）	RB 数（个）	I_{MCS}	TBS(bit)	SU-MIMO TB（个）	SU-MIMO 峰值速率（Mbit/s）	MU-MIMO TB（个）	MU-MIMO 峰值速率（Mbit/s）
FR2	200	60	264	27	1048976	2	8003	3	12005
	200	120	132	27	524640	2	8005	3	12008
	400	120	264	27	1048976	2	16006	3	24009

下行峰值速率的计算过程有以下 4 点需要注意。

第一，本书假定 PDCCH 所在的 CORESET 在整个信道带宽上占用 1 个 OFDM，实际上，在 UE 数量较少的情况下，CORESET 可以只占用 1 个 OFDM 的一部分 RB，CORESET 不占用的 RB 可以继续分配给 PDSCH 使用，因此 PDSCH 峰值速率有可能大于表 5-51 给出的 PDSCH 峰值速率。

第二，在下行，系统消息、寻呼消息、随机接入响应消息等公共开销会使用一部分 PDSCH 容量，SS/PBCH 块也要使用一部分物理层资源，因此实际的 PDSCH 的峰值速率会小于表 5-51 给出的 PDSCH 峰值速率。

第三，为了保证相位的精度，FR2 会使用 PT-RS，PT-RS 也会占用一部分物理层资源，有可能导致 PDSCH 的峰值速率小于表 5-51 给出的 PDSCH 峰值速率。

第四，表 5-51 给出的 PDSCH 峰值速率是假定所有的时隙都是下行时隙，对于 TDD 频段，要根据实际的时隙配置来计算 PDSCH 的峰值速率。

5.4 CSI-RS

用于 5G NR 信道状态信息测量的参考信号有两类：一类是在 SS/PBCH 块上的 DM-RS；一类是信道状态信息参考信号（Channel State Information-Reference Signal，CSI-RS）。

NR 中的 CSI-RS 主要用于以下 5 个方面。

（1）获取信道状态信息

UE 把测量的信道状态信息（Channel State Information，CSI）反馈给 gNB，gNB 既可以根据 CSI 实现切换与信道依赖性的调度和链路自适应。例如，确定 MCS、RB 资源分配，也可以根据 CSI 实现多用户复用（MU-MIMO）的传输。

（2）用于波束管理

UE 和基站侧波束的赋形权值的获取，用于支持波束管理过程。

（3）精确的时频跟踪

系统中通过设置跟踪参考信号（Tracking Reference Signal，TRS）来实现。

（4）用于移动性管理

系统中通过对本小区和邻小区的 CSI-RS 获取，来完成 UE 的移动性管理相关的测量要求。

（5）用于速率匹配

通过零功率 CSI-RS（Zero-Power CSI-RS，ZP CSI-RS）的设置完成数据信道 RE 粒度的速率匹配功能。

NR 中的 CSI 架构（Framework）涉及 CSI 的资源配置与 UE 上报 CSI 的测量结果等。本节的主要内容是 CSI-RS 的结构、CSI-RS 的时频域资源。CSI 的资源配置与 UE 上报 CSI 的测量结果参见本书 7.4 节。

与 DM-RS 一样，CSI-RS 也是采用基于 Gold 序列的伪随机序列。CSI-RS 的参考序列 $r(m)$ 由公式（5-36）产生。

$$r(m) = \frac{1}{\sqrt{2}}(1 - 2 \times c(2m)) + j\frac{1}{\sqrt{2}}(1 - 2 \times c(2m+1)) \quad \text{公式（5-36）}$$

其中，伪随机序列 $c(i)$ 的定义见本书 4.4.1 节，伪随机序列根据公式（5-37）进行初始化。

$$c_{\text{init}} = \left(2^{10}\left(N_{\text{symb}}^{\text{slot}} n_{\text{s,f}}^{\mu} + l + 1\right)(2n_{\text{ID}} + 1) + n_{\text{ID}}\right) \bmod 2^{31} \quad \text{公式（5-37）}$$

在每个 OFDM 符号的开始，l 是时隙内的 OFDM 符号索引，$n_{\text{s,f}}^{\mu}$ 是帧内的时隙号，n_{ID} 等于高层参数 *scramblingID* 或 *sequenceGenerationConfig*，其取值范围是 0~1023。当 CSI 用于移动性测量时，n_{ID} 等于高层参数 *sequenceGenerationConfig*。

5.4.1 CSI-RS 的结构

与 LTE 相比，5G NR 的 CSI-RS 在时间、频率密度等方面具有更大的灵活性，CSI-RS 天线端口数最高可以配置为 32 个。

UE 假定公式（5-36）产生的参考信号序列 $r(m)$，根据公式（5-38）映射到 $(k, l)_{p,\mu}$ 上。

$$\begin{aligned}
a_{k,l}^{(p,\mu)} &= \beta_{\text{CSIRS}} w_{\text{f}}(k') w_{\text{t}}(l') r_{l,n,f}(m') \\
m' &= \lfloor na \rfloor + k' + \left\lfloor \frac{\bar{k}\rho}{N_{\text{sc}}^{\text{RB}}} \right\rfloor \\
k &= nN_{\text{sc}}^{\text{RB}} + \bar{k} + k' \\
l &= \bar{l} + l' \\
a &= \begin{cases} \rho & \text{如果 } X = 1 \\ 2\rho & \text{如果 } X > 1 \end{cases} \\
n &= 0, 1, \cdots
\end{aligned} \quad \text{公式（5-38）}$$

在公式（5-38）中，X 是 CSI-RS 的天线端口号，μ 是子载波间隔配置，k 和 l 分别是 CSI-RS 的 RE 在频域和时域上的位置，$k=0$ 的参考点是 CRB 0 的子载波 0，也即 Point A。

对于非零功率 CSI-RS（Non-Zero Power CSI-RS，NZP CSI-RS），β_{CSIRS} 应大于 0，β_{CSIRS} 是 CSI-RS 的 RE 相对于 SS/PBCH 块的 RE 的功率偏置，由 IE *NZP-CSI-RS-Resource*

中的高层参数 *powerControlOffsetSS* 通知给 UE，可以配置为 –3dB、0dB、3dB 或 6dB。

CSI-RS 在 1 个时隙、1 个 PRB 上所占用的 RE 位置见表 5-52。

表5-52　CSI-RS在1个时隙、1个PRB上所占用的RE位置

行(Row)	端口 X	密度 ρ	cdm-Type	$(\bar{k}, \bar{l})$	CDM 组索引 j	k'	l'
1	1	3	No CDM	(k_0, l_0)，(k_0+4, l_0)，(k_0+8, l_0)	0, 0, 0	0	0
2	1	1, 0.5	No CDM	(k_0, l_0)	0	0	0
3	2	1, 0.5	FD-CDM2	(k_0, l_0)	0	0, 1	0
4	4	1	FD-CDM2	(k_0, l_0)，(k_0+2, l_0)	0, 1	0, 1	0
5	4	1	FD-CDM2	(k_0, l_0)，(k_0+l_0+1)	0, 1	0, 1	0
6	8	1	FD-CDM2	(k_0, l_0)，(k_1, l_0)，(k_2, l_0)，(k_3, l_0)	0, 1, 2, 3	0, 1	0
7	8	1	FD-CDM2	(k_0, l_0)，(k_1, l_0)，(k_0, l_0+1)，(k_1, l_0+1)	0, 1, 2, 3	0, 1	0
8	8	1	CDM4 (FD2, TD2)	(k_0, l_0)，(k_1, l_0)	0, 1	0, 1	0, 1
9	12	1	FD-CDM2	(k_0, l_0)，(k_1, l_0)，(k_2, l_0)，(k_3, l_0)，(k_4, l_0)，(k_5, l_0)	0, 1, 2, 3, 4, 5	0, 1	0
10	12	1	CDM4 (FD2, TD2)	(k_0, l_0)，(k_1, l_0)，(k_2, l_0)	0, 1, 2	0, 1	0, 1
11	16	1, 0.5	FD-CDM2	(k_0, l_0)，(k_1, l_0)，(k_2, l_0)，(k_3, l_0)，(k_0, l_0+1)，(k_1, l_0+1)，(k_2, l_0+1)，(k_3, l_0+1)	0, 1, 2, 3, 4, 5, 6, 7	0, 1	0
12	16	1, 0.5	CDM4 (FD2, TD2)	(k_0, l_0)，(k_1, l_0)，(k_2, l_0)，(k_3, l_0)	0, 1, 2, 3	0, 1	0, 1
13	24	1, 0.5	FD-CDM2	(k_0, l_0)，(k_1, l_0)，(k_2, l_0)，(k_0, l_0+1)，(k_1, l_0+1)，(k_2, l_0+1)，(k_0, l_1)，(k_1, l_1)，(k_2, l_1)，(k_0, l_0+1)，(k_1, l_0+1)，(k_2, l_0+1)	0, 1, 2, 3, 4, 5, 6, 7, 8, 9, 10, 11	0, 1	0
14	24	1, 0.5	CDM4 (FD2, TD2)	(k_0, l_0)，(k_1, l_0)，(k_2, l_0)，(k_0, l_1)，(k_1, l_1)，(k_2, l_1)	0, 1, 2, 3, 4, 5	0, 1	0, 1
15	24	1, 0.5	CDM8 (FD2, TD4)	(k_0, l_0)，(k_1, l_0)，(k_2, l_0)	0, 1, 2	0, 1	0, 1, 2, 3

（续表）

行 (Row)	端口 X	密度 ρ	cdm-Type	$(\overline{k}, \overline{l})$	CDM 组索引 j	k'	l'
16	32	1, 0.5	FD-CDM2	(k_0, l_0), (k_1, l_0), (k_2, l_0), (k_3, l_0), (k_0, l_0+1), (k_1, l_0+1), (k_2, l_0+1), (k_3, l_0+1), (k_0, l_1), (k_1, l_1), (k_2, l_1), (k_3, l_1), (k_0, l_1+1), (k_1, l_1+1), (k_2, l_1+1), (k_3, l_1+1)	0, 1, 2, 3, 4, 5, 6, 7, 8, 9, 10, 11, 12, 13, 14, 15	0, 1	0
17	32	1, 0.5	CDM4 (FD2, TD2)	(k_0, l_0), (k_1, l_0), (k_2, l_0), (k_3, l_0), (k_0, l_1), (k_1, l_1), (k_2, l_1), (k_3, l_1)	0, 1, 2, 3, 4, 5, 6, 7	0, 1	0, 1
18	32	1, 0.5	CDM8 (FD2, TD4)	(k_0, l_0), (k_1, l_0), (k_2, l_0), (k_3, l_0)	0, 1, 2, 3	0, 1	0, 1, 2, 3

对于表 5-52，各个参数的具体含义如下。

(1) 端口数（Ports）: CSI-RS 的天线端口数

由高层参数 *nrofPorts* 通知给 UE，可以配置为 1 个、2 个、4 个、8 个、12 个、16 个、24 个、32 个，CSI-RS 天线端口数 = CDM 组数 × CDM 组尺寸，CSI-RS 的天线端口号从 3000 开始进行编号。

根据天线振子的排列方式不同，CSI-RS 天线端口可以配置成 $N_g \in \{1, 2, 4\}$ 个面（Panel），每个面的振子按照（N_1, N_2）两个维度进行排列，$N_g=1$ 称为单面（Single Panel，SP）结构，$N_g=2$、4 称为多面（Multi Panel，MP）结构，CSI-RS 天线端口数 $=2N_gN_1N_2$。单面结构支持的（N_1, N_2）组合见表 5-53，多面结构支持的（N_g, N_1, N_2）组合见表 5-54。其中，Q_1 和 Q_2 是过采样因子（Oversampling Factor）。

表5-53 单面结构支持的（N_1, N_2）组合

CSI-RS 天线端口数	(N_1, N_2)	(Q_1, Q_2)
4	(2, 1)	(4, 1)
8	(2, 2)	(4, 4)
	(4, 1)	(4, 1)
12	(3, 2)	(4, 4)
	(6, 1)	(4, 1)
16	(4, 2)	(4, 4)
	(8, 1)	(4, 1)

(续表)

CSI-RS 天线端口数	(N_1, N_2)	(Q_1, Q_2)
24	(4, 3)	(4, 4)
	(6, 2)	(4, 4)
	(12, 1)	(4, 1)
32	(4, 4)	(4, 4)
	(8, 2)	(4, 4)
	(16, 1)	(4, 1)

表5-54 多面结构支持的(N_g, N_1, N_2)组合

CSI-RS 天线端口数	(N_g, N_1, N_2)	(Q_1, Q_2)
8	(2, 2, 1)	(4, 1)
16	(2, 4, 1)	(4, 1)
	(4, 2, 1)	(4, 1)
	(2, 2, 2)	(4, 4)
32	(2, 8, 1)	(4, 1)
	(4, 4, 1)	(4, 1)
	(2, 4, 2)	(4, 4)
	(4, 2, 2)	(4, 4)

（2）密度（Density）ρ：CSI-RS 在频域上的密度

由 IE *CSI-RS-ResourceMapping* 或 IE *CSI-RS-CellMobility* 中的高层参数 *Density* 通知给 UE，可以配置为 3、1 或 0.5。$\rho=3$ 的含义是 1 个 PRB 上有 3 个 RE 用于 1 个 CSI-RS 天线端口的发送；$\rho=1$ 的含义是每个 PRB 上均有 CSI-RS；$\rho=0.5$ 的含义是每两个 PRB 上只有 1 个 PRB 上有 CSI-RS，在 *Density* 中需要用另外 1 个比特指示 CSI-RS 占用的是偶数 PRB 还是奇数 PRB。

（3）CDM 类型（*CDM-Type*）：CDM 类型是一组 CSI-RS 的复用方式

通过 IE *CSI-RS-ResourceMapping* 中的高层参数 *cdm-Type* 通知给 UE，可以配置为"no CDM""FD-CDM2""CDM4（FD2，TD2）""CDM8（FD2，TD4）"，对应的 CDM 组尺寸分别是 1、2、4、8，具体含义如下。

① "no CDM" 的含义是 CSI-RS 没有复用，即 1 个 RE 对应 1 个天线端口，*CDM-Type* 等于 "no CDM" 时，序列 $w_f(k')$ 和 $w_t(l')$ 见表5-55。

表5-55 *CDM-Type* 等于 "no CDM" 时，序列 $w_f(k')$ 和 $w_t(l')$

索引	$w_f(0)$	$w_t(0)$
0	1	1

② "FD-CDM2" 含义是频域上连续两个 RE，通过码分复用的方式，用两个正交序列

码（Orthogonal Cover Code，OCC）对应两个 CSI-RS 天线端口，$CDM\text{-}Type$ 等于 "FD-CDM2" 时，序列 $w_f(k')$ 和 $w_t(l')$ 见表 5-56。

表5-56 $CDM\text{-}Type$ 等于 "FD-CDM2" 时，序列 $w_f(k')$ 和 $w_t(l')$

索引	[$w_f(0)$ $w_f(1)$]	$w_t(0)$
0	[+1 +1]	1
1	[+1 -1]	1

③ "CDM4（FD2，TD2）"的含义是频域上连续两个 RE× 时域上连续两个 RE 共计 4 个 RE，通过码分复用的方式，用 4 个 OCC（频域上两个 OCC× 时域上两个 OCC）对应 4 个 CSI-RS 天线端口，$CDM\text{-}Type$ 等于 "CDM4" 时，序列 $w_f(k')$ 和 $w_t(l')$ 见表 5-57。

表5-57 $CDM\text{-}Type$ 等于 "CDM4" 时，序列 $w_f(k')$ 和 $w_t(l')$

索引	[$w_f(0)$ $w_f(1)$]	[$w_t(0)$ $w_t(1)$]
0	[+1 +1]	[+1 +1]
1	[+1 -1]	[+1 +1]
2	[+1 +1]	[+1 -1]
3	[+1 -1]	[+1 -1]

④ "CDM8（FD2，TD4）"表示频域上连续两个 RE× 时域上连续 4 个 RE 共计 8 个 RE，通过码分复用的方式，用 8 个 OCC（频域上两个 OCC× 时域上 4 个 OCC）对应 8 个 CSI-RS 天线端口，$CDM\text{-}Type$ 等于 "CDM8" 时，序列 $w_f(k')$ 和 $w_t(l')$ 见表 5-58。

表5-58 $CDM\text{-}Type$ 等于 "CDM8" 时，序列 $w_f(k')$ 和 $w_t(l')$

索引	[$w_f(0)$ $w_f(1)$]	[$w_t(0)$ $w_t(1)$ $w_t(2)$ $w_t(3)$]
0	[+1 +1]	[+1 +1 +1 +1]
1	[+1 -1]	[+1 +1 +1 +1]
2	[+1 +1]	[+1 -1 +1 -1]
3	[+1 -1]	[+1 -1 +1 -1]
4	[+1 +1]	[+1 +1 -1 -1]
5	[+1 -1]	[+1 +1 -1 -1]
6	[+1 +1]	[+1 -1 -1 +1]
7	[+1 -1]	[+1 -1 -1 +1]

（4）$(\bar{k}, \bar{l})$：表示一个 CDM 组内的 CSI-RS 的开始频率位置和开始时间位置，该列内如果有多个频率和时间组合表示有多个 CDM 组。

以表 5-53 的 Row8 为例，$(\bar{k}, \bar{l})$ 列内有 (k_0, l_0) 和 (k_1, l_0) 两个 CDM 组，(k_0, l_0) 组内的开始频率位置和开始时间位置分别是 k_0 和 l_0，而 (k_1, l_0) 组内的开始频率位置和开始时间位置分别是 k_1 和 l_0。

开始频率位置由 IE *CSI-RS-ResourceMapping* 或 IE *CSI-RS-CellMobility* 中的高层参数 *frequencyDomainAllocation* 通知给 UE，该参数是长度为 3 个、4 个、6 个或 12 个 bit 的位图（Bitmap），位图中设置为 1 的 bit 的数量等于开始频率位置的数量。

- 对于表 5-52 的 Row1，位图的长度是 4，$[b_3,\cdots,b_0]$，$k_i = f(i)$。
- 对于表 5-52 的 Row2，位图的长度是 12，$[b_{11},\cdots,b_0]$，$k_i = f(i)$。
- 对于表 5-52 的 Row4，位图的长度是 3，$[b_2,\cdots,b_0]$，$k_i = 4f(i)$。
- 对于表 5-52 的其他情形，位图的长度是 6，$[b_5,\cdots,b_0]$，$k_i = 2f(i)$。

函数 $f(i)$ 表示位图中第 i 个设置为 1 的 bit 在位图中的位置，从 b_0 开始。以表 5-52 中的 Row8 为例，需要通过长度为 6 的位图来确定 k_0 和 k_1，假设位图设置为 000011，则第 0 个和第 1 个位置的比特是 1，$f(0)$ 和 $f(1)$ 分别是 0 和 1，对应的 k_0 和 k_1 分别是 0 和 2；假设位图设置为 010010，则第 1 个和第 4 个位置的比特是 1，$f(0)$ 和 $f(1)$ 分别是 1 和 4，对应的 k_0 和 k_1 分别是 2 和 8。

开始时间位置 l_0 和 l_1 分别由 IE *CSI-RS-ResourceMapping* 或 IE *CSI-RS-CellMobility* 中的高层参数 *firstOFDMSymbolInTimeDomain* 和 *firstOFDMSymbolInTimeDomain2* 来确定。其中，l_0 的取值范围是 0～13，l_1 的取值范围是 2～12。

（5）CDM 组索引：与 $(\bar{k}, \bar{l})$ 列内的 CDM 组数相对应，按照先频域分配、后时域分配的顺序进行编号，以表 5-52 的 Row8 为例，(k_0, l_0) 和 (k_1, l_0) 对应的 CDM 组索引 j 分别是 0 和 1。以表 5-52 的 Row17 为例，(k_0, l_0)、(k_1, l_0)、(k_2, l_0)、(k_3, l_0)、(k_0, l_1)、(k_1, l_1)、(k_2, l_1)、(k_3, l_1) 对应的 CDM 组索引 j 分别是 0、1、2、3、4、5、6、7。

（6）k'：表示 1 个 CDM 组内的 1 个或者 2 个连续的 RE 在频域上相对于开始频率 $\bar{k}$ 的位置。

（7）l'：表示 1 个 CDM 组内的 1 个、2 个或 4 个连续的 RE 在时域上相对于开始时间 $\bar{l}$ 的位置。

CSI-RS 天线端口 p 根据公式（5-39）进行编号：

$$p = 3000 + s + jL$$
$$j = 0,1,\cdots,\frac{N}{L}-1 \quad\quad 公式（5-39）$$
$$s = 0,1,\cdots,L-1$$

其中，s 是表 5-55 到表 5-58 的索引，$L \in \{1, 2, 4, 8\}$ 是 CDM 组尺寸，N 是 CSI-RS 天线端口数。

表 5-52 中的参数主要通过 IE *CSI-RS-ResourceMapping* 通知给 UE，IE *CSI-RS-ResourceMapping* 的参数如图 5-43 所示，其中，*freqBand* 的含义见下文。

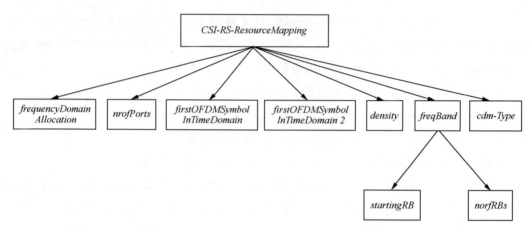

图 5-43　IE CSI-RS-ResourceMapping 的参数

接下来以表 5-52 中的 Row1、Row2、Row3、Row8、Row17 和 Row18 为例，分析 1 个时隙内、1 个 PRB 上的 CSI-RS 位置。1 个时隙内、1 个 PRB 上的 CSI-RS 位置示意如图 5-44 所示。

（1）Row1：天线端口数是 1，密度 $\rho=3$，cdm-Type 等于"No CDM"，假设 frequency-DomainAllocation、firstOFDMSymbolInTimeDomain 分别配置为 0010、3，firstOFDM-SymbolInTimeDomain2 不需要配置，则 $k_0=1$，$l_0=3$，如图 5-44（a）所示。

（2）Row2：天线端口数是 1，密度 $\rho=1$，cdm-Type 等于"No CDM"，假设 frequency-DomainAllocation、firstOFDMSymbolInTimeDomain 分别配置为 000000000100、3，firstOFDM-SymbolInTimeDomain2 不需要配置，则 $k_0=2$，$l_0=3$，1 个时隙内、1 个 PRB 上的 CSI-RS 位置 Row2 示意如图 5-44（b）所示。

（3）Row3：天线端口数是 2，密度 $\rho=1$，cdm-Type 等于"FD-CDM2"，假设 frequencyDomainAllocation、firstOFDMSymbolInTimeDomain 分别配置为 001000、3，firstOFDMSymbolInTimeDomain2 不需要配置，则 $k_0=6$，$l_0=3$，1 个时隙、1 个 PRB 上的 CSI-RS 位置 Row3 示意如图 5-44（c）所示。

（4）Row8：天线端口数是 8，密度 $\rho=1$，cdm-Type 等于"CDM4"，假设 frequency-DomainAllocation、firstOFDMSymbolInTimeDomain 分别配置为 010010、3，firstOFDM-SymbolInTimeDomain2 不需要配置，$k_0=2$，$k_1=8$，$l_0=6=3$，1 个时隙内、1 个 PRB 上的 CSI-RS 位置 Row8 示意如图 5-44（d）所示。

（5）Row17：天线端口数是 32，密度 $\rho=1$，cdm-Type 等于"CDM4"，假设 frequency-DomainAllocation、firstOFDMSymbolInTimeDomain、firstOFDMSymbolInTimeDomain2 分别配置为 11010、3、9，则 $k_0=2$，$k_1=4$，$k_2=8$，$k_3=10$，$l_0=3$，$l_1=9$，1 个时隙内、1 个 PRB 上的 CSI-RS 位置 Row17 示意如图 5-44（e）所示。

（6）Row18：天线端口数是 32，密度 $\rho=1$，cdm-Type 等于"CDM8"，假设 frequency-DomainAllocation、firstOFDMSymbolInTimeDomain 分别配置为 011011、3，firstOFDM-

SymbolInTimeDomain2 不需要配置，则 $k_0=2$、$k_1=4$、$k_2=8$、$k_3=10$，$l_0=3$，1 个时隙内、1 个 PRB 上的 CSI-RS 位置 Row18 示意如图 5-44（f）所示。

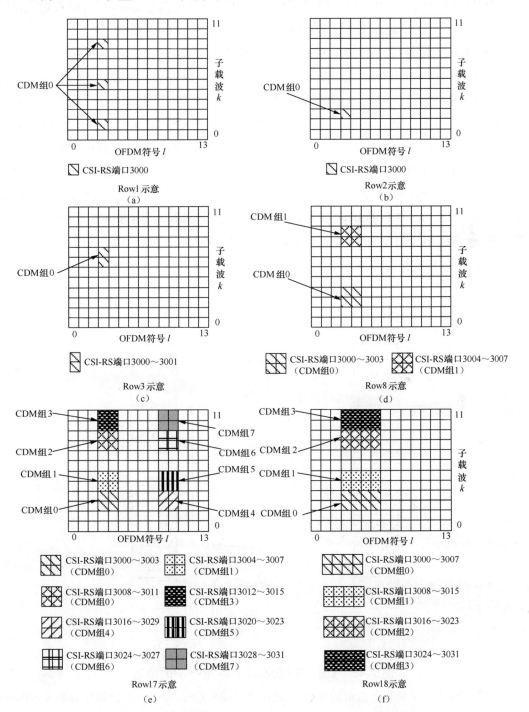

图5-44　1个时隙内、1个PRB上的CSI-RS位置示意

5.4.2 CSI-RS 时频域资源

本书 5.4.1 节的 CSI-RS 结构只是 1 个时隙内、1 个 PRB 上的 CSI-RS 所占用的 RE 情况，CSI-RS 实际占用的资源还与频域上的 PRB 数、时域上的 CSI-RS 周期有关。

CSI-RS 在频域上占用的 PRB 数由 IE *CSI-RS-ResourceMapping* 中的高层参数 *freqBand* 和 *density* 或 IE *CSI-RS-CellMobility* 中的高层参数 *nrofPRBs* 通知给 UE。

如果 CSI-RS 在频域上占用的 PRB 数是由 *CSI-RS-ResourceMapping* 中的高层参数 *freqBand* 通知给 UE，则 *freqBand* 包含两个参数，分别是 CSI-RS 资源相对于 CRB 0 的开始位置 *startingRB* 和 CSI-RS 资源占用的 PRB 数 *nrofRBs*。*startingRB* 的取值必须是 4 的倍数，最大值不能超过 274；*nrofRBs* 也必须是 4 的倍数，最小值是 24，最大值是 276（由于 PRB 最大值是 273，因此实际分配的 PRB 最大值是 273）。CSI-RS 在频域上占用的最小 PRB 数是 min（24，CSI-RS 关联的 BWP 带宽），如果配置的 *nrofRBs* 大于 CSI-RS 关联的 BWP 带宽，则 *nrofRBs* 等于 BWP 的带宽，CSI-RS 关联的 BWP 由 IE *CSI-ResourceConfig* 中的高层参数 *bwp-Id* 通知给 UE。*density* 的具体含义见上文。CSI-RS 在频域上占用 PRB 的示意如图 5-45 所示。

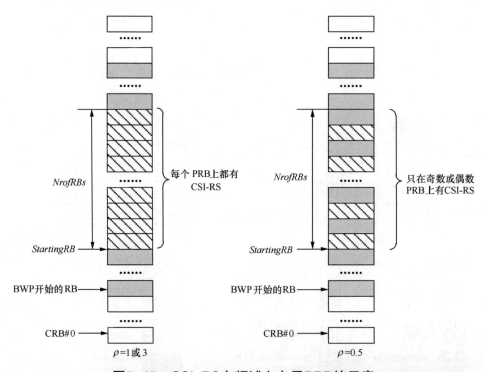

图5-45　CSI-RS在频域上占用PRB的示意

如果 CSI-RS 在频域上占用的 PRB 数是由 *CSI-RS-CellMobility* 中的高层参数 *nrofPRBs* 通知给 UE，则 *nrofPRBs* 可以取值为 24 个、48 个、96 个、192 个或 264 个 PRB。

CSI-RS 的发送时隙满足公式（5-40）。

$$\left(N_{\text{slot}}^{\text{frame},\mu} n_{\text{f}} + n_{\text{s,f}}^{\mu} - T_{\text{offset}}\right) \bmod T_{\text{CSI-RS}} = 0 \qquad \text{公式（5-40）}$$

其中，CSI-RS 的周期 $T_{\text{CSI-RS}}$ 和偏移 T_{offset} 由 IE *CSI-ResourcePeriodicityAndOffset* 或由 IE *CSI-RS-ResourceConfigMobility* 中的高层参数 *slotConfig* 通知给 UE，$T_{\text{CSI-RS}}$ 和 T_{offset} 单位都是时隙，如果由 IE *CSI-ResourcePeriodicityAndOffset* 通知给 UE，则周期 $T_{\text{CSI-RS}}$ 可以配置为 {4ms，5ms，8ms，10ms，16ms，20ms，32ms，40ms，64ms，80ms，160ms，320ms，640ms} 之一；如果由 *slotConfig* 通知给 UE，则周期 $T_{\text{CSI-RS}}$ 可以配置为 {4ms，5ms，10ms，20ms，40ms} 之一。半持续 CSI-RS 发送时隙，除了满足上述的周期配置外，还需要通过 MAC CE 命令激活或去激活（参见本书 7.4.1 节）。非周期 CSI-RS 发送，在 DCI 格式 0_1 中触发（参见本书 7.4.1 节）。

上行物理信道和信号

第六章

导读

本章讲述的是上行物理信道和信号，共分为 4 个部分。

第一，PRACH 的重点是随机接入序列的产生，本书以 $L_{RA}=839$ 为例，详细地分析了 N_{CS} 的规划和根序列的规划，PRACH 格式和 PRACH 的时频资源是本章的难点。

第二，PUCCH 共有 5 种格式，重点内容是每种 PUCCH（含 DM-RS）在时频域上的位置和容量能力，UE 如何根据 RRC 信令和 DCI 字段确定 PUCCH 资源是难点内容。

第三，PUSCH 的内容与第五章的 PDSCH 有很多类似的地方，重点和难点是 PUSCH 的频率跳频、DM-RS 和 PT-RS。

第四，SRS 支持跳频传输和非跳频传输，在 SRS 带宽配置的索引 C_{SRS} 给定的条件下，如何计算 UE 发送 SRS 的时频域位置是个难点。

本章先假定一些参数，通过图形对上述的重点和难点内容进行了详细的分析，有兴趣的读者可以更改一些参数，自行画图。

NR的上行物理信道包括PUSCH、PUCCH、PRACH，上行物理信号包括DM-RS、PT-RS和SRS，本章的结构为PRACH、PUCCH（含DM-RS）、PUSCH（含DM-RS和PT-RS）以及SRS。

PRACH的突出特点是支持长序列格式（固定的SCS）和短序列格式（与数据信道相同的SCS），本书详细的分析了随机接入序列的产生方法，以简单易懂的图形分析了PRACH的格式和时频域资源。

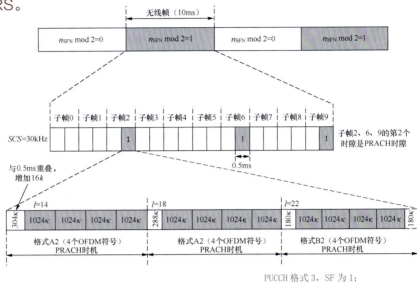

PUCCH的突出特点是支持短PUCCH（1～2个OFDM符号），短PUCCH可以在1个时隙的最后1个或2个OFDM符号上，从而达到低时延的目的，因此适用于超低时延场景。

本书对5种PUCCH的结构进行了详细的分析，并分析了PUCCH的容量，最后给出了UE在PUCCH上报告UCI的过程。

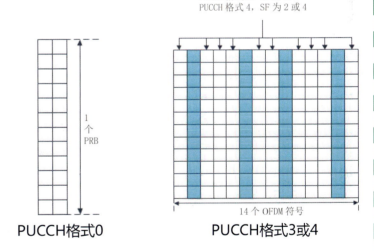

PUCCH格式0 　　PUCCH格式3或4

PUSCH与PDSCH在很多方面都非常相似，本书只分析了PUSCH与PDSCH的差异部分，重点是时域资源分配、PUSCH的频率跳频以及PT-RS的结构。

SRS的带宽与LTE类似，也是采用树状结构，支持跳频传输和非跳频传输。SRS的突出特点是支持在连续的1个、2个、4个OFDM符号上发送，有利于实现时隙内跳频和UE发射天线的切换。

本书详细地分析了SRS的结构、配置参数、触发过程以及通过SRS获得DL CSI。

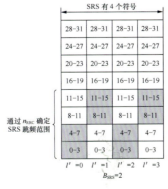
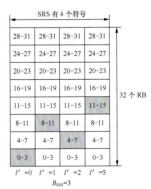

非周期SRS资源，跳频传输

第六章　内容概要一览图

上行物理信道对应一组 RE，该组 RE 用来传递来自高层的信息，NR 在 Rel-15 共定义了 3 个上行物理信道，具体描述如下。

（1）物理上行共享信道（Physical Uplink Shared Channel，PUSCH）：主要传输上行数据，也可以传输上行控制信息（Uplink Control Information，UCI）。

（2）物理上行控制信道（Physical Uplink Control Channel，PUCCH）：主要传输上行控制信息，包括 HARQ-ACK、调度请求（Scheduling Request，SR）以及 CSI 等信息。

（3）物理随机接入信道（Physical Random Access Channel，PRACH）：在随机接入过程中，发送随机接入需要的前导码（Preamble）等信息。

上行物理信号对应一组 RE，该组 RE 被物理层使用，但是不传递来自高层的信息，NR 在 Rel-15 共定义了 3 个上行物理信号，具体描述如下。

（1）解调参考信号（Demodulation Reference Signal，DM-RS）：DM-RS 又细分为 PUSCH 的 DM-RS 和 PUCCH 的 DM-RS，DM-RS 主要用于相干解调时的信道估计，DM-RS 仅存在于分配给 PUSCH 或 PUCCH 的 PRB 上。

（2）相位跟踪参考信号（Phase Tracking-Reference Signal，PT-RS）：PT-RS 可以看作是 PUSCH 的 DM-RS 的扩展，主要目的是为了相位噪声的补偿，PT-RS 在时域上比 DM-RS 密集，但是在频域上比 DM-RS 稀疏，如果配置了 PT-RS，则需 PT-RS 与 DM-RS 结合使用。

（3）探测参考信号（Sounding Reference Signal，SRS）：SRS 主要用于 gNB 获得上行信道状态信息（Channel-State Information，CSI）。

天线端口作为重要的物理层资源，3GPP TS 38.211 协议对上行的天线端口定义具体描述如下。

（1）PUSCH DM-RS 的天线端口从 0 开始，在 Rel-15，对于每个小区最多配置 12 个 PUSCH DM-RS 天线端口，但是对于每个 UE，最多配置 4 个 PUSCH DM-RS 天线端口。

（2）SRS 的天线端口从 1000 开始，在 Rel-15，最多配置 4 个 SRS 天线端口。

（3）PUCCH 的天线端口从 2000 开始，在 Rel-15，只有 1 个 PUCCH 天线端口。

（4）PRACH 天线端口从 4000 开始，在 Rel-15，只有 1 个 PRACH 天线端口。

由于部分物理信号和物理信道是伴随传输的，为了方便理解，本章接下来按照如下结构进行编写：6.1 节介绍的内容是 PRACH；6.2 节介绍的内容是 PUSCH，包括 PUSCH、PUSCH 的 DM-RS 和 PT-RS；6.3 节介绍的内容是 PUCCH，包括 PUCCH 和 PUCCH 的

DM-RS；6.4 节介绍的内容是 SRS。

6.1 PRACH

NR 支持两种长度的随机接入前导序列，长序列（L_{RA}=839）格式应用在 SCS=1.25kHz 和 SCS=5kHz 的 PRACH，支持无限制集与限制集 A 和限制集 B；短序列（L_{RA}=139）格式应用在 SCS=15kHz、30kHz、60kHz 或 SCS=120kHz 的 PRACH，仅支持无限制集，这是因为短序列格式支持比较大的子载波间隔，可以很好地支持高速场景，因此不需要使用循环移位限制。

NR 支持多种 PRACH 前导格式，前导格式由 1 个或多个前导（Preamble）符号、不同的 CP 和保护时间组成，前导格式配置通过系统消息通知给 UE。

6.1.1 随机接入序列的产生

随机接入前导（Random-Access Preamble）序列由具有零相关区的 ZC（Zadoff-Chu）序列产生，而 ZC 序列由 1 个或多个根 ZC 序列的循环移位产生。随机接入前导 $x_{u,v}(n)$ 根据公式（6-1）和公式（6-2）产生。

$$x_{u,v}(n) = \left(x_u(n+C_v) \bmod L_{RA}\right) \qquad 公式（6-1）$$

$$x_u(i) = e^{-j\frac{i(i+1)}{L_{RA}}}, i = 0,1,\cdots,L_{RA}-1 \qquad 公式（6-2）$$

在公式（6-1）和公式（6-2）中，u 是 ZC 序列的根序列（以下简称"根序列"），取值是 0~837 或 0~137。L_{RA} 是 ZC 序列的长度，取值是 839 或 139。L_{RA} 的取值有两点需要注意。第一，L_{RA} 的长度不同，应用的 FR 也不同，L_{RA}=839 应用于 FR1，随机接入前导的子载波间隔 Δf^{RA} =1.25kHz或Δf^{RA} = 5kHz；L_{RA}=139 应用于 FR1 和 FR2，$\Delta f^{RA} = 15 \times 2^\mu$，其中，$\mu \in \{0, 1, 2, 3\}$。第二，$L_{RA}$ 的取值与 PRACH 格式有关（见本书 6.1.2 节）。

C_v 是 ZC 序列的循环移位（Cyclic Shift，CS），C_v 的数值与限制集类型、N_{CS} 的值有关。随机接入前导的频域表达方式见公式（6-3）。

$$y_{u,v}(n) = \sum_{m=0}^{L_{RA}-1} x_{u,v}(m) e^{-j\frac{2\pi mn}{L_{RA}}} \qquad 公式（6-3）$$

本节接下来以 L_{RA}=839 为例，分析 N_{CS} 的规划和根序列的规划。

1. N_{CS} 的规划

NR 的 N_{CS} 与随机接入前导的子载波间隔、限制集的类型有关，N_{CS} 的值见表 6-1。N_{CS} 规划即根据小区的最大覆盖半径、限制集类型、PRACH 前导格式等因素选择合理的 N_{CS} 配置，以便降低随机接入前导发生冲突的概率。

表6-1 N_{CS}的值

N_{CS} 配置	Δf^{RA}=1.25kHz			Δf^{RA}=5kHz		
	非限制集	限制集 A	限制集 B	非限制集	限制集 A	限制集 B
0	0	15	15	0	36	36
1	13	18	18	13	57	57
2	15	22	22	26	72	60
3	18	26	26	33	81	63
4	22	32	32	38	89	65
5	26	38	38	41	94	68
6	32	46	46	49	103	71
7	38	55	55	55	112	77
8	46	68	68	64	121	81
9	59	82	82	76	132	85
10	76	100	100	93	137	97
11	93	128	118	119	152	109
12	119	158	137	139	173	122
13	167	202	—	209	195	137
14	279	237	—	279	216	—
15	419	—	—	419	237	—

如果不考虑限制集类型因素，根据小区的最大覆盖半径（假设小区的最大覆盖半径是3km），确定N_{CS}配置的过程如下。

（1）计算两个循环移位的最小间隔

3km 小区的最大环回时间是 $3000/(3\times10^8)\times2=20\mu s$；假设定时误差是 $2\mu s$，多径时延余量是 $7\mu s$；安全余量是 $7\mu s$，则两个循环移位的最小间隔是 $20+2+7+7=36\mu s$。

（2）计算 N_{CS} 的最小值

$$N_{CS}/L_{RA} > 最小间隔/T_{SEQ} \qquad 公式（6-4）$$

在公式（6-4）中，$L_{RA}=839$；当 $\Delta f^{RA}=1.25$kHz 时，$T_{SEQ}=800\mu s$，当 $\Delta f^{RA}=5$kHz，$T_{SEQ}=200\mu s$。

根据公式（6-4），可以计算出当 $\Delta f^{RA}=1.25$kHz 时，N_{CS} 的最小值 $=\lceil 36/800\times839\rceil=38$；当 $\Delta f^{RA}=5$kHz 时，N_{CS} 的最小值 $=\lceil 36/200\times839\rceil=152$。

（3）查表 6-1 获得 N_{CS} 允许的配置

根据表 6-1，可以得到当 $\Delta f^{RA}=1.25$kHz 时，无限制集、限制集 A 和限制集 B 允许的最小的 N_{CS} 都是 38，对应的 N_{CS} 配置分别是 7、5、5。当 $\Delta f^{RA}=5$kHz 时，无限制集、限制集 A 允许的最小的 N_{CS} 分别是 209、152，对应的 N_{CS} 配置分别是 13、11。

根据以上分析，可以得出两个结论：第一，在其他参数相同的条件下，小区的最大覆盖半径越大，N_{CS} 也要越大。第二，在其他参数相同的条件下，$\Delta f^{RA} = 5\text{kHz}$ 较 $\Delta f^{RA} = 1.25\text{kHz}$ 需要更大的 N_{CS}。

考虑限制集因素后，N_{CS} 配置的建议如下文所述。

2. 根序列的规划

根据 3GPP TS 38.211 协议，每个 PRACH 都有 64 个随机接入前导，这 64 个随机接入前导首先由某个逻辑根序列索引（该逻辑根序列索引通过高层参数 *PRACHRootSequenceIndex* 发送给 UE）对应的根序列通过循环移位的方式得到，并按照可用的循环移位 C_v 大小的升序排列。如果单个 *PRACHRootSequenceIndex* 对应的根序列无法产生 64 个随机接入前导，则逻辑根序列索引加 1，由其对应的根序列继续产生随机接入前导，如果随机接入前导还不到 64 个，则逻辑根序列索引继续加 1，直至多个连续的逻辑根序列索引对应的根序列产生 64 个随机接入前导为止。

逻辑根序列索引与根序列 u 是一对一的映射关系，该映射关系见 3GPP TS 38.211 协议的表 6.3.3.1-3 和表 6.3.3.1-4，本书不再列出。如 3GPP TS 38.211 协议的表 6.3.3.1-3 中的逻辑根序列索引 0~4 对应的根序列 u 分别是 129、710、140、699、120。需要注意的是，连续的逻辑根据序列索引对应的根序列不是连续的。

根序列的规划包括计算逻辑根序列索引的范围和计算每个小区配置的根序列数量两个部分，主要目的是为相邻小区配置不同的根序列，以降低小区之间随机接入前导发生冲突的概率。由于随机接入前导是通过根序列的循环移位获得的，本书接下来不严格区分循环移位和随机接入前导这两个概念。

逻辑根序列索引的范围与限制集类型有关。5G NR 有无限制集、限制集 A 和限制集 B 3 种类型。与 LTE 类似，无限制集适用于 UE 移动速度慢的场景，限制集 A 和限制集 B 分别适用于 UE 高速移动和超高速移动两种场景，一般以 120km/h 为分界线。

对于无限制集，逻辑根序列索引的范围是 0~837。

对于限制集 A 或制集 B，逻辑根序列索引的范围与 N_{CS} 的配置有关，可以通过以下步骤计算限制集 A 和限制集 B 的逻辑根序列索引的范围。

（1）根据逻辑根序列索引，通过查找 3GPP TS 36.211 协议的表 6.3.3.1-3 得到根序列 u，根据公式（6-5）计算出 q，q 是满足公式（6-5）的最小非负整数。

$$(qu) \bmod L_{RA} = 1 \qquad \text{公式（6-5）}$$

（2）根据 q，通过公式（6-6）计算出 d_u。

$$d_u = \begin{cases} q & 0 \leq q \leq L_{RA}/2 \\ L_{RA} - q & \text{其他} \end{cases} \qquad \text{公式（6-6）}$$

（3）对于限制集 A，如果 d_u 满足公式（6-7），则该逻辑根序列索引对应的根序列 u 有可用的随机接入前导，如果 d_u 不满足公式（6-7），则该根序列 u 没有可用的随机接入前导。

$$N_{CS} \leq d_u \leq (L_{RA} - N_{CS})/2 \qquad 公式（6-7）$$

（4）对于限制集 B，如果 d_u 满足公式（6-8），则该逻辑根序列索引对应的根序列 u 有可用的随机接入前导，如果 d_u 不满足公式（6-8），则该逻辑根序列索引对应的根序列 u 没有可用的随机接入前导。

$$\begin{aligned} &N_{CS} \leq d_u \leq (L_{RA} - N_{CS})/4 \text{ 或} \\ &(L_{RA} + N_{CS})/4 \leq d_u \leq (L_{RA} - N_{CS})/3 \text{ 或} \\ &(L_{RA} + N_{CS})/3 \leq d_u \leq (L_{RA} - N_{CS})/2 \end{aligned} \qquad 公式（6-8）$$

以 $\Delta f^{RA} = 1.25\text{kHz}$ 为例来演示限制集 A 可用的逻辑根序列索引的计算过程。假设 N_{CS} 的配置是 0，即 $N_{CS}=15$，再假设逻辑根序列索引是 0，查 3GPP TS 36.211 协议的表 6.3.3.1-3 可知，逻辑根序列索引 0 对应的根序列 u 是 129，满足公式（6-5）的 q 是 826，根据公式（6-6）计算得到 $d_u=13$，$d_u=13$ 不满足公式（6-7）。因此，逻辑根序列索引 0 对应的根序列 129 不能用于限制集 A。令逻辑根序列索引依次取值为 1~837，可以发现当逻辑根序列索引是 1~23、820~837 时，计算得到的 d_u 都不满足公式（6-7）；当逻辑根序列索引是 24~819 时，计算得到的 d_u 均满足公式（6-7）。因此，当 $N_{CS}=15$ 时，可用的逻辑根序列索引的范围是 24~819。

依此类推，当 $\Delta f^{RA} = 1.25\text{kHz}$、$N_{CS}$ 配置是 1~15 时，可以计算限制集 A 可用的逻辑根序列索引的范围。同理，当 $\Delta f^{RA} = 5\text{kHz}$、$N_{CS}$ 配置是 0~15 时，可以计算出限制集 A 可用的逻辑根序列索引的范围。

依此类推，当 $\Delta f^{RA} = 1.25\text{kHz}$ 和 $\Delta f^{RA} = 5\text{kHz}$，可以计算出限制集 B 可用的逻辑根序列索引的范围，由于公式（6-8）中的 d_u 在 N_{CS} 和（$L_{RA}-N_{CS}$）/2 之间是不连续的，可用的逻辑根序列索引在 0~837 之间是不连续的，限于篇幅，本书不再给出限制集 B 可用的逻辑根序列索引的范围。无限制集、限制集 A 可用的逻辑根序列索引的范围见表 6-2。

表6-2　无限制集、限制集A可用的逻辑根序列索引的范围

N_{CS} 配置	Δf^{RA} =1.25kHz				Δf^{RA} =5kHz			
	无限制集		限制集 A		无限制集		限制集 A	
	N_{CS}	逻辑根序列索引	N_{CS}	逻辑根序列索引	N_{CS}	逻辑根序列索引	N_{CS}	逻辑根序列索引
0	0	0~837	15	24~819	0	0~837	36	62~789
1	13	0~837	18	30~815	13	0~837	57	114~765
2	15	0~837	22	36~809	26	0~837	72	134~729
3	18	0~837	26	43~803	33	0~837	81	136~729
4	22	0~837	32	52~795	38	0~837	89	166~713
5	26	0~837	38	64~789	41	0~837	94	168~713

（续表）

N_{CS} 配置	Δf^{RA}=1.25kHz 无限制集 N_{CS}	Δf^{RA}=1.25kHz 无限制集 逻辑根序列索引	Δf^{RA}=1.25kHz 限制集 A N_{CS}	Δf^{RA}=1.25kHz 限制集 A 逻辑根序列索引	Δf^{RA}=5kHz 无限制集 N_{CS}	Δf^{RA}=5kHz 无限制集 逻辑根序列索引	Δf^{RA}=5kHz 限制集 A N_{CS}	Δf^{RA}=5kHz 限制集 A 逻辑根序列索引
6	32	0～837	46	76～777	49	0～837	103	186～663
7	38	0～837	55	90～765	55	0～837	112	202～659
8	46	0～837	68	116～751	64	0～837	121	202～659
9	59	0～837	82	136～729	76	0～837	132	262～639
10	76	0～837	100	168～707	93	0～837	137	262～639
11	93	0～837	128	204～659	119	0～837	152	264～629
12	119	0～837	158	264～629	139	0～837	173	326～563
13	167	0～837	202	328～561	209	0～837	195	328～561
14	279	0～837	237	384～513	279	0～837	216	384～513
15	419	0～837	—	—	419	0～837	237	384～513

根据表 6-2，可以得出以下结论：对于限制集 A，随着 N_{CS} 的增加，可用的逻辑根序列索引的数量逐渐减少，该结论对限制集 B 同样适用。

由于每个小区的随机接入前导是 64 个，通过表 6-2 获得逻辑根序列索引的范围后，还要计算出每个根序列产生的随机接入前导数量，进而计算出每个小区需要配置的逻辑根序列索引的数量，以确保相邻小区使用不同的随机接入前导，降低小区间随机接入前导发生冲突的概率。

每个根序列 u 产生的随机接入前导数量按照如下步骤计算。

（1）对于无限制集，循环移位 C_v 根据公式（6-9）产生

$$C_v = \begin{cases} vN_{CS} & v=0,1,\cdots,\lfloor L_{RA}/N_{CS} \rfloor-1,\ N_{CS} \neq 0 \\ 0 & N_{CS}=0 \end{cases} \quad \text{公式（6-9）}$$

根据公式（6-9），可以计算出一个根序列 u 产生的循环移位有 $\lfloor L_{RA}/N_{CS} \rfloor$ 个。当 N_{CS}=13 时，可产生 $\lfloor 839/13 \rfloor$=64 个循环移位，每个小区只需要配置 1 个逻辑根序列索引即可获得 64 个随机接入前导。而当 N_{CS}=59 时，可产生 $\lfloor 839/59 \rfloor$=14 个循环移位，每个小区需要配置 5 个连续的逻辑根序列索引才能获得 64 个随机接入前导。

（2）对于限制集 A，循环移位 C_v 根据公式（6-10）产生

$$C_v = d_{start}\lfloor v/n_{shift}^{RA} \rfloor + (v \bmod n_{shift}^{RA})N_{CS}, v=0,1,\cdots,w-1$$
$$w = n_{shift}^{RA} n_{group}^{RA} + \overline{n}_{shift}^{RA} \quad \text{公式（6-10）}$$

在公式（6-10）中，n_{shift}^{RA}、n_{group}^{RA}、$\overline{n}_{shift}^{RA}$ 的计算公式参见 3GPP TS 36.211 协议的 6.3.3 节，限于篇幅，本书不再具体列出这 3 个参数的计算公式。

对于限制集 A，一个根序列 u 产生的循环移位分为 $n_{\text{group}}^{\text{RA}}$ 组，每组有 $n_{\text{group}}^{\text{RA}}$ 个循环移位，共计有 $n_{\text{group}}^{\text{RA}} \times n_{\text{shift}}^{\text{RA}}$ 个循环移位。

假设 $N_{\text{CS}}=15$，逻辑根序列索引 176 产生的循环移位共计有 $2\times7=14$ 个，C_v 分别是 0、15、30、45、60、75、90，341、356、371、386、401、416、434，C_v 的组间间隔是 251，C_v 的组内间隔是 15；逻辑根序列索引 178 产生的循环移位共计有 $1\times6=6$ 个，C_v 分别是 0、15、30、45、60、75，C_v 的组内间隔是 15；逻辑根序列索引 182 产生的循环移位共计有 $2\times7=14$ 个，C_v 分别是 0、15、30、45、60、75、90，321、336、351、366、381、396、411，C_v 的组间间隔是 231，C_v 组内间隔是 15。

假设 $N_{\text{CS}}=55$，逻辑根序列索引 176 产生的循环移位共计有 $2\times2=4$ 个，C_v 分别是 0、55、346、401，C_v 的组间间隔是 291，C_v 的组内间隔是 55；逻辑根序列索引 178 产生的循环移位共计有 $2\times1=2$ 个，C_v 分别是 0、158，C_v 的组间间隔是 158；逻辑根序列索引 182 产生的循环移位共计有 $3\times1=3$ 个，C_v 分别是 0、257、514，C_v 的组间间隔是 257。

（3）对于限制集 B，循环移位 C_v 根据公式（6-11）获得

$$C_v = \begin{cases} d_{\text{start}} \lfloor v/n_{\text{shift}}^{\text{RA}} \rfloor + (v \bmod n_{\text{shift}}^{\text{RA}})N_{\text{CS}}, & v = 0,1,\cdots,w-1 \\ \bar{\bar{d}}_{\text{start}} + (v-w)N_{\text{CS}}, & v = w,\cdots,w+\bar{n}_{\text{shift}}^{\text{RA}}-1 \\ \bar{\bar{d}}_{\text{start}} + (v-w-\bar{n}_{\text{shift}}^{\text{RA}})N_{\text{CS}}, & v = w+\bar{n}_{\text{shift}}^{\text{RA}},\cdots,w+\bar{n}_{\text{shift}}^{\text{RA}}+\bar{\bar{n}}_{\text{shift}}^{\text{RA}}-1 \\ w = n_{\text{group}}^{\text{RA}} \times n_{\text{shift}}^{\text{RA}} + \bar{n}_{\text{shift}}^{\text{RA}} \end{cases}$$ 公式（6-11）

在公式（6-11）中，$n_{\text{shift}}^{\text{RA}}$、$n_{\text{group}}^{\text{RA}}$、$\bar{n}_{\text{shift}}^{\text{RA}}$、$\bar{\bar{n}}_{\text{shift}}^{\text{RA}}$、$\bar{\bar{\bar{n}}}_{\text{shift}}^{\text{RA}}$ 的计算公式参见 3GPP TS 36.211 协议的 6.3.3 节，限于篇幅，本书不再具体列出这 5 个参数的计算公式。

对于限制集 B，一个根序列 u 产生的循环移位分为三部分：第一部分有 $n_{\text{group}}^{\text{RA}}$ 个组，每组有 $n_{\text{shift}}^{\text{RA}}$ 个循环移位，共计有 $n_{\text{group}}^{\text{RA}} \times n_{\text{shift}}^{\text{RA}}$ 个循环移位；第二部分有 $\bar{n}_{\text{shift}}^{\text{RA}}$ 个循环移位；第三部分有 $\bar{\bar{n}}_{\text{shift}}^{\text{RA}}$ 个循环移位。需要注意的是，多数情况下，$\bar{n}_{\text{shift}}^{\text{RA}}$ 和 $\bar{\bar{n}}_{\text{shift}}^{\text{RA}}$ 都是 0，只有在 $(L_{\text{RA}}+N_{\text{CS}})/4 \leq d_u < 2L_{\text{RA}}/7$ 时，$\bar{n}_{\text{shift}}^{\text{RA}}$ 和 $\bar{\bar{n}}_{\text{shift}}^{\text{RA}}$ 才有可能都是非 0 的正整数。

假设 $N_{\text{CS}}=15$，逻辑根序列索引 364 对应的根序列 u 是 58，满足公式（6-5）的 q 是 217，对应的 $d_u=217$，产生的循环移位共有 $4\times1+1+1=6$ 个，第一部分有 4 个循环移位，C_v 分别是 0、44、88、132，C_v 的组间间隔是 44；第二部分有 1 个循环移位，C_v 是 364；第三部分有 1 个循环移位，C_v 是 596。

假设 $N_{\text{CS}}=15$，逻辑根序列索引 329 对应的根序列是 614，满足公式（6-5）的 q 是 220，对应的 $d_u=220$，产生的循环移位共有 $3\times2+0+0=6$ 个，第一部分有 6 个循环移位，C_v 分别是 0、15、71、86、142、157，C_v 的组间间隔是 66，C_v 的组内间隔是 15；第二部分和第三部分产生的循环移位个数是 0 个。

根据以上分析，可以得出以下 4 个结论。第一，对于无限制集、限制集 A 和限制集 B，

随着 N_{CS} 的逐渐增大,每个根序列产生的循环移位逐渐减少,为了保证每个小区有 64 个随机接入前导,需要的根序列的数量逐渐增加。第二,对于无限制集,如果 N_{CS} 相同,每个根序列 u 产生的循环移位的数量也相同。第三,如果 N_{CS} 相同或者接近,限制集 A 和限制集 B 产生的循环移位的数量明显少于无限制集,因此,对于限制集 A 和限制集 B,每个小区需要分配更多的根序列以便产生 64 个随机接入前导。第四,对于限制集 A 和限制集 B,循环移位 C_v 的组内间隔是 N_{CS},循环移位 C_v 的组间间隔明显大于 N_{CS}。另外,在其他参数相同的条件下,不同的根序列 u 产生的循环移位的数量并不相同。

根据上述第三点结论,在小区的最大覆盖半径相同的情况下,相对于无限制集,限制集 A 和限制集 B 需要更多的根序列以保证每个小区有 64 个随机接入前导,增加根序列后会导致实施的复杂性增加。为了减少复杂度,建议限制集 A 和限制集 B 选择的 N_{CS},可以小于根据小区的最大覆盖半径计算的 N_{CS},由于 C_v 的组间间隔明显大于 N_{CS},当 UE 选择的循环移位不在同一个组时,即使较小的 N_{CS},随机接入前导也不会发生冲突。

6.1.2　PRACH 格式

PRACH 在时域上由 CP(长度是 T_{CP})、1 个或多个随机接入前导(单个随机接入前导的长度是 T_{SEQ})和保护时间(长度是 T_{GT})3 个部分组成。CP 的长度与时延扩展有关,长的 CP 允许更大的时延扩展,因此可以支持更大的小区半径。单个随机接入前导的长度 T_{SEQ} 与随机接入前导子载波间隔 Δf^{RA} 的关系为 $T_{SEQ} \times \Delta f^{RA} = 1$,总的序列长度影响基站对随机接入前导的接收质量,更长的序列长度意味着基站能够接收更多的能量,从而获得更好的解调性能。保护时间内不发送任何信号,保护时间确定了小区的最大覆盖半径,即小区的最大覆盖半径 $=c \times T_{GT}/2$,其中,$c=3 \times 10^8$ m/s。

NR 支持长序列($L_{RA}=839$)和短序列($L_{RA}=139$)两种长度的 PRACH 前导格式,分别见表 6-3 和表 6-4。κ 的含义见本书第四章。

表6-3　$L_{RA}=839$,$\Delta f^{RA} \in \{1.25, 5\}$ kHz,PRACH前导码格式

格式	L_{RA}	Δf^{RA}	N_u	N_{CP}^{RA}	支持的限制集
0	839	1.25 kHz	24576κ	3168κ	类型 A、类型 B
1	839	1.25 kHz	$2 \times 24576\kappa$	21024κ	类型 A、类型 B
2	839	1.25 kHz	$4 \times 24576\kappa$	4688κ	类型 A、类型 B
3	839	5 kHz	$4 \times 6144\kappa$	3168κ	类型 A、类型 B

表6-4　$L_{RA}=139$,$\Delta f^{RA}=15 \times 2^\mu$(其中,$\mu \in \{0, 1, 2, 3\}$),PRACH前导码格式

格式	L_{RA}	Δf^{RA}	N_u	N_{CP}^{RA}	支持的限制集
A1	139	$15 \times 2^\mu$ kHz	$2 \times 2048\kappa \times 2^{-\mu}$	$288\kappa \times 2^{-\mu}$	—
A2	139	$15 \times 2^\mu$ kHz	$4 \times 2048\kappa \times 2^{-\mu}$	$576\kappa \times 2^{-\mu}$	—
A3	139	$15 \times 2^\mu$ kHz	$6 \times 2048\kappa \times 2^{-\mu}$	$864\kappa \times 2^{-\mu}$	—

（续表）

格式	L_{RA}	Δf^{RA}	N_u	N_{CP}^{RA}	支持的限制集
B1	139	$15 \times 2^\mu$ kHz	$2 \times 2048\kappa \times 2^{-\mu}$	$216\kappa \times 2^{-\mu}$	—
B2	139	$15 \times 2^\mu$ kHz	$4 \times 2048\kappa \times 2^{-\mu}$	$360\kappa \times 2^{-\mu}$	—
B3	139	$15 \times 2^\mu$ kHz	$6 \times 2048\kappa \times 2^{-\mu}$	$504\kappa \times 2^{-\mu}$	—
B4	139	$15 \times 2^\mu$ kHz	$12 \times 2048\kappa \times 2^{-\mu}$	$936\kappa \times 2^{-\mu}$	—
C0	139	$15 \times 2^\mu$ kHz	$2048\kappa \times 2^{-\mu}$	$1240\kappa \times 2^{-\mu}$	—
C2	139	$15 \times 2^\mu$ kHz	$4 \times 2048\kappa \times 2^{-\mu}$	$2048\kappa \times 2^{-\mu}$	—

$L_{RA}=839$ 的 PRACH 前导格式的子载波间隔Δf^{RA}与上行信道的子载波间隔无关，仅应用于 FR1 场景。根据 CP、随机接入前导、保护时间以及Δf^{RA}的不同，图 6-1 所示的是$L_{RA}=839$ 的 PRACH 前导格式，共有 4 种，分别是格式 0~3。

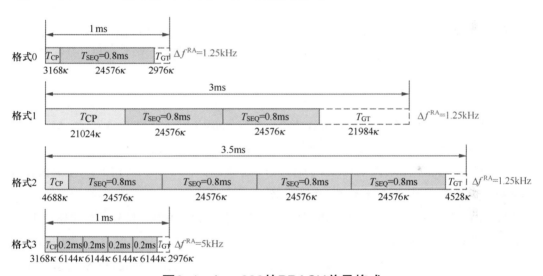

图 6-1　$L_{RA}=839$的PRACH前导格式

PRACH 前导格式 0 的长度是 1ms，CP、随机接入前导、保护时间的长度分别是 0.103ms、0.8ms、0.097ms，子载波间隔$\Delta f^{RA}=1.25$kHz，小区的最大覆盖半径是 14.53km，PRACH 前导格式 0 与 LTE 前导格式 0 在时域上完全一致。格式 0 适合于普通半径的小区覆盖。例如，市区、农村和郊区等环境。

PRACH 前导格式 1 的长度是 3ms，CP、随机接入前导、保护时间的长度分别是 0.684ms、2×0.8=1.6ms、0.716ms，子载波间隔$\Delta f^{RA}=1.25$kHz，小区的最大覆盖半径是 107.34km。格式 1 的随机接入前导重复 2 次，在较低的 SINR 下有较好的接收质量，且 CP 和保护时间最大，因此适合于大的小区半径。例如，海面、沙漠等环境。

PRACH 前导格式 2 的长度是 3.5ms，CP、随机接入前导、保护时间的长度分别是 0.153ms、4×0.8=3.2ms、0.147ms，子载波间隔$\Delta f^{RA}=1.25$kHz，小区的最大覆盖半径是

22.11km。格式 2 的随机接入前导重复 4 次，在低的 SINR 下也有相对较好的接收质量，因此适合于时延扩展小、信号传播损耗大等覆盖增强的场景。例如，深度覆盖等。

PRACH 前导格式 3 的长度是 1ms，CP、随机接入前导、保护时间的长度分别是 0.103ms、$4 \times 0.2 = 0.8$ms、0.097ms，子载波间隔Δf^{RA}=5kHz，小区的最大覆盖半径是 14.53km。格式 3 的子载波间隔较大，对多普勒频移和相位噪声不敏感，因此适合于高速场景。

L_{RA}=139 的 PRACH 前导格式的子载波间隔Δf^{RA}与数据信道的子载波间隔相同，可以应用于 FR1 和 FR2 场景。当应用于 FR1 场景时，Δf^{RA}=15kHz 或Δf^{RA}=30kHz；当应用于 FR2 时，Δf^{RA}=60kHz 或Δf^{RA}=120kHz。根据 CP、随机接入前导、保护时间的不同，L_{RA}=139 的 PRACH 前导格式分为 A、B、C 三组，共计 9 种前导格式。图 6-2 所示的是L_{RA}=139 的 PRACH 前导格式（Δf^{RA}=15kHz）。需要注意的是，随着Δf^{RA}的增加，CP、随机接入前导、保护时间相应的变短，但是每种前导格式占用的 OFDM 符号数不变。

L_{RA}=139 的 PRACH 前导格式采用每个 PRACH 都与上行数据信道的 OFDM 符号边界对齐的设计，这样设计的好处是允许 PRACH 和数据信道使用相同的接收机，从而降低系统设计的复杂度。

PRACH 前导格式 A1、A2、A3 的持续时间分别是 2 个、4 个、6 个 OFDM 符号，无保护时间，适用于 TA 已知或覆盖距离非常近的小区，例如，室内分布。由于前导格式 A1、A2、A3 没有自带保护时间，因此需要占用后面的 OFDM 符号作为保护时间，不能充分利用 PRACH 时隙。

PRACH 前导格式 B1、B2、B3、B4 的持续时间分别是 2 个、4 个、6 个、12 个 OFDM 符号，其保护时间中等，适用于覆盖距离适中的小区。

PRACH 前导格式 C0、C2 的持续时间分别是 2 个、6 个 OFDM 符号，与前导格式 A、B 相比，前导格式 C0、C2 的保护时间较长，因此适合覆盖距离较远的小区。格式 C2 相比格式 C0 支持的覆盖距离更大，以便满足固定无线接入（Fixed Wireless Access，FWA）场景。在这类场景下，主要使用 SCS=120kHz 的固定无线接入产品来满足最后 1km 的覆盖需求。

上述的 PRACH 前导格式定义了 PRACH 在时域上的长度，除此之外，根据频率和双工方式的不同，3GPP TS 38.211 协议还定义了 3 个索引表，规定了 PRACH 前导格式、PRACH 的帧号、子帧号、在 1 个子帧内 PRACH 时隙的数量、符号数等参数，也就是规定了 PRACH 在时域上的具体发送时刻。3 个索引表分别对应 FR1 FDD/SUL（3GPP TS 38.211 的表 6.3.3.2-2）、FR1 TDD（3GPP TS 38.211 的表 6.3.3.2-3）、FR2 TDD（3GPP TS 38.211 的表 6.3.3.2-4）。每个表格的取值范围是 0～255，通过高层参数 *prach-ConfigurationIndex* 通知给 UE，限于篇幅，本书就不再列出这 3 张索引表。

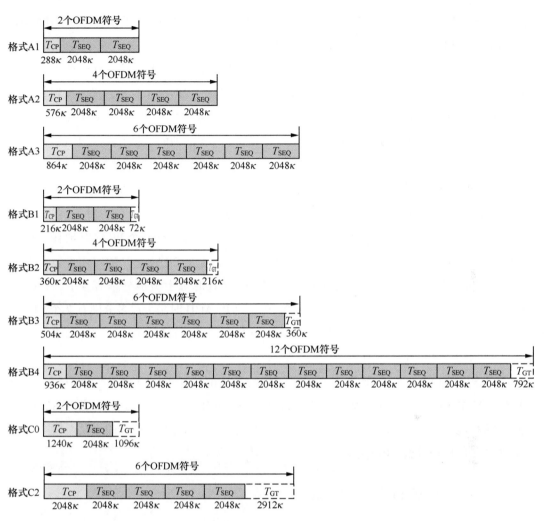

图6-2 L_{RA}=139的PRACH前导格式（Δf^{RA}=15kHz）

发送PRACH的帧必须满足$n_{SFN} \bmod x = y$，x是PRACH的周期，可以取值为1个、2个、4个、8个、16个无线帧，在每个周期内，可以有1~2个无线帧用于发送PRACH（简称"PRACH帧"）。在每个PRACH帧上，对于FR1，协议规定了发送PRACH的子帧号（简称"PRACH子帧"），对于FR2，协议规定了发送PRACH的时隙号（简称"PRACH时隙"）。

对于长序列（L_{RA}=839）PRACH前导格式，当使用的频率是FDD或SUL时，PRACH在时域位置上比较灵活，约束较少，既可以稀疏配置，也可以密集配置。对于格式0~3，最稀疏的配置是16个无线帧只有1个无线帧的1个子帧有PRACH时机（Occasion），PRACH时机为某个PRACH所占用的时频域资源；对于格式0和3（长度是1ms），最密集的配置是每个无线帧的每个子帧都有PRACH时机；对于格式1（长度是3ms），最密集的配置是每个无线帧有3个子帧有PRACH时机；对于格式2（长度是3.5ms），最密集的配置是每个无线帧有 2 个子帧有 PRACH 时机。如果 1 个无线帧上只有 1 个子帧有 PRACH 时机，则优先选择子帧 1、4、7、9。

对于长序列（L_{RA}=839）PRACH 前导格式，当使用的频率是 TDD 时，对于格式 0 和 3，最稀疏的配置是 16 个无线帧只有 1 个无线帧的 1 个子帧有 PRACH 时机，优先配置在子帧 9 上；最密集的配置是每个无线帧有 5 个子帧（子帧 1、3、5、7、9）有 PRACH 时机。对于格式 1 和格式 2，最稀疏的配置是 16 个无线帧只有 1 个无线帧的 1 个子帧有 PRACH 时机，最密集的配置是每个无线帧有 1 个子帧有 PRACH 时机，对于格式 1 只能配置在子帧 7 上；对于格式 2，只能配置在子帧 6 上。在稀疏配置时，PRACH 从子帧 6 的符号 0 开始；在密集配置时，PRACH 从子帧 6 的符号 7 开始，以节约子帧 6 前面的 7 个 OFDM 符号。

对于短序列（L_{RA}=139）PRACH 前导格式，1 个子帧内可以有多个 PRACH 时隙，由于 PRACH 长度较短，持续 2~12 个 OFDM 符号，因此在 1 个 PRACH 时隙内还可以有多个 PRACH 时机。对于格式 A1、A2、A3，在 1 个 PRACH 时隙上最多分别有 6 个、3 个、2 个 PRACH 时机；对于格式 B1、B4、C0、C2，在 1 个 PRACH 时隙上最多分别有 7 个、1 个、7 个、2 个 PRACH 时机；对于 A1/B1、A2/B2、A3/B3，在 1 个 PRACH 时隙上最多分别有 7 个、3 个、2 个 PRACH 时机。

对于短序列 PRACH 前导格式，需要注意的是，部分 *prach-Configuration Index* 对应 A1/B1、A2/B2 或 A3/B3 两种前导格式，且格式 B2 和 B3 不单独存在，只能以 A2/B2 或 A3/B3 这种混合形式存在。这是因为格式 A 和格式 B 的持续时间是相同的，只是格式 B 由于自带保护时间而导致 CP 较短。

6.1.3　PRACH 时频域资源

6.1.1 节产生的随机接入前导序列按照公式（6-12）映射到物理资源上。

$$a_k^{(p,\mathrm{RA})} = \beta_{\mathrm{PRACH}} y_{u,v}(k)$$
$$k = 0,1,\cdots,L_{\mathrm{RA}}-1$$
　　　　　公式（6-12）

在公式（6-12）中，β_{PRACH} 是幅度缩放因子，以便满足 UE 发射功率的要求，p=4000 是 PRACH 的天线端口号，PRACH 的基带信号 $s_l^{(p,u)}(t)$ 按照公式（6-13）到公式（6-16）产生。

$$s_l^{(p,u)}(t) = \sum_{k=0}^{L_{\mathrm{RA}}-1} a_k^{(p,\mathrm{RA})} e^{j2\pi(k+Kk_1+\bar{k})\Delta f_{\mathrm{RA}}(t-N_{\mathrm{CP},l}^{\mathrm{RA}}T_c - t_{\mathrm{start}}^{\mathrm{RA}})}$$
　公式（6-13）

$$K = \Delta f / \Delta f_{\mathrm{RA}}$$
　　　　　公式（6-14）

$$k_1 = k_0^\mu + \left(N_{\mathrm{BWP},i}^{\mathrm{start}} - N_{\mathrm{grid}}^{\mathrm{start},\mu}\right)N_{\mathrm{sc}}^{\mathrm{RB}} + n_{\mathrm{RA}}^{\mathrm{start}} N_{\mathrm{sc}}^{\mathrm{RB}} + n_{\mathrm{RA}} N_{\mathrm{RB}}^{\mathrm{RA}} N_{\mathrm{sc}}^{\mathrm{RB}} - N_{\mathrm{grid}}^{\mathrm{size},\mu} N_{\mathrm{sc}}^{\mathrm{RB}} / 2$$
　　　　　公式（6-15）

$$k_0^\mu = \left(N_{\mathrm{grid}}^{\mathrm{start},\mu} + N_{\mathrm{grid}}^{\mathrm{size},\mu}/2\right)N_{\mathrm{sc}}^{\mathrm{RB}} - \left(N_{\mathrm{grid}}^{\mathrm{start},\mu_0} + N_{\mathrm{grid}}^{\mathrm{size},\mu_0}/2\right)N_{\mathrm{sc}}^{\mathrm{RB}} 2^{\mu_0 - \mu}$$
　　　　　公式（6-16）

公式（6-13）到公式（6-16）规定了 UE 可以在哪些时频资源上发送 PRACH，但是由 UE 来决定是否发送 PRACH，因此可以用来发送 PRACH 的时频资源称为 PRACH 时机（occasion），本节接下来将分别分析 PRACH 的时域资源和频域资源。

1. PRACH 的时域资源

PRACH 在时域上的持续时间见公式（6-17）。

$$t_{\text{start}}^{\text{RA}} \leq t < t_{\text{start}}^{\text{RA}} + \left(N_u + N_{\text{CP},l}^{\text{RA}} \right) T_c \qquad 公式（6-17）$$

在公式（6-17）中，N_u 是随机接入前导的时间，其取值见表 6-3 和表 6-4。$N_{\text{CP},l}^{\text{RA}}$ 的取值见公式（6-18）。

$$N_{\text{CP},l}^{\text{RA}} = N_{\text{CP}}^{\text{RA}} + n \times 16\kappa \qquad 公式（6-18）$$

在公式（6-18）中，$N_{\text{CP}}^{\text{RA}}$ 是 PRACH 前导的 CP，其取值见表 6-3 和表 6-4。PRACH 前导 CP 需要增加 $n \times 16\kappa$ 的主要原因是开始位置在 0ms、0.5ms 的 OFDM 符号的 CP 需要增加 16κ，以便与数据信道的 OFDM 符号边界对齐，对于 SCS=15kHz，OFDM 符号 #0 和 #7 需要增加 16κ，n 的取值规则如下。

（1）对于 $\Delta f^{\text{RA}} \in \{1.25, 5\}$ kHz，n=0，这是因为对于长序列格式，PRACH 已经与子帧边界对齐，不需要再进行特别调整。

（2）对于 $\Delta f^{\text{RA}} \in \{15, 30, 60, 120\}$ kHz，n 是在 1 个子帧内，PRACH 与 0ms 或 0.5ms 边界重叠的次数，如果 PRACH 与 0ms 和 0.5ms 同时重叠，则 n=2。以 SCS=15kHz 为例，PRACH 前导的 CP 如图 6-3 所示。

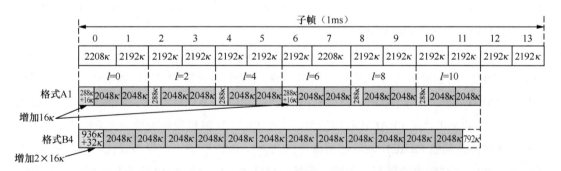

图 6-3　PRACH 前导的 CP

在 1 个子帧（$\Delta f^{\text{RA}} \in \{1.25, 5, 15, 30\}$ kHz 时）或在 1 个 SCS=60kHz 时隙（$\Delta f^{\text{RA}} \in \{60, 120,\}$ kHz 时）内，PRACH 前导开始的位置 $t_{\text{start}}^{\text{RA}}$ 见公式（6-19）。

$$t_{\text{start},l}^{\mu} = \begin{cases} 0 & l = 0 \\ t_{\text{start},l-1}^{\mu} + \left(N_u^{\mu} + N_{\text{CP},l-1}^{\mu} \right) \cdot T_c & 其他情况 \end{cases} \qquad 公式（6-19）$$

在公式（6-19）中，子帧或 SCS=60kHz 时隙的开始位置 t=0，时间提前量 $N_{TA}=0$，N_u^μ 和 $N_{CP,l-1}^\mu$ 的值见本书 4.2.2 节；对于 $\Delta f^{RA} \in \{1.25, 5\}$ kHz，$\mu=0$，对于 $\Delta f_{RA} \in \{15, 30, 60, 120\}$ kHz，$\mu=0, 1, 2$ 或 3。OFDM 符号的位置 l 按照公式（6-20）定义。

$$l = l_0 + n_t^{RA} N_{dur}^{RA} + 14 n_{slot}^{RA} \qquad 公式（6-20）$$

在公式（6-20）中，各个参数的含义如下。

（1）l_0 由 3GPP TS 38.211 协议的表 6.3.3.2-2 到表 6.3.3.2-4 中的开始符号（Starting Symbol）提供。

（2）n_t^{RA} 是在 1 个 PRACH 时隙内的 PRACH 时机，1 个时隙内的 PRACH 时机按照增序从 0 到 $N_t^{RA,slot}-1$ 进行编号，$L_{RA}=839$ 时，$N_t^{RA,slot}$ 固定为 1；$L_{RA}=139$ 时，$N_t^{RA,slot}$ 由 3GPP 38.211 协议的表 6.3.3.2-2 到表 6.3.3.2-4 的"1 个 PRACH 时隙内，时域上的 PRACH 时机数量"提供。

（3）N_{dur}^{RA} 是 PRACH 前导格式持续的符号数，由 3GPP 38.211 协议的表 6.3.3.2-2 到表 6.3.3.2-4 提供。

（4）n_{slot}^{RA} 是在 1 个子帧（$\Delta f_{RA} \in \{1.25, 5, 15, 30\}$ kHz 时）或在 1 个 SC=60kHz 时隙（$\Delta f_{RA} \in \{60, 120\}$ kHz 时）内，PRACH 时机所在时隙的索引。因为 1 个子帧内有 2 个 SCS=30kHz 时隙或 1 个 SCS=60kHz 时隙内有 2 个 SCS=120kHz 时隙，所以需要通过 n_{slot}^{RA} 来确定 PRACH 时机出现在哪个子帧或时隙上，n_{slot}^{RA} 的具体定义如下。

- 如果 $\Delta f_{RA} \in \{1.25, 5, 15, 60\}$ kHz，$n_{slot}^{RA}=0$。
- 如果 $\Delta f_{RA} \in \{30, 120\}$ kHz，当 3GPP 38.211 协议的表 6.3.3.2-2 到表 6.3.3.2-3 的"1 个子帧内 PRACH 时隙的数量"或 3GPP 38.211 协议的表 6.3.3.2-4 的"1 个 60kHz 时隙内 PRACH 时隙的数量"等于 1 时，$n_{slot}^{RA}=1$；其他情况下，$n_{slot}^{RA} \in \{0, 1\}$。以 SCS=30kHz 为例，PRACH 时隙示意如图 6-4 所示。

如果 3GPP TS 38.211 协议的表 6.3.3.2-2 到表 6.3.3.2-4 的随机前导格式是 A1/B1、A2/B2 或 A3/B3，为了把格式 A 和格式 B 区分开来，3GPP 协议特别规定，如果 $n_t^{RA}=n_t^{RA,slot}-1$，则在 PRACH 时机上，使用 PRACH 前导格式 B1、B2 或 B3；否则使用 PRACH 前导格式 A1、A2 或 A3，也就是 PRACH 时隙的最后 1 个 PRACH 时机使用前导格式 B1、B2 或 B3，PRACH 时隙的其他 PRACH 时机使用前导格式 A1、A2 或 A3。前导格式 A1、A2 或 A3 不能放在 PRACH 时隙内的尾部，主要原因是前导格式 A1、A2 或 A3 没有保护时间，如果放在 PRACH 时隙内的尾部，会对下一个时隙造成干扰。

接下来举 1 个例子来增加对 PRACH 时机的理解，假设使用的是 FR1 频率，双工方式是 FDD，则随机接入配置对应着 3GPP TS 38.211 协议的表 6.3.3.2-2，同时假设 *prach-ConfigurationIndex* 的值是 137，137 对应的参数如下。

（1）PRACH 前导格式是 A2/B2。

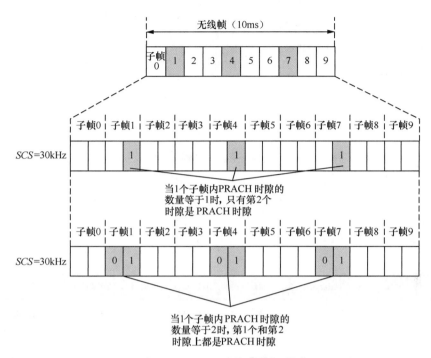

图6-4 PRACH时隙示意

（2）$x=2$，$y=1$，根据公式 $n_{SFN} \bmod x = y$ 可知，在奇数帧上有PRACH。

（3）子帧索引是2、6、9，即子帧2、子帧6、子帧9是PRACH子帧。

（4）开始的符号是0，也即公式（6-20）中的 $l_0=0$。

（5）1个子帧内PRACH时隙的数量等于1（$n_{slot}^{RA}=1$），也即1个子帧的2个时隙上，只有第2个时隙上有PRACH时机。

（6）在1个PRACH时隙内，时域上的PRACH时机数量 $N_t^{RA,slot}=3$，也即在1个PRACH时隙上，在时域上有3个PRACH时机，前2个PRACH时机使用前导格式A2，第3个PRACH时机使用前导格式B2。

（7）PRACH前导格式持续的符号数 $N_{dur}^{RA}=4$。

PRACH时机（FR1 FDD或SUL，$prach\text{-}ConfigurationIndex=137$）如图6-5所示。

2. PRACH的频域资源

NR的PRACH的子载波间隔 $\Delta f^{RA} \in \{1.25，5，15，30，60，120\}$ kHz，而PUSCH的子载波间隔 $\Delta f \in \{15，30，60，120\}$ kHz，协议支持的 Δf^{RA} 和 Δf 组合，以及对应的 $\bar{k}$ 值见表6-5。

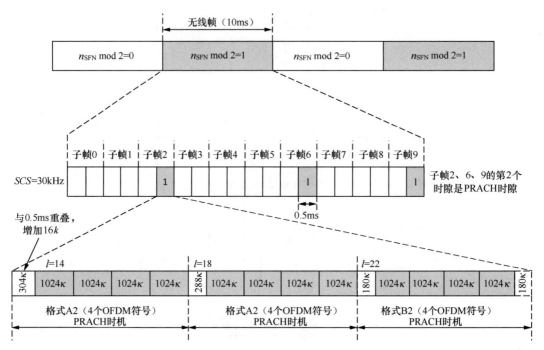

图6-5　PRACH时机（FR1 FDD或SUL，*prach-ConfigurationIndex*=137）

表6-5　协议支持的Δf^{RA}和Δf组合，以及对应的$\bar{k}$值

L_{RA}	PRACH 的 Δf^{RA}	PUSCH 的 Δf	分配的 RB 数 N_{RB}^{RA}（以 PUSCH 的 RB 为单位）	$\bar{k}$
839	1.25	15	6	7
839	1.25	30	3	1
839	1.25	60	2	133
839	5	15	24	12
839	5	30	12	10
839	5	60	6	7
139	15	15	12	2
139	15	30	6	2
139	15	60	3	2
139	30	15	24	2
139	30	30	12	2
139	30	60	6	2
139	60	60	12	2
139	60	120	6	2
139	120	60	24	2
139	120	120	12	2

表 6–5 实际上规定了 1 个 PRACH 在频域上占用的带宽，对于长序列（L_{RA}=839）格式，1 个 PRACH 信道在频域上占用 839 个子载波。当 Δf^{RA} =1.25kHz 时，对于 Δf =15kHz、30kHz、60kHz 的 PUSCH，分别占用 6 个 PRB（1.08MHz）、3 个 PRB（1.08MHz）、2 个 PRB（1.44MHz），对应 864、864、1152 个 Δf^{RA} =1.25kHz 子载波，下边界分别有 7 个、1 个、133 个 PRACH 子载波（对应 $\bar{k}$）作为保护。同理，当 Δf^{RA} =5kHz 时，对于 Δf =15kHz、30kHz、60kHz 的 PUSCH，分别占用 24 个 RB（4.32MHz）、12 个 RB（4.32MHz）、6 个 RB（4.32MHz），对应 864、864、1152 个 Δf^{RA} =5kHz 子载波，下边界分别有 12 个、10 个、7 个 PRACH 子载波（对应 $\bar{k}$）作为保护。

对于短序列（L_{RA}=139）格式，1 个 PRACH 在频域上占用 139 个子载波，不管 Δf^{RA} 和 Δf 如何组合，在频域上都是占用 12×12=144 个 PRACH 子载波，下边界有 2 个 PRACH 子载波作为保护。当 Δf =15kHz、30kHz、60kHz、120kHz 时，带宽分别是 2.16MHz、4.32MHz、8.64MHz 和 17.28MHz。

PRACH 在频域上的位置由公式（6-15）和公式（6-16）定义，每个参数的含义如下。

（1）μ_0 是 UE 所配置的子载波间隔（由高层参数 *scs-SpecificCarrierList* 提供）中最大的 μ。

（2）$N_{BWP,i}^{start}$ 是 BWP 上最低的 RB 索引，对于初始接入，BWP 为初始激活上行 BWP（由高层参数 *initialUplinkBWP* 提供）；对于其他情况，BWP 是上行激活 BWP（由高层参数 *bwp-Uplink* 提供）。

（3）n_{RA}^{start} 是在频域上的最低 PRACH 时机相对于 BWP 的 PRB 0 的频率偏移，由初始激活上行 BWP 与激活上行 BWP 相关联的高层参数 *msg1-frequencyStart* 提供。

（4）$n_{RA} \in \{0,1,\cdots,M-1\}$ 是在时域的 1 个 PRACH 时机上，在频域上的 PRACH 时机索引。M 由高层参数 *msg1-FDM* 提供，可以取值为 1、2、4 或 8，即频域上 PRACH 时机的数量是 1 个、2 个、4 个或 8 个。

PRACH 在频域上的位置示意如图 6-6 所示。

通过对 PRACH 的时域资源和频域资源进行分析，我们可以发现，PRACH 的时频域资源配置非常灵活，可以通过无线帧、子帧、时隙来灵活配置 PRACH 在时域上的密度，对于短序列前导格式，还可以在同一个时隙上配置不同的 PRACH 时机；在频域上，可以灵活配置 PRACH 在频域上的开始位置与 PRACH 时机数量。PRACH 的资源密度越高，UE 传输 PRACH 的等待时间就越短，不同 UE 之间 PRACH 发生冲突的可能性就越低，但是由于 PRACH 资源不能用于 PUSCH 传输，所以会导致上行峰值速率下降，因此在实际网络部署的时候，需要根据小区内的 UE 数、UE 行为等，合理配置 PRACH 的时频资源。

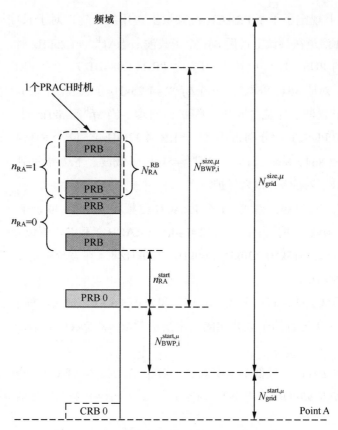

图6-6 PRACH在频域上的位置示意

6.2 PUCCH

PUCCH 共有 5 种格式，分别是 PUCCH 格式 0~4。

PUCCH 格式 0 的长度是 1 个或 2 个 OFDM 符号，在频域上占用 1 个 PRB，最多传输两个 bit 的上行控制信息（Uplink Control Information，UCI）负荷，同一个 PRB 可以复用多个 PUCCH 格式 0。

PUCCH 格式 1（含 DM-RS）的长度是 4~14 个 OFDM 符号，在频域上占用 1 个 PRB，最多传输两个 bit 的 UCI 负荷，同一个 PRB 可以复用多个 PUCCH 格式 1。

PUCCH 格式 2 的长度是 1 个或 2 个 OFDM 符号，在频域上占用 1 个或多个 PRB，传输大尺寸的 UCI 负荷，同一个 PRB 只能传输 1 个 PUCCH 格式 2。

PUCCH 格式 3（含 DM-RS）的长度是 4~14 个 OFDM 符号，在频域上占用 1 个或多个 PRB，传输大尺寸的 UCI 负荷，同一个 PRB 只能传输 1 个 PUCCH 格式 3。

PUCCH 格式 4（含 DM-RS）的长度是 4~14 个 OFDM 符号，在频域上占用 1 个 PRB，

传输中等尺寸的 UCI 负荷，同一个 PRB 可以复用多个 PUCCH 格式 4。PUCCH 格式 0~4 的总结见表 6–6。

表6–6　PUCCH格式0~4的总结

PUCCH 格式	长度（含 DM-RS）	PRB 数（个）	比特数（个）	调制方式	是否在同一个 PRB 上复用
0	1~2	1	≤2	—	是
1	4~14	1	≤2	BPSK 或 QPSK	是
2	1~2	1个或多个	>2	QPSK	否
3	4~14	1个或多个	>2	QPSK 或 π/2–BPSK	否
4	4~14	1	>2	QPSK 或 π/2–BPSK	是

与 LTE 相比，NR 增加了短 PUCCH 格式，短 PUCCH 可以在 1 个时隙的最后 1 个或 2 个 OFDM 符号上，对同一个时隙的 PDSCH 的 HARQ-ACK、CSI 进行反馈，从而达到低时延的目的，因此适用于超低时延场景。

PUCCH 上传递的 UCI 的负荷包括三类信息，分别是调度请求（Scheduling Request，SR）、HARQ-ACK 和信道状态信息（Channel State Information，CSI）。

SR 用于向 gNB 请求上行资源以便进行 PUSCH 的传输，如果 UE 有上行数据需要传输，则 UE 发送 SR，如果 UE 没有上行数据需要传输，则 UE 不发送 SR，因此 SR 只需要 1 个状态即可。通过 UE 的主动申请，能够避免 gNB 的无效上行数据调度。

HARQ-ACK 用于向 gNB 反馈，PDSCH 是否正确解码，在不考虑 CBG 传输的情况下，如果 PDSCH 只使用 1 个传输块，则 HARQ-ACK 是 1 个 bit，如果 PDSCH 使用 2 个传输块，则 HARQ-ACK 是 2 个 bit。

CSI 用于向 gNB 反馈下行信道质量，gNB 根据反馈选择信道质量较好的下行信道进行下行数据调度。CSI 包括 RI、PMI 和 CQI、LI、L1-RSRP 等信息，其需要的比特数与频域粒度（宽带模式或子带模式）、天线端口数、码本配置、子带数量等有关系。

上行控制信息使用的信道编码与 UCI 的尺寸有关，上行控制信息的信道编码见表 6–7。

表6–7　上行控制信息的信道编码

上行控制信息尺寸（如果 CRC 存在，含有 CRC）	信道编码
1	重复码
2	单一（Simplex）码
3~11	RM（Reed Muller）码
>11	极化码

6.2.1　序列和循环移位的跳频

PUCCH 格式 0、1、3 或 4 使用低峰均比（Peak-to-Average Power Ratio，PAPR）的

序列 $r_{u,v}^{(\alpha,\delta)}(n)$，$r_{u,v}^{(\alpha,\delta)}(n)$ 的定义见本书 4.4.2 节。对于 PUCCH，$\delta=0$，序列组 u 和序列号 v 的取值依赖于序列是否跳频；循环移位（Cyclic Shift，CS）α 的取值依赖于 CS 是否跳频。PUCCH 格式 2 使用伪随机序列，伪随机序列的定义见本书 4.4.1 节。

1. 组和序列跳频

序列组 $u=(f_{gh}+f_{ss}) \bmod 30$ 和组内的序列号 v 依赖于高层参数 *pucch-GroupHopping* 的配置。*pucch-GroupHopping* 有 3 个取值，分别是"neither""enable"和"disable"，分别对应序列组和序列号都不跳频、序列组跳频而序列号不跳频、序列组不跳频而序列号跳频。

如果 *pucch-GroupHopping* 取值为"neither"，序列组和序列号的定义见公式（6–21）。

$$f_{gh} = 0$$
$$f_{ss} = n_{ID} \bmod 30 \qquad 公式（6–21）$$
$$v = 0$$

在公式（6–21）中，如果配置了高层参数 *hoppingId*，则 N_{ID} 等于 *hoppingId*，*hoppingId* 的取值是 0~1023；否则 $N_{ID} = N_{ID}^{cell}$，N_{ID}^{cell} 就是小区的 PCI。

如果 *pucch-GroupHopping* 取值为"enable"，序列组和序列号的定义见公式（6–22）。

$$f_{gh} = \left(\sum_{m=0}^{7} 2^m c\left(8\left(2n_{s,f}^{\mu} + n_{hop}\right) + m\right)\right) \bmod 30$$
$$f_{ss} = n_{ID} \bmod 30 \qquad 公式（6–22）$$
$$v = 0$$

在公式（6–22）中，伪随机序列 $c(i)$ 的定义见本书 4.4.1 节，在每个无线帧的开始用 $c_{init} = \lfloor n_{ID}/30 \rfloor$ 对 $c(i)$ 进行初始化。如果配置了 *hoppingId*，则 N_{ID} 等于 *hoppingId*；否则 $N_{ID} = N_{ID}^{cell}$。

如果 *pucch-GroupHopping* 取值为"disable"，序列组和序列号的定义见公式（6–23）。

$$f_{gh} = 0$$
$$f_{ss} = n_{ID} \bmod 30 \qquad 公式（6–23）$$
$$v = c\left(2n_{s,f}^{\mu} + n_{hop}\right)$$

在公式（6–23）中，伪随机序列以 $c(i)$ 的定义见本书 4.4.1 节，在每个无线帧的开始用 $c_{init} = 2^5 \lfloor n_{ID}/30 \rfloor + (n_{ID} \bmod 30)$ 对 $c(i)$ 进行初始化。如果配置了 *hoppingId*，则 N_{ID} 等于 *hoppingId*；否则 $N_{ID} = N_{ID}^{cell}$。

对于 PUCCH 格式 0、1、3、4，序列组和序列跳频指的是 PUCCH 的基序列和序列的跳变，但是并不改变 PUCCH 使用的频率。除此之外，对于 PUCCH 格式 1、3、4，还支持时隙内的频率跳频，如果时隙内跳频（由高层参数 *intraSlotFrequencyHopping* 配置）不使能，则频率跳频索引 $n_{hop}=0$；如果时隙内跳频使能，则第 1 跳的频率跳频索引 $n_{hop}=0$，第 2 跳的频率跳频索引 $n_{hop}=1$。

2. 循环移位跳频

循环移位 a 由公式（6-24）定义，随着符号和时隙号的变化而变化。

$$a_l = \frac{2\pi}{N_{sc}^{RB}}\left(\left(m_0 + m_{CS} + n_{cs}\left(n_{s,f}^{\mu}, l+l'\right)\right) \bmod N_{sc}^{RB}\right) \quad \text{公式（6-24）}$$

在公式（6-24）中，各个参数的含义如下。

（1）$n_{s,f}^{\mu}$ 是无线帧内的时隙号。

（2）l 是 PUCCH 传输的 OFDM 符号索引，其中 l=0 对应着 PUCCH 传输的第 1 个 OFDM 符号。

（3）l' 是时隙内相对于 PUCCH 传输的第 1 个 OFDM 符号（即 l）的索引。

（4）m_0 是初始循环移位，由 RRC 层信令配置，对于 PUCCH 格式 0 和 1，m_0 的取值分别见本书 6.2.2 节和 6.2.3 节；对于 PUCCH 格式 3 和 4，m_0 的取值见本书 6.2.5 节。

（5）对于 PUCCH 格式 0，m_{CS} 的取值与传递的信息有关，见本书 6.2.2 节；对于其他 PUCCH 格式，$m_{CS} = 0$。

函数 $n_{CS}(n_c, l)$ 通过公式（6-25）产生。

$$n_{CS}\left(n_{s,f}^{\mu}, l\right) = \sum_{m=0}^{7} 2^m c\left(8 N_{symb}^{slot} n_{s,f}^{\mu} + 8l + m\right) \quad \text{公式（6-25）}$$

在公式（6-25）中，伪随机序列 $c(i)$ 的定义见本书 4.4.1 节，用 $c_{init} = n_{ID}$ 对伪随机序列 $c(i)$ 进行初始化，如果配置了 $hoppingId$，则 N_{ID} 等于 $hoppingId$；否则 $N_{ID} = N_{ID}^{cell}$。

6.2.2 PUCCH 格式 0

PUCCH 格式 0 在频域上占用 1 个 PRB，在时域上占用 1~2 个 OFDM 符号，其序列 $x(n)$ 通过公式（6-26）产生。

$$\begin{aligned} x\left(l \times N_{sc}^{RB} + n\right) &= r_{u,v}^{(\alpha,\delta)}(n) \\ n &= 0,1,\cdots,N_{sc}^{RB} - 1 \\ l &= \begin{cases} 0 & \text{单符号PUCCH传输} \\ 0,1 & \text{双符号PUCCH传输} \end{cases} \end{aligned} \quad \text{公式（6-26）}$$

$r_{u,v}^{(\alpha,\delta)}(n)$ 的定义见本书 4.4.2 节，δ=0。在初始循环移位 m_0 给定的条件下，a 的取值与 m_{CS} 有关。公式（6-26）产生的序列 $x(n)$ 乘以幅度缩放因子（Amplitude Scaling Factor）$\beta_{PUCCH,0}$ 后，从 $x(0)$ 开始，按照先频域 k，后时域 l 的顺序映射到 RE $(k,l)_{p,\mu}$ 上，PUCCH 格式 0 的天线端口号 p=2000。根据资源映射和 PUCCH 格式 0 的序列特点，我们可以发现，PUCCH 格式 0 占用 1 个或 2 个 OFDM，并不影响复用的 UE 数，配置 2 个 OFDM 符号的优势是可以提升 HARQ-ACK 反馈和 / 或 SR 请求的可靠性。在全部的 5 种 PUCCH 格式中，只有 PUCCH 格式 0 不需要 DM-RS。

根据公式（6-26），可以画出 PUCCH 格式 0 的结构，PUCCH 格式 0 如图 6-7 所示。

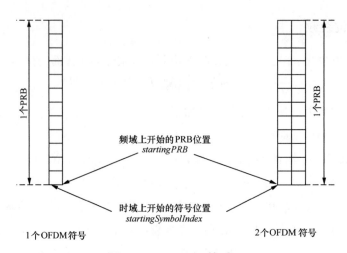

图6-7 PUCCH格式0

PUCCH 格式 0 配置的高层参数包括初始循环移位，也即公式（6-24）中的 m_0，由高层参数 *initialCyclicShift* 通知给 UE，取值是 0～11；占用的 OFDM 符号数，由高层参数 *nrofSymbols* 通知给 UE，取值是 1 或 2；在时隙内开始的 OFDM 符号索引，由高层参数 *startingSymbolIndex* 通知给 UE，取值是 0～13；在频域上开始的 PRB 位置，由高层参数 *startingPRB* 通知给 UE。

PUCCH 格式 0 可以传递 1～2 个 bit 的 HARQ-ACK 和 / 或 1 个 bit 的 SR 信息，当 PDSCH 使用 1 个传输块时，HARQ-ACK 是 1 个 bit；当 PDSCH 使用 2 个传输块时，HARQ-ACK 是 2 个 bit。

PUCCH 格式 0 是通过不同的循环移位来传递信息，循环移位 m_{CS} 共有 12 个选择，因此 1 个 PUCCH 格式 0 的 PUCCH 信道可以传递 12 个信号。同一个 PUCCH 信道可以被多个 UE 同时使用，通过 m_0 来区分不同的用户；同一个 UE 的信息通过 m_{CS} 区分，其具体规则如下所述。

如果 PUCCH 格式 0 仅传输 HARQ-ACK 信息，传输 1 个 bit 的 HARQ-ACK 需要 2 个循环移位，传输 2 个 bit 的 HARQ-ACK 需要 4 个循环移位。1 个 bit 的 HARQ-ACK 到 PUCCH 格式 0 序列的映射值见表 6-8，因此 1 个 PUCCH 格式 0 的 PUCCH 信道最多复用 6 个 UE。2 个 bit 的 HARQ-ACK 到 PUCCH 格式 0 序列的映射值见表 6-9，因此 1 个 PUCCH 格式 0 的 PUCCH 信道最多复用 3 个 UE。

表6-8 1个bit的HARQ-ACK到PUCCH格式0序列的映射值

HARQ-ACK 的值	0	1
序列的循环移位	$m_{CS}=0$	$m_{CS}=6$

表6-9 2个bit的HARQ-ACK到PUCCH格式0序列的映射值

HARQ-ACK 的值	{0, 0}	{0, 1}	{1, 1}	{1, 0}
序列的循环移位	$m_{CS}=0$	$m_{CS}=3$	$m_{CS}=6$	$m_{CS}=9$

如果仅传输 SR，只需要 1 个循环移位（$m_{CS}=0$），1 个 PUCCH 格式 0 的 PUCCH 信道最多复用 12 个 UE。

如果 HARQ-ACK 和 SR 同时传输，又分为两种情况：第一，如果 HARQ-ACK 是 1 个 bit，传输 HARQ-ACK 和负的 SR，需要 2 个循环移位（m_{CS} 的值见表 6-8），传输 HARQ-ACK 和正的 SR，需要 2 个循环移位，1 个 bit 的 HARQ-ACK 和正的 SR 到 PUCCH 格式 0 序列的映射值见表 6-10。一个 bit 的 HARQ-ACK 和 SR 同时传输共计需要 4 个循环移位，因此 1 个 PUCCH 格式 0 的 PUCCH 信道最多复用 3 个 UE；第二，如果 HARQ-ACK 是 2 个 bit，传输 HARQ-ACK 和负的 SR，需要 4 个循环移位（m_{CS} 的值见表 6-9），传输 HARQ-ACK 和正的 SR，需要 4 个循环移位，2 个 bit 的 HARQ-ACK 和正的 SR 到 PUCCH 格式 0 序列的映射值见表 6-11。2 个 bit 的 HARQ-ACK 和 SR 同时传输共计需要 8 个循环移位，因此 1 个 PUCCH 格式 0 的 PUCCH 信道只能被 1 个 UE 使用。

表6-10　1个bit的HARQ-ACK和正的SR到PUCCH格式0序列的映射值

HARQ-ACK 的值	0	1
序列的循环移位	$m_{CS}=3$	$m_{CS}=9$

表6-11　2个bit的HARQ-ACK和正的SR到PUCCH格式0序列的映射值

HARQ-ACK 的值	{0, 0}	{0, 1}	{1, 1}	{1, 0}
序列的循环移位	$m_{CS}=1$	$m_{CS}=4$	$m_{CS}=7$	$m_{CS}=10$

1 个 PRB（承载 PUCCH 格式 0）可以复用的 UE 数见表 6-12。

表6-12　1个PRB（承载PUCCH格式0）可以复用的UE数

UCI 类型	循环移位数（个）	UE 数（个）
1 个 bit 的 HARQ-ACK	2	6
2 个 bit 的 HARQ-ACK	4	3
SR	1	12
1 个 bit 的 HARQ-ACK+SR	4	3
2 个 bit 的 HARQ-ACK+SR	8	1

考虑到实际的部署环境，为了提高 PUCCH 格式 0 的检测性能，gNB 可能不会使用所有的循环移位值，即不会用完所有的 12 个循环移位。不同用户间的循环移位差值尽可能大于 1，以此提升 PUCCH 格式 0 的检测性能。

根据表 6-8、表 6-9、表 6-10、表 6-11，可以发现 m_{CS} 取值的特点，对于同一个 UE，当使用多个 m_{CS} 时，循环移位是均匀分布的且尽量远，其优点是不容易混淆。

6.2.3 PUCCH 格式 1

PUCCH 格式 1 在频域上占用 1 个 PRB，在时域上占用 4～14 个 OFDM 符号（含 DM-RS）。PUCCH 格式 1 传输 1～2 个 bit 的信息，当仅传输 1 个 bit 的 HARQ-ACK 时，使用 BPSK 调制；当传输 2 个 bit 的 HARQ-ACK 时，使用 QPSK 调制；仅传输 SR 时，使用 BPSK 调制；同时传输 1 个 bit 的 HARQ-ACK 和 SR 时，用 QPSK 调制。PUCCH 格式 1 无法同时传输 2 个 bit 的 HARQ-ACK 和 SR。

1～2 个 bit 的信息经过调制（BPSK 或 QPSK）后产生一个复数符号 $d(0)$，复数符号 $d(0)$ 根据公式（6-27）乘以序列 $r_{u,v}^{(\alpha,\delta)}(n)$。

$$y(n) = d(n) \times r_{u,v}^{(\alpha,\delta)}(n)$$
$$n = 0,1,\cdots,N_{sc}^{RB}-1$$
公式（6-27）

在公式（6-27）中，$r_{u,v}^{(\alpha,\delta)}(n)$ 的定义见本书 4.4.2 节，复数符号块 $y(0),\cdots,y(N_{sc}^{RB}-1)$ 乘以正交序列 $w_i(n)$，以块组的方式进行扩频，见公式（6-28）。

$$z(m'N_{sc}^{RB}N_{SF,0}^{PUCCH,1} + mN_{sc}^{RB} + n) = w_i(m) \times y(n)$$
$$n = 0,1,\cdots,N_{sc}^{RB}-1$$
$$m = 0,1,\cdots,N_{SF,m'}^{PUCCH,1}-1$$
$$m' = \begin{cases} 0 & 没有时隙内跳频 \\ 0,1 & 有时隙内跳频 \end{cases}$$
公式（6-28）

在公式（6-28）中，$N_{SF,m'}^{PUCCH,1}$ 是 PUCCH 传输每跳（hop）占用的符号数（不含 DM-RS），与 PUCCH 格式 1 的符号长度（含 DM-RS）$N_{symb}^{PUCCH,1}$ 和时隙内是否跳频有关，PUCCH 格式 1 占用的 OFDM 符号数和对应的 $N_{SF,m'}^{PUCCH,1}$ 见表 6-13。$N_{symb}^{PUCCH,1}$ 由高层参数 *nrofSymbols* 通知给 UE，取值为 4～14；时隙内是否跳频由高层参数 *intraSlotFrequencyHopping* 通知给 UE；在频域上第 1 跳开始的 PRB 位置由高层参数 *startingPRB* 通知给 UE，第 2 跳开始的 PRB 位置由高层参数 *secondHopPRB* 通知给 UE；PUCCH 格式 1 在时隙内开始的符号索引由高层参数 *startingSymbolIndex* 通知给 UE，取值为 0～10。

表6-13 PUCCH格式1占用的OFDM符号数和对应的 $N_{SF,m'}^{PUCCH,1}$

PUCCH 长度，$N_{symb}^{PUCCH,1}$	$N_{SF,m'}^{PUCCH,1}$		
	没有时隙内跳频	时隙内跳频	
	$m'=0$	$m'=0$	$m'=1$
4	2	1	1
5	2	1	1
6	3	1	2

（续表）

PUCCH 长度，$N^{PUCCH,1}_{symb}$	没有时隙内跳频 $m'=0$	时隙内跳频 $m'=0$	时隙内跳频 $m'=1$
7	3	1	2
8	4	2	2
9	4	2	2
10	5	2	3
11	5	2	3
12	6	3	3
13	6	3	3
14	7	3	4

（表头第二行上方为 $N^{PUCCH,1}_{SF,m'}$）

PUCCH 格式 1 支持时域正交序列的复用，PUCCH 格式 1 的正交序列 $w_i(m) = e^{j2\pi\varphi(m)/N^{PUCCH,1}_{SF,m'}}$ 见表 6-14，其中，i 是正交序列码（Orthogonal Cover Code，OCC）的索引，通过高层参数 *timeDomainOCC* 通知 UE，取值为 0～6。PUCCH 格式 1 支持使用多个时隙进行传输以增加传输的可靠性，在这种情况下，$d(0)$ 在后续的时隙上进行重复。

表6-14　PUCCH格式1的正交序列 $w_i(m) = e^{j2\pi\varphi(m)/N^{PUCCH,1}_{SF,m'}}$

$N^{PUCCH,1}_{SF,m'}$	φ						
	$i=0$	$i=1$	$i=2$	$i=3$	$i=4$	$i=5$	$i=6$
1	[0]	—	—	—	—	—	—
2	[0 0]	[0 1]	—	—	—	—	—
3	[0 0 0]	[0 1 2]	[0 2 1]	—	—	—	—
4	[0 0 0 0]	[0 2 0 2]	[0 0 2 2]	[0 2 2 0]	—	—	—
5	[0 0 0 0 0]	[0 1 2 3 4]	[0 2 4 1 3]	[0 3 1 4 2]	[0 4 3 2 1]	—	—
6	[0 0 0 0 0 0]	[0 1 2 3 4 5]	[0 2 4 0 2 4]	[0 3 0 3 0 3]	[0 4 2 0 4 2]	[0 5 4 3 2 1]	—
7	[0 0 0 0 0 0 0]	[0 1 2 3 4 5 6]	[0 2 4 6 1 3 5]	[0 3 6 2 5 1 4]	[0 4 1 5 2 6 3]	[0 5 3 1 6 4 2]	[0 6 5 4 3 2 1]

公式（6-28）产生的序列 $z(n)$ 乘以幅度缩放因子（Amplitude Scaling Factor）$\beta_{PUCCH,1}$ 后，从 $x(0)$ 开始，按照先频域 k，后时域 l 的顺序映射到 RE $(k,l)_{p,\mu}$ 上，PUCCH 格式 1 的天线端口号 $p=2000$。RE $(k,l)_{p,\mu}$ 应该满足以下标准。

（1）RE 在分配给 PUCCH 的 PRB 上。

（2）RE 不能被与 PUCCH 关联的 DM-RS 使用。

（3）RE 不被保留为其他目的。

PUCCH 格式 1 与 DM-RS 是时分复用的关系，PUCCH 格式 1 偶数位置的符号是 DM-RS。DM-RS 主要作为参考信号用于解调 UCI 信息，不需要额外承载 UCI 信息。DM-RS 参考信号序列由公式（6-29）定义。

$$z\left(m'N_{sc}^{RB}N_{SF,m'}^{PUCCH,1}+mN_{sc}^{RB}+n\right)=w_i(m)\times r_{u,v}^{(\alpha,\delta)}(n)$$

$$n=0,1,\cdots,N_{sc}^{RB}-1$$

$$m=0,1,\cdots,N_{SF,m'}^{PUCCH,1}-1$$

$$m'=\begin{cases}0 & \text{没有时隙内跳频}\\0,1 & \text{有时隙内跳频}\end{cases}$$

公式（6-29）

在公式（6-29）中，$r_{u,v}^{(\alpha,\delta)}(n)$ 的定义见本书 4.4.2 节，$N_{SF,m'}^{PUCCH,1}$ 是 DM-RS 占用的符号数，DM-RS 占用的 OFDM 符号数和对应的 $N_{SF,m'}^{PUCCH,1}$ 见表 6-15，时隙内是否跳频由高层参数 *intraSlotFrequencyHopping* 通知给 UE。

表6-15　DM-RS占用的OFDM符号数和对应的 $N_{SF,m'}^{PUCCH,1}$

PUCCH 长度，$N_{symb}^{PUCCH,1}$	$N_{SF,m'}^{PUCCH,1}$		
	没有时隙内跳频	时隙内跳频	
	$m'=0$	$m'=0$	$m'=1$
4	2	1	1
5	3	1	2
6	3	2	1
7	4	2	2
8	4	2	2
9	5	2	3
10	5	3	2
11	6	3	3
12	6	3	3
13	7	3	4
14	7	4	3

DM-RS 使用的正交序列 $w_i(m)$ 见表 6-14，DM-RS 使用与 PUCCH 格式 1 同样的正交序列索引 i。

公式（6-29）产生的序列 $z(m)$ 乘以幅度缩放因子 $\beta_{PUCCH,1}$ 后，从 $z(0)$ 开始，按照先频域 k，后时域 l 的顺序映射到 RE $(k,l)_{p,\mu}$ 上，如公式（6-30）所示，PUCCH 格式 1 的 DM-RS 天线端口号 $p=2000$。

$$a_{k,l}^{(p,\mu)}=\beta_{PUCCH,1}z(m)$$

$$l=0,2,4,\cdots$$

公式（6-30）

在公式（6-30）中，$l=0$ 是 PUCCH 格式 1 的第 1 个 OFDM 符号，DM-RS 映射在偶数位置，结束位置和 PUCCH 格式 1 占用的 OFDM 符号有关。

PUCCH 格式 1（长度为 4 个、7 个、14 个 OFDM）的示意如图 6-8 所示。

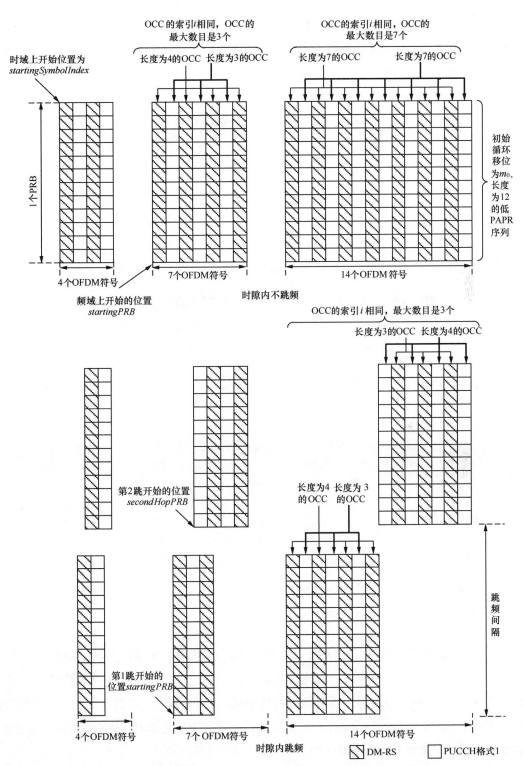

图6-8　PUCCH格式1（长度为4个、7个、14个OFDM）的示意

与 PUCCH 格式 0 一样，PUCCH 格式 1 也支持基于循环移位的多 UE 复用。UE 使用的初始循环移位 m_0 通过高层参数 *initialCyclicShift* 通知给 UE。因此 1 个 PUCCH 格式 1 的 PUCCH 信道可以复用的 UE 数由循环移位的数量和时域上的 OCC 最大数量共同来确定。循环移位共有 12 个取值，虽然在理论上，通过循环移位最多能够复用 12 个 UE，但在实际使用中，由于信道衰落与噪声的干扰，为了保证 PUCCH 格式 1 的性能，通过循环移位最多能够复用 6 个或 4 个 UE。OCC 的最大数量与 PUCCH 长度和时隙内是否跳频有关，以长度（含 DM-RS）是 14 个 OFDM 符号的 PUCCH 格式 1 为例，如果时隙内不跳频，OCC 的最大数量是 7 个（正交序列索引 i 为 0~6），1 个 PUCCH 格式 1 的 PUCCH 信道最多可以复用 12×7=84 个 UE；如果时隙内跳频，OCC 的最大数量是 3 个（正交序列索引 i 是 0~2），1 个 PUCCH 格式 1 的 PUCCH 信道最多可以复用 12×3=36 个 UE。当 PUCCH 格式 1 的长度不同时，1 个 PRB（承载 PUCCH 格式 1）可以复用的 UE 数见表 6-16。

表6-16　1个PRB（承载PUCCH格式1）可以复用的UE数

PUCCH 长度，$N^{PUCCH,1}_{symb}$	OCC 的最大数量（个）		复用的 UE 数量（个）	
	时隙内不跳频	时隙内跳频	时隙内不跳频	时隙内跳频
4	2	1	24	12
5	2	1	24	12
6	3	1	36	12
7	3	1	36	12
8	4	2	48	24
9	4	2	48	24
10	5	2	60	24
11	5	2	60	24
12	6	3	72	36
13	6	3	72	36
14	7	3	84	36

6.2.4　PUCCH格式2

PUCCH 格式 2 在频域上占用 1~16 个 PRB，在时域上占用 1~2 个 OFDM 符号。PUCCH 格式 2 不支持 UE 复用，支持较大信息量的 UCI，时长短，适合于低时延场景。PUCCH 格式 2 的缺点是不满足单载波的传输格式，PAPR 较高，覆盖易受影响。PUCCH 格式 2 上发送的 UCI（如果 CRC 存在，添加上 CRC）经过信道编码和速率匹配后，在物理层要经过加扰、调制，再映射到物理资源上。

PUCCH 信道上待传输的 M_{bit} 个 bit $b(0),\cdots,b(M_{bit}-1)$，在调制之前，先要进行扰码，扰

码后的bit块为$\tilde{b}(0),\cdots,\tilde{b}(M_{bit}-1)$，如公式（6-31）所示。

$$\tilde{b}(i)=(b(i)+c(i))\bmod 2 \qquad 公式（6-31）$$

扰码序列$c^{(q)}(i)$的定义见本书4.4.2节，扰码序列根据公式（6-32）进行初始化。

$$c_{init}=n_{RNTI}\times 2^{15}+n_{ID} \qquad 公式（6-32）$$

在公式（6-32）中，n_{RNTI}是UE的C-RNTI，如果配置了高层参数 *dataScramblingIdentityPUSCH*，则$n_{ID}\in\{0,1,\cdots,1023\}$等于 *dataScramblingIdentityPUSCH*；否则，$n_{ID}=N_{ID}^{cell}$。

扰码后的比特块$\tilde{b}(0),\cdots,\tilde{b}(M_{bit}-1)$，使用QPSK调制，产生1个复数符号块$d(0),\cdots,d(M_{symb}-1)$，其中，$M_{symb}=M_{bit}/2$。

复数符号块$d(0),\cdots,d(M_{symb}-1)$乘以幅度缩放因子$\beta_{PUCCH,2}$后，从$d(0)$开始，按照先频域$k$，后时域$l$的顺序映射到RE $(k,l)_{p,\mu}$上，PUCCH格式2的天线端口号$p=2000$。RE $(k,l)_{p,\mu}$应该满足以下标准。

（1）RE在分配给PUCCH的RB上。

（2）RE不能被与PUCCH关联的DM-RS使用。

（3）RE不被保留为其他目的。

PUCCH格式2配置的高层参数包括：占用的PRB数，由高层参数 *nrofPRBs* 通知给UE，可以取值为1个、2个、3个、4个、5个、6个、8个、9个、10个、12个、15个或16个PRB；占用的符号数，由高层参数 *nrofSymbols* 通知给UE，取值为1或2；在时隙内开始的符号索引由高层参数 *startingSymbolIndex* 通知给UE，取值为0～13；在频域上开始的位置，由高层参数 *startingPRB* 通知给UE。

PUCCH格式2与DM-RS是频分复用的关系，DM-RS参考序列$r_l(m)$根据公式（6-33）产生。

$$r_l(m)=\frac{1}{\sqrt{2}}(1-2c(2m))+j\frac{1}{\sqrt{2}}(1-2c(2m+1)) \qquad 公式（6-33）$$

在公式（6-33）中，$m=0,1,\cdots$，伪随机序列$c(i)$的定义见本书4.4.1节，伪随机序列根据公式（6-34）进行初始化。

$$c_{init}=\left(2^{17}\left(N_{symb}^{slot}n_{s,f}^{\mu}+l+1\right)\left(2N_{ID}^{0}+1\right)+2N_{ID}^{0}\right)\bmod 2^{31} \qquad 公式（6-34）$$

在公式（6-34）中，l是时隙内OFDM符号索引，$n_{s,f}^{\mu}$是无线帧内的时隙号，$N_{ID}^{0}\in\{0,1,\cdots,65535\}$，如果IE *dmrs-UplinkConfig* 中配置了高层参数 *scramblingID0*，则N_{ID}^{0}等于 *scramblingID0*；否则，N_{ID}^{0}等于N_{ID}^{cell}。如果UE同时配置了 *dmrs-UplinkforPUSCH-MappingTypeA* 和 *dmrs-UplinkforPUSCH-MappingTypeB*，则 *scramblingID0* 从 *dmrs-UplinkforPUSCH-MappingTypeB* 获得。

公式（6-33）产生的序列$r(m)$乘以幅度缩放因子$\beta_{PUCCH,2}$后，从$r(0)$开始，按照先频域k，后时域l的顺序映射到RE $(k,l)_{p,\mu}$上，如公式（6-35）所示，PUCCH格式2的DM-RS天线端口号$p=2000$。

$$a_{k,l}^{(p,\mu)} = \beta_{\text{PUCCH},2} r_l(m), k = 3m+1 \qquad 公式（6-35）$$

在公式（6-35）中，k 是相对于 CRB 0 的子载波 0 的索引，RE $(k,l)_{p,\mu}$ 位于分配给 PUCCH 格式 2 的 PRB 上。

PUCCH 格式 2 的示意如图 6-9 所示。

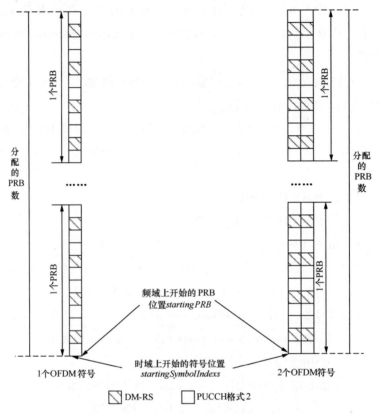

图6-9　PUCCH格式2的示意

PUCCH 格式 2 可以分配的 PRB 数是 1～16 个，1 个 PRB 上有 4 个 RE 用于 DM-RS，剩余的 8 个 RE 用于承载 UCI 信息。当分配 1 个和 2 个 OFDM 符号时，每个 PRB 上可用的 RE 数分别是 8 个和 16 个，采用 QPSK 调制，每个 PRB 可用的比特数分别是 16 个和 32 个。根据分配的 PRB 数和 OFDM 符号数即可算出 PUCCH 格式 2 可用的比特数，PUCCH 格式 2 最少可用的比特数是 16 个（频域上 1 个 PRB，时域上 1 个 OFDM 符号），最多可用的比特数是 16×32=512 个（频域上 16 个 PRB，时域上 2 个 OFDM 符号）。

6.2.5　PUCCH 格式 3 和 4

PUCCH 格式 3 和 PUCCH 格式 4 在时域上占用 4～14 个 OFDM 符号。PUCCH 格式 3 在频域上可以占用 1～16 个 PRB，不支持多 UE 复用，可以发送大量的 UCI 信息；PUCCH

格式4在频域上占用1个PRB，支持多UE复用，发送的UCI信息量中等。

PUCCH格式3和4上发送的UCI（如果CRC存在，添加上CRC）经过信道编码和速率匹配后，在物理层要经过加扰、调制再映射到物理资源上。

PUCCH信道上待传输的M_{bit}个bit $b(0),\cdots,b(M_{bit}-1)$，在调制之前，先要进行扰码，扰码后的bit块为$\tilde{b}(0),\cdots,\tilde{b}(M_{bit}-1)$，如公式（6-36）所示。

$$\tilde{b}(i)=(b(i)+c(i))\bmod 2 \quad \text{公式（6-36）}$$

扰码序列$c(i)$的定义见本书4.4.1节，扰码序列根据公式（6-37）进行初始化，

$$c_{init}=n_{RNTI}\times 2^{15}+n_{ID} \quad \text{公式（6-37）}$$

在公式（6-37）中，n_{RNTI}是UE的C-RNTI，如果配置了高层参数 *dataScramblingIdentityPUSCH*，则$n_{ID}\in\{0,1,\cdots,1023\}$等于 *dataScramblingIdentityPUSCH*；否则$n_{ID}=N_{ID}^{cell}$。

扰码后的比特块$\tilde{b}(0),\cdots,\tilde{b}(M_{bit}-1)$，使用QPSK或π/2-BPSK调制（由高层参数 *pi2BPSK* 配置），产生1个复数符号块$d(0),\cdots,d(M_{symb}-1)$，对于QPSK，$M_{symb}=M_{bit}/2$；对于π/2-BPSK，$M_{symb}=M_{bit}$。

对于PUCCH格式3和4，占用的子载波数$M_{sc}^{PUCCH,s}=M_{RB}^{PUCCH,s}N_{sc}^{RB}$，其中，$M_{RB}^{PUCCH,s}$是分配给PUCCH的PRB数，$M_{RB}^{PUCCH,s}$满足公式（6-38）。

$$M_{RB}^{PUCCH,s}=\begin{cases}2^{a_2}\times 2^{a_3}\times 2^{a_5} & \text{PUCCH格式3}\\ 1 & \text{PUCCH格式4}\end{cases} \quad \text{公式（6-38）}$$

其中，a_2、a_3、a_5是非负整数的集合，$s\in\{3,4\}$。

对于PUCCH格式3，没有扩频，序列$y(n)$根据公式（6-39）产生。

$$\begin{aligned}&y(lM_{sc}^{PUCCH,3}+k)=d(lM_{sc}^{PUCCH,3}+k)\\&k=0,1,\cdots,M_{sc}^{PUCCH,3}-1\\&l=0,1,\cdots,(M_{symb}/M_{sc}^{PUCCH,3})-1\end{aligned} \quad \text{公式（6-39）}$$

其中，$M_{RB}^{PUCCH,3}\geq 1$，$N_{SF}^{PUCCH,3}=1$。

PUCCH格式3占用的PRB数，由高层参数 *nrofPRBs* 通知给UE，可以取的值为1个、2个、3个、4个、5个、6个、8个、9个、10个、12个、15个或16个PRB。

对于PUCCH格式4，以块组的方式进行扩频，如公式（6-40）所示。

$$\begin{aligned}&y(lM_{sc}^{PUCCH,4}+k)=w_n(k)d\left(l\frac{M_{sc}^{PUCCH,4}}{N_{SF}^{PUCCH,4}}+k\bmod\frac{M_{sc}^{PUCCH,4}}{N_{SF}^{PUCCH,4}}\right)\\&k=0,1,\cdots,M_{sc}^{PUCCH,4}-1\\&l=0,1,\cdots,(N_{SF}^{PUCCH,4}M_{symb}/M_{sc}^{PUCCH,4})-1\end{aligned} \quad \text{公式（6-40）}$$

在公式（6-40）中，$M_{RB}^{PUCCH,4}=1$；$N_{SF}^{PUCCH,4}\in\{2,4\}$，由高层参数 *occ-Length* 通知

给 UE；当 $N_{\text{SF}}^{\text{PUCCH},4}=2$ 时，PUCCH 格式 4 的正交序列 $w_n(m)$ 见表 6-17，当 $N_{\text{SF}}^{\text{PUCCH},4}=4$ 时，PUCCH 格式 4 的正交序列 $w_n(m)$ 见表 6-18，n 是正交序列的索引，通过高层参数 *occ-Index* 通知给 UE。对于 PUCCH 格式 4，当 $N_{\text{SF}}^{\text{PUCCH},4}$ 等于 2 时，1 个 PRB 可以复用 2 个 UE；当 $N_{\text{SF}}^{\text{PUCCH},4}$ 等于 4 时，1 个 PRB 可以复用 4 个 UE。

表6-17 当$N_{\text{SF}}^{\text{PUCCH},4}$=2时，PUCCH格式4的正交序列$w_n(m)$

n	w_n
0	[+1 +1 +1 +1 +1 +1 +1 +1 +1 +1 +1 +1]
1	[+1 +1 +1 +1 +1 +1 −1 −1 −1 −1 −1 −1]

表6-18 当$N_{\text{SF}}^{\text{PUCCH},4}$=4时，PUCCH格式4的正交序列$w_n(m)$

n	w_n
0	[+1 +1 +1 +1 +1 +1 +1 +1 +1 +1 +1 +1]
1	[+1 +1 +1 −j −j −j −1 −1 −1 +j +j +j]
2	[+1 +1 +1 −1 −1 −1 +1 +1 +1 −1 −1 −1]
3	[+1 +1 +1 +j +j +j −1 −1 −1 −j −j −j]

复数符号块 $y(0),\cdots,y(N_{\text{SF}}^{\text{PUCCH},s}M_{\text{symb}}-1)$ 根据公式（6-41）进行转换预编码，产生复数符号块 $z(0),\cdots,z(N_{\text{SF}}^{\text{PUCCH},s}M_{\text{symb}}-1)$。

$$z\left(l\times M_{\text{sc}}^{\text{PUCCH},s}+k\right)=\frac{1}{\sqrt{M_{\text{sc}}^{\text{PUCCH},s}}}\sum_{m=0}^{m=M_{\text{sc}}^{\text{PUCCH},s}-1}y\left(l\times M_{\text{sc}}^{\text{PUCCH},s}+m\right)e^{-j\frac{2\pi mk}{M_{\text{sc}}^{\text{PUCCH},s}}}$$
$$k=0,1,\cdots,M_{\text{sc}}^{\text{PUCCH},s}-1$$
$$l=0,1,\cdots,\left(N_{\text{SF}}^{\text{PUCCH},s}M_{\text{symb}}/M_{\text{sc}}^{\text{PUCCH},s}\right)-1$$

公式（6-41）

复数符号块 $z(0),\cdots,z(N_{\text{SF}}^{\text{PUCCH},s}M_{\text{symb}}-1)$ 乘以幅度缩放因子 $\beta_{\text{PUCCH},s}$ 后，从 $z(0)$ 开始，按照先频域 k，后时域 l 的顺序映射到 RE $(k,l)_{p,\mu}$ 上，PUCCH 格式 3 和 4 的天线端口号是 $p=2000$。RE $(k,l)_{p,\mu}$ 应该满足以下标准。

（1）RE 在分配给 PUCCH 的 RB 上。

（2）RE 不能被与 PUCCH 关联的 DM-RS 使用。

（3）RE 不被保留为其他目的。

在时隙跳频的情况下，$\lfloor N_{\text{symb}}^{\text{PUCCH},s}/2 \rfloor$ 个 OFDM 符号在第 1 跳（hop）传输，$N_{\text{symb}}^{\text{PUCCH},s}-N_{\text{symb}}^{\text{PUCCH},s}/2$ 个 OFDM 符号在第 2 跳传输，其中，$N_{\text{symb}}^{\text{PUCCH},s}$ 是 PUCCH 格式 3 或 4 占用的符号数（含 DM-RS），由高层参数 *nrofSymbols* 通知给 UE，取值为 4～14。在频域上第 1 跳开始的 PRB 位置由高层参数 *startingPRB* 通知给 UE，第 2 跳开始的 PRB 位置由高层参数 *secondHopPRB* 通知给 UE。除此之外，PUCCH 格式 3 或 4 在时隙内开始的 OFDM 符号索引，由高层参数 *startingSymbolIndex* 通知给 UE，取值为是 0～10。

PUCCH 格式 3 或 4 与 DM-RS 是时分复用的关系，DM-RS 参考信号序列 $r_l(m)$ 由公式（6–42）定义。

$$r_l(m) = r_{u,v}^{(\alpha,\delta)}(m)$$
$$m = 0, 1, \cdots, M_{sc}^{PUCCH,s} - 1$$

公式（6–42）

在公式（6–42）中，$r_{u,v}^{(\alpha,\delta)}(n)$ 的定义见本书 4.4.2 节，$M_{sc}^{PUCCH,s}$ 是 PUCCH 格式 3 或 4 占用的子载波数，如公式（6–38）所示。循环移位 α 随着符号位置和时隙位置的变化而变化。对于 PUCCH 格式 3，初始循环移位 $m_0=0$；对于 PUCCH 格式 4，初始循环移位 m_0 根据正交序列索引 n 得出，PUCCH 格式 4 的初始循环移位见表 6–19。

表6–19　PUCCH格式4的初始循环移位

正交序列索引 n	初始循环移位 m_0	
	$N_{SF}^{PUCCH,4}=2$	$N_{SF}^{PUCCH,4}=4$
0	0	0
1	6	6
2	—	3
3	—	9

公式（6–42）产生的序列 $r_l(m)$ 乘以幅度缩放因子 $\beta_{PUCCH,s}$ $(s \in \{3,4\})$ 后，从 $r_l(0)$ 开始，按照先频域 k，后时域 l 的顺序映射到 RE $(k,l)_{p,\mu}$ 上，如公式（6–43）所示，PUCCH 格式 3 或 4 的 DM-RS 天线端口号 p=2000。

$$a_{k,l}^{(p,\mu)} = \beta_{PUCCH,s} \times r_l(m)$$
$$m = 0, 1, \cdots, M_{sc}^{PUCCH,s} - 1$$

公式（6–43）

在公式（6–43）中。

（1）k 是相对于分配给 PUCCH 传输的最低 RB 索引的子载波 0 的索引。

（2）与时隙内是否跳频以及是否有附加的 DM-RS 有关。时隙内是否跳频由高层参数 *intraslot-FrequencyHopping* 通知给 UE；是否有附加的 DM-RS 由高层参数 *additionalDMRS* 通知给 UE；l=0 对应 PUCCH 传输的第 1 个 OFDM 符号。PUCCH 格式 3 和 4 的 DM-RS 位置见表 6–20。

表6–20　PUCCH格式3和4的DM-RS位置

PUCCH 长度	PUCCH 内的 DM-RS 位置 l			
	没有附加的 DM-RS		有附加的 DM-RS	
	时隙内不跳频	时隙内跳频	时隙内不跳频	时隙内跳频
4	1	0, 2	1	0, 2
5	0, 3		0, 3	

（续表）

PUCCH 长度	PUCCH 内的 DM-RS 位置 l			
	没有附加的 DM-RS		有附加的 DM-RS	
	时隙内不跳频	时隙内跳频	时隙内不跳频	时隙内跳频
6	1，4		1，4	
7	1，4		1，4	
8	1，5		1，5	
9	1，6		1，6	
10	2，7		1，3，6，8	
11	2，7		1，3，6，9	
12	2，8		1，4，7，10	
13	2，9		1，4，7，11	
14	3，10		1，5，8，12	

根据表 6-20 可以得知，PUCCH 格式 3 和 4 的长度等于 4 个 OFDM 符号时，不支持附加的 DM-RS，但是支持时隙内跳频，PUCCH 格式 3/4（长度等于 4 个 OFDM 符号）的示意如图 6-10 所示；PUCCH 格式 3 和 4 的长度等于 5～9 时，不支持时隙内跳频，也不支持附加的 DM-RS，PUCCH 格式 3 和 4 的长度等于 10~14 个 OFDM 符号时，不支持时隙内跳频，但是支持附加的 DM-RS，PUCCH 格式 3/4（长度等于 5 个、7 个、14 个 OFDM 符号）的示意如图 6-11 所示。

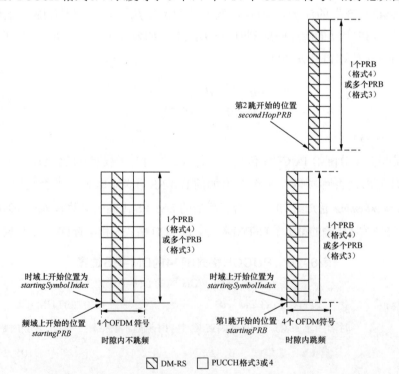

图6-10　PUCCH格式3/4（长度等于4个OFDM符号）的示意

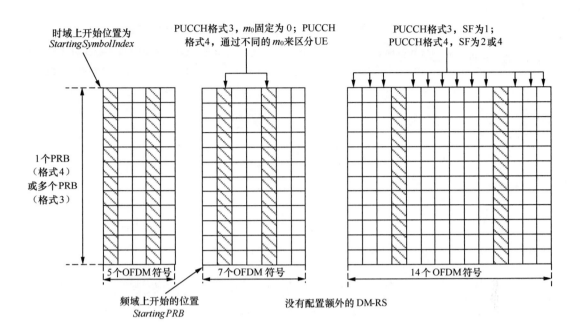

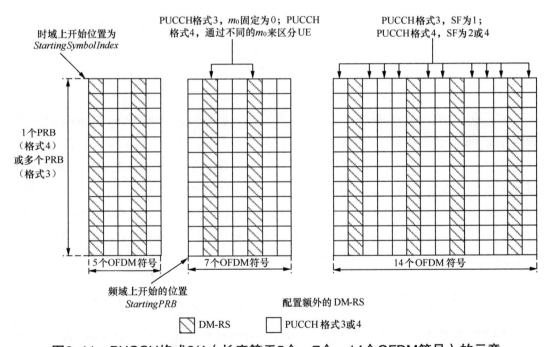

图6–11　PUCCH格式3/4（长度等于5个、7个、14个OFDM符号）的示意

PUCCH 格式 3 和 4 的容量与分配的 PRB 数、调制方式等有关系，对于 PUCCH 格式 3 和 4，每个 PRB 可用的 RE 数见表 6–21。

表6-21 对于PUCCH格式3和4，每个PRB可用的RE数

PUCCH 长度	没有附加的 DM-RS		有附加的 DM-RS	
	时隙内不跳频	时隙内跳频	时隙内不跳频	时隙内跳频
4	36	24	36	24
5	36		36	
6	48		48	
7	60		60	
8	72		72	
9	84		84	
10	96		72	
11	108		84	
12	120		96	
13	132		108	
14	144		120	

对于PUCCH格式3和4，如果高层配置使用QPSK，每个RE可以传输2个bit，如果高层配置使用π/2-BPSK调制，每个RE可以传输1个bit。

对于PUCCH格式3，根据表6-21分配的PRB数和调制方式，即可计算出PUCCH格式3可用的比特数，PUCCH格式3最少可用的比特数是24个（频域上1个PRB，时域上4个OFDM符号，时隙内跳频，π/2-BPSK），最多可用的比特数是16×144×2=4608个（频域上16个PRB，时域上14个OFDM符号，没有附加的DM-RS，QPSK调制）。

对于PUCCH格式4，根据高层配置、表6-21、扩频因子（Spreading Factor，SF）和调制方式，即可计算出PUCCH格式4可用的比特数。如果扩频因子是2，1个PUCCH格式4最少可用的比特数是24/2=12个（时域上4个OFDM符号，时隙内跳频，π/2-BPSK），最多可用的比特数是144×2/2=144个（时域上14个OFDM符号，没有附加的DM-RS，QPSK调制）；如果扩频因子是4，1个PUCCH格式4最少可用的比特数是24/4=6个（时域上4个OFDM符号，时隙内跳频，π/BPSK调制），最多可用的比特数是144×2/4=72个（时域上14个OFDM符号，没有附加的DM-RS，QPSK调制）。

6.2.6 PUCCH 资源集

PUCCH 资源集有两类：第一类是公共的 PUCCH 资源集，通过 IE *PUCCH-Config-Common* 配置，适用于在初始 UL BWP 上的初始接入，此时 gNB 无法通过高层 RRC 信令为 UE 配置 PUCCH 资源集，一旦 RRC 连接建立后，UE 通过 RRC 高层信令获得 UE 专用的 PUCCH 资源集，就不再使用公共的 PUCCH 资源集；第二类是 UE 专用的 PUCCH 资源集，通过 IE *PUCCH-Config* 配置，每个 BWP 上配置 1 个 *PUCCH-Config*。

PUCCH-ConfigCommon 配置的参数比较少，包括 *pucch-ResourceCommon*，取值为

0～15；组和序列跳频指示 *pucch-GroupHopping*，取值"neither""enable"或"disable"；当配置了组和/或序列跳频时，配置的小区专用的扰码地址 *hoppingId*，取值为0～1023；PUCCH传输的功率控制参数 *p0-nominal*。需要注意的是，除了 *pucch-ResourceCommon* 之外，*PUCCH-ConfigCommon* 配置的其他参数也使用在UE专用的PUCCH资源集。RRC信令配置的PUCCH参数如图6-12所示。

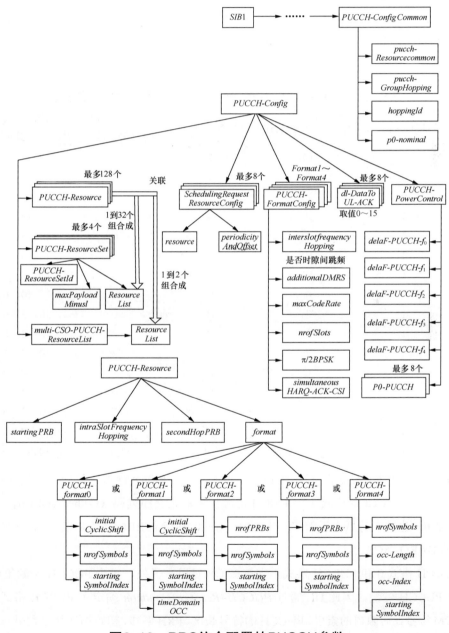

图6-12 RRC信令配置的PUCCH参数

1. 公共的 PUCCH 资源集

公共的 PUCCH 资源集适用于在初始 UL BWP 上（带宽为 N_{BWP}^{size} 个 PRB），使用 PUCCH 格式 0 或格式 1 反馈 HARQ-ACK 信息。公共的 PUCCH 资源集包括 16 种缺省配置，专用 PUCCH 资源配置之前的公共 PUCCH 资源集见表 6-22，每种缺省配置包括 PUCCH 格式、第 1 个 OFDM 符号在时隙内的索引、PUCCH 的 OFDM 符号长度、PRB 偏移以及初始循环移位（Cyclic Shift，CS）索引 m_0 集等参数。由 IE *PUCCH-ConfigCommon* 中的高层参数 *PUCCH-ResourceCommon* 通知给 UE，UE 具体使用表 6-22 的哪一行 PUCCH 资源集。

表6-22 专用PUCCH资源配置之前的公共PUCCH资源集

索引	PUCCH 格式	第 1 个符号索引	符号数	PRB 偏移 RB_{BWP}^{offset}	初始循环移位索引集
0	0	12	2	0	{0, 3}
1	0	12	2	0	{0, 4, 8}
2	0	12	2	3	{0, 4, 8}
3	1	10	4	0	{0, 6}
4	1	10	4	0	{0, 3, 6, 9}
5	1	10	4	2	{0, 3, 6, 9}
6	1	10	4	4	{0, 3, 6, 9}
7	1	4	10	0	{0, 6}
8	1	4	10	0	{0, 3, 6, 9}
9	1	4	10	2	{0, 3, 6, 9}
10	1	4	10	4	{0, 3, 6, 9}
11	1	0	14	0	{0, 6}
12	1	0	14	0	{0, 3, 6, 9}
13	1	0	14	2	{0, 3, 6, 9}
14	1	0	14	4	{0, 3, 6, 9}
15	1	0	14	$\lfloor N_{BWP}^{size}/4 \rfloor$	{0, 3, 6, 9}

UE 在公共 PUCCH 资源上发送 PUCCH 时，有以下 3 个特点。第一，使用时隙内跳频；第二，对于 PUCCH 格式 1，PUCCH 资源使用的正交序列码（Orthogonal Cover Code，OCC）是 0，也即在时域上没有多 UE 复用；第三，在建立 RRC 连接之前，UE 只能反馈 1 个 bit 的 HARQ-ACK 信息。

PUCCH 格式 0 和 PUCCH 格式 1 支持多 UE 复用，另外，每个 PUCCH 资源集中也包括多个 PUCCH 资源，因此 UE 通过 *PUCCH-ResourceCommon* 确定了 PUCCH 格式、第 1 个 OFDM 符号在时隙内的索引、PUCCH 的符号长度、PRB 偏移、初始循环移位索引 m_0 集后，UE 还需要确定 PUCCH 资源在频域上的第 1 跳和第 2 跳的 PRB 以及初始循环移位索引 m_0。

如果 UE 监听到 DCI 格式 1_0 或 1_1 后，需要在 PUCCH 上反馈 HARQ-ACK 信息，则 UE 根据公式（6-44）来确定 PUCCH 资源 $r_{\text{PUCCH},0} \leq r_{\text{PUCCH}} \leq 15$。

$$r_{\text{PUCCH}} = \left\lfloor \frac{2 \times N_{\text{CCE}}}{n_{\text{CCE},0}} \right\rfloor + 2 \times \Delta_{\text{PRI}} \qquad \text{公式（6-44）}$$

在公式（6-44）中，N_{CCE} 是接收 DCI 格式 1_0 或 1_1 的 PDCCH 所在的 CORESET 的 CCE 数量；$n_{\text{CCE},0}$ 是接收 PDCCH 的第 1 个 CCE 的索引；Δ_{PRI} 是 DCI 格式 1_0 或 DCI 格式 1_1 的 PUCCH 资源指示（PUCCH Resource Indicator）字段的值，本字段共有 3 个 bit，对应着 0~7。

假设 PDCCH 所在的 CORESET 的 CCE 数 N_{CCE}=16，聚合等级是 8，则接收 PDCCH 的第 1 个 CCE 的索引 $n_{\text{CCE},0}$ 等于 0 或 8。

（1）$n_{\text{CCE},0}$=0：当 PUCCH 资源指示 Δ_{PRI} 取值为 0、1、2、3、4、5、6、7 时，根据公式（6-44），可以计算出 r_{PUCCH} 的值分别是 0、2、4、6、8、10、12、14。

（2）$n_{\text{CCE},0}$=8：当 PUCCH 资源指示 Δ_{PRI} 取值为 0、1、2、3、4、5、6、7 时，根据公式（6-44），可以计算出 r_{PUCCH} 的值分别是 1、3、5、7、9、11、13、15。

r_{PUCCH} 的示意如图 6-13 所示。

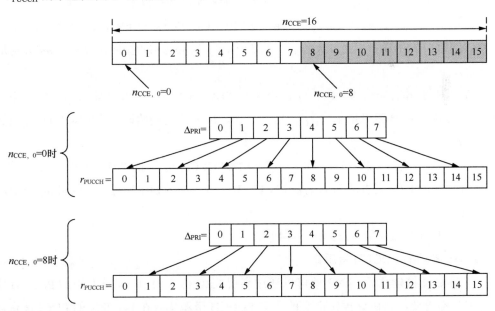

图6-13 r_{PUCCH} 的示意

UE 根据接收 PDCCH 的第 1 个 CCE 的索引 $n_{\text{CCE},0}$ 和 PUCCH 资源指示 Δ_{PRI} 确定反馈 HARQ-ACK 的 PUCCH 资源 r_{PUCCH} 后，还需要确定 PUCCH 资源在频域上的位置和初始循环移位 m_0 的值。

如果$\lfloor r_{\text{PUCCH}}/8 \rfloor=0$，则

（1）第 1 跳 PUCCH 传输的 PRB 索引是 $RB_{\text{BWP}}^{\text{offset}} + \lfloor r_{\text{PUCCH}}/N_{\text{CS}} \rfloor$，第 2 跳 PUCCH 传输的 PRB 索引是 $N_{\text{BWP}}^{\text{size}} - 1 - RB_{\text{BWP}}^{\text{offset}} - \lfloor r_{\text{PUCCH}}/N_{\text{CS}} \rfloor$，其中，$N_{\text{CS}}$ 是表 6-22 中的初始循环移位索引集的初始循环移位索引的数量。

（2）UE 使用的初始循环移位索引为 $r_{\text{PUCCH}} \bmod N_{\text{CS}}$。

如果$\lfloor r_{\text{PUCCH}}/8 \rfloor=1$，则

（1）第 1 跳 PUCCH 传输的 PRB 索引是 $N_{\text{BWP}}^{\text{size}} - 1 - RB_{\text{BWP}}^{\text{offset}} - \lfloor (r_{\text{PUCCH}}-8)/N_{\text{CS}} \rfloor$，第 2 跳 PUCCH 传输的 PRB 索引是 $RB_{\text{BWP}}^{\text{offset}} + \lfloor (r_{\text{PUCCH}}-8)/N_{\text{CS}} \rfloor$，其中，$N_{\text{CS}}$ 是表 6-22 中的初始循环移位索引集的初始循环移位索引的数量。

（2）UE 使用的初始循环移位索引为 $(r_{\text{PUCCH}}-8) \bmod N_{\text{CS}}$。

假设初始 UL BWP 的带宽 $N_{\text{BWP}}^{\text{size}}=48$ 个 PRB；*PUCCH–ResourceCommon* 取值为 10，对应着 PUCCH 格式 1、第 1 个 OFDM 符号的位置是 4、PUCCH 的符号长度是 10、RPB 偏移 $RB_{\text{BWP}}^{\text{offset}}=4$、初始循环移位索引集是 {0，3，6，9}，即 $N_{\text{CS}}=4$。根据以上条件，可以计算出如下数据。

（1）对于 $r_{\text{PUCCH}}=0$、1、2、3：第 1 跳 PUCCH 传输的 PRB 索引是 4，第 2 跳 PUCCH 传输的 PRB 索引是 43，$r_{\text{PUCCH}}=0$、1、2、3 对应的初始循环移位索引 m_0 分别是 0、3、6、9。

（2）对于 $r_{\text{PUCCH}}=4$、5、6、7：第 1 跳 PUCCH 传输的 PRB 索引是 5，第 2 跳 PUCCH 传输的 PRB 索引是 42，$r_{\text{PUCCH}}=4$、5、6、7：对应的初始循环移位索引 m_0 分别是 0、3、6、9。

（3）对于 $r_{\text{PUCCH}}=8$、9、10、11：第 1 跳 PUCCH 传输的 PRB 索引是 43，第 2 跳 PUCCH 传输的 PRB 索引是 4，$r_{\text{PUCCH}}=8$、9、10、11 对应的初始循环移位索引 m_0 分别是 0、3、6、9。

（4）对于 $r_{\text{PUCCH}}=12$、13、14、15：第 1 跳 PUCCH 传输的 PRB 索引是 42，第 2 跳 PUCCH 传输的 PRB 索引是 5，$r_{\text{PUCCH}}=12$、13、14、15 对应的初始循环移位索引 m_0 分别是 0、3、6、9。

公共 PUCCH 资源的示意如图 6-14 所示。

2. UE 专用的 PUCCH 资源集

在 RRC 连接建立后，gNB 就可以通过高层 RRC 信令为 UE 配置专用的 PUCCH 资源集，因此不需要再用协议预先定义的公共 PUCCH 资源集。在 UE 专用的 PUCCH 资源集上，UE 不仅需要反馈 HARQ-ACK 信息，还可能需要反馈 CSI，对 PUCCH 资源的负荷能力也提高了要求。因此，gNB 通过高层 RRC 信令，可以为 1 个 UE 配置 1～4 个 UE 专用的 PUCCH 资源集，每个 UE 专用的 PUCCH 资源集包括以下参数。

（1）*pucch-ResourceSetId*：PUCCH 资源集的地址。

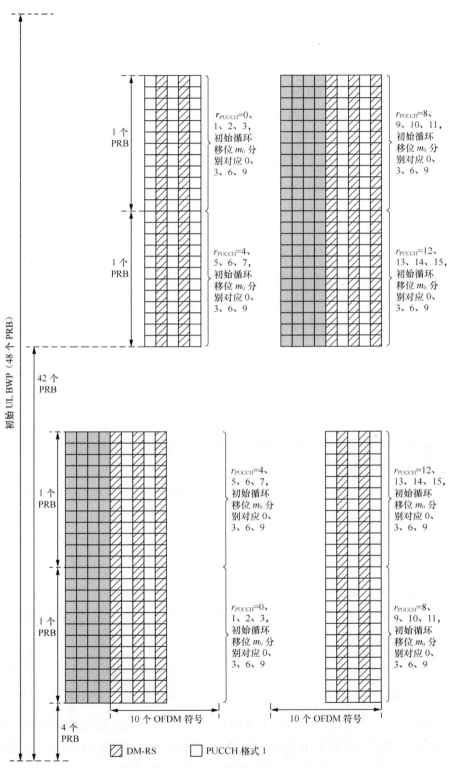

图6-14 公共PUCCH资源的示意

（2）*maxPayloadMinus1*：取值范围为4～256，但是只能取4的整数倍，UE在该PUCCH资源集上可以传输的最大的UCI信息比特数是*maxPayloadMinus1*-1个bit，第1个PUCCH资源集和最后1个PUCCH资源集不配置该参数。

（3）*resourceList*：该PUCCH资源集上包含的PUCCH资源的数量，对于第1个PUCCH资源集（*pucch-ResourceSetId*=0），最多可以包括32个PUCCH资源，且只能是PUCCH格式0或格式1，用于反馈1～2个bit的HARQ-ACK信息。对于其他PUCCH资源集，可以最多包含8个PUCCH资源。

如果UE发送O_{UCI}个UCI信息比特（包括HARQ-ACK信息），UE根据UCI信息比特数来确定选择哪一个PUCCH资源集，具体规则如下。

（1）如果$O_{UCI} \leq 2$个bit，则选择第1个PUCCH资源集（*pucch-ResourceSetId*=0）。$O_{UCI} \leq 2$个bit的UCI信息包括1个或2个bit的HARQ-ACK信息，如果HARQ-ACK信息和SR信息同时传输，也包括正的或负的SR信息。

（2）如果$2<O_{UCI} \leq N_2$，则选择第2个PUCCH资源集（*pucch-ResourceSetId*=1）（如果配置了该PUCCH资源集），其中，N_2由PUCCH资源集（*pucch-ResourceSetId*=1）的*maxPayloadMinus1*提供。

（3）如果$N_2<O_{UCI} \leq N_3$，则选择第3个PUCCH资源集（*pucch-ResourceSetId*=2）（如果配置了该PUCCH资源集），其中，N_3由PUCCH资源集（*pucch-ResourceSetId*=2）的*max Payload Minus1*提供。

（4）如果$N_3<O_{UCI} \leq 1706$，则选择第4个PUCCH资源集（*pucch-ResourceSetId*=3）（如果配置了该PUCCH资源集）。

假设某个UE配置了4个UE专用的PUCCH资源集，第2个PUCCH资源集（*pucch-ResourceSetId*=1）的*maxPayloadMinus1*=72，第3个PUCCH资源集（*pucch-ResourceSetId*=2）的*maxPayloadMinus1*=256，则每个UE专用的PUCCH资源集上承载的UCI信息的范围见表6-23。

表6-23 每个UE专用的PUCCH资源集上承载的UCI信息的范围

pucch-ResourceSetId	maxPayloadMinus1	UCI信息的bit数（个）
0	—	1～2
1	72	3～71
2	256	72～255
3	—	256～1706

对于UE专用的PUCCH资源集，如果配置了PUCCH格式2或格式3的资源，则还会配置该PUCCH资源占用的PRB的最大数量*nrofPRBs*。UE会根据PUCCH格式2或格式3的最大码率（由高层参数*maxCodeRate*配置）来确定实际需要使用的PRB数，这样就能

够在实际运行过程中最大化提升资源利用率。这种动态选择 PUCCH 格式 2 或格式 3 使用 PRB 数的方式可以在一定程度上避免半静态配置 PUCCH 资源所造成的资源浪费。

6.2.7 UE 在 PUCCH 上报告 UCI 的过程

UE 在 PUCCH 上报告的 UCI 信息包括 HARQ-ACK 信息、SR 和 CSI，可以单独报告，也可以复用在一起上报。Rel-15 不支持同一个用户的 PUCCH 和 PUSCH 并发，当 UE 在上报 UCI 的时隙上同时有 PUCCH 和 PUSCH 时，UE 使用 PUSCH 上报 UCI 信息。本节接下来将分析 UE 在 PUCCH 上仅上报 HARQ-ACK 信息、UE 在 PUCCH 上仅上报 SR 两个过程。

1. UE 在 PUCCH 上仅上报 HARQ-ACK 信息

UE 在 1 个时隙上只能发送最多 1 个含有 HARQ-ACK 信息的 PUCCH，PDSCH 到 HARQ 定时关系由 DCI 格式 1_0 或格式 1_1 的 PDSCH-to-HARQ_feedback 定时指示字段通知给 UE，即 HARQ-ACK 反馈支持动态调度。

对于 DCI 格式 1_0，PDSCH-to-HARQ_feedback 定时指示字段固定为 3 个 bit，分别映射为 {1，2，3，4，5，6，7，8}，即下文所述的 k 值。

对于 DCI 格式 1_1，PDSCH-to-HARQ_feedback 定时指示字段为 0、1、2 或 3 个 bit，映射到由高层参数 *dl-DataToUL-ACK* 确定的时隙集上，PDSCH-to-HARQ_feedback 定时指示字段映射的时隙数见表 6-24。其中，*dl-DataToUL-ACK* 最多包括 8 个数值，每个数值的取值范围是 0~15，即下文所述的 k 值。

表6-24 PDSCH-to-HARQ_feedback定时指示字段映射的时隙数

PDSCH-to-HARQ-timing-indicator			时隙数 k
1 bit	2 bits	3 bits	
0	00	000	*dl-DataToUL-ACK* 提供的第 1 个值
1	01	001	*dl-DataToUL-ACK* 提供的第 2 个值
	10	010	*dl-DataToUL-ACK* 提供的第 3 个值
	11	011	*dl-DataToUL-ACK* 提供的第 4 个值
		100	*dl-DataToUL-ACK* 提供的第 5 个值
		101	*dl-DataToUL-ACK* 提供的第 6 个值
		110	*dl-DataToUL-ACK* 提供的第 7 个值
		111	*dl-DataToUL-ACK* 提供的第 8 个值

如果 UE 在时隙上接收 PDSCH，则 UE 在时隙 $n+k$ 的 PUCCH 上反馈 HARQ-ACK 信息，由于 gNB 可以在调度 PDSCH 的 DCI 格式 1_0 或 DCI 格式 1_1 上分别设置 k 值，因此适合于 TDD 场景，PDSCH 到 HARQ 的定时关系示意如图 6-15 所示。需要注意的是，发送

DCI 格式 1_0 或格式 1_1 的 PDCCH 和 PDCCH 调度的 PDSCH 可以在同一个时隙上，也可以在不同的时隙上，以 PDSCH 所在的时隙作为 n；如果 PDSCH 在多个时隙上传输，则以最后一个 PDSCH 时隙作为 n。

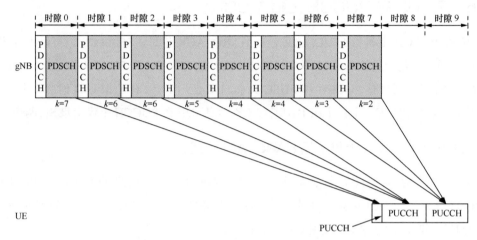

图6-15　PDSCH到HARQ的定时关系示意

PDSCH 到 HARQ 的定时关系，还有三点需要注意。第一，对于 DCI 格式 1_1，PDSCH-to-HARQ_feedback 定时指示字段有可能是 0 个 bit，则 k 值直接使用 *dl-DataToUL-ACK* 提供的时隙数，这种情况适合于 FDD 场景，UE 在接收到 PDSCH 后，在固定的 k 个时隙后反馈 HARQ-ACK 信息。第二，k 的大小与 UE 的处理能力有关，对于承载 mMTC 业务的 UE，k 需要设置的大一些，对于承载 uRLLC 业务的手机，k 需要设置的小一些。第三，当 $k=0$ 时，则 UE 在接收 PDSCH 的同一个时隙上使用 PUCCH 反馈 HARQ-ACK 信息，即在同 1 个时隙内完成下行 PDSCH 传输和相应的 HARQ-ACK 信息反馈，由于反馈时间最短，因此适合于低时延场景。

确定了 PDSCH 到 HARQ-ACK 的定时关系后，还需要确定 HARQ-ACK 使用哪一个 PUCCH 资源进行传输。首先，UE 根据反馈的 HARQ-ACK 信息 bit 数 O_{UCI} 来确定使用哪一个 PUCCH 资源集；然后，再根据 DCI 格式 1_0 或格式 1_1 的 PUCCH 资源指示字段来确定使用该 PUCCH 资源集中的哪一个 PUCCH 资源。如果多个 DCI 格式 1_0 或 DCI 格式 1_1 的 PUCCH 资源指示字段映射到同 1 个时隙的 PUCCH 上，由于 UE 在 1 个时隙上最多只有 1 个含有 HARQ-ACK 的 PUCCH 资源，3GPP TS 38.213 协议规定使用最后 1 个 DCI 格式 1_0 或格式 1_1 的 PUCCH 资源指示字段。另外，3GPP TS 38.213 协议还规定，对于相同的 PDCCH 监听时机，则首先按照服务小区索引的增序，然后再按照 PDCCH 监听时机索引的增序对 DCI 格式进行排序。

PUCCH 资源指示字段共有 3 个 bit，对应着 0~7，当 PUCCH 资源集（*PUCCH-ResourceSet*）中的 *ResourceList* 提供的 PUCCH 资源不超过 8 个时，根据 PUCCH 资源指示字段的值直接

映射到该 PUCCH 资源集的 PUCCH 资源上，PUCCH 资源指示字段的值到 PUCCH 资源的映射见表 6–25。这种映射方式适合于第 2 个、第 3 个、第 4 个 PUCCH 资源集以及第 1 个 PUCCH 资源集配置不超过 8 个 PUCCH 资源的情形。

表6–25 PUCCH资源指示字段的值到PUCCH资源的映射

PUCCH 资源指示	PUCCH 资源
000	*ResourceList* 对应的第 1 个 PUCCH 资源
001	*ResourceList* 对应的第 2 个 PUCCH 资源
010	*ResourceList* 对应的第 3 个 PUCCH 资源
011	*ResourceList* 对应的第 4 个 PUCCH 资源
100	*ResourceList* 对应的第 5 个 PUCCH 资源
101	*ResourceList* 对应的第 6 个 PUCCH 资源
110	*ResourceList* 对应的第 7 个 PUCCH 资源
111	*ResourceList* 对应的第 8 个 PUCCH 资源

对于第 1 个 PUCCH 资源集（*pucch-ResourceSetId*=0），当该 PUCCH 资源集的 *ResourceList* 提供的 PUCCH 资源数量 R_{PUCCH} 大于 8 个时，则 UE 根据 PUCCH 资源指示字段和 DCI 格式 1_0 或 DCI 格式 1_1 所在的 PDCCH 频域位置，根据公式（6–45）来确定索引为 r_{PUCCH}（$0 \leq r_{PUCCH} \leq R_{PUCCH} - 1$）的 PUCCH 资源。

$$r_{PUCCH} = \begin{cases} \left\lfloor \dfrac{n_{CCE,p} \times \lceil R_{PUCCH}/8 \rceil}{N_{CCE,p}} \right\rfloor + \Delta_{PRI} \times \left\lceil \dfrac{R_{PUCCH}}{8} \right\rceil & \text{如果} \Delta_{PRI} < R_{PUCCH} \bmod 8 \\ \left\lfloor \dfrac{n_{CCE,p} \times \lceil R_{PUCCH}/8 \rceil}{N_{CCE,p}} \right\rfloor + \Delta_{PRI} \times \left\lceil \dfrac{R_{PUCCH}}{8} \right\rceil + R_{PUCCH} \bmod 8 & \text{如果} \Delta_{PRI} \geq R_{PUCCH} \bmod 8 \end{cases}$$

公式（6–45）

在公式（6–45）中，$N_{CCE,p}$ 是接收 DCI 格式 1_0 或 1_1 的 PDCCH 所在的 CORESET p 的 CCE 数量；$n_{CCE,p}$ 是接收 PDCCH 的第 1 个 CCE 的索引；Δ_{PRI} 是 DCI 格式 1_0 或 DCI 格式 1_1 的 PUCCH 资源指示字段的值。

假设 PUCCH 资源集的 *ResourceList* 提供的 PUCCH 资源数量 R_{PUCCH} 等于 20 个，接收 DCI 格式 1_0 或 1_1 的 PDCCH 所在的 CORESET p 的 CCE 数 $N_{CCE,p}$=16，聚合等级是 4，则接收 PDCCH 的第 1 个 CCE 的索引 $n_{CCE,0}$ 可能等于 0、4、8 或 12。根据公式（6–45），可以分别计算出当 Δ_{PRI} 等于 0~7 时，r_{PUCCH} 的值，然后根据 r_{PUCCH} 的值映射到 PUCCH 资源集的 *ResourceList* 对应的 PUCCH 资源上，当 R_{PUCCH} 大于 8 个时，r_{PUCCH} 的值如图 6–16 所示。

2. UE 在 PUCCH 上仅上报 SR

与 LTE 类似，NR 支持 UE 发送调度请求（Scheduling Request，SR）以申请 UL-SCH 资源，以便发起新的上行传输。SR 携带的是一个调度请求的标志，并不携带具体的信息，UE 只是告诉 gNB 需要上行传输，具体传输什么信息与信息的大小由 UE 在后续的 PUSCH 信道上通知给 gNB。

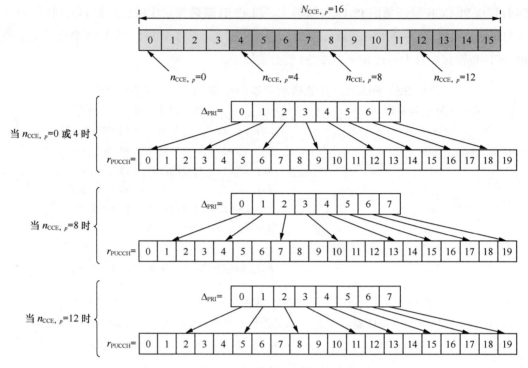

图6-16 当R_{PUCCH}大于8个时，r_{PUCCH}的值

SR 发送的时机与使用的 PUCCH 资源只能通过 RRC 层信令静态配置，由 IE*Scheduling-RequestResourceConfig* 通知给 UE。其中，传输 SR 的 PUCCH 资源由 *PUCCH–ResourceId* 配置，PUCCH 资源使用 PUCCH 格式 0 或 PUCCH 格式 1；SR 周期 $SR_{PERIODICITY}$（以时隙或符号为单位）和时隙偏移 SR_{OFFSET} 由高层参数 *periodicityAndOffset* 配置，SR 周期 $SR_{PERIODICITY}$ 的取值与子载波间隔有关，具体取值如下。

（1）SCS = 15 kHz：2sym，7sym，1sl，2sl，4sl，5sl，8sl，10sl，16sl，20sl，40sl，80sl。

（2）SCS = 30 kHz：2sym，7sym，1sl，2sl，4sl，8sl，10sl，16sl，20sl，40sl，80sl，160sl。

（3）SCS = 60 kHz：2sym，7sym/6sym，1sl，2sl，4sl，8sl，16sl，20sl，40sl，80sl，160sl，320sl。

（4）SCS = 120 kHz：2sym，7sym，1sl，2sl，4sl，8sl，16sl，40sl，80sl，160sl，320sl，640sl。

其中，"sl"代表时隙的意思，"symb"代表符号的意思。对于 SCS=60kHz，如果配置为扩展 CP，"7sym/6sym"对应 6 个符号；如果配置为正常 CP，"7sym/6sym"对应 7 个符号。

如果 $SR_{PERIODICITY}$ 大于 1 个时隙，则 UE 在满足公式（6–46）的 PUCCH 时隙上发送 SR。

$$\left(n_f \times N_{slot}^{frame,\mu} + n_{s,f}^{\mu} - SR_{OFFSET}\right) \bmod SR_{PERIODICITY} = 0 \qquad 公式（6–46）$$

在公式（6–46）中，n_f 是无线帧号，$n_{s,f}^{\mu}$ 是无线帧内的时隙号。

如果 $SR_{PERIODICITY}$ 等于 1 个时隙，则 $SR_{OFFSET}=0$，即每个时隙都是 SR 发送时机。

如果 $SR_{PERIODICITY}$ 小于 1 个时隙，则 UE 在满足公式（6–47）的符号 l 上发送 SR。

$$\left(l - l_0 \bmod SR_{PERIODICITY}\right) \bmod SR_{PERIODICITY} = 0 \qquad 公式（6–47）$$

在公式（6–47）中，l_0 是 *startingSymbolIndex* 的值。假设配置为正常 CP，SR 在单符号的 PUCCH 格式 0 上发送，*startingSymbolIndex* 配置为 13。如果 *periodicityAndOffset* 配置为"7sym"，则 UE 在 1 个时隙内的 OFDM 符号索引 $l=6$ 和 13 上都可以发送 SR；如果 *periodicityAndOffset* 配置为"2sym"，则 UE 在 1 个时隙内的 OFDM 符号索引 $l=1$、3、5、7、9、11、13 上都可以发送 SR，当 $SR_{PERIODICITY}$ 小于 1 个时隙时，SR 发送时机示意如图 6–17 所示。

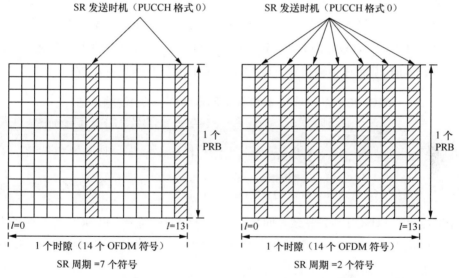

图6–17　当$SR_{PERIODICITY}$小于1个时隙时，SR发送时机示意

根据图 6–17 我们可以发现，配置的 $SR_{PERIODICITY}$ 小于 1 个时隙时，在 1 个时隙内，UE 可以在多个时机上发送 SR，因此 UE 可以在上行数据到达后，等待很短时间即可发送 SR，特别适合于低时延场景。

6.3　PUSCH

PUSCH 资源通过 PDCCH DCI 格式 0_0 或 0_1 调度，UE 支持每个小区最大 16 个 HARQ 进程。

与 PDSCH 只支持基于非码本的传输不同,PUSCH 支持两种传输方案:基于码本的传输(Codebook Based Transmission)和基于非码本的传输(Non-Codebook Based Transmission)。

对于基于码本的 PUSCH 传输,gNB 在 DCI 上为 UE 提供转换预编码指示(即预编码信息),UE 根据预编码指示,从码本中选择 PUSCH 的预编码矩阵,产生的波形是单载波波形,也称为 DFT-S-OFDM;对于基于非码本的 PUSCH 传输,UE 根据 DCI 中宽带 SRS 资源指示字段选择 PUSCH 的预编码矩阵,产生的波形是多载波波形,也称为 CP-OFDM。

PUSCH 信道支持闭环的基于空分复用的 DM-RS,配置类型 1 和配置类型 2 的 DM-RS 分别支持最多 8 和 12 个正交的 UL DM-RS 端口。对于 SU-MIMO,每个 UE 最多支持 4 个正交的 UL DM-RS 端口,也就是最多支持 4 层传输;对于 MU-MIMO,每个 UE 最多支持 4 个 UL DM-RS,也就是最多支持 4 层传输。不管是 SU-MIMO 还是 MU-MIMO,PUSCH 的码字数量都是 1 个,当使用基于码本的 PUSCH 传输时,只支持单层 MIMO 传输。

PUSCH 支持基于码本传输的主要原因是在小区的边缘,UE 的发射功率受限,因此需要使用单载波波形,通过较低的 PAPR 获得功率回退增益,从而提升 NR 的覆盖性能。

基于非码本的 PUSCH 传输和基于码本的 PUSCH 传输总结见表 6-26。

表6-26 基于非码本和基于码本的PUSCH传输总结

传输方案	调制方式	码字数	层数	RB 资源分配	PAPR
基于非码本	QPSK、16QAM、64QAM、256QAM	1	1~4	连续/非连续	高
基于码本	π/2-BPSK、QPSK、16QAM、64QAM、256QAM	1	1	连续	低

1 个时隙上的 PUSCH 传输持续时间是 1~14 个 OFDM 符号。PUSCH 支持两种类型的频率跳频:时隙内频率跳频和时隙间频率跳频。其中,时隙间频率跳频只适用于配置了时隙聚合的情形。

PUSCH 和 PDSCH 在很多方面比较类似,建议结合 PDSCH 来学习 PUSCH,为了节约篇幅,本书接下来只介绍 PUSCH 与 PDSCH 差异较大的部分。

6.3.1 PUSCH 的物理层处理过程

PUSCH 的物理层处理过程,可以参照 PDSCH 的物理层处理过程(见本书 5.3.1 节),PUSCH 的物理层处理过程如图 6-18 所示。

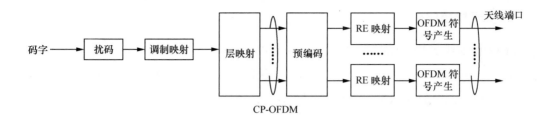

图6-18　PUSCH的物理层处理过程

PUSCH 和 PDSCH 的物理层处理过程非常类似，只是有以下几点区别。

1. 加扰

由于 PUSCH 只有 1 个码字，因此 PUSCH 的扰码不需要考虑多个码字，扰码序列根据公式（6-48）进行初始化。

$$c_{int} = n_{RNTI} \times 2^{15} + n_{ID} \qquad 公式（6-48）$$

在公式（6-48）中，如果配置了高层参数 *dataScramblingIdentityPUSCH*，且 RNTI 等于 C-RNTI、MCS-C-RNTI 或 CS-RNTI，且不是使用在公共搜索空间上的 DCI 格式 0_0 调度的 PUSCH，则 $n_{ID} \in \{0, 1, \cdots, 1023\}$ 等于高层参数 *dataScramblingIdentityPDSCH*；否则 $n_{ID} = N_{ID}^{cell}$，以确保相邻小区的 UE 使用不同的扰码序列。n_{RNTI} 对应着与 PUSCH 传输相关联的 RNTI。

2. 调制

当使用基于非码本的 PUSCH 传输时，PUSCH 支持的调制方式是 QPSK、16QAM、64QAM 和 256QAM，分别对应着 2 个、4 个、6 个和 8 个 bit；当使用基于码本的 PUSCH 传输时，PUSCH 支持的调制方式是 π/2-BPSK、QPSK、16QAM、64QAM 和 256QAM，分别对应着 1 个、2 个、4 个、6 个和 8 个 bit。支持 π/2-BPSK 的原因是 π/2-BPSK 对 SINR 要求较低，适合用在小区的边缘和深度覆盖。

3. 层映射

NR 的 PUSCH 只使用 1 个码字，即只有码字 0，对于基于非码本的 PUSCH 传输，有 1~4 层，码字 0 映射到 0~3 层上；对于基于码本的 PUSCH 传输，只有 1 层，即码字 0 映射到 0 层上。

4. 多天线预编码

PUSCH 支持基于码本的预编码和基于非码本的预编码。对于基于码本的预编码，gNB 根据 UE 发送的 SRS 测量上行信道状态信息，从可能的码本中选择特定的预编码矩阵 W，以显式信令的方式通知给 UE。对于基于非码本的预编码，预编码矩阵 W 是个单位矩阵。

6.3.2 PUSCH 时域资源分配

与 PDSCH 一样，PUSCH 也支持类型 A 和类型 B 两种映射类型，但是有效的 S 和 L 组合与 PDSCH 不同。对于映射类型 A，PUSCH 开始的符号位置 S 是 0，这是因为上行时隙的前面不需要为其他上行信道预留资源；对于映射类型 B，PUSCH 分配的符号长度可以是 1~14，而 PDSCH 分配的符号长度是 {2，4，7}。PUSCH 映射类型 A 和映射类型 B 的总结见表 6-27。

表 6-27 PUSCH 映射类型 A 和映射类型 B 的总结

PUSCH 映射类型	正常 CP			扩展 CP		
	S	L	$S+L$	S	L	$S+L$
类型 A	0	{4, ⋯, 14}	{4, ⋯, 14}	0	{4, ⋯, 12}	{4, ⋯, 12}
类型 B	{0, ⋯, 13}	{1, ⋯, 14}	{1, ⋯, 14}	{0, ⋯, 11}	{1, ⋯, 12}	{1, ⋯, 12}

与 PDSCH 一样，PUSCH 时域分配的参数也包括 1 个时隙偏移，即 K_2。K_2 的取值是 0~32，但是 K_2 的缺省值与 PDSCH 的 K_0 的缺省值不同，当 PUSCH 的 $SCS=15\text{kHz}$ 或 30kHz 时，K_2 的缺省值是 1；当 PUSCH 的 $SCS=60\text{kHz}$ 时，K_2 的缺省值是 2；当 PUSCH 的 $SCS=120\text{kHz}$ 时，K_2 的缺省值是 3。随着 PUSCH 的 SCS 增大，K_2 的缺省值也相应增大，主要原因是当 SCS 增大后，PUSCH 时隙变短，因此需要较大的 K_2 值，以便为 UE 留下足够的处理时间。

假设调度 PUSCH 的 DCI 在 PDCCH 时隙 n 上发送，则 PUSCH 分配的时隙是 $\left\lfloor n \times \frac{2^{\mu_{\text{PUSCH}}}}{2^{\mu_{\text{PDCCH}}}} \right\rfloor + K_2$，其中，$\mu_{\text{PUSCH}}$ 和 μ_{PDCCH} 分别是 PUSCH 和 PDCCH 的子载波间隔配置；K_2 是对应 PUSCH 子载波间隔的时隙，K_2 的作用与 PDSCH 的 K_0 相同，在此本书不再赘述。

与 PDSCH 类似，gNB 有两种方式把时隙偏移 K_2、PUSCH 开始的符号位置 S 和分配的符号长度 L、PUSCH 映射类型通知给 UE。第一种方式是通过 RRC 信令，在 IE PUSCH-ConfigCommon 或 PUSCH-Config 中配置 PUSCH-TimeDomainAllocationList，然后再通过 DCI 格式 0_0 或 0_1 的时域资源分配字段把时域资源分配列表的行号通知给 UE。第二种方式是针对 PUSCH 的不同情况，定义了 PUSCH 所使用的默认时域资源分配列表，可应用的 PUSCH 时域资源分配见表 6-28。

表6-28 可应用的PUSCH时域资源分配

RNTI	搜索空间	PUSCH-Config Common 是否包括 PUSCH 时域分配列表	PUSCH-Config 是否包括 PUSCH 时域分配列表	PUSCH 时域资源分配
MAC RAR 调度 PUSCH		否	—	默认 A
		是		PUSCH-ConfigCommon 提供的 PUSCH 时域分配列表
C-RNTI、MCS-C-RNTI、TC-RNTI、CS-RNTI	与 CORESET 0 关联的 CSS	否	—	默认 A
		是		PUSCH-ConfigCommon 提供的 PUSCH 时域分配列表
C-RNTI、MCS-C-RNTI、TC-RNTI、CS-RNTI	任何不与 CORESET 0 关联的 CSS，USS	否	否	默认 A
		是	否	PUSCH-ConfigCommon 提供的 PUSCH 时域分配列表
		否/是	是	PUSCH-Config 提供的 PUSCH 时域分配列表

默认的 PUSCH 时域资源分配 A（正常 CP）见表 6-29，默认的 PUSCH 时域资源分配 A（扩展 CP）见表 6-30。

表6-29 默认的PUSCH时域资源分配A（正常CP）

行索引	PUSCH 映射类型	K_2	S	L
1	Type A	j	0	14
2	Type A	j	0	12
3	Type A	j	0	10
4	Type B	j	2	10
5	Type B	j	4	10
6	Type B	j	4	8
7	Type B	j	4	6
8	Type A	$j+1$	0	14
9	Type A	$j+1$	0	12
10	Type A	$j+1$	0	10
11	Type A	$j+2$	0	14
12	Type A	$j+2$	0	12
13	Type A	$j+2$	0	10
14	Type B	j	8	6
15	Type A	$j+3$	0	14
16	Type A	$j+3$	0	10

表6-30 默认的PUSCH时域资源分配A（扩展CP）

行索引	PUSCH映射类型	K_2	S	L
1	Type A	j	0	8
2	Type A	j	0	12
3	Type A	j	0	10
4	Type B	j	2	10
5	Type B	j	4	4
6	Type B	j	4	8
7	Type B	j	4	6
8	Type A	$j+1$	0	8
9	Type A	$j+1$	0	12
10	Type A	$j+1$	0	10
11	Type A	$j+2$	0	6
12	Type A	$j+2$	0	12
13	Type A	$j+2$	0	10
14	Type B	j	8	4
15	Type A	$j+3$	0	8
16	Type A	$j+3$	0	10

j 的取值与PUSCH的子载波间隔配置 μ_{PUSCH} 有关，当 μ_{PUSCH} 是0、1、2、3（对应的子载波间隔分别是15kHz、30kHz、60kHz、120kHz）时，j 的取值分别为1、1、2、3。

另外，对于由MAC RAR调度的第1次PUSCH传输（也即Msg3），还要增加额外的与SCS相关的时延Δ，也即对于RAR调度的第1次PUSCH传输，PUSCH分配的时隙是 $\left\lfloor n \times \frac{2^{\mu_{PUSCH}}}{2^{\mu_{PDCCH}}} \right\rfloor + K_2 + \Delta$，当 μ_{PUSCH} 取值为0、1、2、3时，Δ的值分别是2个、3个、4个、6个时隙。

与PDSCH一样，PUSCH也支持时隙聚合（Slot Aggregation）以获得覆盖增益，限于篇幅，本书在此不再赘述。

6.3.3 PUSCH频域资源分配

与PDSCH一样，PUSCH也支持两种类型的频域资源分配：type 0和type 1。其中，type 0是基于位图的分配方式；type 1是基于RIV的连续频域资源分配方式。使用PDCCH DCI格式0_0调度PUSCH时，只支持tpye 1的分配方式；使用PDCCH DCI格式0_1调度PUSCH时，既支持type 0的分配方式，也支持type 1的分配方式，还支持tpye 0和type 1之间动态转换的分配方式。

与PDSCH不同的是，PUSCH在频域上是否支持非连续分配还与UE类型和FR有关，对于FR1，仅当UE的"almost contiguous allocation"定义为允许时，才允许非连续分配上行RB（使用CP-OFDM波形）；对于FR2，不支持非连续分配上行RB，也即对于FR2，分配的上行 RB 必须是连续的。需要注意的是，非连续分配上行 RB 与频域资源分配 type 0 和 type 1 是两个不同的概念，type 0 和 type 1 都支持连续分配上行 RB，但是只有 type 0 支持非连续分配上行 RB。

与 PDSCH 相比，PUSCH 频域分配有以下两点需要注意。

第一，当使用基于码本的预编码时，与 LTE 一样，PUSCH 上行分配的 RB 数 $M_{\text{RB}}^{\text{PUSCH}}$ 必须满足公式（6-49）。

$$M_{\text{RB}}^{\text{PUSCH}} = 2^{\alpha_2} \times 2^{\alpha_3} \times 2^{\alpha_5}$$ 公式（6-49）

在公式（6-49）中，α_2、α_3、α_5 是非负的整数，PUSCH 分配的 RB 数要遵从 2、3、5 的幂次方乘积的原因是降低在硬件上实现 DFT 或 IDFT 的复杂度。

第二，PDSCH 的 VRB 映射到 PRB，支持交织和非交织两种方式，但是 PUSCH 的 VRB 映射到 PRB，只支持非交织映射一种方式。这是因为 PUSCH 通过跳频的方式获得频率分集，因此不再需要 VRB 到 PRB 交织的映射方式。

6.3.4 PUSCH 的频率跳频

当 gNB 无法获得上行信道状态信息或获得的上行状态信息不精确时，PUSCH 可以通过跳频的方式获得频率分集增益，PUSCH 有两种频率跳频模式，具体描述如下。

（1）时隙内频率跳频：可应用于单时隙和多时隙 PUSCH 传输。

（2）时隙间频率跳频：仅应用于多时隙 PUSCH 传输。

对于频域资源分配 type 1，如果 DCI（格式 0_0 或格式 0_1）或随机接入响应 UL 授权的频率跳频标志（Frequency Hopping Flag）字段设置为 1，UE 可以使用 PUSCH 频率跳频；否则，UE 不使用 PUSCH 频率跳频。需要注意的是，是否支持频率跳频与转换预编码的配置无关。

对于通过 DCI 格式 0_0 或 0_1 调度的 PUSCH，频率偏移 RB_{offset} 通过 IE *pusch-Config* 中的高层参数 *frequencyHoppingOffsetLists* 配置。

（1）当激活 BWP 的带宽小于 50 个 PRB 时，*frequencyHoppingOffsetLists* 包含 2 个频率偏移。

（2）当激活 BWP 的带宽大于或等于 50 个 PRB 时，*frequencyHoppingOffsetLists* 包含 4 个频率偏移。

frequencyHoppingOffsetLists 包含的 2 个或 4 个频率偏移，UE 具体选择哪一个频率偏移 RB_{offset} 由 DCI 格式 0_1 或 0_1 的频域资源分配字段的前面 1 个或 2 个比特通知给 UE。

如果配置的是时隙内跳频，每跳开始的 RB 通过公式（6-50）计算。

$$RB_{\text{start}} = \begin{cases} RB_{\text{start}} & i = 0 \\ (RB_{\text{start}} + RB_{\text{offset}}) \bmod N_{\text{BWP}}^{\text{size}} & i = 1 \end{cases} \qquad 公式（6-50）$$

在公式（6-50）中，$i=0$ 和 $i=1$ 分别是第 1 跳和第 2 跳；RB_{offset} 是 UL BWP 内的 RB 开始位置，通过频域资源分配 type 1 的 *SLIV* 获得；RB_{offset} 是两跳之间的频率偏移。第 1 跳有 $\lfloor N_{\text{symb}}^{\text{PUSCH},s}/2 \rfloor$ 个符号，第 2 跳有 $N_{\text{symb}}^{\text{PUSCH},s} - \lfloor N_{\text{symb}}^{\text{PUSCH},s}/2 \rfloor$ 个符号，其中，$N_{\text{symb}}^{\text{PUSCH},s}$ 是 1 个时隙内 PUSCH 传输占用的 OFDM 符号数。

如果配置了时隙间跳频，则对于时隙 n_s^μ，RB 开始的位置通过公式（6-51）计算。

$$RB_{\text{start}}(n_s^\mu) = \begin{cases} RB_{\text{start}} & n_s^\mu \bmod 2 = 0 \\ (RB_{\text{start}} + RB_{\text{offset}}) \bmod N_{\text{BWP}}^{\text{size}} & n_s^\mu \bmod 2 = 1 \end{cases} \qquad 公式（6-51）$$

在公式（6-51）中，n_s^μ 是多时隙 PUSCH 传输所在的无线帧的时隙号。时隙间跳频和时隙内跳频的示例如图 6-19 所示。

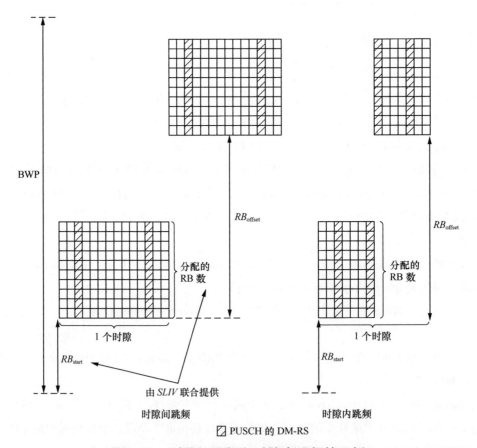

图6-19 时隙间跳频和时隙内跳频的示例

6.3.5 PUSCH 的 DM-RS

与 PDSCH 一样，PUSCH 也支持配置类型 1 和配置类型 2 两种类型的 DM-RS，对于配置类型 1 和配置类型 2，分别支持最多 8 个和 12 个 UL DM-RS。与 PDSCH DM-RS 不同的是，对于 SU-MIMO，每个 UE 最多支持 4 个正交的 UL DM-RS，对于 MU-MIMO，每个 UE 也是最多支持 4 个正交的 UL DM-RS。

PUSCH 的 DM-RS 与 PDSCH 的 DM-RS 的区别主要体现在 DM-RS 序列的产生方法和 DM-RS 到物理资源的映射两个方面。

1. 序列的产生

当 PUSCH 不使用转换预编码时，PUSCH 的 DM-RS 与 PDSCH 的 DM-RS 一样，使用伪随机序列。

当 PUSCH 使用转换预编码时，PUSCH 的 DM-RS 使用低峰均比（PAPR）的序列并且支持频率跳频，DM-RS 的参考序列 r(n) 根据公式（6-52）产生。

$$r(n) = r_{u,v}^{(\alpha,\mu)}(n)$$
$$n = 0,1,\cdots,M_{sc}^{PUCCH}/2^\delta - 1$$
公式（6-52）

在公式（6-52）中，$r_{u,v}^{(\alpha,\mu)}(m)$ 的定义见本书 4.4.2 节，对于 PUSCH 传输，$\delta=1$，$\alpha=0$。

序列组 $u = (f_{gh} + n_{ID}^{RS}) \bmod 30$，其中，$n_{ID}^{RS}$ 定义如下。

（1）如果在 IE *DMRS-UplinkConfig* 中配置了高层参数 *nPUSCH-Identity*（即 n_{ID}^{PUSCH}）且不是承载 Msg3 的 PUSCH，则 $n_{ID}^{RS} = n_{ID}^{PUSCH}$；

（2）在其他情况下，$n_{ID}^{RS} = n_{ID}^{cell}$。

f_{gh} 和序列号 v 的值有以下 3 种情况。

第一种，组和序列都不跳频，如公式（6-53）所示。

$$f_{gh}=0$$
$$v=0$$
公式（6-53）

第二种，组跳频、序列不跳频，如公式（6-54）所示。

$$f_{gh} = \left(\sum_{m=0}^{7} 2^m c\left(8\left(N_{symb}^{slot} n_{s,f}^\mu + l\right) + m\right)\right) \bmod 30$$
$$v = 0$$
公式（6-54）

在公式（6-54）中，$c(i)$ 的定义见本书 4.4.1 节，在每个无线帧的开始，用 $c_{int} = \lfloor n_{ID}^{RS}/30 \rfloor$ 对 $c(i)$ 进行初始化。

第三种，序列跳频，组不跳频，如公式（6-55）所示。

$$f_{gh} = \left(\sum_{m=0}^{7} 2^m c\left(8\left(N_{symb}^{slot} n_{s,f}^{\mu} + l\right) + m\right)\right) \bmod 30$$

$$v = \begin{cases} c\left(N_{symb}^{slot} n_{s,f}^{\mu} + l\right) & M_{ZC} \geqslant 6N_{sc}^{RB} \\ 0 & \text{其他情况} \end{cases} \quad \text{公式（6-55）}$$

在公式（6-55）中，$c(i)$ 定义见本书 4.4.1 节，在每个无线帧的开始，$c_{int} = n_{ID}^{RS}$ 对 $c(i)$ 进行初始化。

需要注意的是，对于 PUSCH，不支持组和序列同时跳频，而 PUCCH 的 DM-RS 支持组和序列同时跳频。另外，公式（6-54）和公式（6-55）中的 l 是 OFDM 符号在时隙内的索引，对于双符号 DM-RS，l 是双符号 DM-RS 的第 1 个 OFDM 符号在时隙内的索引。

2. DM-RS 到物理资源的映射

与 PDSCH 一样，PUSCH 也支持配置类型 1 和配置类型 2 两种类型的 DM-RS。对于 DM-RS 配置类型 1，单符号时有 4 个 UL DM-RS 端口（1000～1003），双符号时有 8 个 UL DM-RS 端口（1000～1007）；对于 DM-RS 配置类型 2，单符号时有 6 个 UL DM-RS 端口（1000～1005），双符号时有 12 个 UL DM-RS 端口（1000～1011）。当 PUSCH 使用转换预编码时，仅支持 DM-RS 配置类型 1。

与 PDSCH 一样，PUSCH 也支持映射类型 A 和映射类型 B 两种类型。PUSCH 的 DM-RS 与 PDSCH 的 DM-RS 在时域上主要有两点差别：第一，PUSCH 的 DM-RS 映射到时隙内的符号位置与 PUSCH DM-RS 有些细微差别，对于单符号 DM-RS，时隙内不跳频，PUSCH DM-RS 在时隙内的位置 $\bar{l}$ 见表 6-31；对于双符号 DM-RS，时隙内不跳频，PUSCH DM-RS 在时隙内的位置 $\bar{l}$ 见表 6-32。第二，PUSCH 支持时隙内跳频，对于单符号 DM-RS，时隙内跳频，PUSCH DM-RS 在时隙内的位置 $\bar{l}$ 见表 6-33。

表6-31 对于单符号DM-RS，时隙内不跳频，PUSCH DM-RS在时隙内的位置 $\bar{l}$

l_d	DM-RS 的位置 $\bar{l}$							
	PUSCH 映射类型 A				PUSCH 映射类型 B			
	dmrs-AdditionalPosition				dmrs-AdditionalPosition			
	0	1	2	3	0	1	2	3
< 4	—	—	—	—	l_0	l_0	l_0	l_0
4	l_0	l_0	l_0	l_0	l_0	l_0	l_0	l_0
5	l_0	l_0	l_0	l_0	l_0	l_0, 4	l_0, 4	l_0, 4
6	l_0	l_0	l_0	l_0	l_0	l_0, 4	l_0, 4	l_0, 4
7	l_0	l_0	l_0	l_0	l_0	l_0, 4	l_0, 4	l_0, 4
8	l_0	l_0, 7	l_0, 7	l_0, 7	l_0	l_0, 6	l_0, 3, 6	l_0, 3, 6
9	l_0	l_0, 7	l_0, 7	l_0, 7	l_0	l_0, 6	l_0, 3, 6	l_0, 3, 6

（续表）

l_d	DM-RS 的位置 $\bar{l}$							
	PUSCH 映射类型 A				PUSCH 映射类型 B			
	dmrs-AdditionalPosition				dmrs-AdditionalPosition			
	0	1	2	3	0	1	2	3
10	l_0	l_0, 9	l_0, 6, 9	l_0, 6, 9	l_0	l_0, 8	l_0, 4, 8	l_0, 3, 6, 9
11	l_0	l_0, 9	l_0, 6, 9	l_0, 6, 9	l_0	l_0, 8	l_0, 4, 8	l_0, 3, 6, 9
12	l_0	l_0, 9	l_0, 6, 9	l_0, 5, 8, 11	l_0	l_0, 10	l_0, 5, 10	l_0, 3, 6, 9
13	l_0	l_0, 11	l_0, 7, 11	l_0, 5, 8, 11	l_0	l_0, 10	l_0, 5, 10	l_0, 3, 6, 9
14	l_0	l_0, 11	l_0, 7, 11	l_0, 5, 8, 11	l_0	l_0, 10	l_0, 5, 10	l_0, 3, 6, 9

表6-32 对于双符号DM-RS，时隙内不跳频，PUSCH DM-RS在时隙内的位置 $\bar{l}$

l_d	DM-RS 的位置 $\bar{l}$							
	PUSCH 映射类型 A				PUSCH 映射类型 B			
	dmrs-AdditionalPosition				dmrs-AdditionalPosition			
	0	1	2	3	0	1	2	3
<4	—	—			—	—		
4	l_0	l_0			—	—		
5	l_0	l_0			l_0	l_0		
6	l_0	l_0			l_0	l_0		
7	l_0	l_0			l_0	l_0		
8	l_0	l_0			l_0	l_0, 5		
9	l_0	l_0			l_0	l_0, 5		
10	l_0	l_0, 8			l_0	l_0, 7		
11	l_0	l_0, 8			l_0	l_0, 7		
12	l_0	l_0, 8			l_0	l_0, 9		
13	l_0	l_0, 10			l_0	l_0, 9		
14	l_0	l_0, 10			l_0	l_0, 9		

表6-33 对于单符号DM-RS，时隙内跳频，PUSCH DM-RS在时隙内的位置 $\bar{l}$

l_d	DM-RS 的位置 $\bar{l}$											
	PUSCH 映射类型 A								PUSCH 映射类型 B			
	$l_0=2$				$l_0=3$				$l_0=0$			
	dmrs-AdditionalPosition				dmrs-AdditionalPosition				dmrs-AdditionalPosition			
	0		1		0		1		0		1	
	第1跳	第2跳	第1跳	第2跳	第1跳	第2跳	第1跳	第2跳	第1跳	第2跳	第1跳	第2跳
≤3	—	—	—	—	—	—	—	—	0	0	0	0
4	2	0	2	0	3	0	3	0	0	0	0	0

（续表）

l_d	DM-RS 的位置 $\bar{l}$								PUSCH 映射类型 B			
	PUSCH 映射类型 A								$l_0=0$			
	$l_0=2$				$l_0=3$							
	dmrs-Additional Position				dmrs-Additional Position				dmrs-Additional Position			
	0		1		0		1		0		1	
	第1跳	第2跳	第1跳	第2跳	第1跳	第2跳	第1跳	第2跳	第1跳	第2跳	第1跳	第2跳
5, 6	2	0	2	0, 4	3	0	3	0, 4	0	0	0, 4	0, 4
7	2	0	2, 6	0, 4	3	0	3	0, 4	0	0	0, 4	0, 4

对于 PUSCH 映射类型 A，有两点需要注意：第一，仅当 *dmrs-TypeA-Position* 等于"pos2"时，*dmrs-AdditionalPosition* 等于"pos3"才有意义；第二，当表 6–32 中的 $l_d=4$ 时，*dmrs-TypeA-Position* 必须等于"pos2"。

表 6–31 和表 6–32 对应的 PUSCH DM-RS 在时域上的位置可以参照本书第五章。当支持时隙内跳频时，PUSCH 在时域上的符号位置示意如图 6–20 所示。

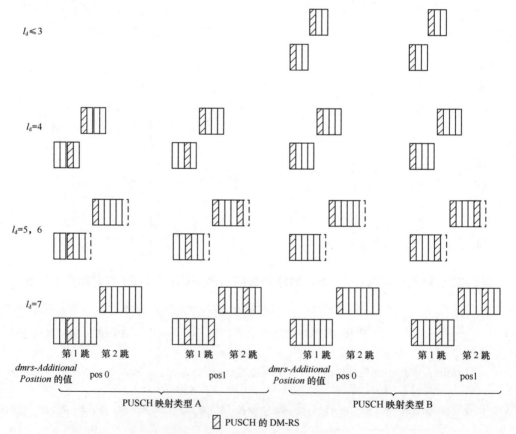

图6–20 当支持时隙跳频时，PUSCH在时域上的符号位置示意

对于表 6-33 和图 6-20，还有两点需要注意。第一，l_d 不是 1 个时隙内 PUSCH 总的符号长度，而是时隙内每跳的符号长度，如 PUSCH 的符号长度是 13，则第 1 跳的 $l_d=6$，DM-RS 在时域上的符号位置对应着 $l_d=6$ 的第 1 跳；第 2 跳的 $l_d=7$，DM-RS 在时域上的符号位置对应着 $l_d=7$ 的第 2 跳。第二，对于 PDSCH 映射类型 A，图 6-20 中是以 $l_d=2$ 为例，如果 $l_d=3$，则参照表 6-33 重新画一下即可。

6.3.6　PUSCH 的 PT-RS

PUSCH 的传输分为不使用转换预编码（即基于非码本的传输，CP-OFDM 波形）和使用转换预编码（即基于码本的传输，DFT-S-OFDM 波形）两种情况，与之对应的，PUSCH 的 PT-RS 也分为两种情况。当 PUSCH 传输不使用转换预编码时，PUSCH 的 PT-RS 与 PDSCH 的 PT-RS 类似，见本书 5.3.5 节，在此不再赘述。本节接下来将分析，当 PUSCH 传输使用转换预编码时，PT-RS 的结构。

在转换预编码之前，PT-RS $r_m(m')$ 根据公式（6-56）映射到子载波 m 上，m 的位置与 PT-RS 组数 $N_{\text{group}}^{\text{PT-RS}}$、每组 PT-RS 的抽样数 $N_{\text{samp}}^{\text{group}}$、PUSCH 的子载波数 $M_{\text{sc}}^{\text{PUSCH}}$ 有关，PT-RS 符号映射见表 6-34。在表 6-34 中，s 确定了 PT-RS 组数，k 和 n 确定了每组的抽样数。

表6-34　PT-RS符号映射

PT-RS 组数 $N_{\text{group}}^{\text{PT-RS}}$	每个 PT-RS 组的抽样数 $N_{\text{samp}}^{\text{group}}$	转换预编码之前，OFDM 符号索引处的 PT-RS 索引 m
2	2	$s\lfloor M_{\text{sc}}^{\text{PUSCH}}/4\rfloor + k - 1$　其中，$s=1,3$，$k=0,1$
2	4	$sM_{\text{sc}}^{\text{PUSCH}} + k$　其中，$\begin{cases} s=0 & k=0,1,2,3 \\ s=1 & k=-4,-3,-2,-1 \end{cases}$
4	2	$\lfloor sM_{\text{sc}}^{\text{PUSCH}}/8\rfloor + k - 1$　其中，$s=1,3,5,7$，$k=0,1$
4	4	$sM_{\text{sc}}^{\text{PUSCH}}/4 + n + k$　其中，$\begin{cases} s=0 & k=0,1,2,3 & n=0 \\ s=1,2 & k=-2,-1,0,1 & n=\lfloor M_{\text{sc}}^{\text{PUSCH}}/8\rfloor \\ s=3 & k=-4,-3,-2,-1 & n=0 \end{cases}$
8	4	$\lfloor sM_{\text{sc}}^{\text{PUSCH}}/8\rfloor + n + k$　其中，$\begin{cases} s=0 & k=0,1,2,3 & n=0 \\ s=1,2 & k=-2,-1,0,1, & n=\lfloor M_{\text{sc}}^{\text{PUSCH}}/16\rfloor \\ s=3 & k=-4,-3,-2,-1 & n=0 \end{cases}$

$$r_m(m') = w(k')\frac{e^{\frac{\pi}{2}(m \bmod 2)}}{\sqrt{2}}\left[(1-2c(m')) + j(1-2c(m'))\right]$$
$$m' = s' + k'$$
$$s' = 0,1,\cdots,N_{\text{group}}^{\text{PT-RS}} - 1$$
$$k' = 0,1,\cdots,N_{\text{samp}}^{\text{group}} - 1$$

公式（6-56）

伪随机序列 $c(i)$ 的定义见本书 4.4.1 节，正交序列 $w(i)$ 的定义见表 6-35，伪随机序列使用公式（6-57）进行初始化。

$$c_{\text{init}} = \left(2^{17}\left(N_{\text{symb}}^{\text{slot}} n_{\text{s,f}}^{\mu} + l + 1\right)\left(2N_{\text{ID}} + 1\right) + 2N_{\text{ID}}\right) \bmod 2^{31} \qquad 公式（6-57）$$

在公式（6-57）中，l 是时隙 $n_{\text{s,f}}^{\mu}$ 中第 1 个 PT-RS 信号所在的 OFDM 符号索引，N_{ID} 由高层参数 nPUSCH-Identity 通知给 UE。

表6-35 正交序列 $w(i)$ 的定义

$n_{\text{RNTI}} \bmod N_{\text{samp}}^{\text{group}}$	$N_{\text{samp}}^{\text{group}} = 2$ $[w(0) w(1)]$	$N_{\text{samp}}^{\text{group}} = 4$ $[w(0) w(1) w(1) w(2)]$
0	[+1 +1]	[+1 +1 +1 +1]
1	[+1 −1]	[+1 −1 +1 −1]
2	—	[+1 +1 −1 −1]
3	—	[+1 −1 −1 −1]

根据表 6-35 可以发现，不同小区的 PT-RS 通过正交序列进行区分，因此，当 PT-RS 在频域上的子载波位置 m 相同时，可以减少小区间的干扰。

当使用转换预编码的 PUSCH 传输时，PT-RS 的时域密度 $L_{\text{PT-RS}} \in \{1, 2\}$，由 IE PTRS-UplinkConfig 中的高层参数 timeDensityTransformPrecoding 直接通知给 UE，缺省值是 $L_{\text{PT-RS}} = 1$。当 PT-RS 的 OFDM 符号与 DM-RS 的 OFDM 符号在时域上重叠时，则 PT-RS 的符号在 DM-RS 的符号之后 $L_{\text{PT-RS}}$ 个符号上。

PT-RS 在频域上的组数和每组的抽样数由高层参数 sampleDensity 间接通知给 UE，sampleDensity 配置了 5 个 RB 值，分别是 N_{RB0}、N_{RB1}、N_{RB2}、N_{RB3} 和 N_{RB4}，PT-RS 组的图样是被调度带宽的函数见表 6-36。如果分配的 RB 数 N_{RB} 小于 N_{RB0}，或 RNTI 等于 TC-RNTI，则 PT-RS 不存在。

表6-36 PT-RS组的图样是被调度带宽的函数

被调度带宽	PT-RS 组数	每组 PT-RS 的抽样数
$N_{\text{RB0}} \leq N_{\text{RB}} < N_{\text{RB1}}$	2	2
$N_{\text{RB1}} \leq N_{\text{RB}} < N_{\text{RB2}}$	2	4
$N_{\text{RB1}} \leq N_{\text{RB}} < N_{\text{RB3}}$	4	2
$N_{\text{RB3}} \leq N_{\text{RB}} < N_{\text{RB4}}$	4	4
$N_{\text{RB4}} \leq N_{\text{RB}}$	8	4

假设单符号的 DM-RS 开始位置是 2 和 11，PT-RS 的时域密度 $L_{\text{PT-RS}} = 2$，$M_{\text{sc}}^{\text{PUSCH}} = 12 \times 24 = 288$ 个子载波。根据以上条件，使用转换预编码的 PUSCH 传输时，PT-RS 的结构如图 6-21 所示。

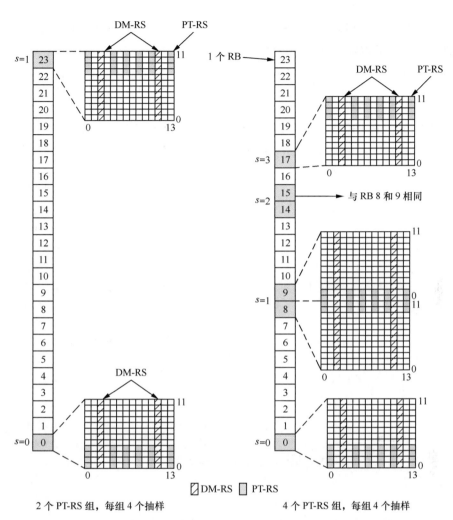

图6-21 使用转换预编码的PUSCH传输时，PT-RS的结构

6.3.7 确定调制阶数、目标编码速率、RV 和 TBS

与 PDSCH 一样，UE 也是通过 2 个步骤来确定 PUSCH 的调制阶数和 TBS：第 1 步，在 DCI 格式 0_0 或 0_1 上读取 5-bit 的 MCS 字段和冗余版本字段，确定调制阶数和目标编码速率以及冗余版本；第 2 步，根据 UE 使用的层数、分配的 PRB 数，确定 TBS。

1. 确定调制阶数和目标编码速率

PUSCH 除了使用 PDSCH 的 3 个 MCS 表（见本书 5.3.6 节的表 5-45 到表 5-47）外，又额外定义了 2 个 MCS 表，PUSCH 使用转换预编码传输时，MCS 索引表 1（64QAM）见表 6-37，PUSCH 使用转换预编码传输时，MCS 索引表 2（64QAM）见表 6-38。定义这两个 MCS 表的原因是，当 PUSCH 使用转换预编码传输时，支持 π/2-BPSK。其中，表 6-37 的最高调制方式和频谱效率分别是 QAM64 和 948×6/1024=5.5547，对应着正常码率传输；表 6-38 的最高调制方式和频谱效率分别是 QAM64 和 772×6/1024= 4.5234，对应着低码率传输。

表6-37　PUSCH使用转换预编码传输时，MCS索引表1（64QAM）

MCS 索引 I_{MCS}	调制阶数 Q_m	目标编码速率 R × [1024]	频谱效率
0	q	240/q	0.2344
1	q	314/q	0.3066
2	2	193	0.3770
3	2	251	0.4902
4	2	308	0.6016
5	2	379	0.7402
6	2	449	0.8770
7	2	526	1.0273
8	2	602	1.1758
9	2	679	1.3262
10	4	340	1.3281
11	4	378	1.4766
12	4	434	1.6953
13	4	490	1.9141
14	4	553	2.1602
15	4	616	2.4063
16	4	658	2.5703
17	6	466	2.7305
18	6	517	3.0293
19	6	567	3.3223
20	6	616	3.6094
21	6	666	3.9023
22	6	719	4.2129
23	6	772	4.5234
24	6	822	4.8164
25	6	873	5.1152
26	6	910	5.3320
27	6	948	5.5547
28	q		预留
29	2		预留
30	4		预留
31	6		预留

表6–38　PUSCH使用转换预编码传输时，MCS索引表2（64QAM）

MCS 索引 I_{MCS}	调制阶数 Q_m	目标编码速率 $R \times [1024]$	频谱效率
0	q	60/q	0.0586
1	q	80/q	0.0781
2	q	100/q	0.0977
3	q	128/q	0.1250
4	q	156/q	0.1523
5	q	198/q	0.1934
6	2	120	0.2344
7	2	157	0.3066
8	2	193	0.3770
9	2	251	0.4902
10	2	308	0.6016
11	2	379	0.7402
12	2	449	0.8770
13	2	526	1.0273
14	2	602	1.1758
15	2	679	1.3262
16	4	378	1.4766
17	4	434	1.6953
18	4	490	1.9141
19	4	553	2.1602
20	4	616	2.4063
21	4	658	2.5703
22	4	699	2.7305
23	4	772	3.0156
24	6	567	3.3223
25	6	616	3.6094
26	6	666	3.9023
27	6	772	4.5234
28	q	预留	
29	2	预留	
30	4	预留	
31	6	预留	

当 PUSCH 不使用转换预编码时，UE 接收到 PUSCH 的调度时，PUSCH 使用的 MCS 索引类与 PDSCH 的索引表相同，当不使用转换预编码时，UE 选择的 PUSCH MCS 索引总结见表 6–39。

表6-39 当不使用转换预编码时，UE选择的PUSCH MCS索引总结

IE	mcs-Table 的值	DCI 格式	RNTI	PUSCH 的 MCS 索引表	备注
PUSCH-Config	qam256	DCI 格式 0_1	C-RNTI 或 SP-CSI-RNTI	表 5-46	
PUSCH-Config	qam64LowSE	—	C-RNTI 或 SP-CSI-RNTI	表 5-47	未配置 MCS-C-RNTI，USS 调度
—	—	—	MCS-C-RNTI	表 5-47	配置 MCS-C-RNTI
configuredGrantConfig	qam256	—	CS-RNTI	表 5-46	
configuredGrantConfig	qam256	配置授权		表 5-46	
configuredGrantConfig	qam64LowS	—	CS-RNTI	表 5-47	
configuredGrantConfig	qam64LowS	配置授权		表 5-47	
其他情况				表 5-46	

当 PUSCH 使用转换预编码时，UE 接收到 PUSCH 的调度后，PUSCH 使用的 MCS 索引见表 6-40。

表6-40 当使用转换预编码时，UE选择的PUSCH MCS索引总结

IE	mcs-Table Transform Precoder 的值	DCI 格式	RNTI	PUSCH 的 MCS 索引表	备注
PUSCH-Config	qam256	DCI 格式 0_1	C-RNTI 或 SP-CSI-RNTI	表 5-46	
PUSCH-Config	qam64LowSE	—	C-RNTI 或 SP-CSI-RNTI	表 6-38	未配置 MCS-C-RNTI，USS 调度
—	—	—	MCS-C-RNTI	表 6-38	配置 MCS-C-RNTI
configuredGrantConfig	qam256	—	CS-RNTI	表 5-46	
configuredGrantConfig	qam256	配置授权		表 5-46	
configuredGrantConfig	qam64LowS	—	CS-RNTI	表 6-38	
configuredGrantConfig	qam64LowS	配置授权		表 6-38	
其他情况				表 6-37	

2. TBS 的计算过程

与 PDSCH 类似，UE 计算 PUSCH 的 TBS 的过程需要以下 4 个步骤。

第 1 步：计算分配给 PUSCH 的 RE 数 N_{RE}，该步骤进一步可分为 2 个步骤。

（1）计算 1 个时隙内 1 个 PRB 的 RE 数 N'_{RE}。

$$N'_{RE} = N_{sc}^{RB} \times N_{symb}^{sh} - N_{DMRS}^{PRB} - N_{oh}^{PRB}$$ 公式（6-58）

在公式（6-58）中，N_{sc}^{RB} 是 1 个 PRB 包含的子载波数，固定等于 12。N_{symb}^{sh} 是该时隙内分配的 OFDM 符号数。N_{DMRS}^{PRB} 是 1 个 PRB 内用于 PUSCH DM-RS 的 RE 数，只包括没有数据的 DM-RS CDM 组（见本书 5.3.4 节的图 5-37），N_{DMRS}^{PRB} 与 DM-RS 占用的 OFDM 数量、密度等有关，见本书 6.3.5 节。N_{oh}^{PRB} 是高层配置的负荷，由 PUSCH-ServingCellConfig 中的高层参数 xOverhead 给出，取值为 {0，6，12，18} 之一，如果没有配置 xOverhead，则 N_{oh}^{PRB} 取值为 0；对于 Msg3 传输，N_{oh}^{PRB} 固定为 0。

（2）根据分配的 PRB 数 n_{PRB}，计算分配给 PDSCH 总的 RE 数 N_{RE}，如公式（6-59）所示。

$$N_{RE} = \min(156, N'_{RE}) \times n_{PRB}$$ 公式（6-59）

第 2、3、4 步的计算过程与 PDSCH 完全相同，见本书 5.3.6 节。

6.3.8　PUSCH 的资源映射

与 PDSCH 相比，PUSCH 不需要专门预留资源给某个 UE 或某些用途，这是因为，PUSCH 使用的资源都是 gNB 分配的，如果 gNB 要为其他 UE 或其他用途预留一部分上行资源，只要在上行授权的时候，不给 UE 分配这部分资源即可。

6.3.9　PUSCH 的峰值速率分析

PUSCH 的峰值速率计算方法与 PDSCH 的峰值速率计算方法类似。本书接下来以 FR1 的 100MHz 带宽为例来分析 PUSCH 的峰值速率。

当信道带宽为 100MHz 时，数据信道的子载波间隔可以取的值为 30kHz 和 60kHz，对应的 RB 数分别是 273 个和 135 个，先假设 SCS=30kHz，则 1 个子帧内有 2 个时隙，每个时隙是 0.5ms。

上行单用户（SU-MIMO）达到峰值速率的条件是：PUCCH 占用 2 个 PRB，PUSCH 在频域上分配 271 个 PRB，在时域上分配 14 个 OFDM 符号；1 个传输块，传输 4 层数据；DM-RS 使用配置类型 1，占用 1 个 OFDM 符号，对应的 DM-RS 端口数是 4 个。假设 $I_{MCS}=27$，根据本书 5.3.6 节的表 5-46，经过计算后得到的 TBS 是 1277992，假设所有的时隙都是上行时隙，上行单用户（SU-MIMO）的峰值速率 =1277992/0.0005/1024/1024=2438Mbit/s。

上行单小区（MU-MIMO）达到峰值速率的条件是：PUCCH 使用 2 个 PRB，PUSCH 在频域上分配 271 个 PRB，在时域上分配 14 个 OFDM 符号；3 个用户复用，每个用户各 1 个传输块，每个用户传输 4 层数据；DM-RS 使用配置类型 2，占用 2 个连续的 OFDM 符号，共计有 12 个 DM-RS 端口。I_{MCS}=27，根据本书 5.3.6 节的表 5-46，经过计算后得到的 TBS 是 1179864，假设所有的时隙都是上行时隙，上行单小区（MU-MIMO）的峰值速率 =3×1179864/0.0005/1024/1024=6751Mbit/s。

同理，根据上述的计算方法，假设 N_{symb}^{sh}=14，N_{DMRS}^{PRB}=12（SU-MIMO）或 N_{DMRS}^{PRB}=24（MU-MIMO），N_{oh}^{PRB}=0，PUCCH 占用 2 个 PRB，使用本书 5.3.6 节的表 5-46，Q_m=8，可以计算出不同带宽的上行峰值速率，不同信道带宽的上行峰值速率见表 6-41。

表6-41 不同信道带宽的上行峰值速率

频率范围	信道带宽（MHz）	子载波间隔	RB数（个）	I_{MCS}	TBS（bit）	SU-MIMO TB（个）	SU-MIMO 峰值速率（Mbit/s）	MU-MIMO TBS（bit）	MU-MIMO TB（个）	MU-MIMO 峰值速率（Mbit/s）
FR1	50	15	268	27	1245544	1	1188	1147488	3	3283
	50	30	131	27	606504	1	1157	573504	3	3282
	50	60	63	27	295176	1	1126	270576	3	3096
	100	30	271	27	1277992	1	2438	1179864	3	6751
	100	60	133	27	622760	1	2376	573504	3	6563
FR2	100	60	130	27	606504	1	2314	557416	3	6379
	100	120	64	27	303240	1	2314	278776	3	6381
	200	60	262	27	1213032	1	4627	1147488	3	13132
	200	120	130	27	606504	1	4627	557416	3	12758
	400	120	262	27	1213032	1	9255	1147488	3	26264

与本书 5.3.9 节的表 5-51 的 PDSCH 峰值速率对比可以发现，对于 MU-MIMO，PUSCH 的理论峰值速率高于相同参数下的 PDSCH 的理论峰值速率，其主要原因是，在计算 PDSCH 的峰值速率的时候，假设 1 个时隙内 PDSCH 分配 13 个 OFDM 符号，而在计算 PUSCH 的峰值速率的时候，假设 1 个时隙内 PUSCH 分配 14 个 OFDM 符号。

表 6-41 给出的 PUSCH 峰值速率仅仅是理论值，在实际网络部署的时候，基本上达不到这个数值。这是因为很少有运营商在 FDD 频段有超过 50MHz 的带宽，而对于 TDD 频段，要根据实际的上下行时隙配置来计算 PUSCH 的峰值速率。另外，UE 是否达到理论速率还与 UE 能力、网络配置等密切相关。

6.4 SRS

为了获得上行信道的 CSI，UE 可以配置发送 SRS，SRS 的作用与 CSI-RS 的作用类似，都是用于信道探测，只是方向不同。从细节上来看，SRS 与 CSI-RS 还是有明显不同，CSI-RS 最多支持 32 个天线端口，而 SRS 最多只支持 4 个天线端口；由于 SRS 是上行信号，为了使 UE 的功率放大器高效，SRS 信号具有低的 PAPR。

6.4.1　SRS 的结构

SRS 资源通过 IE *SRS-Resource* 配置，具体包括以下参数。

(1) $N_{\text{ap}}^{\text{SRS}} \in \{1, 2, 4\}$ 个天线端口，索引为 $\{p_i\}_0^{N_{\text{ap}}^{\text{SRS}}-1}$，$p_i=1000+i$，SRS 的天线端口数 $N_{\text{ap}}^{\text{SRS}}$ 由高层参数 *nrofSRS-Ports* 通知给 UE。

(2) $N_{\text{symb}}^{\text{SRS}} \in \{1, 2, 4\}$ 个连续的 OFDM 符号，由高层参数 *nrofSymbols* 通知给 UE。

(3) l_0 为 SRS 在时域上开始的符号位置，$l_0 = N_{\text{symb}}^{\text{slot}} - 1 - l_{\text{offset}}$，$l_{\text{offset}} \in \{0, 1, \cdots, 5\}$ 由高层参数 *startPosition* 通知给 UE，也即 SRS 可以使用时隙内的最后 6 个 OFDM 符号，需要注意的是，$l_{\text{offset}} \geq N_{\text{symb}}^{\text{SRS}} - 1$。

(4) k_0 为 SRS 在频域上的开始位置。

1. SRS 序列的产生

SRS 资源的 SRS 序列根据公式（6-60）产生。

$$r^{(p_i)}(n,l') = r_{u,v}^{(\alpha,\delta)}(n)$$
$$0 \leq n \leq M_{\text{sc},b}^{\text{RS}} - 1 \quad\quad 公式（6-60）$$
$$l' \in \{0, 1, \cdots, N_{\text{symb}}^{\text{SRS}} - 1\}$$

在公式（6-60）中，$M_{\text{sc},b}^{\text{RS}}$ 的定义如下文的公式（6-66）所示。$r_{u,v}^{(\alpha,\delta)}(n)$ 的定义见本书 4.4.2 节。$\delta = \log_2(K_{\text{TC}})$，其中，$K_{\text{TC}}$ 是传输梳（Transmission Comb）的数量，取值为 2 或 4，包含在高层参数 *transmissionComb* 中。天线端口 p_i 的循环移位 α_i 根据公式（6-61）所得。

$$\alpha_i = 2\pi \frac{n_{\text{SRS}}^{\text{cs},i}}{n_{\text{SRS}}^{\text{cs,max}}}$$
$$n_{\text{SRS}}^{\text{cs},i} = \left(n_{\text{SRS}}^{\text{cs}} + \frac{n_{\text{SRS}}^{\text{cs,max}}(p_i - 1000)}{N_{\text{ap}}^{\text{SRS}}}\right) \bmod n_{\text{SRS}}^{\text{cs,max}} \quad\quad 公式（6-61）$$

在公式（6-61）中，$n_{\text{SRS}}^{\text{cs}} \in \{0, 1, \cdots, N_{\text{symb}}^{\text{SRS}} - 1\}$，$n_{\text{SRS}}^{\text{cs}}$ 包含在高层参数 *transmissionComb* 中，如果 $K_{\text{TC}}=4$，则循环移位的最大数 $n_{\text{SRS}}^{\text{cs,max}}=12$；如果 $K_{\text{TC}}=2$，则 $n_{\text{SRS}}^{\text{cs,max}}=8$。这意味着，不同的 SRS 天线端口，虽然使用同一个基序列，但是使用不同的循环移位。

与 PUCCH 的 DM-RS 序列一样，SRS 序列也支持组跳频或序列跳频。组号 $u = \left(f_{\text{gh}}\left(n_{\text{s,f}}^{\mu}, l'\right) + n_{\text{ID}}^{\text{SRS}}\right) \bmod 30$ 和序列号 v 的定义依赖于高层参数 *groupOrSequenceHopping*。其中，SRS 序列地址 $n_{\text{ID}}^{\text{SRS}}$ 由高层参数提供；$l' \in \{0, 1, \cdots, N_{\text{symb}}^{\text{SRS}} - 1\}$ 是 SRS 资源的 OFDM 符号索引。

(1) 如果 *groupOrSequenceHopping* 等于 "neither"，则组和序列都不跳频，如公式（6-62）所示。

$$f_{\text{gh}}\left(n_{\text{s,f}}^{\mu},l'\right)=0$$
$$v=0$$
公式（6-62）

（2）如果 *groupOrSequenceHopping* 等于"groupHopping"，则组跳频，但是序列不跳频，如公式（6-63）所示。

$$f_{\text{gh}}\left(n_{\text{s,f}}^{\mu},l'\right)=\left(\sum_{m=0}^{7}c\left(8\left(n_{\text{s,f}}^{\mu}N_{\text{symb}}^{\text{slot}}+l_0+l'\right)+m\right)\times 2^m\right)\bmod 30$$
$$v=0$$
公式（6-63）

在公式（6-63）中，伪随机序列 $c(i)$ 的定义见本书 4.4.1 节，在每个无线帧的开始通过 $c_{\text{init}}=n_{\text{ID}}^{\text{SRS}}$ 进行初始化。

（3）如果 *groupOrSequence Hopping* 等于"sequence Hopping"，则序列跳频，但是组不跳频，如公式（6-64）所示。

$$f_{\text{gh}}\left(n_{\text{s,f}}^{\mu},l'\right)=0$$
$$v=\begin{cases} c\left(n_{\text{s,f}}^{\mu}N_{\text{symb}}^{\text{slot}}+l_0+l'\right) & M_{\text{sc},b}^{\text{SRS}}\geqslant 6N_{\text{sc}}^{\text{RB}} \\ 0 & \text{其他情况} \end{cases}$$
公式（6-64）

在公式（6-64）中，伪随机序列 $c(i)$ 的定义见本书 4.4.1 节，在每个无线帧的开始通过 $c_{\text{init}}=n_{\text{ID}}^{\text{SRS}}$ 进行初始化。

2. SRS 到物理资源的映射

当在给定的 SRS 资源上发送 SRS 时，在每个 OFDM 符号 l 和天线端口上的 SRS 资源都要乘以幅度缩放因子 β_{SRS}，对于每个天线端口 p_i，从 $r^{(p_i)}(0,l)$ 开始，根据公式（6-65）映射到 RE（k，l）上，也即不同天线端口的 SRS 信号，使用相同的 RE 和同一个基序列，但是通过循环移位进行区分。

$$a_{K_{\text{TC}}k'+k_0^{(p_i)},\,l'+l_0}^{(p_i)}=\begin{cases} \frac{1}{\sqrt{N_{\text{ap}}}}\beta_{\text{SRS}}r^{(p_i)}(k',l') & k'=0,1,\cdots,M_{\text{sc},b}^{\text{RB}}-1\ \ l'=0,1,\cdots,N_{\text{symb}}^{\text{SRS}}-1 \\ 0 & \text{其他情况} \end{cases}$$
公式（6-65）

SRS 序列的长度根据公式（6-66）计算。

$$M_{\text{sc},b}^{\text{RB}}=m_{\text{SRS},b}N_{\text{sc}}^{\text{RB}}/K_{\text{TC}}$$
公式（6-66）

在公式（6-66）中，$m_{\text{SRS},b}$ 的含义见下文。

SRS 在时域上的符号位置由 $N_{\text{symb}}^{\text{SRS}}$ 和 l_{offset} 联合确定。例如，$N_{\text{symb}}^{\text{SRS}}=1$，$l_{\text{offset}}=0$，则 SRS 在时隙内的最后 1 个符号上；$N_{\text{symb}}^{\text{SRS}}=1$，$l_{\text{offset}}=1$，则 SRS 在时隙内的倒数第 2 个符号上；$N_{\text{symb}}^{\text{SRS}}=4$，$l_{\text{offset}}=3$，则 SRS 在时隙内的最后 4 个 OFDM 符号上，SRS 在时域上的位置示意如图 6-22 所示。

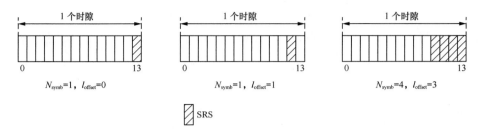

图6-22 SRS在时域上的位置示意

SRS 在频域上的位置相对比较复杂，SRS 在频域上开始的位置 $k_0^{(p_i)}$ 由公式（6-67）定义。

$$k_0^{(p_i)} = \overline{k}_0^{(p_i)} + \sum_0^{B_{SRS}} K_{TC} M_{sc,b}^{SRS} n_b \qquad 公式（6-67）$$

在公式（6-67）中，

$$\overline{k}_0^{(p_i)} = n_{shift} N_{sc}^{RB} + k_{TC}^{(p_i)}$$

$$k_{TC}^{(p_i)} = \begin{cases} \left(\overline{k}_{TC} + K_{TC}/2\right) \bmod k_{TC} \\ \overline{k}_{TC} \end{cases} \qquad 公式（6-68）$$

在公式 (6-68) 中，如果 $n_{SRS}^{cs} \in \{n_{SRS}^{cs,max}/2,\cdots,n_{SRS}^{cs,max}-1\}$ 且 $N_{ap}=4$ 且 $p_i \in \{1001,1003\}$，则 $k_{TC}^{(p_i)} = \left(\overline{k}_{TC} + K_{TC}/2\right) \bmod K_{TC}$；否则，$k_{TC}^{(p_i)} = \overline{k}_{TC}$。$b = B_{SRS}$，$B_{SRS}$ 的含义见下文。

SRS 在频域上的参考点 $\overline{k}_0^{(p_i)}$ 是 CRB 0 的子载波 0（即 Point A）。

频域上的偏移值 n_{shift} 用于调整配置的 SRS 相对于 CRB 的偏移，取值为 0～268，由高层参数 *freqDomainShift* 通知给 UE。传输梳的偏移包含在高层参数 *transmissionComb* 中，SRS 梳状结构示意如图 6-23 所示。当多个 UE 在相同的符号上和相同的 PRB 上发送 SRS 时，不同的 UE 配置不同的 $\overline{k}_{TC}$，在增加 SRS 容量的时候，也避免相互之间产生干扰。n_b 是频域索引，其具体含义见下文。

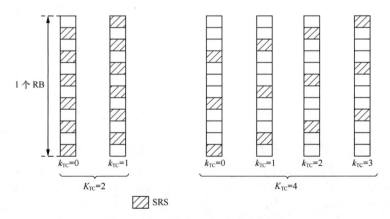

图6-23 SRS梳状结构示意

3GPP TS 38.211 协议通过 1 个表格指示小区内的用户能分配的带宽类型的集合，即 SRS 带宽配置表，SRS 带宽配置见表 6-42。

表6-42 SRS带宽配置

C_{SRS}	$B_{SRS}=0$		$B_{SRS}=1$		$B_{SRS}=2$		$B_{SRS}=3$	
	$m_{srs,0}$	N_0	$m_{srs,1}$	N_1	$m_{srs,2}$	N_2	$m_{srs,3}$	N_3
0	4	1	4	1	4	1	4	1
1	8	1	4	2	4	1	4	1
2	12	1	4	3	4	1	4	1
3	16	1	4	4	4	1	4	1
4	16	1	8	2	4	2	4	1
5	20	1	4	5	4	1	4	1
6	24	1	4	6	4	1	4	1
7	24	1	12	2	4	3	4	1
8	28	1	4	7	4	1	4	1
9	32	1	16	2	8	2	4	2
10	36	1	12	3	4	3	4	1
11	40	1	20	2	4	5	4	1
12	48	1	16	3	8	2	4	2
13	48	1	24	2	12	2	4	3
14	52	1	4	13	4	1	4	1
15	56	1	28	2	4	7	4	1
16	60	1	20	3	4	5	4	1
17	64	1	32	2	16	2	4	4
18	72	1	24	3	12	2	4	3
19	72	1	36	2	12	3	4	3
20	76	1	4	19	4	1	4	1
21	80	1	40	2	20	2	4	5
22	88	1	44	2	4	11	4	1
23	96	1	32	3	16	2	4	4
24	96	1	48	2	24	2	4	6
25	104	1	52	2	4	13	4	1
26	112	1	56	2	28	2	4	7
27	120	1	60	2	20	3	4	5
28	120	1	40	3	8	5	4	2
29	120	1	24	5	12	2	4	3
30	128	1	64	2	32	2	4	8
31	128	1	64	2	16	4	4	4
32	128	1	16	8	8	2	4	2
33	132	1	44	3	4	11	4	1
34	136	1	68	2	4	17	4	1
35	144	1	72	2	36	2	4	9

（续表）

C_{SRS}	$B_{SRS}=0$		$B_{SRS}=1$		$B_{SRS}=2$		$B_{SRS}=3$	
	$m_{srs,0}$	N_0	$m_{srs,1}$	N_1	$m_{srs,2}$	N_2	$m_{srs,3}$	N_3
36	144	1	48	3	24	2	12	2
37	144	1	48	3	16	3	4	4
38	144	1	16	9	8	2	4	2
39	152	1	76	2	4	19	4	1
40	160	1	80	2	40	2	4	10
41	160	1	80	2	20	4	4	5
42	160	1	32	5	16	2	4	4
43	168	1	84	2	28	3	4	7
44	176	1	88	2	44	2	4	11
45	184	1	92	2	4	23	4	1
46	192	1	96	2	48	2	4	12
47	192	1	96	2	24	4	4	6
48	192	1	64	3	16	4	4	4
49	192	1	24	8	8	3	4	2
50	208	1	104	2	52	2	4	13
51	216	1	108	2	36	3	4	9
52	224	1	112	2	56	2	4	14
53	240	1	120	2	60	2	4	15
54	240	1	80	3	20	4	4	5
55	240	1	48	5	16	3	8	2
56	240	1	24	10	12	2	4	3
57	256	1	128	2	64	2	4	16
58	256	1	128	2	32	4	4	8
59	256	1	16	16	8	2	4	2
60	264	1	132	2	44	3	4	11
61	272	1	136	2	68	2	4	17
62	272	1	68	4	4	17	4	1
63	272	1	16	17	8	2	4	2

在表 6-42 中，C_{SRS} 是 SRS 带宽配置的索引，表示 UE 使用哪一行的 SRS 带宽，取值是 0~63，由高层参数 *freqHopping* 中的 *c-SRS* 通知给 UE。在每行上，SRS 的带宽深度是 4 级，对于 BW0（即 $B_{SRS}=0$），有 $N_0=1$ 个 SRS，SRS 的带宽是 $m_{SRS,0}$ 个 RB，BW0 级具有最大的 SRS 带宽；对于 BW1（即 $B_{SRS}=1$），在 $m_{SRS,0}$ 个 RB 范围内有 N_1 个 SRS，每个 SRS 的带宽是 $m_{SRS,1}$ 个 RB；对于 BW2（即 $B_{SRS}=2$），在 $m_{SRS,1}$ 个 RB 范围内有 N_2 个 SRS，每个 SRS 的带宽是 $m_{SRS,2}$ 个 RB；对于 BW3（即 $B_{SRS}=3$），在 $m_{SRS,2}$ 个 RB 范围内有 N_3 个 SRS 位置，

每个 SRS 的带宽是 $m_{SRS,3}$=4 个 RB，BW3 级具有最小的 SRS 带宽，固定为 4 个 RB。

通常情况下，建议根据信道带宽来配置 C_{SRS}。例如，当信道带宽等于 100MHz 时，有 273 个 RB（SCS=30kHz），则 C_{SRS} 可以配置为 61~63。通过设置不同的 B_{SRS} 来确定 UE 实际发送的 SRS 带宽，当信道条件良好即 SNR 高且 UE 传输需要较大的上行带宽时，UE 发送较大带宽的 SRS 信号（配置小的 B_{SRS}）以便 gNB 快速获得上行信道的状态，提高调度效率；当 UE 的功率受限或当多个 UE 同时需要发送 SRS 时，UE 发送窄带的 SRS 信号（配置较大的 B_{SRS}）以提高上行信道的探测精度或 SRS 的容量。通常不建议采用频繁的窄带 SRS 来提供宽带的信道测量，这是因为频繁的窄带 SRS 发送，增加了与 PUCCH 冲突的概率。另外，在快衰落和/或多径传播严重的场景，如果采用窄带 SRS 遍历整个信道带宽，则耗时较长，遍历完整个信道带宽后，信道条件可能已经发生了很大变化。

当 C_{SRS}=9 时，SRS 带宽树的结构如图 6-24 所示。

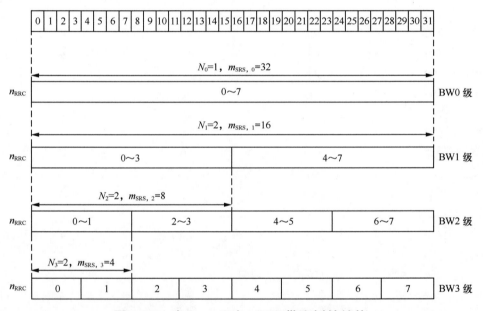

图6-24　当C_{SRS}=9时，SRS带宽树的结构

在公式（6-67）中，n_b 确定了 UE 在哪级深度上与在哪个位置上发送 SRS 信号，n_b 的取值与 $B_{SRS} \in \{0, 1, 2, 3\}$、$b_{hop} \in \{0, 1, 2, 3\}$ 和 n_{RRC} 有关。其中，B_{SRS} 由 *freqHopping* 中的 *b-SRS* 通知给 UE，是 UE 单次发送的 SRS 带宽。频率跳频 b_{hop} 由 *freqHopping* 中的 *b-hop* 通知给 UE。频域位置 n_{RRC} 由高层参数 *freqHopping* 通知给 UE，其取值范围为 0~67，这是因为当 C_{SRS}=63 时，BW3 级上的 SRS 共有 272/4=68 个可能的位置；而当 C_{SRS}=9，BW3 级上只有 32/4=8 个可能的位置，则 n_{RRC} 配置为 0~7 即可。

SRS 是否跳频发送并不是以显示信令通知给 UE 的，而是通过 b_{hop} 和 B_{SRS} 之间的关系隐含的通知给 UE。

当 $b_{hop} \geq B_{SRS}$，即 SRS 的跳频带宽范围小于 UE 发送的 SRS 带宽时，SRS 不跳频，SRS 信号在 SRS 资源所有的 OFDM 符号上发送，在频域上的位置根据公式（6-67）计算，其中频域索引 n_b 是个常量，根据公式（6-69）计算。

$$n_b = \lfloor 4n_{RRC}/m_{SRS,b} \rfloor \bmod N_b \qquad 公式（6-69）$$

假设 $C_{SRS}=9$，当 $B_{SRS}=0$ 时，SRS 的带宽是 32 个 RB，SRS 的位置只有 1 个，n_{RRC} 等于任何数值时，SRS 都是在 RB 0～31 上发送；当 $B_{SRS}=1$ 时，SRS 的带宽是 16 个 RB，SRS 的位置有 2 个，当 $n_{RRC}=0$～3 时，SRS 在 RB 0～15 上发送，当 $n_{RRC}=4$～7 时，SRS 在 RB 16～31 上发送；当 $B_{SRS}=2$ 和 3 时，依此类推。

当 $b_{hop}<B_{SRS}$ 时，即 SRS 的跳频带宽范围大于 UE 单次发送的 SRS 带宽时，SRS 跳频，SRS 在频域上的位置根据公式（6-67）计算，频域索引 n_b 是个变量，根据公式（6-70）计算。

$$n_b = \begin{cases} \lfloor 4n_{RRC}/m_{SRS,b} \rfloor \bmod N_b & b \leq b_{hop} \\ \{F_b(n_{SRS}) + \lfloor 4n_{RRC}/m_{SRS,b} \rfloor\} \bmod N_b & 其他情况 \end{cases} \qquad 公式（6-70）$$

还是以 $C_{SRS}=9$ 为例，假设 $b_{hop}=1$，$B_{SRS}=2$，由于 $b_{hop}<B_{SRS}$，因此 SRS 需要跳频。在公式（6-70）中，$\lfloor 4n_{RRC}/m_{SRS,b} \rfloor \bmod N_b$ 确定了 BW1 级（$B_{SRS}=1$）上的 SRS 跳频范围，即根据 n_{RRC} 的值，确定 SRS 的跳频范围在 BW1 级的哪一个 SRS 带宽（RB 0～15 或 RB 16～31）上，假设确定 SRS 的跳频范围在 RB 0～15 上。在公式（6-70）中 $\{F_b(n_{SRS}) + \lfloor 4n_{RRC}/m_{SRS,b} \rfloor\} \bmod N_b$ 则确定了 UE 在 BW2 级（$B_{SRS}=2$）上的哪一个 SRS 带宽（RB 0～7 或 RB 8～15）上发送。

在公式（6-70）中，如果 N_b 是偶数，根据公式（6-71）计算 $F_b(n_{SRS})$。

$$F_b(n_{SRS}) = (N_b/2) \left\lfloor \frac{n_{SRS} \bmod \prod_{b'=b_{hop}}^{b} N_{b'}}{\prod_{b'=b_{hop}}^{b-1} N_{b'}} \right\rfloor + \left\lfloor \frac{n_{SRS} \bmod \prod_{b'=b_{hop}}^{b} N_{b'}}{2\prod_{b'=b_{hop}}^{b-1} N_{b'}} \right\rfloor \qquad 公式（6-71）$$

如果 N_b 是奇数，根据公式（6-72）计算 $F_b(n_{SRS})$。

$$F_b(n_{SRS}) = (N_b/2) \left\lfloor n_{SRS} \bmod \prod_{b'=b_{hop}}^{b} N_{b'} \right\rfloor \qquad 公式（6-72）$$

在公式（6-71）和公式（6-72）中，不管 N_b 的值是多少，$N_{hop}=1$。

SRS 信号在 1 个时隙内可以发送多次，称为重复因子 R，由高层参数 *repetitionFactor* 通知给 UE，取值为 1、2 或 4，但是必须小于等于 N_{symb}^{SRS}。如果 $R = N_{symb}^{SRS}$，不支持时隙内跳频；如果 $R=1$，则 $N_{symb}^{SRS}=2$、4，以 1 个 OFDM 符号为单位进行时隙内跳频；如果 $R=2$，则 $N_{symb}^{SRS}=4$，以 2 个 OFDM 符号为单位进行时隙内跳频。

如果 SRS 资源是非周期的，仅支持时隙内跳频，$n_{SRS} = \lfloor l'/R \rfloor$。

继续以 $C_{SRS}=9$ 为例，$b_{hop}=1$，为简化起见，假设 $n_{RRC}=0$，则 SRS 的跳频范围为 RB

$0 \sim 15$；再假设 $R=1$，$N_{\text{symb}}^{\text{SRS}}=4$，则 n_{SRS} 等于 $0 \sim 3$。如果 $B_{\text{SRS}}=2$，则 $N_2=2$，根据公式（6-71），可以计算出，当 n_{SRS} 等于 $0 \sim 3$ 时，$F_2(n_{\text{SRS}})$ 分别等于 0、1、0、1；再根据公式（6-70），可以计算出，当 n_{SRS} 等于 $0 \sim 3$ 时，n_2 分别等于 0、1、0、1；根据公式（6-67），可以计算出，当 n_{SRS} 等于 $0 \sim 3$ 时，SRS 的发送位置分别是 RB $0 \sim 7$、RB $8 \sim 15$、RB $0 \sim 7$、RB $8 \sim 15$。如果 $B_{\text{SRS}}=3$，则 $N_3=2$。根据公式（6-72），可以计算出，当 n_{SRS} 等于 $0 \sim 3$ 时，$F_3(n_{\text{SRS}})$ 分别等于 0、0、1、1；根据公式（6-70），可以计算出当 n_{SRS} 等于 $0 \sim 3$ 时，n_3 分别等于 0、0、1、1；再根据公式（6-67），可以计算出 n_{SRS} 等于 $0 \sim 3$ 时，SRS 的发送位置分别是 RB $0 \sim 3$、RB $8 \sim 11$、RB $4 \sim 7$、RB $12 \sim 15$。非周期 SRS 资源，SRS 跳频传输如图 6-25 所示。

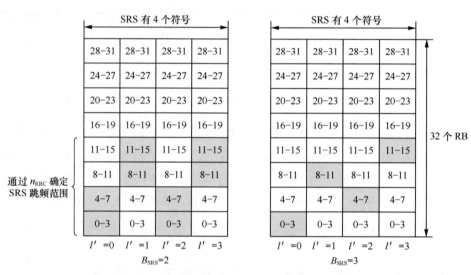

图6-25 非周期SRS资源，SRS跳频传输

如果 SRS 资源是周期或半持续的，当 $N_{\text{symb}}^{\text{SRS}}=1$ 或 $N_{\text{symb}}^{\text{SRS}}=R$ 时，可以进行时隙间跳频；当 $N_{\text{symb}}^{\text{SRS}}=2$ 或 4 且 $R<N_{\text{symb}}^{\text{SRS}}$ 时，可以进行时隙内跳频和时隙间跳频。

SRS 的累加计数 n_{SRS} 根据公式（6-73）计算。

$$n_{\text{SRS}} = \left(\frac{N_{\text{slot}}^{\text{frame},\mu} n_{\text{f}} + n_{\text{s,f}}^{\mu} - T_{\text{offset}}}{T_{\text{SRS}}} \right) \times \left(\frac{N_{\text{symb}}^{\text{SRS}}}{R} \right) + \left\lfloor \frac{l'}{R} \right\rfloor \qquad \text{公式（6-73）}$$

SRS 所在的时隙满足 $\left(N_{\text{slot}}^{\text{frame},\mu} n_{\text{f}} + n_{\text{s,f}}^{\mu} - T_{\text{offset}} \right) \bmod T_{\text{SRS}} = 0$，$T_{\text{offset}}$ 和 T_{SRS} 的具体含义见下文。需要注意的是，当 UE 以跳频方式发送 SRS 时，只是改变了 SRS 信号使用的 RB 在频域上的位置，但是并不改变 SRS 的子载波在 RB 内的梳状位置，这是因为跳频的时候，$\bar{k}_{\text{TC}}$ 的值并不改变。

通过以上分析，可以发现，SRS 的发送方式非常灵活，当多个 UE 需要在 1 个时隙内发送 SRS 信号时，既可以在不同的 OFDM 符号位置，相同的子载波上发送 SRS 信号；也可以通过窄带 SRS 的方式，在不同 RB 位置上，同时发送窄带 SRS 信号；还可通过频分复用（FDM）方式在相同的 RB，不同的子载波上以"梳状"方式同时发送 SRS 信号。

3. SRS 的时隙配置

当 SRS 资源配置为周期或半持续时，由高层参数 *periodicityAndOffset-p* 或 *periodicityAndOffset-sp* 配置 SRS 资源的周期 T_{SRS}（以时隙为单位）和时隙偏移 T_{offset}。只有当时隙满足公式（6-74）时，配置的 SRS 资源才可以在候选的 SRS 时隙上发送。

$$\left(N_{slot}^{frame,\mu}n_f + n_{s,f}^{\mu} - T_{offset}\right) \mod T_{SRS} = 0 \qquad 公式（6-74）$$

SRS 资源的周期可以配置为 {1，2，4，5，8，10，16，20，32，40，64，80，160，320，640，1280，2560} 个时隙，在配置 SRS 周期的时候，需要考虑两个因素：第一，信号的时变特性，对于快衰落的信道，需要配置较小的周期；第二，上行资源的利用率，因为 UE 频繁的发送 SRS 信号会导致上行容量下降。

6.4.2　SRS 配置

UE 可能配置 1 个或多个 SRS 资源集，对于每个 SRS 资源集，UE 可以配置 $K \geq 1$ 个 SRS 资源，K 的值与 UE 能力有关。SRS 资源集可以应用于"beamManagement""codebook""nonCodebook"或"antennaSwitching"，通过高层参数 *usage* 配置。当高层参数 *usage* 配置为"beamManagement"时，在每个 SRS 资源集中，只能同时发送 1 个 SRS 资源。

SRS 资源集和 SRS 资源的时域特性可以配置为周期、半持续和非周期，但是同一个 SRS 资源集中的 SRS 资源时域特性必须相同；不同 SRS 资源集中的 SRS 资源，只有在 UL BWP 相同且时域特性相同时才能同时发送。IE *SRS-Config* 的参数如图 6-26 所示。需要注意的是，SRS 配置是用户级参数，不能配置为小区级。

IE *SRS-Config* 中的 *spatialRelationInfo* 用于配置 SRS 资源和参考信号的对应关系，参考信号可以是 SSB、CSI-RS 或 SRS。如果 *spatialRelationInfo* 包含的地址是"ssb-Index"，则 UE 以接收到的 SS/PBCH 块的方向作为参考，发送目标 SRS 资源；如果 *spatialRelationInfo* 包含的地址是"csi-RS-Index"，则 UE 以接收到的周期性或半持续性的 CSI-RS 的方向作为参考，发送目标 SRS 资源；如果 *spatialRelationInfo* 包含的地址是"srs"，则 UE 以发送的周期性或半持续性的 SRS 的方向作为参考，发送目标 SRS 资源。如果高层参数 *usage* 配置为"beamManagement"，当 SRS 资源集的 SRS 资源，*spatialRelationInfo* 配置为不同的发送波束时，UE 进行发送波束扫描，gNB 可以保持接收波束不变；当 SRS 资源集的 SRS 资源，*spatialRelationInfo* 配置为相同的发送波束时，UE 的发送波束不变，gNB 可以进行波束扫描，SRS 波束训练示意如图 6-27 所示。

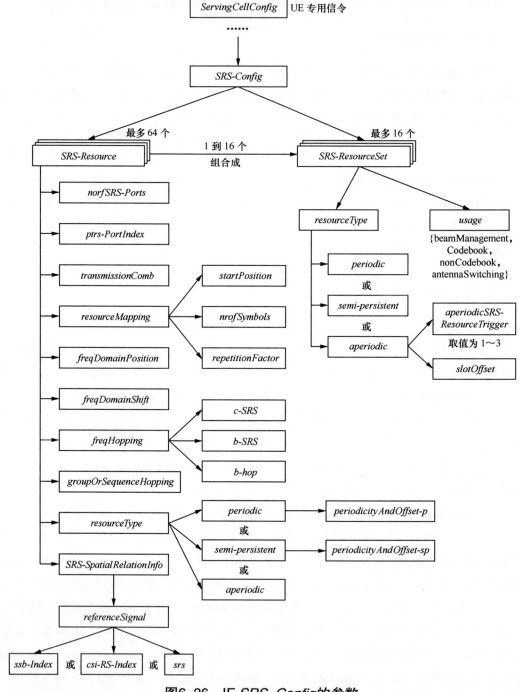

图6-26 IE *SRS-Config* 的参数

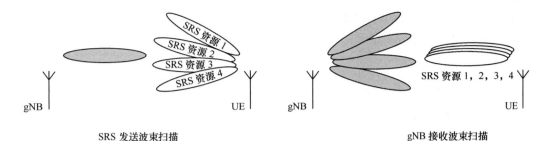

图6-27 SRS波束训练示意

6.4.3 SRS 的触发过程

SRS 触发方式可以分为周期性、半持续和非周期。

当 IE *SRS-Resource* 中的 *resourceType* 配置为 "periodic" 时，UE 根据前文所述的时隙配置，周期性的发送 SRS。

当 IE *SRS-Resource* 中的 *resourceType* 配置为 "semi-persistent" 时，SRS 资源通过 MAC CE 命令进行激活或去激活。首先，gNB 通过 RRC 层信令，把 SRS 资源集中包含的 SRS 资源通知给 UE；然后，gNB 通过 SP SRS 激活/去激活 MAC CE 命令通知 UE 具体哪一个 SRS 资源被激活或去激活。SP SRS 激活/去激活 MAC CE 如图 6-28 所示。SP SRS 激活/去激活 MAC CE 主要包括以下字段。

（1）A/D

指示该 MAC CE 是用于激活还是去激活指定的 SP SRS 资源集。

（2）SRS Resource Set's Cell ID

SP SRS 资源集所在的服务小区的地址。

（3）SRS Resource Set's BWP ID

SP SRS 资源集所在的 UL BWP 的地址。

（4）SP SRS Resource Set ID

被激活或去激活的 SP SRS 资源集的地址。

（5）F_i

用于指示 SP SRS 资源集中的 SRS 资源与哪一个参考信号有对应关系。F_0 指的是 SRS 资源集中的第 1 个 SRS 资源，F_1 指的是 SRS 资源集中的第 2 个 SRS 资源，依此类推。如果 F_i 设置为 1，则对应的参考信号是 NZP CSI-RS，如果 F_i 设置为 0，则对应的参考信号是 SSB 或 SRS 资源。

（6）Resource ID_i

用于指示 SRS 资源 i 的地址，Resource ID_0 指的是 SRS 资源集中的第 1 个 SRS 资源，Resource ID_1 指的是 SRS 资源集中的第 2 个 SRS 资源，依此类推。

（7）Resource Serving Cell ID_i

与 SRS 资源 i 具有对应关系的资源所在的服务小区的地址。

（8）Resource BWP ID_i

用于指示与 SRS 资源 i 具有对应关系的资源所使用的 UL BWP。

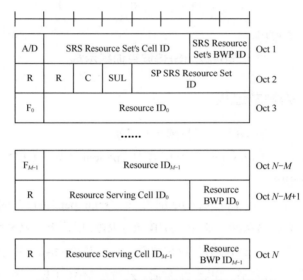

图6-28　SP SRS激活/去激活MAC CE

考虑到 UE 处理能力，UE 并不是在接收到 MAC CE 命令后立刻激活 / 去激活 SRS 资源，而是有一定的时延，SP SRS 资源集激活 / 去激活示意如图 6-29 所示，具体规则如下。

（1）当承载激活 SRS 资源命令的 PDSCH 所对应的 HARQ-ACK 在时隙 n 上发送，激活该 SRS 资源生效的时隙从 $n+3N_{slot}^{subframe,\mu}+1$ 开始。

（2）当承载去激活 SRS 资源命令的 PDSCH 所对应的 HARQ-ACK 在时隙 n 上发送，去激活 SRS 资源生效的时隙从 $n+3N_{slot}^{subframe,\mu}+1$ 开始。

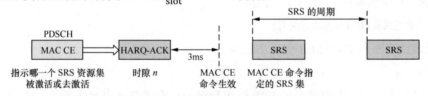

图6-29　SP SRS资源集激活/去激活示意

当 IE *SRS-Resource* 中的 *resourceType* 配置为 "aperiodic" 时，SRS 资源集通过 DCI 来激活。如果 UE 在时隙 n 上接收到 DCI 触发非周期 SRS，则 UE 在时隙 $\left\lfloor n \times \frac{2^{\mu_{SRS}}}{2^{\mu_{PDCCH}}} \right\rfloor + k$ 上，对每个被触发的 SRS 资源集，分别发送非周期 SRS。对每个被触发的 SRS 资源集，k 是高层参数 *slotOffset* 配置的时隙偏移，取值为 1～32 个时隙，缺省值是 0 个时隙（即没有偏移），时隙基于被触发的 SRS 子载波间隔；μ_{SRS} 是被触发的 SRS 的子载波间隔配置，μ_{PDCCH} 是承

载触发命令的 PDCCH 的子载波间隔配置。具体哪些 SRS 资源集被触发，通过 DCI 格式 0_1、DCI 格式 1_0 或 DCI 格式 2_3 的 SRS 请求字段通知给 UE，SRS 请求字段见表 6-43。

表6-43 SRS请求字段

SRS 请求字段的值	通过 DCI 格式 0_1、1_0 和 DCI 格式 2_3（srs-TPC-PDCCH-Group 设置为"typeB"）触发非周期 SRS 资源集	通过 DCI 格式 2_3（srs-TPC-PDCCH-Group 设置为"typeA"）触发非周期 SRS 资源集
00	不触发非周期 SRS 资源集	不触发非周期 SRS 资源集
01	参数 aperiodicSRS-ResourceTrigger 设置为 1 的 SRS 资源集被触发	usage 设置为"antennaSwitching"且 resourceType 设置为"aperiodic"的第 1 个资源集
10	参数 aperiodicSRS-ResourceTrigger 设置为 2 的 SRS 资源集被触发	usage 设置为"antennaSwitching"且 resourceType 设置为"aperiodic"的第 2 个资源集
11	参数 aperiodicSRS-ResourceTrigger 设置为 3 的 SRS 资源集被触发	usage 设置为"antennaSwitching"且 resourceType 设置为"aperiodic"的第 3 个资源集

需要注意的是，1 个 DCI 格式 0_1 或 1_0 可以触发多个 SRS 资源集，只要这些 SRS 资源集的 aperiodicSRS-ResourceTrigger 取值相同即可，非周期 SRS 资源集触发的示意如图 6-30 所示。

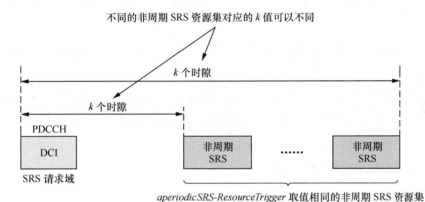

图6-30 非周期SRS资源集触发的示意

6.4.4 通过 SRS 获得 DL CSI

对于 TDD 系统，可以利用上下行信道互易性原理，通过 UE 发送的 SRS 信号来获得 DL CSI，SRS-ResourceSet 中的高层参数 usage 需要配置为"antennaSwitching"。由于 UE 的发送天线数量和接收天线数量通常不相等，为了支持发送天线数量小于接收天线数量的 UE 也能通过信道互易有效获取 DL CSI，gNB 可以让 UE 切换到不同的发送天线上发送 SRS。UE 的收发能力包括以下几种：收发天线数目相同（T=R）、一发两收（1T2R）、一发四收（1T4R）以及两发四收（2T4R）。不同收发能力的 UE /SRS 资源类型配置的 SRS 资源集、SRS 资源和 SRS 天线端口是不同的。不同收发能力的 UE/SRS 资源类型的 SRS 配置总结见表 6-44。

表6-44 不同收发能力的UE/SRS资源类型的SRS配置总结

UE能力/SRS资源类型	SRS资源集（个）	SRS资源（个）	SRS天线端口（个）
1T2R	最多配置2个资源类型（resourceType）不同的SRS资源集	每个SRS资源集配置2个符号位置不同的SRS资源	每个SRS资源包括1个SRS天线端口，每个SRS资源的天线端口各关联1个不同的UE天线端口
2T4R	最多配置2个资源类型不同的SRS资源集	每个SRS资源集配置2个符号位置不同的SRS资源	每个SRS资源包括2个SRS天线端口，每个SRS资源的天线端口对各关联1对UE天线端口
1T4R（周期/半持续）	配置0个或1个周期性或半持续的SRS资源集	每个SRS资源集配置4个符号位置不同的SRS资源	每个SRS资源包括1个天线端口，每个SRS资源的天线端口各关联1个不同的UE天线端口
1T4R（非周期）	配置0个或2个非周期的SRS资源集	2个SRS资源集共有4个SRS资源，在2个时隙的不同符号位置上	每个SRS资源的天线端口各自关联1个不同的UE天线端口
1T=1R，或2T=2R，或4T4R	最多配置2个SRS资源集	每个资源集有1个SRS资源	每个SRS资源的天线端口数是1个、2个或4个

当一个资源集中的SRS资源在同一个时隙上发送时，为了给UE切换天线端口预留一定的时间，需要配置Y个符号的保护周期，在这Y个符号上，UE不能发送任何上行信号。Y值的大小与子载波间隔有关，当$SCS=15kHz$、$30kHz$或$60kHz$时，$Y=1$；当$SCS=120kHz$时，$Y=2$。为了支持UE以天线切换的方式发送SRS，gNB在为UE配置用于天线切换的SRS资源时，必须在两个SRS资源之间预留出足够的时间间隔。

SRS天线端口切换示意如图6-31所示。

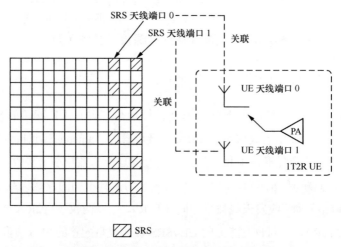

图6-31 SRS天线端口切换示意

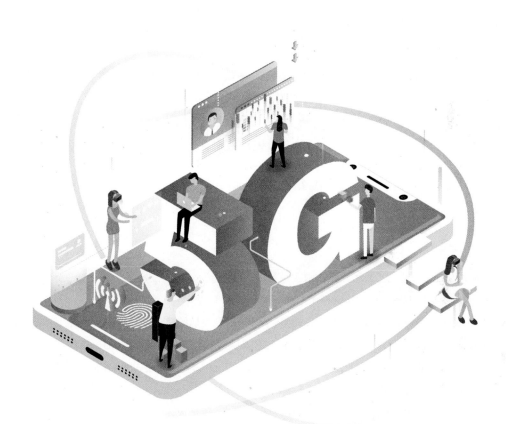

物理层过程

第七章

导读

本章是物理层过程，共分为 4 个部分。

第一，初始小区搜索过程是对前面几个章节中有关初始搜索过程的一个总结，包括同步栅格、UE 接收 SS/PBCH 块、UE 监听 Type0-PDCCH 公共搜索空间的过程和 UE 接收 PDSCH 的过程。

第二，随机接入过程的重点和难点是 SSB 和 PRACH 时机的关联。掌握了随机接入过程和初始小区搜索过程，也就基本上掌握了 5G NR 的物理层了。

第三，波束管理过程是 5G NR 所特有的过程，包括波束扫描、波束测量、波束指示、波束恢复等过程，重点是下行波束指示过程。

第四，UE 上报 CSI 的过程的难点是 CSI 的资源设置，因为 CSI-RS 资源有多种用途、多种触发方式，因此需要配置的参数较多。

本书通过图形对上述的难点内容进行了详细的分析。

NR的物理层过程包括初始小区搜索过程、随机接入过程、波束管理过程和UE上报CSI的过程等。掌握了初始小区搜索过程和随机接入过程后，基本上就掌握了NR物理层的大部分知识点和物理层的设计理念。

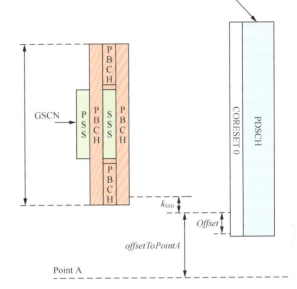

初始小区搜索过程是前几章内容的总结。其重点是确定CORESET 0在时频域上的位置与确定初始BWP在时频域上的位置。

通过初始小区搜索过程的学习，可以发现SS/PBCH块上的每个比特都含有至关重要的信息，并且在时频位置上也包含了关键的信息。

随机接入过程包括4个Msg，本书对这4个Msg进行了详细的分析，重点是SSB波束和PRACH波束之间关联。

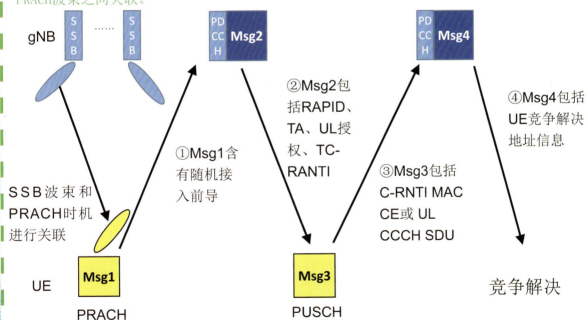

波束管理过程是NR新引入的过程，主要目的是解决窄的上下行波束的配对问题，包括波束扫描、波束测量、波束报告、波束指示、波束恢复等过程，本书的重点内容是波束指示过程。

UE上报CSI的过程包括gNB发送参考信号、UE测量CSI、UE报告CSI 3个步骤。本书的重点内容是CSI配置、CSI-RS的作用、CSI-RS资源的发射和CSI的反馈。

本章是 NR 物理层过程，主要介绍初始小区搜索过程、随机接入过程、波束管理过程和 UE 上报 CSI 的过程等。

●● 7.1 初始小区搜索过程

NR 初始小区搜索过程如图 7-1 所示。UE 在初始小区搜索过程中使用的 SSB、CORESET 0、PDSCH 在频率上的位置示意如图 7-2 所示。本节内容是对前面几个章节中有关初始搜索过程的一个总结。

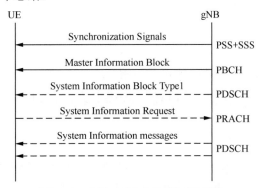

图 7-1 NR 初始小区搜索过程

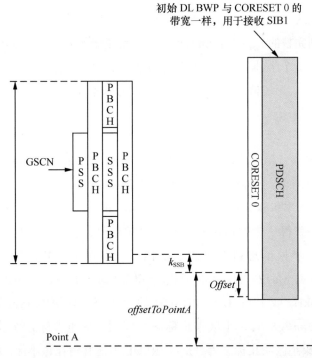

图 7-2 SSB、CORESET 0、PDSCH 在频域上的位置示意

初始小区搜索过程总结如下。

1. 同步栅格搜索

确定 SS/PBCH 块在频率上的位置，同步栅格的内容见本书 3.3.3 节。

2. 搜索 PSS

UE 搜索到 PSS 后可以确定 OFDM 符号的开始位置，即确定了 SS/PBCH 块的子载波间隔，实现 OFDM 符号的时间同步和 SS/PBCH 块的同步，通过盲解码的方式确定 $N_{ID}^{(2)}$。

3. 搜索 SSS

UE 根据 PSS 的位置，可以确定 SSS 的位置，通过盲解码的方式确定 $N_{ID}^{(1)}$，UE 获得 $N_{ID}^{(2)}$ 和 $N_{ID}^{(1)}$ 后，根据 $N_{ID}^{cell} = 3N_{ID}^{(1)} + N_{ID}^{(2)}$ 计算出 N_{ID}^{cell}，即确定了小区的 PCI。

4. 接收 DM-RS

UE 获得 N_{ID}^{cell} 后，根据公式 $v = N_{ID}^{cell} \bmod 4$ 可以确定 PBCH 的 DM-RS 在 SS/PBCH 块上的频域位置，使用 8 个 DM-RS 初始化序列进行盲检，UE 可以确定 i_{SSB} 的全部或者部分信息。对于 $L_{max}=4$，本步骤完成后，可以得到完整的 i_{SSB}（2 个 bit）信息和半帧信息，实现了半帧同步，同时确定了无线帧的开始位置，但是不能确定系统帧号（SFN）；对于 $L_{max}=8$，本步骤完成后，可以得到完整的 i_{SSB}（3 个 bit）信息，实现了半帧同步，但是不能确定是无线帧的第 1 个半帧还是第 2 个半帧，也不能确定系统帧号；对于 $L_{max}=64$，可以得到 i_{SSB} 的 3 个最低 bit 位，半帧同步、无线帧的开始位置和系统帧号都不能确定。

5. 接收 PBCH

UE 利用 DM-RS 进行信道估计，接收 PBCH，获得 MIB 信息和额外的与定时有关的 8 个 bit 信息，包括系统帧号、半帧信息、i_{SSB} 的 3 个最高 bit 位（对于 $L_{max}=64$）、SSB 子载波偏移 k_{SSB}（对于 FR1）。本步骤完成后，对于 $L_{max}=4$，获得了完整的系统帧号，实现了帧同步；对于 $L_{max}=8$，获得了半帧信息和完整的系统帧号，实现了帧同步；对于 $L_{max}=64$，获得了完整的 i_{SSB}、半帧信息和完整的系统帧号，实现了半帧同步与帧同步。另外，MIB 中还包括 SIB1 与 Msg2、Msg4 的子载波间隔（对于 FR1，使用 15kHz 或 30kHz；对于 FR2，使用 60kHz 或 120kHz）、PDSCH 的第 1 个 DM-RS（Type A）在时隙内的开始位置、pdcch-ConfigSIB1、小区禁止标志、同频小区重选标志等信息，这些信息用于 SIB1 的接收。如果小区禁止标志为"是"，则 UE 不能驻留在该小区；否则，UE 可以驻留在该小区。

6. 接收 PDCCH

UE 接收 PBCH 后，可以确定 CORESET 0 的子载波间隔；k_{SSB} 和 *pdcch-ConfigSIB1* 的高 4 位指示了 CORESET 0 的配置，也即 SS/PBCH 块与 CORESET 0 的复用模式、CORESET 0 占用的 RB 数和 OFDM 符号数以及 RB 的偏移；低 4 位指示了 Type0-PDCCH 公共搜索空间，也即确定了 PDCCH 的监听时机，包括 CORESET 0 所在的 SFN 帧号 SFN_C、时隙号 n_C 等。UE 通过监听 Type0-PDCCH 公共搜索空间，接收并解码 DCI 格式 1_0 的 PDCCH，可以获得 PDSCH（承载 SIB1）的调度信息，包括确定 PDSCH 的时域和频域位置、传输块相关的信息（MCS、NDI、RV）、系统消息指示等信息。

7. 接收 SIB1

UE 通过 PDCCH DCI 格式 1_0 获得 PDSCH 的调度信息后，就可以在 PDSCH 上接收 SIB1 消息了，SIB1 包括 SSB 的索引、SSB 的周期、SSB 的发射功率、上行公共配置（含有随机接入的相关参数）、PDCCH 和 PUCCH 的配置、TDD 上下行配置、*OffsetToPointA*（确定 Point A 的位置）以及其他系统信息（System Information，SI）的调度等信息。

8. 接收其他 SI

其他 SI 既可以周期性广播，也可以根据 UE 的请求进行"点播"，如果根据 UE 的请求进行"点播"，则触发随机接入过程。NR 引入"点播"其他 SI 的目的是为了节省基站的功耗和系统开销，并且在一定程度上可以减少小区之间的干扰。

7.2 随机接入过程

UE 在完成初始小区搜索后，通过随机接入过程与小区建立连接并实现上行同步。

在 NR 中，触发 UE 发起随机接入过程的事件包括以下几项内容。

（1）UE 从 RRC_IDLE 状态上发起的初始接入。

（2）RRC 连接重建立过程。

（3）切换。

（4）在 RRC_CONNECTED 状态下，当上行不同步时，下行或上行数据到达。

（5）在 RRC_CONNECTED 状态下，当没有可用的 PUCCH 资源发送调度请求（Scheduling Request，SR）时，上行数据到达。

（6）SR 失败。

（7）从 RRC_INACTIVE 状态转换到 RRC_CONNECTED 状态。

（8）当 SCell 加入时，建立时间调整（Time Alignment，TA）。

（9）请求其他 SI。

（10）波束失败恢复。

与 LTE 类似，NR 支持两种类型的随机接入过程，即基于竞争（Contention Based，CB）的随机接入和免于竞争（Contention Free，CF）的随机接入。随机接入总体过程如图 7-3 所示，基于竞争的随机接入如图 7-3 中的左图所示。从物理层角度来看，L1 层的基于竞争的随机接入过程包括 UE 在 PRACH 上发送随机接入前导（Msg1）、在 PDCCH/PDSCH 上接收随机接入响应（Random Access Response，RAR）（Msg2）、通过 RAR UL 授权调度的 PUSCH 发送（Msg3）以及 UE 接收携带 UE 竞争解决地址的 PDSCH（Msg4）4 个步骤。L1 层的免于竞争的随机接入过程包括随机接入前导分配、随机接入前导发送和随机接入响应，免于竞争的随机接入如图 7-3 中的右图所示。本节接下来将分析基于竞争的随机接入过程。

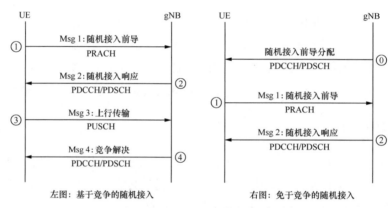

图7-3　随机接入总体过程

在随机接入过程中，Msg1~Msg4 使用的子载波间隔和波束有可能发生变化，Msg1~Msg4 使用的子载波间隔和波束见表 7-1。

表7-1　Msg1~Msg4使用的子载波间隔和波束

消息	子载波间隔	波束
Msg1（UE → gNB）	RACH-ConfigCommon 指示的 SCS（L_{RA}=139 时）	UE 根据接收到 SSB 波束，选择发送随机接入前导的波束
Msg2（gNB → UE）	与 RMSI 的 SCS 相同	根据监听到的 RACH 前导/资源获得上行波束，并与下行波束相关联
Msg3（UE → gNB）	BWP-UplinkCommon 指示的 SCS	UE 决定波束（与 Msg1 相同）
Msg4（gNB → UE）	与 Msg2 的 SCS 相同	如果 Msg3 没有报告波束，则与 Msg2 的波束相同；如果 Msg3 报告了波束，则由 gNB 决定使用 Msg3 报告的波束或使用与 Msg2 相同的波束

在物理层随机接入过程初始化之前，L1 首先需要从高层（通过 SIB1 中的 IE RACHConfigCommon）接收以下信息。

（1）PRACH 参数的配置：包括 PRACH 前导格式、PRACH 传输的时域和频域资源。

（2）根序列与 PRACH 前导序列集的循环移位：包括逻辑根序列索引、循环移位（N_{CS}）、集合类型（无限制、限制集 A、限制集 B）。

随机接入过程中使用的参数是通过 SIB1 提供给 UE 的，为了方便读者理解后续的随机接入过程，本书中列出 SIB1 中与随机接入过程有关的参数，SIB1 中与随机接入过程有关的参数如图 7-4 所示。

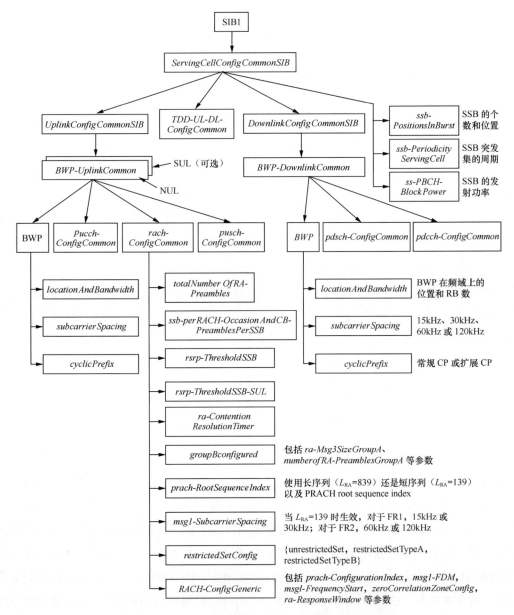

图7-4　SIB1中与随机接入过程有关的参数

7.2.1 随机接入前导（Msg1）

NR 的 PRACH 资源选择与 LTE 类似，也是包括选择随机接入前导码和选择 PRACH 时机，但是有以下几点区别。

第一，如果配置了补充上行（Supplementary Uplink，SUL）且下行路径损耗的 RSRP 低于 *rsrp-ThresholdSSB-SUL*，则 UE 在 SUL 载波上完成随机接入过程；否则 UE 在普通上行（Normal UpLink，NUL）载波上完成随机接入过程。

第二，如果候选的波束列表中至少有 1 个 SSB 的 SS-RSRP 满足门限 *rsrp-ThresholdSSB*，则 UE 选择 1 个满足门限的波束发起随机接入，SSB 和 PRACH 时机的关联见下文；如果候选的波束列表中没有满足门限的 SSB，则 UE 选择任意一个 SSB 发起随机接入。gNB 根据 UE 上行 PRACH 时机的位置，确定 UE 所在的 SSB 波束，在此波束上发送随机接入响应消息。

第三，如果 Msg3 没有传输，且配置了随机接入前导码组 B，如果潜在的 Msg3 尺寸（UL 数据 +MAC 头 +MAC CE）大于某个门限且路径损耗较小，则使用组 B 的随机接入前导码，否则，使用组 A 的随机接入前导码；如果 Msg3 重传，使用组 A 的随机接入前导码。Msg3 的门限由高层参数 *ra-Msg3SizeGroupA* 通知给 UE，每个 SSB 中组 A 的基于竞争的前导码的数量由 *numberOfRA-PreamblesGroupA* 通知给 UE，组 B 的基于竞争的前导码的数量通过隐式信令获得。每个 SSB 中基于竞争的前导码的数量见下文。

第四，重发 Msg1 时，UE 可以考虑是否重新选择 SSB 波束。如果继续在与上次 SSB 波束相关联的 PRACH 时机上重发 Msg1，则 UE 需要提升 PRACH 的功率，如果选择在另外的 SSB 波束相关联的 PRACH 时机上重发 Msg1，则 UE 不需要提升 PRACH 的功率。

综上所述，NR 与 LTE 的随机接入过程的最大差别是波束管理问题，接下来我们将重点分析 SSB 波束和 PRACH 时机的关联。

1. SSB 和 PRACH 时机的关联

在 LTE 中，下行广播消息基于广播机制，不支持波束赋形，上行 PRACH 也不支持波束赋形，因此随机接入过程不涉及波束管理问题。而在 NR 中，下行广播消息在时域 5ms 内（SSB 突发集合）有多次发送机会，可以对应不同的波束，而 UE 也可以在不同的上行波束上发送 PRACH，因此 UE 在发起随机接入的过程之前，需要在 SSB 波束和 PRACH 波束之间建立映射关系，以便 gNB 能收到 UE 发送的 PRACH 信号。此外，gNB 根据 UE 发送 PRACH 的时频域资源位置，决定发送 Msg2 的波束，DL SSB 和 UL PRACH 的映射关系示意如图 7-5 所示。UE 可以用来发送 PRACH 的时刻称为 PRACH 时机，从传输信道角度来看，也称为 RACH 时机（RACH Occasion，RO）。在不引起混淆的情况下，本书接下来不严格区分 PRACH 时机和 RACH 时机。

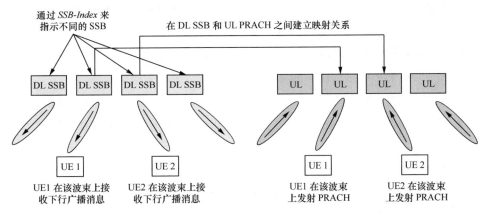

图7-5　DL SSB和UL PRACH的映射关系示意

UE 在 1 个 PRACH 资源上可用的随机接入前导的总数是 64 个。根据用途的不同，这 64 个接入前导分为两类：一类用于随机接入，包括基于竞争的随机接入和免于竞争的随机接入；第二类是用于其他目的，如 SI 请求等。随机接入可以使用的前导数量由高层参数 *totalNumberOfRA-Preambles* 通知给 UE，取值为 1~64 且必须是 RACH 时机对应的 SSB 数量的倍数，缺省值是 64。

SSB 和 PRACH 之间的映射通过高层参数 *ssb-perRACH-OccasionAndCB-Preambles-PerSSB* 通知给 UE，该参数用于配置 1 个 PRACH 时机内对应 SSB 的数量 N（即 L1 层参数 "SSB-per-rach-occasion"），以及每个 SSB 在 1 个有效的 PRACH 时机内所能使用的基于竞争的前导数量 R（即 L1 层参数 "CB-preambles-per-SSB"）。*SSB-per-rach-occasion* 的取值为 {oneEighth，oneFourth，oneHalf，one，two，four，eight，sixteen} 之一，即 N 等于 {1/8，1/4，1/2，1，2，4，8，16} 之一，"oneEighth" 表示 1 个 SSB 与 8 个 RACH 时机相关联，"eight" 表示 1 个 RACH 时机与 8 个 SSB 相关联。*CB-preambles-per-SSB* 的取值与 *SSB-per-rach-occasion* 的取值密切相关，*CB-preambles-per-SSB* 的具体配置规则如下。

（1）当 N 等于 1/8、1/4、1/2 或 1 时，R 可以配置为 4，8，12，16，20，24，28，32，36，40，44，48，52，56，60，64。

（2）当 N 等于 2 时，R 可以配置为 4，8，12，16，20，24，28，32。

（3）当 N 等于 4 时，R 可以配置为 1~16。

（4）当 N 等于 8 时，R 可以配置为 1~8。

（5）当 N 等于 16 时，R 可以配置为 1~4。

如果 $N<1$，则 1 个 SSB 映射到 $1/N$ 个连续有效的 RACH 时机上，每个 RACH 时机上有 R 个从索引 0 开始的基于竞争的接入前导。如果 $N \geq 1$，则 N 个 SSB（每个 SSB 索引为 n，$0 \leq n \leq N-1$）映射到 1 个有效的 RACH 时机上，SSB n 对应的基于竞争的接入前导

索引从 $n \times N_{\text{preamble}}^{\text{total}}/N$ 开始，$N_{\text{preamble}}^{\text{total}}$ 由高层参数 totalNumberOfRA-Preambles 通知给 UE，且 $N_{\text{preamble}}^{\text{total}}$ 是 N 的倍数。不同的 SSB 波束映射到同一个 PRACH 时机的不同接入前导上，便于 gNB 根据收到的接入前导决定发送 Msg2 的波束。

SSB 索引按照如下顺序映射到有效的 RACH 时机上。

（1）第一，每个 RACH 时机中的接入前导按照接入前导索引递增。

（2）第二，当以 FDM 方式在频域上配置多个 RACH 时机时，按照频域资源索引递增。

（3）第三，当在 1 个 PRACH 时隙内，以 TDM 方式配置多个 RACH 时机时，按照时域资源索引递增。

（4）第四，当配置多个 PRACH 时隙时，按照 PRACH 时隙索引递增。

接下来，我们以两个示例来说明 SSB 和 PRACH 时机之间的映射关系。首先，假设 totalNumberOfRA-Preambles 取值为 56。第一个示例：N=1/4，R=40，即 1 个 SSB 映射到 4 个 PRACH 时机上，4 个 PRACH 时机索引按照先频域后时域的顺序递增，每个 PRACH 时机上基于竞争的接入前导索引为 0～39。第二个示例：N=4，R=8，即 4 个 SSB 映射到 1 个 PRACH 时机上，SSB 0 对应的基于竞争的接入前导索引是 0～7，SSB 1 对应的基于竞争的接入前导索引是 14(1×56/4)～21，SSB 2 对应的基于竞争的接入前导索引是 28(2×56/4)～35，SSB 3 对应的基于竞争的接入前导索引是 42(3×56/4)～49。SSB 和 RACH 时机的关联关系如图 7-6 所示。

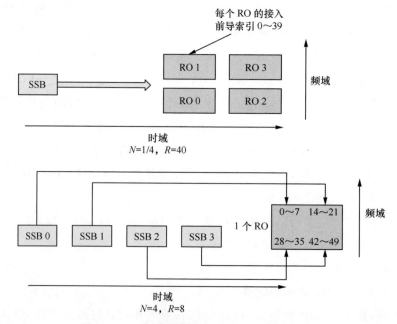

图7-6　SSB和RACH时机的关联关系

需要注意的是，两个示例中用于随机接入的前导总数都是 56 个。对于第一个示例，接入前导索引 0~39 是基于竞争的接入前导，接入前导索引 40~55 是免于竞争的接入前导；对于第二个示例，接入前导索引 0~7、14~21、28~35、42~49 共 32 个是基于竞争的接入前导，剩下的接入前导索引 8~13、22~27、36~41、50~55 共 24 个是免于竞争的接入前导。两个示例的接入前导索引 56~63（共 8 个）是用于其他目的（如 SI 请求）的接入前导。

2. SSB 和 PRACH 发送时刻的关系

SSB 在 5ms 周期内的发送数量最大值 L 为 4、8 或 64（与载波频率有关），SSB 实际的发送数量 N_{Tx}^{SSB} 和位置由 SIB1 和 / 或 IE *ServingCellConfigCommon* 中的高层参数 *ssb-Positions-InBurst* 通知给 UE。而 PRACH 在 1 个 PRACH 配置周期（PRACH configuration period）内也可以有多个时机，PRACH 配置周期可以理解为 3GPP 38.211 协议的表 6.3.3.2-2 到表 6.3.3.2-4 中的 n_{SFN} mod x=y 中的 x。SSB 到 PRACH 的关联周期（Association Period）是所有的 N_{Tx}^{SSB} 个 SSB 映射到 PRACH 后，在时域上需要多少个 PRACH 配置周期。SSB 到 PRACH 的映射规则是从帧 0 开始，每个 SSB 至少要映射到对应的 PRACH 时机 1 次后，根据表 7-2 所示的 PRACH 配置周期和 SSB 到 PRACH 时机的关联周期之间的映射，取最小值。如果在 1 个关联周期内，经过整数个映射循环后，还有 PRACH 时机没 SSB 映射的话，则这些 PRACH 时机不能用于随机传输。

表7-2　PRACH配置周期和SSB到PRACH时机的关联周期之间的映射

PRACH 配置周期（ms）	关联周期（PRACH 配置周期的数量）
10	{1, 2, 4, 8, 16}
20	{1, 2, 4, 8}
40	{1, 2, 4}
80	{1, 2}
160	{1}

接下来，以两个示例来说明 PRACH 配置周期和 SSB 到 PRACH 时机的关联周期的关系。第一个示例：N_{Tx}^{SSB}=4 个，*SSB-per-rach-occasion*=1/2，PRACH 配置周期是 10ms，在 PRACH 配置周期内，共有 4 个 PRACH 时机；由于 1 个 SSB 对应 2 个 PRACH 时机，则 SSB 0 对应第 1 个 PRACH 周期的 RO 0、RO 1，SSB 1 对应第 1 个 PRACH 周期的 RO 2、RO 3，SSB 2 对应第 2 个 PRACH 周期的 RO 0、RO 1，SSB 3 对应第 2 个 PRACH 周期的 RO 2、RO 3，因此 SSB 到 PRACH 时机的关联周期是 2 个 PRACH 配置周期，即 20ms。第二个示例，N_{Tx}^{SSB}=8 个，*SSB-per-rach-occasion*=2，PRACH 配置周期是 10ms，在 PRACH 配置周期内，共有 4 个 PRACH 时机；由于 2 个 SSB 映射到 1 个 PRACH 时机，则 SSB 0、SSB 1 对应 RO 0，SSB 2、SSB 3 对应 RO 1，SSB 4、SSB 5 对应 RO 2，SSB 6、SSB 7 对应 RO 3，SSB 到 PRACH 时机的关联周期是 1 个 PRACH 配置周期，即 10ms。

SSB 到 PRACH 时机的关联周期如图 7-7 所示。

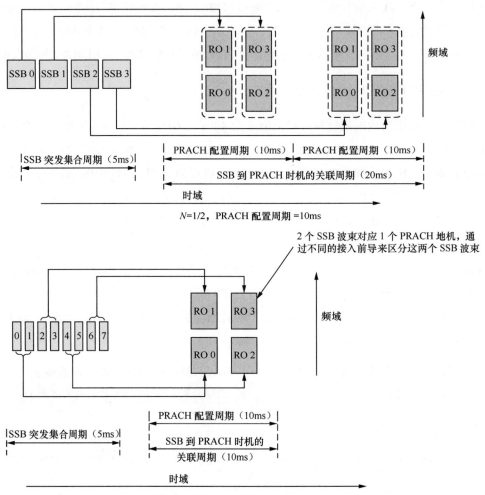

图7-7　SSB到PRACH时机的关联周期

对于 FDD 系统，所有的 PRACH 时机都是有效的。而对于 TDD 系统，如果 UE 没有收到 *TDD-UL-DL-ConfigurationCommon*，在 1 个 PRACH 时隙内的 PRACH 时机不能早于 SSB 且必须在最后 1 个 SSB 接收符号之后的至少 N_{gap} 个 OFDM 符号传输。不同随机接入前导 SCS 的 N_{gap} 值见表 7-3。如果 UE 收到了 *TDD-UL-DL-ConfigurationCommon*，则满足如下条件的 PRACH 时机被认为是有效的。

上行符号，或不早于 SSB，且在最后 1 个下行符号之后的至少 N_{gap} 个 OFDM 符号，且在最后 1 个 SSB 接收符号之后的至少 N_{gap} 个 OFDM 符号传输。

表7-3 不同随机接入前导SCS的N_{gap}值

随机接入前导的 SCS	N_{gap}
1.25 kHz 或 5 kHz	0
15 kHz 或 30 kHz 或 60 kHz 或 120 kHz	2

对于前导格式 B4，$N_{gap}=0$。

7.2.2 随机接入响应（Msg2）

UE 在 PRACH 上发送随机接入前导后，要在规定的窗口上监听 DCI 格式 1_0 的 PDCCH（使用 RA-RNTI 对 CRC 进行扰码）。该窗口在 PRACH 传输对应的 PRACH 时机的最后 1 个符号之后，开始于最早的 Type1-PDCCH 公共搜索空间集所在的 CORESET 的第 1 个 OFDM 符号，窗口的长度由高层参数 *ra-ResponseWindow* 提供，可以配置为 1 个、2 个、4 个、8 个、10 个、20 个、40 个或 80 个时隙，以 Type1-PDCCH 公共搜索空间集的 SCS 为基准时隙，但是最大不能超过 10ms。

与随机接入前导发送所在的 PRACH 时机关联的 RA-RNTI 根据公式（7-1）计算。

$$RA\text{-}RNTI = 1 + s\_id + 14 \times t\_id + 14 \times 80 \times f\_id + 14 \times 80 \times 8 \times ul\_carrier\_id$$

公式（7-1）

在公式（7-1）中，各个参数的含义如下。

（1）s_id：PRACH 时机的第 1 个 OFDM 符号索引（$0 \leq s\_id < 14$）。

（2）t_id：PRACH 帧内的 PRACH 时机的第 1 个时隙索引（$0 \leq t\_id < 80$）。

（3）f_id：在频域上，PRACH 时机的索引（$0 \leq f\_id < 8$）。

（4）ul_carrier_id：随机接入前导所在的上行载波，NUL 载波取值为 0，SUL 载波取值为 1。

如果 UE 在规定的时间窗口上监听到 DCI 格式 1_0 的 PDCCH（使用相应的 RA-RNTI 对 CRC 加扰），则 UE 把该 PDCCH 调度的传输块传递给 MAC 层，MAC PDU 如图 7-8 所示。1 个 MAC PDU 包括 1 个或多个 MAC subPDU，有 3 种类型的 MAC subPDU，每个 MAC subPDU 只包括 1 种类型的 MAC subPDU，具体 3 种类型的 MAC sub PDU 分别如下。

（1）仅具有回退指示（Backoff Indicator，BI）的 MAC 子头（subheader），该 MAC subPDU 用于通知 UE，随机等待一定时间后再次发送 Msg1。

（2）仅具有随机接入前导地址（Random Access Preamble IDentity，RAPID）的 MAC 子头，该 MAC subPDU 用于通知 UE，gNB 已经接收到 SI 请求。

（3）具有 RAPID 和 MAC RAR 的 MAC 子头。

MAC RAR 具有固定尺寸，包括 12 个 bit 的定时提前命令（Timing Advance Command，TAC），27 个 bit 的 UL 授权以及 16 个 bit 的 TC-RNTI，MAC RAR 如图 7-9 所示。

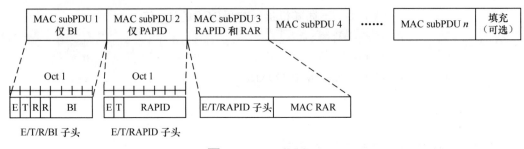

图7-8 MAC PDU

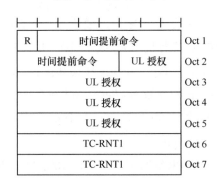

图7-9 MAC RAR

随机接入响应 RAR UL 授权字段的 bit 数见表 7-4。UE 根据 UL 授权的内容，来确定是否跳频、发送 Msg3 的 PUSCH 时频资源、MCS、PUSCH 的功率，以及 PUSCH 上是否包括非周期 CSI 报告（免于竞争的随机接入过程使用，对于基于竞争的随机接入过程，CSI 请求字段不起作用）。需要注意的是，RAR UL 授权的 MCS 只有 4 个 bit，因此只使用 PUSCH 的 MCS 索引表的前 16 个索引。

表7-4 随机接入响应 RAR UL 授权字段的 bit 数

RAR 授权字段	bit 数
跳频标志	1
PUSCH 频域资源分配	14
PUSCH 时域资源分配	4
MCS	4
PUSCH 的 TPC 命令	3
CSI 请求	1
合计	27

如果 UE 在规定的时间窗口上没有监听到 DCI 格式 1_0 的 PDCCH（使用相应的 RA-RNTI 对 CRC 加扰），或 UE 在规定的时间窗口上没有正确接收 PDSCH，或 MAC 层没有识别出与 PRACH 时机关联的 RAPID，则 MAC 层指示 UE 重新发送 PRACH。

7.2.3　RAR UL 授权调度 PUSCH（Msg3）

Msg3 包含 1 个 C-RNTI MAC CE 或 CCCH SDU，也就是来自高层的与 UE 竞争解决地址（UE Contention Resolution Identity）相关联的信息。

RAR UL 授权调度 PUSCH（Msg3）的传输过程与普通的 PUSCH 传输过程类似，但是有以下三点需要注意。

第一，在激活 UL BWP 上确定 PUSCH 传输的频域资源分配，如果激活 UL BWP 与初始 BWP 有相同的 SCS 和相同的 CP 长度，且激活 UL BWP 包括初始 UL BWP 的所有 RB，或激活 UL BWP 是初始 UL BWP，则使用初始 BWP；否则，RB 索引开始于激活 UL BWP 的第 1 个 RB，频域资源分配的最大 RB 数等于初始 UL BWP 的 RB 数。

第二，PUSCH 使用的 SCS 由 IE *BWP-UplinkCommon* 中的参数 *SubcarrierSpacing* 提供，UE 使用与发送 PRACH 相同小区的相同上行载波发送 PUSCH。

第三，UE 在 RAR UL 授权调度的 PUSCH 上传输的传输块使用冗余版本 0。如果 PUSCH（Msg3）重传，则使用 DCI 格式 0_0 调度的传输块进行重传，用对应的 RAR 消息提供的 TC-RNTI 对 CRC 进行扰码。UE 通过 RAR UL 授权发送 Msg3 PUSCH 时没有重复。

7.2.4　携带 UE 竞争地址的 PDSCH（Msg4）

如果 UE 发送的 Msg3 消息中含有 C-RNTI MAC CE，则 gNB 通过 PDCCH（使用该 C-RNTI 对 CRC 进行扰码）调度 Msg4，如果 UE 成功接收到该 PDCCH，则竞争成功，UE 丢掉 TC-RNTI，使用 Msg3 消息中的 C-RNTI，这种竞争解决方案适合于切换 / 上下行数据到达等场景。

如果 UE 发送的 Msg3 消息中包含的是 CCCH SDU，则 gNB 通过 PDCCH（使用 TC-RNTI 对 CRC 进行扰码）调度 Msg4，Msg4 中包括 UE 竞争解决地址 MAC CE（UE Contention Resolution Identity MAC CE），该 MAC CE 是 Msg3 中包含的 UL CCCH SDU 消息的复制，UE 将该 MAC CE 与自身在 Msg3 上发送的 UL CCCH SDU 进行比较，如果两者相同，则判定为竞争成功，UE 使用 TC-RNTI 作为 C-RNTI；如果两者不相同，则判定为竞争失败，UE 重新发起随机接入过程。这种竞争方案适合于初始接入的场景。

UE 竞争解决地址 MAC CE 如图 7-10 所示。UE 竞争解决地址字段共有 48 个 bit，包含的内容是 UE 在 Msg3 上发送的 UL CCCH SDU，如果 UL CCCH SDU 大于 48 个 bit，则本字段只包括 UL CCCH SDU 前面的 48 个 bit。

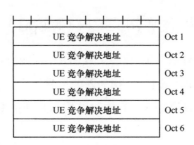

图7-10　UE竞争解决地址MAC CE

7.2.5　随机接入过程小结

随机接入过程的小结如图7-11所示。

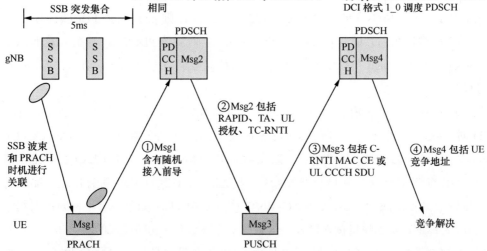

图7-11　随机接入过程的小结

7.3 波束管理过程

Massive-MIMO 是 5G NR 的关键技术之一，Massive-MIMO 的一种实现方式是通过移相器实现不同天线射频信号相位偏移，从而形成较窄的波束，把大部分发射能量聚集在一个非常窄的区域，具有降低干扰、提高频率效率、降低发射功率等优点。Massive-MIMO 的不利之处是 gNB 必须使用非常复杂的算法找到 UE 的准确位置，否则就不能精确地将波束对准这个 UE。

波束管理是指 gNB 和 UE 采用 L1/L2 过程来捕获并保持一组 gNB 和 / 或 UE 波束，用于上下行传输，其最终目标是建立和维护合适的波束对，即在发送侧波束方向和接收侧波束方都能够提供好的连接性。无论 UE 处于空闲模式下的初始接入阶段，还是处于连接模式下的数据传输阶段，都需要进行波束管理操作。波束的具体管理包括以下几个过程。

（1）波束扫描

指在特定周期或时间段内，采用预先设定的方式发送和 / 或接收波束，以覆盖特定的空间区域。在 UE 初始接入阶段，下行波束扫描是通过 SSB 信号实现的，gNB 在预定义的方向上，以固定的周期发送 SSB 信号。在 RRC 连接状态下，CSI-RS 也可以采用波束扫描的方式发送，但是如果要对所有预定义的波束方向进行覆盖的话，其开销太大，因此 CSI-RS 仅根据所服务的 UE 的位置，在预定义波束方向的特定子集中进行发送。

（2）波束测量

指 gNB 或 UE 对接收到的参考信号的质量和特性进行测量，以识别出最好波束的过程。对于下行方向，在空闲模式下，UE 基于 SSB 进行测量，UE 通过对 PBCH 的 DM-RS 进行测量，获取 SSB 相关的 RSRP 和 SINR 等信息；在连接模式下，UE 基于 SSB 或 CSI-RS 进行测量。对于上行方向，gNB 基于 SRS 进行测量。

（3）波束报告

对于 UE，上报波束的测量结果。

（4）波束指示

gNB 通知 UE 选择指定的波束。

（5）波束恢复

包括波束失败检测、发现新波束和波束恢复过程。使用多波束操作时，由于波束宽度较窄，波束故障很容易导致 gNB 和 UE 之间的链路中断，当 UE 的信道质量较差时，底层将发送波束失败通知，UE 将选择新的 SSB 或 CSI-RS，并通过新的随机接入过程来进行波束恢复，gNB 将在 PDCCH 上发送 UL 授权许可信息，来结束波束恢复过程。

由于波束扫描（见本书 6.4.2 节的图 6-27）和波束报告（见本书的 7.4 节）在本书的其他章节中都有详细阐述，接下来将详细分析波束指示过程和波束恢复过程。

7.3.1 下行波束指示过程

通过波束训练过程，gNB 可以选择更优的波束进行传输，在 RRC 连接态下，下行可以使用 CSI-RS 或 SSB 进行波束训练，如何进行波束训练，协议不做具体规定，而是由各个厂家自行实现。其中，一种实现方式是 gNB 在初始接入 SSB 的周围，发送较窄的 CSI-RS，UE 对 CSI-RS 进行测量，得到 L1-RSRP，把 CSI-RS 的指示，即 CRI 通知给 gNB，gNB 选择 L1-RSRP 最好的 CSI-RS 对应的波束发送下行信号。

gNB 把选择的波束通知给 UE 的过程在协议中有明确的规定。在初始接入阶段，PRACH 时机隐含着使用的 SSB 索引（见本书 7.2.1 节）；在 RRC 连接建立后，gNB 把波束信息通过显示的 RRC 信令通知给 UE，即通过 IE *TCI-State* 把 PDCCH、PDSCH 和 CSI-RS 所关联的下行参考信号的索引和准共址类型通知给 UE，IE *TCI-State* 的参数如图 7-12 所示。每个信道或信号最多可以关联 2 个 DL 参考信号，通过高层参数 *qcl-Type1*，配置与第 1 个 DL 参考信号的准共址关系；（如配置）通过高层参数 *qcl-Type2*，配置与第 2 个 DL 参考信号的准共址关系。如果与 2 个 DL 参考信号相关联，不管这 2 个 DL 参考信号是相同的 DL 参考信号，还是不同的 DL 参考信号，准共址（QCL）关系必须不相同。

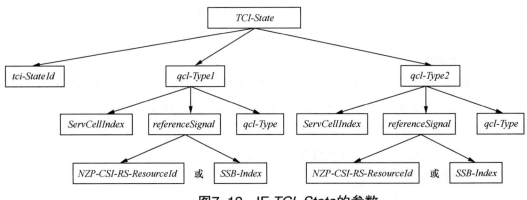

图 7-12 IE *TCI-State* 的参数

gNB 需要通过两个步骤，把 PDCCH 的 DM-RS 天线端口与 DL 参考信号的 QCL 关系通知给 UE。第 1 步：gNB 通过 RRC 信令，通过 IE *ControlResourceSet* 中的 *tci-StatesPDCCH-ToAddList* 把最多 64 个传输配置指示（Transmission Configuration Indication，TCI）状态通知给 UE，*tci-StatesPDCCH-ToAddList* 是 IE *pdsch-Config* 定义的 TCI 状态的子集，每个 TCI 状态用于提供 DL 参考信号（CIS-RS 或 SSB）和 PDCCH DM-RS 端口的 QCL 关系。第 2 步：gNB 通过 UE 专用 PDCCH 的 TCI 状态指示 MAC CE 命令，通知 PDCCH 的 DM-RS 与哪一个 TCI 状态具有 QCL 关系，UE 专用 PDCCH 的 TCI 状态指示 MAC CE 如图 7-13 所示，UE 专用 PDCCH 的 TCI 状态指示 MAC CE 主要包括以下字段。

（1）Serving Cell ID：服务小区的地址。

（2）CORESET ID：CORESET 的地址，如果本字段的值是 0，则对应着由 control-ResourceSetZero 定义的 CORESET。

（3）TCI State ID：指示 CORESET ID 对应的 CORESET 与哪一个 TCI 状态具有 QCL 关系，如果 CORESET ID 设置为 0，则本字段指示的是由激活 BWP 的 IE *PDSCH-Config* 的 *tci-States-ToAddModList* 和 *tci-States-ToReleaseList* 配置的前 64 个 *TCI-StateID*；如果 CORESET ID 设置为非 0，则本字段指示的是由 IE *controlResource Set* 中的 *tci-States PDCCH-ToAddList* 和 *tci-StatesPDCCH-ToReleaseList* 配置的 TCI-State ID。

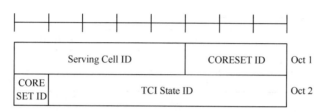

图7-13　UE专用PDCCH的TCI状态指示MAC CE

UE 并不是在收到 MAC CE 命令后立刻使用 TCI 状态，而是有一定的时延。3GPP TS 38.213 协议规定，如果 UE 接收到 MAC CE 激活命令，则 TCI 状态在承载 TCI 状态激活的 PDCCH 所对应的 HARQ-ACK 时隙之后 3ms 生效。

对于 CORESET ID 不等于 0 的 CORESET，如果 UE 没有收到 TCI 状态配置信息，或 UE 已经收到初始配置信息（配置了多个 TCI 状态），但是还没有收到 MAC CE 激活命令，则 UE 假定 PDCCH 的 DM-RS 天线端口与 UE 在初始接入过程识别出的 SSB 具有 QCL 关系。

对于 CORESET ID 等于 0 的 CORESET，如果 UE 没有收到 MAC CE 激活命令，则 UE 假定 PDCCH 的 DM-RS 天线端口与 SSB 具有 QCL 关系，QCL 类型为"QCL-TypeA"或"QCL-TypeD"，SS/PBCH 由在初始接入过程中识别，或者从最近的随机接入过程（不是由 PDCCH 命令触发的非竞争随机接入过程）识别。

gNB 需要通过 3 个步骤，把 PDSCH 的 DM-RS 天线端口与 DL 参考信号的 QCL 关系通知给 UE。

第一步，gNB 通过 RRC 信令，通过 IE *PDSCH-Config* 中的 *TCI-StatesToAddModList* 把最多 128 个 TCI 状态通知给 UE，每个 TCI 状态用于提供 DL 参考信号（CIS-RS 或 SSB）和 PDSCH DM-RS 端口之间的 QCL 关系。

第二步，gNB 通过 UE 专用 PDSCH 的 TCI 状态激活/去激活 MAC CE，把 *TCI-StatesToAddModList* 中的最多 8 个 TCI 状态通知给 UE，UE 专用 PDSCH 的 TCI 状态激活/去激活 MAC CE 如图 7-14 所示。UE 专用 PDSCH 的 TCI 状态激活/去激活 MAC CE 主要包括以下字段。

（1）Serving Cell ID：服务小区的地址。

（2）BWP ID：该 MAC CE 应用的 DL BWP 的地址。

（3）T_i：用于指示索引为 *TCI-StateId* i 的 TCI 状态被激活/去激活，如果 T_i 字段设置为 1，则索引为 *TCI-StateId* i 的 TCI 状态被激活并且映射到 DCI 格式 1_1 的传输配置指示字段；如果 T_i 字段设置为 0，则索引为 *TCI-StateId* i 的 TCI 状态去激活并且不映射到 DCI 格式 1_1 的传输配置指示字段。T_i 字段中第 1 个设置为 1 的 TCI 状态对应 DCI 格式 1_1 的传输配置指示字段的值 0，第二个设置为 1 的 TCI 状态对应 DCI 格式 1_1 的传输配置指示字段的值 1，依此类推，激活的 TCI 状态的最大值是 8 个。

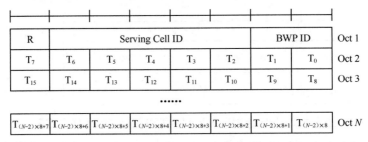

图7-14　UE专用PDSCH的TCI状态激活/去激活MAC CE

UE 并不是在收到 UE 专用 PDSCH 的 TCI 状态激活/去激活 MAC CE 后，立刻激活/去激活 TCI 状态，而是有一定的时延。协议规定，当 UE 专用 PDSCH 的 TCI 状态激活/去激活的 MAC CE 命令的 PDSCH 所对应的 HARQ-ACK 在时隙 n 上发送，激活生效的时隙从 $n + 3N_{\text{slot}}^{\text{subframe},\mu} + 1$ 开始。

第三步，gNB 通过 DCI 格式 1_1 中的传输配置指示字段通知 UE，PDSCH 的 DM-RS 天线端口与哪一个 TCI 状态具有 QCL 关系。如果 IE *ControlResourceSet* 中的高层参数 *TCI-PresentInDCI* 不使能，则传输配置指示字段为 0 个 bit；否则，传输配置指示字段是 3 个 bit，对应 8 个 TCI 状态。

如果 *TCI-PresentInDCI* 设置为不使能或 PDSCH 通过 DCI 格式 1_0 调度，则 UE 使用与 PDCCH 相同的波束接收 PDSCH。如果 UE 已经收到 RRC 信令的初始 TCI 状态配置信息，但是还没有收到 MAC CE 激活命令，则 UE 假定 PDSCH 的 DM-RS 天线端口与 UE 在初始接入过程识别出的 SSB 具有 QCL 关系，QCL 类型为 "QCL-TypeA" 或 "QCL-TypeD"。

对于 FR2，由于符号的持续时间非常短，如果 UE 通过一个波束接收 PDCCH，而通过另外一个波束接收 PDSCH，UE 改变波束方向需要时间，而时间间隔和终端能力有关。当 PDCCH 和 PDSCH 的间隔大于等于 *timeDurationForQCL* 时，UE 采用 PDCCH 指示的波束接收 PDSCH，当 PDCCH 和 PDSCH 的间隔小于 *timeDurationForQCL* 时，UE 来不及调整 PDSCH 的接收波束，PDSCH 的接收波束和最近时隙上的最低索引的 CORESET ID 的 PDCCH 接收波束相同。当 *SCS*=60kHz 时，*timeDurationForQCL* 取值为 7 个、14 个或 28 个 OFDM 符号；当 *SCS*=120kHz 时，*timeDurationForQCL* 取值为 14 个或 28 个 OFDM 符号。

PDCCH/PDSCH 获得 TCI 状态的过程总结如图 7-15 所示。

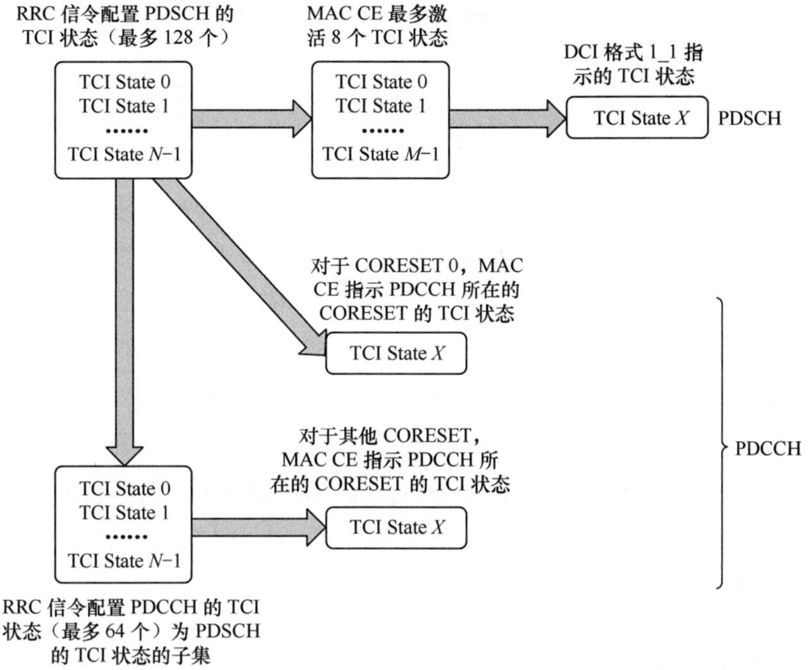

图7-15　PDCCH/PDSCH获得TCI状态的过程总结

7.3.2　上行波束指示过程

与下行波束指示过程相比，上行波束指示过程相对比较简单。

gNB 需要通过两个步骤，把 PUCCH 的 DM-RS 天线端口与参考信号的 QCL 关系通知给 UE。

第一步，gNB 通过 RRC 信令，通过 IE *PUCCH-Config* 中的 *spatialRelationInfoToAddodList* 把最多 8 个 *PUCCH-SpatialRelationInfo* 通知给 UE，每个 *PUCCH-SpatialRelationInfo* 用于提供 DL 参考信号（CIS-RS 或 SSB）或 SRS 与 PUCCH DM-RS 端口的 QCL 关系。

第二步，gNB 通过 PUCCH 空分关系激活/去激活 MAC CE 命令，通知 PUCCH 的 DM-RS 与哪一个 *PUCCH-SpatialRelationInfo* 具有 QCL 关系，PUCCH 空分关系激活/去激活 MAC CE 如图 7-16 所示。PUCCH 空分关系激活/去激活 MAC CE 主要包括以下字段。

（1）Serving Cell ID：服务小区的地址。

（2）BWP ID：该 MAC CE 应用的 UL BWP 的地址。

（3）PUCCH Resource ID：PUCCH 资源的地址。

（4）S_i：S_i 对应索引为 *PUCCH-SpatialRelationInfoId* i 的 PUCCH 空分关系信息，如果 S_i 字段设置为 1，则索引为 *PUCCH-SpatialRelationInfoId* i 的 PUCCH 空分关系信息被激活，

设置为 0 则为去激活。需要注意的是，在某一时刻，仅有 1 个 PUCCH 空分关系信息被激活。

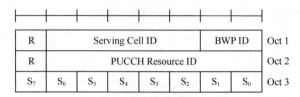

图7–16　PUCCH空分关系激活/去激活MAC CE

与 PDCCH 的 TCI 状态通过 MAC CE 激活类似，UE 并不是在收到 MAC 层 CE 命令后立刻使用 PUCCH 空分关系信息，而是有一定的时延。3GPP TS 38.213 协议规定，如果 UE 接收到 MAC CE 激活命令，则 PUCCH 空分关系信息在承载 PUCCH 空分关系信息激活的 PDSCH 所对应的 HARQ-ACK 时隙之后 3ms 生效。如果 *PUCCH-SpatialRelationInfo* 提供的是 *ssb-Index*、*csi-RS-Index* 或 *srs*，则 PUCCH 分别按照 *ssb-Index* 对应的 SSB 接收方向、*csi-RS-Index* 对应的 CSI-RS 接收方向和 *srs* 对应的 SRS 发送方向发送 PUCCH。

对于 PUSCH，在 DCI 格式 0_1 中，通过 SRS 资源指示字段指示的 SRS 资源来隐含地表示 PUSCH 上行波束。

7.3.3　波束失败恢复

由于 UE 移动或其他事件，有可能使已经建立的波束来不及调整而被阻挡，从而导致 UE 和 gNB 之间失去连接，5G NR 规范中包括了特殊的过程来处理波束失败事件，也称为波束失败恢复（Beam Failure recovery，BF）。波束失败与 LTE 或 NR 的无线链路失败（Radio-Link Failure，RLF）在很多方面比较相似，主要有以下两点区别。

第一，RLF 主要发生在 UE 离开了当前的服务小区，因此 RLF 发生的频率相对较低，而在窄波束的情况下，波束失败通常发生在已经建立的波束对快速的失去连接，因此波束失败发生的频率更高。

第二，RLF 意味着当前服务小区无覆盖，因此 UE 需要在一个新的小区甚至在新的频率上发起重建过程；而波束失败，通常是在当前小区上重新建立新的波束对，波束失败恢复可以通过底层功能快速实现。

波束失败恢复包括以下 4 个步骤。

（1）波束失败检测，即 UE 检测到波束失败发生。

（2）新波束发现，即 UE 试图发现一个新的波束。

（3）波束恢复请求，即 UE 向 gNB 发送波束恢复请求。

（4）gNB 对波束恢复请求进行回应。

波束失败检测的过程为，在失败检测定时器时长内，如果 UE 在底层检测到的连续波束失败实例（Beam-Failure Instance）的数量超过波束失败实例的最大数（由高层参数 *beam-FailureInstanceMaxCount* 通知给 UE），则触发波束失败恢复过程。通常配置 SSB 或周期性的 CSI-RS 用于波束失败检测，如果不配置，则使用 UE 检测的与 PDCCH 所在的 CORESET 相关联的 TCI 状态的参考信号进行波束失败检测，如果 TCI 状态配置了两个参考信号，则使用 QCL 类型为"QCL-TypeD"的参考信号。底层根据参考信号的 BLER 来判断是否发生了波束失败。

在发生波束失败后，UE 会试图发现新的波束对以便恢复与 gNB 的连接，IE *beam-FailureRecoveryConfig* 配置了 1 个资源集，该资源集包括一组 CSI-RS 或一组 SSB。由于每个参考信号都是在特定的方向上发送，因此，实际上是配置了一组候选的波束。与正常的波束建立过程类似，UE 测量候选波束的 L1-RSRP，如果 L1-RSRP 超过配置的目标值，则该参考信号被认为可以用来恢复波束连接。

如果 UE 判定波束失败并且识别出了新的候选波束对，则 UE 执行波束恢复请求过程，波束恢复请求的目的是通知 gNB，UE 检测到了波束失败并且包含了识别出的波束信息。波束恢复请求本质上是两个步骤的免于竞争的随机接入过程：第一步，UE 使用 *BeamFailureRecoveryConfig* 配置的与参考信号关联的专用 PRACH 资源（PRACH 时机和随机接入序列）发起随机接入请求；第二步，gNB 在新的下行波束方向上使用波束失败恢复专用的搜索空间发送随机接入响应（用 UE 原有的 C-RNTI 对 PDCCH 的 CRC 进行加扰）。UE 收到随机接入响应后，在 PUCCH 上发送 HARQ-ACK 信息，完成随机接入，恢复波束。如果 gNB 没有配置 *BeamFailureRecoveryConfig*，则 UE 使用基于竞争的随机接入资源，发起基于竞争的随机接入过程。

7.3.4　准共址关系

准共址的定义见本书 4.3.1 节。3GPP TS 38.214 协议共定义了 4 个准共址关系，具体描述如下。

1. QCL-TypeA

QCL-TypeA：{Doppler shift, Doppler spread, average delay, delay spread}，除了 Spatial-Rx parameter 参数之外，其他的大尺度参数均相同，对目标信道的描述比较全面，UE 可以获得 DM-RS 特征的全面描述，多用于信道解调。

2. QCL-TypeB

QCL-TypeB：{Doppler shift, Doppler spread}，从参考信号可以继承多普勒频移和多普勒扩展，主要针对低频场景，分为两种情况：一种是当使用窄波束的参考信号时，以宽波束参考信号为 QCL 参考；另一种是目标参考信号的时域不足，但是频域密度足够。

3. QCL-TypeC

QCL-TypeC：{average delay，Doppler shift}，仅针对 SSB 作为 QCL 参考的情况，由于 SSB 占用的资源和密度有限，从 SSB 只能获得一些较为粗略的大尺度信息，即从参考信号继承多普勒频移和平均时延特性，而其他大尺度参数则可以从目标参考信号自身获得。

4. QCL-TypeD

QCL-TypeD：{Spatial Rx parameter}，从参考信号继承波束信息，可用于波束训练。如果两个天线端口在 Spatial Rx parameter 的意义下具有 QCL 关系，一般可以理解为，可以使用相同的波束来接收这两个端口。因此，在波束管理中，并没有显示的信令来指示 UE 应当使用的接收波束，而是通过 Spatial Rx parameter 这一参数进行隐含的指示。

对于 Rel-8 的 LTE，PDSCH、PDCCH、PBCH 都是使用 CRS 进行相干解调，UE 接收到 CRS 后，就可以解调 PDSCH、PDCCH、PBCH 等下行信道，因此不存在准共址的概念。在 LTE 的后续版本中，引入了 DM-RS 和 CSI-RS，对于传输模式 1~9，由于所有的信道都是从同一个基站发送和接收的，这些信道的大尺度特征是相同的，因此 DM-RS、CSI-RS 和 CRS 是联合准共址的；只有传输模式 10 例外，因为传输模式 10 引入了多点协作 / 传输，UE 可以从地理位置不同的基站接收 PDCCH 和 / 或 PDSCH。例如，为了减少干扰，UE 从宏基站接收 PDCCH 而从微基站接收 PDSCH，或从地理位置不同的基站同时接收 PDSCH。这些信道的大尺度特征有可能不同，因此需要定义 PDCCH 和 PDSCH 之间的准共址关系，即 UE 接收的 PDSCH 是通过哪一个 PDCCH 调度的。各个接入点在空间上的差异会导致来自不同接入点的接收链路的大尺度信道特征的差别，而信道的大尺度特征直接影响到信道估计时滤波器系数的调整和优化，对于不同接入点发出的信号，应当使用不同的信道估计滤波参数以适应相应的信道传播特性。

对于 NR，各个信道都有自己的 DM-RS，下行有 CSI-RS，上行还有 SRS，这些信道或信号可以以波束赋形的方式分别进行窄带发射，只覆盖小区的一部分，即使这些信号都是从同一个 gNB 或 UE 发送的，也不能认为是准共址关系。因此，gNB 需要通过显示信令通知 UE 这些信道和 / 或信号之间的准共址关系。例如，gNB 发送多个窄带的 SSB 和窄带的 PDCCH，这时候就需要 gNB 通知 UE，SSB 和 PDCCH 的准共址关系，以便 UE 根据接收到的 SSB 正确接收 PDCCH。

gNB 可以把各个信道和 / 或信号的准共址关系以显示信令的方式通知给 UE，在 RRC 连接建立之前或无线链路失败后，UE 以缺省的方式确定准共址关系。例如，在初始接入阶段，UE 接收到 SSB 后，此时 RRC 连接还没有建立，gNB 无法把 SSB 和 PDCCH 的准共址关系（实际上是 SSB 的 DM-RS 和 PDCCH 的 DM-RS 的准共址关系）通知给 UE。因此，UE 假定接下来接收的 PDCCH 和已经接收的 SSB 是准共址关系。

在实现方式上，gNB 在波束赋形的时候，要考虑信道和/或信号之间的准共址关系。例如，RRC 信令通知了 UE 某个 SSB 和 PDCCH 是准共址关系，则该 SSB 波束和 PDCCH 波束的发送方向要尽量一致，以便 UE 能接收到具有准共址关系的 SSB 和 PDCCH。

3GPP TS 38.214 协议的 5.1.5 节对 QCL 参数组合的各种应用场景进行了定义，QCL 参数组合的应用场景见表 7-5。其中，CSI-RS TRS 表示用于 TRS 时频域跟踪的 CSI-RS，CRS-RS BM 表示用于 L1-RSRP 计算（波束管理）的 CSI-RS，CSI-RS CSI 表示用于 CSI 计算的 CSI-RS。

表7-5 QCL参数组合的应用场景

目标信号	参考信号 1	QCL-Type1	参考信号 2	QCL-Type2
PDCCH DM-RS	SSB	Type A	SSB	Type D
	CSI-RS TRS	Type A	CSI-RS TRS	Type D
	CSI-RS TRS	Type A	CSI-RS BM	Type D
	CSI-RS CSI	Type A	CSI-RS CSI	Type D
PDSCH DM-RS	SSB	Type A	SSB	Type D
	CSI-RS TRS	Type A	CSI-RS TRS	Type D
	CSI-RS TRS	Type A	CSI-RS BM	Type D
	CSI-RS CSI	Type A	CSI-RS CSI	Type D
CSI-RS TRS	SSB	Type C	SSB	Type D
	SSB	Type C	CSI-RS BM	Type D
CSI-RS CSI	CSI-RS TRS	Type A	CSI-RS TRS	Type D
	CSI-RS TRS	Type A	SSB	Type D
	CSI-RS TRS	Type A	CSI-RS BM	Type D
	CSI-RS TRS	Type B	—	—
CSI-RS BM	CSI-RS TRS	Type A	CSI-RS TRS	Type D
	CSI-RS TRS	Type A	CSI-RS BM	Type D
	SSB	Type C	SSB	Type D

7.4 UE 上报 CSI 的过程

UE 上报 CSI 的总体过程由三个步骤组成：第一步，gNB 根据 CSI 配置发送 CSI-RS 信号和/或 SSB 信号；第二步，UE 对 CSI-RS 信号和/或 PBCH（在 SSB 上）的 DM-RS 信号进行测量，包括信道状态测量、干扰测量、L1-RSRP 测量，然后 UE 上报测量结果给 gNB；第三步，gNB 根据 UE 上报的 CSI 测量结果，进行波束管理、信道依赖性调度等处理。

CSI 总体框架包括 CSI 的资源设置和 CSI 的报告设置。CSI 资源设置规定了 CSI-RS 信号的结构、CSI-RS 信号占用的带宽以及 CSI 信号在时域上的行为（周期、非周期、半持续）等。CSI 的报告设置规定了与测量报告相关联的 CSI 资源配置、报告配置类型（周期、非周期、半持续）、报告的数量、报告的频域配置等内容。

CSI 设置框架如图 7-17 所示，gNB 通过 RRC 层信令，为 UE 配置 $N \geq 1$ 个 *CSIReportConfig*（CSI 报告配置）、$M \geq 1$ 个 *CSI-ResourceConfig*（CSI 资源配置）、1 个或 2 个触发状态列表（分别由高层参数 *CSI-AperiodicTriggerStateList* 和 *CSI-SemiPersistentOnPUSCH-TriggerStateList* 提供）。在 *CSI-AperiodicTriggerStateList* 中的每个触发状态包括一个与之关联的 *CSI-ReportConfig*，用于指示信道测量和 / 或干扰测量的资源集；在 *CSI-SemiPersistentOnPUSCH-TriggerStateList* 中的每个触发状态也包括一个与之关联的 *CSI-ReportConfig*。gNB 为 UE 选择 1 个资源集用于测量，每个资源集中包含了参考信号的列表，可以是 NZP CSI-RS 和 / 或 SSB 和 / 或 CSI-IM，UE 对资源集中的 1 个资源进行测量和上报。

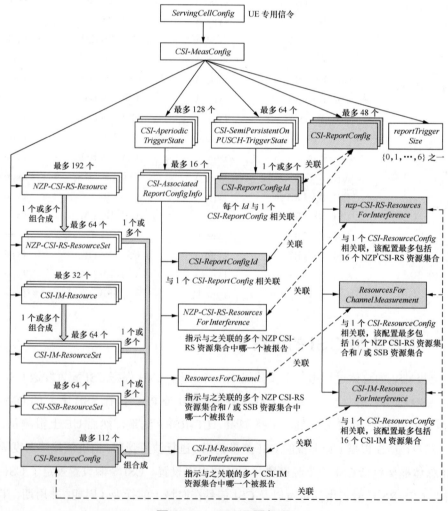

图 7-17　CSI 设置框架

对于非周期 CSI，每个触发状态（由高层参数 *CSI-AperiodicTriggerState* 提供）可以与 1 个或多个 *CSI-ReportConfig* 相关联，而每个 *CSI-ReportConfig* 可以与周期、半持续或非周期的 *CSI-ResourceConfig* 相关联，具体规则如下。

（1）当只配置了一个 *CSI-ResourceConfig*，该资源用于 L1-RSRP 计算的信道测量，即用于波束管理。

（2）当配置了两个 *CSI-ResourceConfig*，第 1 个资源用于信道测量，第 2 个资源用于基于 CSI-IM 或 NZP CSI-RS 的干扰测量。

（3）当配置了三个 *CSI-ResourceConfig*，第 1 个资源用于信道测量，第 2 个资源用于基于 CSI-IM 的干扰测量，第 3 个资源用于基于 NZP CSI-RS 的干扰测量。

对于半持续或周期 CSI，每个 *CSI-ReportConfig* 与周期或半持续的 *CSI-ResourceConfig* 相关联，具体规则如下。

（1）当只配置了一个 *CSI-ResourceConfig*，该资源用于 L1-RSRP 计算的信道测量。

（2）当配置了两个 *CSI-ResourceConfig*，第 1 个资源用于信道测量，第 2 个资源用于基于 CSI-IM 的干扰测量。

7.4.1　CSI 的资源设置

CSI-RS 资源有两种类型，分别是非零功率 CSI-RS（non-zero power CSI-RS，NZP CSI-RS）和零功率 CSI-RS（Zero-Power CSI-RS，ZP CSI-RS）。NZP CSI-RS 有 4 个作用，分别是 TRS 时频域跟踪（Time/Frequency Tracking）、CSI 计算（CSI Computation）、L1-RSRP 计算（L1-RSRP Computation）、移动性管理（Mobility）。ZP CSI-RS 的作用是用于 PDSCH 的速率匹配。

当存在 MU-MIMO 时，UE 可以对其他 UE 的 NZP CSI-RS 进行干扰测量。除此之外，为了更精确地测量信道的干扰水平，3GPP 协议引入了干扰测量的 CSI（CSI Interference Measurement，CSI-IM）资源，gNB 在 CSI-IM 资源上，并不发送任何信号，UE 通过统计在 CSI-IM 资源上的接收信号强度，获得邻区的干扰信号强度，CSI-IM 在参数配置上与普通的 CSI-RS 类似，CSI-IM 也会伴随 NZP CSI-RS 使用，为了简便起见，本书把 CSI-IM 也视为 CSI-RS。

综上所述，根据用途的不同，NR 中的 CSI 资源可以分为 NZP CSI-RS 资源、ZP CSI-RS 资源和 CSI-IM 资源。其中，用于 TRS 跟踪、CSI 计算、L1-RSRP 计算的 NZP CSI-RS 资源以及 CSI-IM 资源在 IE *CSI-ResourceConfig* 中配置；用于移动性管理的 NZP CSI-RS 资源在 IE *CSI-RS-ResourceConfigMobility* 中配置；ZP CSI-RS 资源在 IE *ZP-CSI-RS-ResourceSet* 中配置。NZP CSI-RS 资源、CSI-IM 资源、ZP CSI-RS 资源在结构上对应着 5.4.1 节的 CSI-RS 结构，但是在具体参数的配置方法与取值上有差异。IE *CSI-ResourceConfig* 的参数如图

7-18 所示。

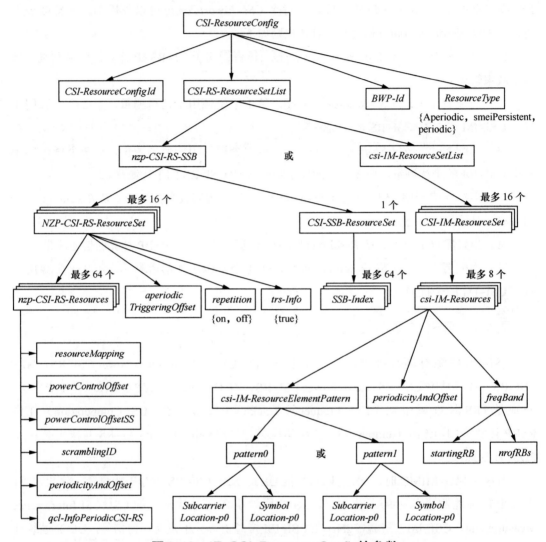

图7-18 IE *CSI-ResourceConfig*的参数

每个 CSI 资源设置（*CSI-ResourceConfig*）包括 $S \geq 1$ 个 CSI-RS 资源集（CSI-RS Resource Sets，由高层参数 *csi-RS-ResourceSetList* 提供），每个 CSI 资源集由 *nzp-CSI-RS-SSB* 中的参考信号组成，或者由 CSI-IM 资源集（CSI-IM Resource Set）中的参考信号组成。*nzp-CSI-RS-SSB* 由 NZP CSI-RS 资源集（NZP CSI-RS Resource Set）和 SS/PBCH 块集（SS/PBCH Block Set）组成，可以同时配置 NZP CSI-RS 资源集和 SS/PBCH 块集，也可以只配置 NZP CSI-RS 资源集或只配置 SS/PBCH 块集。每个 NZP CSI-RS 资源集包括 1 个或多个 NZP CSI-RS 资源（NZP CSI-RS Resource），每个 SS/PBCH 块集包括 1 个或多个 SS/PBCH 块索引，每个 CSI-IM 资源集包括 1 个或多个 CSI-IM 资源（CSI-IM Resource）。

每个 CSI 资源集所在的 DL BWP 由高层参数 *bwp-ID* 通知给 UE，如果多个 CSI 资源在同一个 CSI 报告上反馈，则这些 CSI 资源具有相同的 DL BWP。

每个 CSI 资源集上的 CSI-RS 资源的在时域上的行为由高层参数 *resourceType* 通知给 UE，*resourceType* 可以配置为"aperiodic（非周期）""periodic（周期）"或"semi-persistent（半持续）"。

对于 CSI-RS 资源在时域上的行为，还有以下几个规则。

（1）对于 SS/PBCH 块集，高层参数 *resourceType* 的配置不起作用，SS/PBCH 块的周期见本书 5.1.1 节。

（2）对于周期和半持续的 CSI 资源设置，CSI-RS 资源集的数量限制为 $S=1$，即只有 1 个 CSI-RS 资源集。

（3）对于周期和半持续的 CSI 资源集，配置的周期和时隙偏移以与之关联的 DL BWP 的子载波间隔为准。

（4）当 UE 配置的多个 *CSI-ResourceConfig* 包含相同的 NZP CSI-RS 资源地址时，*CSI-ResourceConfig* 应该有相同的时域行为。

（5）当 UE 配置的多个 *CSI-ResourceConfig* 包括相同的 CSI-IM 地址时，*CSI-ResourceConfig* 应该有相同的时域行为。

（6）与一个 CSI 报告配置相关联的所有的 CSI 资源配置应该有相同的时域行为。

此外，还可以根据测量 CSI 资源的目的不同，对 UE 配置的用于信道测量和干扰测量的 CSI 资源，可以分为以下 3 类。

（1）用于干扰测量的 CSI-IM 资源（CSI-IMresource for Interference Measurement）。

（2）用于干扰测量的 NZP CSI-RS 资源（NZP CSI-RS Resource for Interference-Measurement）。

（3）用于信道测量的 NZP CSI-RS 资源（NZP CSI-RS Resource for Channel Measurement）。

1. 用于 L1 RSRP 计算的 NZP CSI-RS

UE 对 NZP CSI-RS 进行测量，可以获得下行信道的 L1 RSRP，然后 UE 上报 L1 RSRP 的测量结果给 gNB，可用于波束训练。用于 L1-RSRP 计算的 NZP CSI-RS 也称为用于波束管理的 CSI-RS。

当在 NZP CSI-RS 资源集中设置了高层参数 *repetition* 后，表示 NZP CSI-RS 资源用于 L1-RSRP 计算。如果 *repetition* 设置为"on"，表示 NZP CSI-RS 资源集中的 CSI-RS 资源在相同的下行空间域发送，即使用相同的下行波束发送，但是 NZP CSI-RS 资源集中的 CSI-RS 资源在不同的 OFDM 符号上发送；如果 *repetition* 设置为"off"，表示 NZP CSI-RS 资源集中的 CSI-RS 资源在不同的下行空间域发送，即使用不同的下行波束发送。这样设计的目的是为了区别发送波束扫描和接收波束扫描。

如果NZP CSI-RS资源集用于L1 RSRP计算，还有以下几个特殊的规定。第一，测量报告配置IE *CSI-ReportConfig* 中的 *reportQuantity* 要设置为"cri-RSRP"或"none"。第二，1个NZP CSI-RS资源集中的所有CSI-RS资源只能通过高层参数 *nrofPorts* 配置相同的天线端口（X=1个或X=2个），这样设计的目的是减少系统开销；第三，如果配置的CSI-RS资源和SS/PBCH块在相同的OFDM符号上，UE假定CSI-RS和SS/PBCH块的准共址关系为"QCL-TypeD"。

2. 用于精确时频跟踪的CSI-RS

当NZP CSI-RS用于时频跟踪时，也称为跟踪参考信号（Tracking Reference Signal，TRS）。TRS是一种比较特殊的参数信号，本质上并不是CSI-RS，而是由多个周期性NZP CSI-RS组成的资源集。NR中引入TRS的原因是NR系统没有持续周期性发送的CRS信号，不能通过测量CRS实现高精度的时频跟踪，而是根据UE的需要来配置和触发TRS。TRS的作用是跟踪和补偿晶振在时间和频率上波动造成的误差，以便UE进行精确的时频域同步，从而成功的接收下行传输，相比于PT-RS，TRS的精度更高。

在RRC连接状态下，必须配置TRS。当IE *NZP-CSI-RS-ResourceSet* 中的高层参数 *trs-info* 配置为"true"时，表示NZP CSI-RS资源为TRS，NZP CSI-RS资源集中具有相同端口索引的NZP CSI-RS资源的天线端口都是相同的。

对于FR1，UE可以配置1个或多个NZP CSI-RS资源集，每个NZP CSI-RS资源集包括连续2个时隙，每个时隙包括2个NZP CSI-RS资源，一共4个周期性的NZP CSI-RS资源；对于FR2，UE可以配置1个或多个NZP CSI-RS资源集，每个NZP CSI-RS资源集包括1个时隙，共2个周期性的NZP CSI-RS资源，或每个NZP CSI-RS资源集包括连续2个时隙，每个时隙包括2个NZP CSI-RS资源，一共4个周期性NZP CSI-RS资源。

用于时频跟踪的NZP CSI-RS（即TRS）资源集在时域上的行为可以配置为周期，也可以配置为非周期。可以配置为非周期的原因是，NR系统中的许多非周期事件和一些周期事件不能与周期的TRS对齐。例如，在辅载波激活时，假设TRS的周期是80ms，UE最多需要等待80ms才能接收TRS，这会给UE的解调带来严重的影响。此外，在高频段的波束改变后，也不能接受长时间无法根据TRS进行时频跟踪。因此，需要在周期TRS的基础上，引入非周期的TRS。

当NZP CSI-RS资源集在时域上的行为配置为周期时，在1个NZP CSI-RS资源集上的所有CSI-RS资源具有相同的CSI-RS周期、带宽和子载波位置；当NZP CSI-RS资源集在时域上的行为配置为非周期时，非周期的NZP CSI-RS资源与周期NZP CSI-RS资源在带宽、时域位置、频域位置等方面保持一致。

作为一类特殊用途的参考信号，TRS在配置上有以下几个方面的特殊要求。

（1）1个时隙内的2个NZP CSI-RS资源或2个连续时隙内的4个NZP CSI-RS资源在时域上的位置是下列数对之一。

① 对于FR1和FR2，$l \in \{4, 8\}$，$l \in \{5, 9\}$，或 $l \in \{6, 10\}$。

② 对于FR2，$l \in \{0, 4\}$，$l \in \{1, 5\}$，$l \in \{2, 6\}$，$l \in \{3, 7\}$，$l \in \{7, 11\}$，$l \in \{8, 12\}$ 或 $l \in \{9, 13\}$。

（2）单端口NZP CSI-RS资源，且密度 $\rho=3$。

（3）NZP CSI-RS的带宽由IE *CSI-RS-ResourceMapping* 中的高层参数 *freqBand* 配置，可以配置为 $\min(52, N_{RB}^{BWP, i})$ 或 $N_{RB}^{BWP, i}$。

（4）NZP CSI-RS的周期和时隙偏移由IE *CSI-RS-ResourceMapping* 中的高层参数 *periodicityAndOffset* 配置，可以配置为 $2^\mu X_p$ 个时隙，μ 是子载波间隔配置，X_p=10、20、40或80，也即CSI-RS资源的周期是10ms、20ms、40ms或80ms。

（5）如果NZP CSI-RS的带宽大于52个RB，CSI-RS资源的周期不能配置为 $2^\mu \times 10$ 个时隙，也就是不能配置为10ms。

用于时频跟踪的NZP CSI-RS资源集在配置上还有两点需要注意。第一，由于UE不需要对TRS的测量结果进行上报，因此，对于周期NZP CSI-RS资源集，不需要配置与之关联的 *CSI-ReportConfig*；对于非周期NZP CSI-RS资源集，*CSI-ReportConfig* 中的高层参数 *reportQuantity* 应设置为"none"。第二，IE *NZP-CSI-RS-ResourceSet* 中高层参数 *repetition* 不能配置。

TRS在时频域上的位置如图7-19所示。

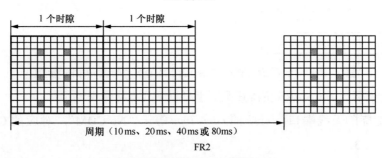

图7-19 TRS在时频域上的位置

由图 7-19 我们可以发现，1 个时隙内的 2 个 CSI-RS 在时域上的间隔总是 4 个符号，可以确保跟踪的时域误差在限定的范围之内；同理，在频域上的间隔总是 4 个子载波，可以确保跟踪的频域误差在限定的范围之内。

3. 用于移动性管理的 NZP CSI-RS

在 NR 中，既可以利用 SS/PBCH 块完成 RRM 测量，也可以利用 NZP CSI-RS 完成 RRM 测量，以便辅助 gNB 完成切换等移动性管理任务。

用于移动性管理的 NZP CSI-RS 资源，不是通过 IE *CSI-ResourceConfig* 配置的，而是通过 IE *CSI-RS-ResourceConfigMobility* 配置，在 IE *CSI-RS-ResourceConfigMobility* 中最多包含 96 个 *csi-RS-ResourceList-Mobility*，每个 *csi-RS-ResourceList-Mobility* 中最多包含 96 个 *csi-RS-Resource-Mobility*，IE *CSI-RS-ResourceConfigMobility* 的参数如图 7-20 所示。

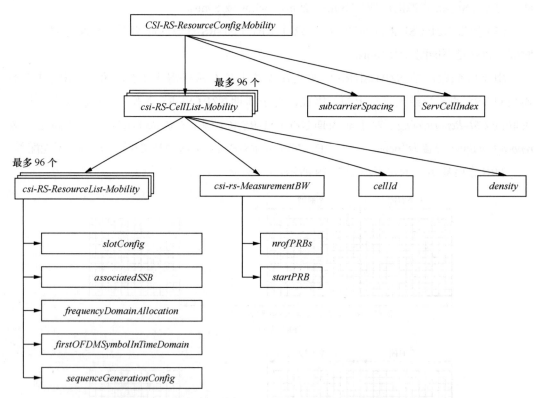

图 7-20　IE *CSI-RS-ResourceConfigMobility* 的参数

用于移动性管理的 CSI-RS 资源在配置上有以下几点特殊规定。

（1）仅支持单天线端口，对应的 *cdm-Type* 等于"No CDM"，对应的 CSI-RS 密度 *density* 等于 1 或 3。

（2）CSI-RS 测量带宽 *csi-RS-MeasurementBW* 包含了 PRB 数量和开始位置，其中，PRB 的数量 *nrofPRBs* 可以取值为 24 个、48 个、96 个、192 个或 264 个 PRB。

(3) CSI-RS 周期可以配置为 {4ms，5ms，10ms，20ms，40ms} 之一。

由于 UE 既可以利用 SS/PBCH 块的参考信号完成 RRM 测量，也可以利用 NZP CSI-RS 完成 RRM 测量，UE 到底使用哪一个参考信号，3GPP TS 38.214 协议有如下规定。

（1）如果 UE 配置了 *CSI-RS-Resource-Mobility*，与之关联的高层参数 *associatedSSB* 没有配置，则 UE 基于 *CSI-RS-Resource-Mobility* 完成测量，并且基于 CSI-RS 资源的定时作为服务小区的定时。

（2）如果 UE 同时配置了高层参数 *CSI-RS-Resource-Mobility* 和 *associatedSSB*，UE 可以基于 CSI-RS 资源的定时作为小区的定时；另外，对于给定的 CSI-RS 资源，如果配置了与之关联的 SS/PBCH 块但是没有被 UE 检测到，则 UE 不需要监听对应的 CSI-RS 资源。

4. 用于速率匹配的 ZP CSI-RS

UE 在接收 PDSCH 时，在分配给 PDSCH 的资源上有可能存在为其他 UE 配置的 CSI-RS，PDSCH 不能使用这些为其他 UE 配置的 CSI-RS，配置 ZP CSI-RS 的目的就是为了通知 UE，在分配给 PDSCH 的资源中，哪些资源是其他 UE 使用的 CSI-RS 资源，以实现速率匹配。需要注意的是，某个 UE 配置为 ZP CSI-RS 的资源，对于其他 UE 来说，有可能配置为 NZP CSI-RS 资源，在这种情况下，UE 可以在这些 ZP CSI-RS 资源上进行干扰测量。

ZP CSI-RS 资源在 IE *ZP-CSI-RS-ResourceSet* 中配置，每个 ZP CSI-RS 资源集中最多包括 16 个 ZP CSI-RS 资源，每个 ZP CSI-RS 中包括资源映射 *resourceMapping*、周期和时隙偏移 *periodicityAndOffset*。ZP CSI-RS 在时域上的行为可以配置周期、半持续（Semi-Persistent，SP）或非周期，一个 ZP CSI-RS 资源集上的所有资源必须配置相同的时域行为；另外，如果时域行为配置为周期，只能有 1 个 ZP CSI-RS 资源。

非周期 ZP CSI-RS 资源通过 DCI 格式 1_1 中的 ZP CSI-RS 触发字段进行触发。通过 RRC 层信令，在 IE *PDSCH-Config* 中的 *aperiodic-ZP-CSI-RS-ResourceSetToAddModList* 为 UE 提供一个 *ZP-CSI-RS-ResourceSet* 列表（最多包括 16 个 ZP CSI-RS 资源集），但是在每个 BWP 上，非周期的 ZP-CSI-RS 资源集最大数量是 3 个。ZP CSI-RS 触发字段的尺寸是 $\lceil \log_2(n_{ZP}+1) \rceil$ 个 bit。其中，n_{ZP} 是 ZP CSI-RS 资源集的数量，当 ZP CSI-RS 触发字段取值为 01、10、11 时，分别触发 *ZP-CSI-RS-ResourceSetId*=1、2、3 的 ZP CSI-RS 资源集。当 UE 配置为多时隙和单时隙 PDSCH 调度时，非周期 ZP CSI-RS 触发对 PDCCH（包含 ZP CSI-RS 触发）调度的所有 PDSCH 时隙都有效。

半持续 ZP CSI-RS 资源通过 MAC CE 命令进行激活或去激活。首先，通过 RRC 层信令，通过 IE *PDSCH-Config* 中的 *sp-ZP-CSI-RS-ResourceSetToAddModList* 把最多 16 个 ZP CSI-RS 资源集通知给 UE；然后通过 SP ZP CSI-RS 资源集激活/去激活 MAC CE 通知 UE 具体激活或去激活哪一个 ZP CSI-RS 资源集。SP ZP CSI-RS 资源集激活/去激活 MAC CE 如图

7-21所示。SP ZP CSI-RS资源集激活/去激活MAC CE包含的主要字段如下。

（1）A/D：指示该MAC CE是激活还是去激活指定的ZP CSI-RS资源集。

（2）SP CSI-RS Resource Set ID：包含了1个ZP CSI-RS资源集的地址，用于指示哪一个ZP CSI-RS资源集被激活或去激活，共有4个bit，可以指示2^4=16个地址。

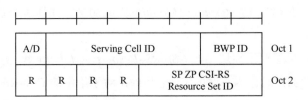

图7-21　SP ZP CSI-RS资源集激活/去激活MAC CE

考虑到UE处理能力，UE并不是在接收到SP ZP CSI-RS资源集激活/去激活MAC CE命令后立刻激活/去激活ZP CSI-RS资源集，而是有一定的时延。SP ZP CSI-RS资源集激活/去激活示意如图7-22所示。具体规则如下。

（1）当承载激活ZP CSI-RS资源集命令的PDSCH所对应的HARQ-ACK在时隙n上发送，激活该ZP CSI-RS资源集生效的时隙从$n + 3N_{slot}^{subframe, \mu} + 1$开始。

（2）当承载去激活ZP CSI-RS资源集命令的PDSCH所对应的HARQ-ACK在时隙n上发送，去激活ZP CSI-RS资源集生效的时隙从$n + 3N_{slot}^{subframe, \mu} + 1$开始。

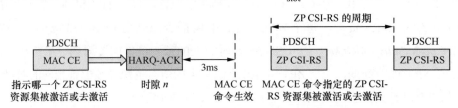

图7-22　SP ZP CSI-RS资源集激活/去激活示意

5. CSI-IM

UE可以配置1个或多个CSI-IM资源集，每个CSI-IM资源集包含$K \geq 1$个CSI-IM资源。CSI-IM资源的参数配置比较简单，CSI-IM资源的结构如图7-23所示。CSI-IM资源在时频域结构上有两种图样，分别是"pattern0"和"pattern1"。每个CSI-IM资源只能配置一种图样，上述两种图样的具体介绍如下。

（1）对于"pattern0"，在高层参数 *freqBand* 配置的每个PRB上，CSI-IM资源位于(k_{CSI-IM}, l_{CSI-IM})，$(k_{CSI-IM}, l_{CSI-IM} + 1)$，$(k_{CSI-IM} + 1, l_{CSI-IM})$和$(k_{CSI-IM} + 1, l_{CSI-IM} + 1)$上。

（2）对于"pattern1"，在高层参数 *freqBand* 配置的每个PRB上，CSI-IM资源位于(k_{CSI-IM}, l_{CSI-IM})，$(k_{CSI-IM} + 1, l_{CSI-IM})$，$(k_{CSI-IM} + 2, l_{CSI-IM})$和$(k_{CSI-IM} + 3, l_{CSI-IM})$上。

其中，k_{CSI-IM}是由高层参数 *subcarrierLocation-p0*（取值为{0, 2, 4, 6, 8, 10}之一）

或高层参数 *subcarrierLocation-p1*（取值为 {0，4，8} 之一）配置的频域位置。l_{CSI-IM} 由高层参数 *symbolLocation-p0*（取值为 0~12）或高层参数 *symbolLocation-p1*（取值为 0~13）配置的时域位置。

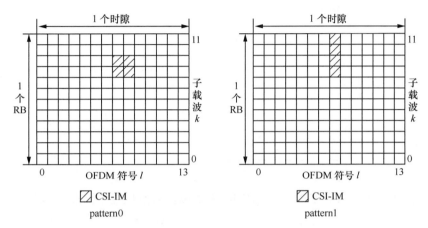

图 7-23　CSI-IM 资源的结构

6. 半持续 NZP CSI-RS/CSI-IM 资源集的发送

半持续 NZP CSI-RS/CSI-IM 资源集的发送时隙通过 MAC CE 命令激活或去激活，分为两个步骤。

第一步，通过 RRC 层信令，在 IE *CSI-ResourceConfig* 中为 UE 提供 1 个 *NZP-CSI-RS-ResourceSetList* 列表和/或 1 个 *CSI-IM-ResourceSetList* 列表，*NZP-CSI-RS-ResourceSetList* 列表中包括 1 个或多个 *NZP-CSI-RS-ResourceSet*，*CSI-IM-ResourceSetList* 列表中包括 1 个或多个 *CSI-IM-ResourceSet*。

第二步，通过 MAC 层的 SP CSI-RS/CSI-IM 资源集激活/去激活 MAC CE 通知 UE 哪一个 NZP CSI-RS 资源集和/或 CSI-IM 资源集被激活或去激活。SP CSI-RS/CSI-IM 资源集激活/去激活 MAC CE 如图 7-24 所示。SP CSI-RS/CSI-IM 资源集激活/去激活 MAC CE 包含的主要字段如下。

（1）A/D：指示该 MAC CE 是用于激活还是去激活指定的 SP CSI-RS 和 CSI-IM 资源集。

（2）SP CSI-RS Resource Set ID：包含了 1 个 NZP CSI-RS 资源集的地址，用于指示哪一个 NZP CSI-RS 资源集被激活或去激活，本字段共有 6 个 bit，因此可以指示 2^6=64 个地址。

（3）IM：指示 SP CSI-IM Resource Set ID 字段对应的 CSI-IM 资源集是被激活还是去激活，如果取值为 1，则表示 CSI-IM 资源集应该被激活或去激活（依赖于 A/D 域设置）；如果取值为 0，则表示 SP CSI-IM Resource Set ID 字段不存在。

（4）SP CSI-IM Resource Set ID：包含了 1 个 CSI-IM 资源集的地址，用于指示哪一个 CSI-IM 资源集被激活或去激活，共有 6 个 bit，因此可以指示 $2^6=64$ 个地址。

（5）TCI State ID_i：包含了 *TCI-StateId*，用于指示 SP CSI-RS Resource Set ID 字段对应的 NZP CSI-RS 的 QCL 资源。

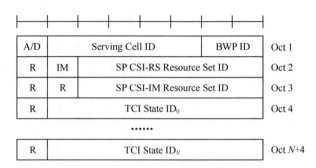

图7-24 SP CSI-RS / CSI-IM 资源集激活/去激活 MAC CE

考虑到 UE 的处理能力，UE 并不是在接收到 MAC 层命令后立刻激活 / 去激活 NZP CSI-RS/CSI-IM 资源集，而是有一定的时延，类似于图 7-22 的 ZP CSI-RS 资源集激活 / 去激活，具体规则如下。

（1）当承载激活 NZP CSI-RS/CSI-IM 资源集命令的 PDSCH 所对应的 HARQ-ACK 在时隙 n 上发送，激活该 NZP CSI-RS/CSI-IM 资源集生效的时隙从 $n+3N_{\text{slot}}^{\text{subframe},\mu}+1$ 开始。

（2）当承载去激活 NZP CSI-RS/CSI-IM 资源集命令的 PDSCH 所对应的 HARQ-ACK 在时隙 n 上发送，去激活 NZP CSI-RS/CSI-IM 资源集生效的时隙从 $n+3N_{\text{slot}}^{\text{subframe},\mu}+1$ 开始。

7.4.2 CSI 的报告设置

每个 CSI 报告设置（*CSI-ReportConfig*）都与 1 个用于测量的下行 BWP 相关联，对于每个 CSI 报告，包括码本配置（含码本限制子集）、时域行为、CQI 和 PMI 的频域颗粒度、测量限制配置、上报的与 CSI 相关的指示（如 LI、L1-RSRP、CRI 和 SSBRI）数量。*CSI-ReportConfig* 主要包括以下参数。

（1）*reportConfigID*：*CSI-ReportConfig* 的地址。

（2）*resourcesForChannelMeasurement*：用于信道测量的 *CSI-ResourceConfig* 的地址，该 CSI 资源配置仅包括 NZP CSI-RS 资源和 / 或 SSB 资源，此项为必配参数。

（3）*CSI-IM-ResourcesForInterference*：用于干扰测量的 CSI-IM 资源的 *CSI-ResourceConfig* 的地址，该 CSI 资源配置仅包括 CSI-IM 资源，此项为选配参数。

（4）*NZP-CSI-RS-ResourcesForInterference*：用于干扰测量的 NZP CSI 资源的 *CSI-ResourceConfig* 的地址，该 CSI 资源配置仅包括 NZP CSI-RS 资源，此项为选配参数。

（5）*reportConfigType*：CSI 报告在时域上的行为（非周期、基于 PUCCH 的半持续、周期、基于 PUSCH 的半持续)。

（6） *reportQuantity*：上报的与 CSI 相关或 L1-RSRP 相关的指示数量。

（7） *reportFreqConfiguration*：在频域上的报告粒度。

（8） *TimeRestrictionForChannelMeasurements*：对信道测量进行时域上的限制。

（9） *TimeRestrictionForInterferenceMeasurements*：对干扰测量进行时域上的限制。

（10） *Codebook*：包括了 Type I 码本或 Type II 码本的配置信息。

1. CSI 报告类型

CSI 报告在时域上的行为也即 CSI 报告类型由 IE *CSI-ReportConfig* 中的高层参数 *ReportConfigType* 通知给 UE，取值如下。

（1） periodic：在 PUCCH 上，周期性的发送 CSI 报告。

（2） aperiodic：通过 DCI 格式触发，在 PUSCH 上非周期的发送 CSI 报告。

（3） semiPersistentOnPUCCH：通过 MAC 层命令激活，在 PUCCH 上半持续的发送 CSI 报告。

（4） semiPersistentOnPUSCH：通过 DCI 格式触发，在 PUSCH 上半持续的发送 CSI 报告。

CSI 报告类型和触发方式与 CSI-RS 配置关系密切，CSI-RS 配置和 CSI 上报的触发/激活方式见表 7-6，也即周期性 CSI 上报只能测量周期性发送的 CSI-RS 资源；半持续 CSI 上报可以测量周期性发送的 CSI-RS 资源或半持续发送的 CSI-RS 资源；非周期 CSI 上报可以测量周期性发送的 CSI-RS 资源、半持续发送的 CSI-RS 资源或非周期发送的 CSI-RS 资源。

表7-6　CSI-RS配置和CSI上报的触发/激活方式

CSI-RS 配置	周期性 CSI 上报	半持续 CSI 上报	非周期 CSI 上报
周期性 CSI-RS	不需要动态的触发/激活	在 PUCCH 上报告，通过 MAC 层命令激活；在 PUSCH 上报告，通过 DCI 触发	通过 DCI 触发，可能需要额外的激活命令
半持续 CSI-RS	不支持	在 PUCCH 上报告，通过 MAC 层命令激活；在 PUSCH 上报告，通过 DCI 触发	通过 DCI 触发，可能需要额外的激活命令
非周期 CSI-RS	不支持	不支持	通过 DCI 触发，可能需要额外的激活命令

不同的 CSI 报告类型，gNB 通知给 UE 的参数是不同的，具体描述如下。

（1） 周期性上报/基于 PUCCH 的半持续 CSI 上报：通过高层参数 *CSI-Report-PeriodicityAndOffset* 定义上报的周期和时隙偏移，周期可以取的值为 {4，5，8，10，16，20，40，80，160，320} 之一，单位是时隙，与周期性的 CSI-RS 资源类似。除此之外，还定义了发送CSI报告的UL BWP和PUCCH资源。

（2）基于PUSCH的半持续CSI上报：通过高层参数*reportSlotConfig*定义上报的周期，取的值为{5，10，20，40，80，160，320}之一，单位是时隙；通过高层参数*reportSlotOffsetList*定义1个时隙偏移列表，该列表最多包含16个时隙偏移，每个时隙偏移的取值为0~32，每个时隙偏移对应着1个CSI报告。

（3）非周期CSI上报：通过高层参数*reportSlotOffsetList*定义1个时隙偏移列表，该列表最多包含16个时隙偏移，每个时隙偏移的取值为0~32，每个时隙偏移对应1个CSI报告。

基于PUSCH的半持续CSI上报的过程分为两步。

第一步，gNB通过RRC信令，通过高层参数*CSI-SemiPersistentOnPUSCH-TriggerStateList*把最多64个触发状态（Trigger State）通知给UE，每个触发状态对应1个或多个CSI报告配置（*CSI-ReportConfig*）。

第二步，UE监听DCI格式0_1（使用SP-CSI-RNTI对CRC进行扰码）的CSI请求字段，根据CSI请求字段的值来确定哪一个状态被触发，CSI请求字段等于0时对应着*CSI-SemiPersistentOnPUSCH-TriggerStateList*中的第1个触发状态，当CSI请求字段等于1时，对应着列表中第2个触发状态，依此类推。CSI请求字段的长度是0个、1个、2个、3个、4个、5个或6个bit，由高层参数*reportTriggerSize*通知给UE。基于PUSCH的半持续CSI上报，配置触发状态的示例如图7-25所示。

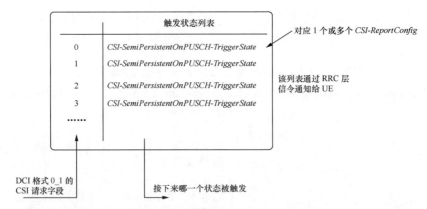

图7-25 基于PUSCH的半持续CSI上报，配置触发状态的示例

基于PUSCH的半持续CSI上报的时序关系如图7-26所示，K_2的含义见下文。

图7-26 基于PUSCH的半持续CSI上报的时序关系

368

基于 PUSCH 的半持续 CSI 上报，仅在 DCI 格式 0_1 中的特定字段满足下列所有条件时，才能激活或去激活半持续 CSI 上报。

（1）DCI 格式 0_1 的 CRC 校验位，通过 SP-CSI-RNTI 进行扰码，SP-CSI-RNTI 通过高层参数 *sp-csi-RNTI* 通知给 UE。

（2）基于 PUSCH 的半持续 CSI 上报被激活见表 7-7，DCI 格式 0_1 的特定字段满足表 7-7 时，半持续 CSI 上报被激活；基于 PUSCH 的半持续 CSI 上报去激活见表 7-8，满足表 7-8 时，半持续 CSI 上报去激活。

表7-7 基于PUSCH的半持续CSI上报被激活

	DCI 格式 0_1
HARQ 进程号	设置为全 "0"
冗余版本	设置为 "00"

表7-8 基于PUSCH的半持续CSI上报去激活

	DCI 格式 0_1
MCS	设置为全 "1"
RB 分配	如果频域资源分配为 type 0，设置为全 "0"；如果频域资源分配为 type 1，设置为全 "1"；如果频域资源分配为 type 0 和 type 1 之间动态选择，如果 MSB 是 "0"，设置为全 "0"；否则设置为全 "1"
冗余版本	设置为 "00"

基于 PUCCH 的半持续 CSI 上报的过程分为两步。

第一步，gNB 通过 RRC 信令，通过高层参数 *csi-ReportConfigToAddModList* 把 1 个或多个 *CSI-ReportConfig* 通知给 UE。

第二步，gNB 通过 MAC 层的基于 PUCCH 的 SP CSI 上报激活/去激活 MAC CE 通知 UE，哪一个 *CSI-ReportConfig* 被激活或去激活，基于 PUCCH 的 SP CSI 上报激活或去激活的 MAC CE 结构如图 7-27 所示。S_i 字段用于指示哪一个 SP CSI 报告被激活或激活，S_0 对应着在指定 BWP 上的最低 *CSI-ReportConfigID* 地址对应的 *CSI-ReportConfig*，S_1 对应着在指定 BWP 上的第二低 *CSI-ReportConfigID* 地址对应的 *CSI-ReportConfig*，依此类推。如果 S_i 字段设置为 1，则指示对应的 SP CSI 报告配置被激活；如果设置为 0，则指示对应的 SP CSI 报告配置去激活。由于 S_i 字段只有 4 个 bit，因此，在 1 个 BWP 上，最多有 4 个 SP CSI 报告配置被激活/去激活。

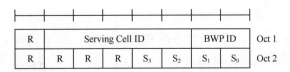

图7-27 基于PUCCH的SP CSI上报激活/去激活的MAC CE结构

UE 并不是在接收到 MAC CE 命令后立刻激活/去激活 SP CSI 上报，而是有一定的时延，当承载 SP CSI 上报激活/去激活 MAC CE 的 PDSCH 所对应的 HARQ-ACK 在时隙 n 上发送，激活 SP CSI-RS 报告的生效时隙从 $n+3N_{\text{slot}}^{\text{subframe},\mu}+1$ 开始，与 SP CSI-RS 资源激活的生效时隙类似，基于 PUCCH 的半持续 CSI 上报激活/去激活示意如图 7-28 所示。

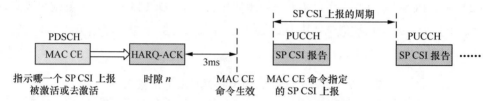

图7-28 基于PUCCH的半持续CSI上报激活/去激活示意

基于 PUSCH 的非周期 CSI 上报的过程分为两步。

第一步，gNB 通过 RRC 信令，通过高层参数 *CSI-AperiodicTriggerStateList* 把 1 个或多个 *CSI-AperiodicTriggerState* 发送给 UE，IE *CSI-AperiodicTriggerStateList* 的参数如图 7-29 所示。每个 *CSI-AperiodicTriggerState* 包含 1 个或多个 *CSI-AssociatedreportConfigInfo*，每个 *CSI-AssociatedreportConfigInfo* 必须包含 1 个 *reportConfigID*，对应着 1 个 *CSI-ReportConfig*。*CSI-AssociatedReportConfigInfo* 中必须包含 1 个 *resourcesForChannel*，*resourcesForChannel* 包含 1 个 *resourceSet* 或者 1 个 *csi-SSB-ResourceSet*；*resourceSet* 指示用于信道测量的 NZP CSI-RS 资源集（*NZP-CSI-RS-ResourceSet*），取值为 1 对应着 *nzp-CSI-RS-ResourceSetList* 中的第 1 个 NZP CSI-RS 资源集，取值为 2 对应着 *nzp-CSI-RS-ResourceSetList* 中的第 2 个 NZP CSI-RS 资源集，依此类推。*csi-SSB-ResourceSet* 指示用于信道测量的 *CSI-SSB-ResourceSet*。*CSI-AssociatedReportConfigInfo* 中可以包含 1 个 *csi-IM-ResourcesForInterference*，指示用于干扰测量的 CSI-IM 资源集（*CSI-IM-ResourceSet*），取值为 1 对应着 *csi-IM-ResourceSetList* 中的第 1 个 CSI-IM 资源集，取值为 2 对应着 *csi-IM-ResourceSetList* 中的第 2 个 CSI-IM 资源集，依此类推。*CSI-AssociatedReportConfigInfo* 中可以包含 1 个 *nzp-CSI-RS-ResourcesForInterference*，指示用于干扰测量的 NZP CSI-RS 资源集（*NZP-CSI-RS-ResourceSet*），取值为 1 对应着 *nzp-CSI-RS-ResourceSetList* 中的第 1 个 NZP CSI-RS 资源集，取值为 2 对应着 *nzp-CSI-RS-ResourceSetList* 中的第 2 个 NZP CSI-RS 资源集，依此类推。

第二步，UE 监听 DCI 格式 0_1 的 CSI 请求字段，根据 CSI 请求字段的值来确定哪一个 CSI 非周期触发状态（*CSI-AperiodicTriggerState*）被触发，CSI 请求字段的长度 N_{TS} 是 0 个、1 个、2 个、3 个、4 个、5 个或 6 个 bit，由高层参数 *reportTriggerSize* 通知给 UE。

CSI 请求字段最多指示 $2^{N_{\text{TS}}}-1$ 个非周期触发状态，而非周期 CSI 触发状态列表最多可以配置 128 个 CSI 非周期触发状态，当配置的 CSI 非周期触发状态超过 $2^{N_{\text{TS}}}-1$ 个时，基站还需要通过非周期 CSI 触发状态子集选择 MAC CE 选择不超过 $2^{N_{\text{TS}}}-1$ 个 CSI 非周期触发状态,非周期 CSI 触发状态子集选择 MAC CE 如图 7–30 所示。T_i 用于从 CSI–AperiodicTriggerStateList 中选择非周期触发状态,T_0 对应着 CSI–AperiodicTriggerStateList 中的第 1 个非周期 CSI 触发状态,T_1 对应着 CSI–AperiodicTriggerStateList 中的第 2 个非周期触发状态,依此类推。T_i 设置为 1,则指示该 T_i 对应的非周期 CSI 触发状态映射到 DCI 格式 1_0 的 CSI 请求字段的 codepoint(代码点)上。第 1 个设置为 1 的 T_i 所对应的非周期 CSI 触发状态映射到 codepoint 值 1;第 2 个设置为 1 的 T_i 所对应的非周期 CSI 触发状态映射到 codepoint 值 2,依此类推,映射的非周期 CSI 触发状态的最大值是 63。

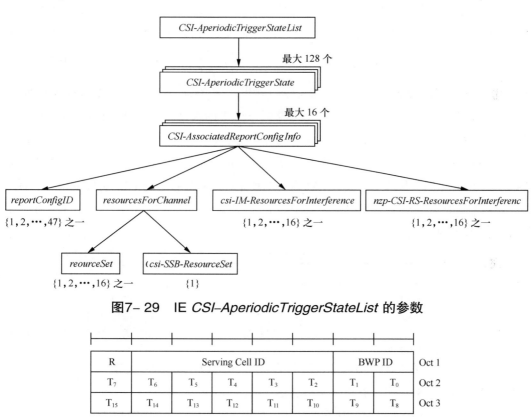

图7– 29　IE CSI–AperiodicTriggerStateList 的参数

图7–30　非周期CSI触发状态子集选择MAC CE

根据 CSI 请求字段的值来指示 CSI 触发状态具体规则如下。

(1)当 CSI 请求字段设置为 0 时,没有非周期 CSI 触发状态被请求。

(2)当 CSI–AperiodicTriggerStateList 中的非周期 CSI 触发状态的数量大于 $2^{N_{TS}}-1$ 时,首先通过非周期 CSI 触发状态子集选择 MAC CE 命令选择最多 $2^{N_{TS}}-1$ 个非周期 CSI 触发状态,然后由 CSI 请求字段指示哪一个非周期 CSI 触发状态被请求。

（3）当 *CSI-AperiodicTriggerStateList* 中的 CSI 触发状态的数量小于或等于 $2^{N_{TS}}-1$ 时，CSI 请求字段直接指示哪一个非周期 CSI 触发状态被请求。

UE 在收到非周期 CSI 触发状态命令请求到该命令生效之间有一定的时延，承载非周期 CSI 触发状态子集选择 MAC CE 的 PDSCH 所对应的 HARQ-ACK 在时隙 n 上发送，非周期 CSI 触发状态选择的生效时隙从 $n+3N_{slot}^{subframe,\mu}+1$ 开始。

如果非周期 CSI 上报使用的是非周期 CSI-RS 资源，对于每个 CSI-RS 资源集，通过高层参数 *aperiodicTriggeringOffset* 配置 1 个 CSI-RS 偏移，取值范围为 0~4 个时隙，以 PDCCH 参数集（子载波间隔）的时隙为基准，即在收到包括非周期 NZP CSI-RS 资源的 DCI 格式 0_1 的 *aperiodicTriggeringOffset* 个时隙后发送非周期 CSI-RS。UE 在时隙 n 监听到包含 CSI 请求字段的 DCI 格式 0_1，则 UE 在时隙 $\left\lfloor n\times\frac{2^{\mu_{PUSCH}}}{2^{\mu_{PDCCH}}}\right\rfloor+K_2$ 上发送包含非周期 CSI 报告的 PUSCH。$K_2=\max Y_j(m+1)$。其中，Y_j，$j=0,\cdots,N_{Rep}-1$ 是高层参数 *peportSlotOffset-List* 对应的 N_{Rep} 个入口（entry），$Y_j(m+1)$ 是第 m 个 Y 的入口，也即如果触发了 N_{Rep} 个 CSI 报告，要取各个 CSI 报告中最大的时隙偏移；μ_{PUSCH} 和 μ_{PDCCH} 分别是 PUSCH 和 PDCCH 的子载波间隔配置；K_2 以 PUSCH 参数集（子载波间隔）的时隙为基准。需要注意的是，此 DCI 指示的时隙偏移只适用于仅有 CSI 报告的场景，当 CSI 报告与 UL-SCH 复用时，时隙偏移由 PUSCH 时域资源分配指示信息中的 K_2 值来确定。基于 PUSCH 的非周期 CSI 上报的时序关系如图 7-31 所示。

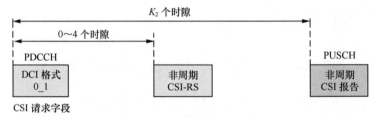

图7-31 基于PUSCH的非周期CSI上报的时序关系

对于非周期 CSI 上报，有以下 4 点需要注意。

第一，CSI-IM 的非周期触发偏移与其关联的用于信道测量的 NZP CSI-RS 相同。

第二，非周期 CSI-RS 信号必须在承载 DCI 的 OFDM 符号之后的符号上发送。

第三，如果 UE 在非周期 NZP CSI-RS 上完成干扰测量，则用于干扰测量的 NZP CSI-RS 的非周期触发偏移和与之关联的用于信道测量的 NZP CSI-RS 的非周期触发偏移必须相同。

第四，非周期 CSI 上报也可以使用周期 CSI-RS 资源和半持续 CSI-RS 资源。

2. CSI 报告的数量配置

UE 可以通过 IE *CSI-ReportConfig* 中的高层参数 *reportQuantity* 配置为 "none" "cri-RI-

PMI-CQI"、"cri-RI-i1"、"cri-RI-i1-CQI"、"cri-RI-CQI"、"cri-RSRP"、"ssb-Index-RSRP"或"cri-RI-LI-PMI-CQI"。cri、RI、PMI、CQI、i1、RSRP 的含义见本书 7.4.3 节，ssb-Index 的含义见本书 5.1.1 节。上述配置中的每种取值的具体含义如下。

（1）none：UE 不上报任何测量值。

（2）cri-RI-PMI-CQI：UE 上报 cri 与 cri 对应的 RI、PMI 和 CQI。

（3）cri-RI-i1：UE 上报 cri 与 cri 对应的 RI、PMI 的 i1 部分。

（4）cri-RI-i1-CQI：UE 上报 cri 与 cri 对应的 RI、PMI 中的 i1 部分、CQI。

（5）cri-RI-CQI：UE 上报 cri 与 cri 对应的 RI 和 CQI。

（6）cri-RSRP：UE 上报 cri 与 cri 对应的 RSRP。

（7）ssb-Index-RSRP：UE 上报 ssb-Index 与 ssb-Index 对应的 RSRP。

（8）cri-RI-LI-PMI-CQI：UE 上报 cri 与 cri 对应的 RI、LI、PMI 和 CQI。

另外，在配置 *reportQuantity* 的时候，有以下几点需要注意。

第一，如果 *reportQuantity* 配置为"cri-RI-PMI-CQI"或"cri-RI-LI-PMI-CQI"，则 UE 上报整个报告带宽上首选的 PMI 或每个子带上首选的 PMI。

第二，如果 *reportQuantity* 配置为"cri-RI-i1"，IE *CSI-ReportConfig* 中的高层参数 *codebookType* 应该配置为"TypeI-Single Panel"，*pmi-FormatIndicator* 应该配置为宽带 PMI 报告。

第三，如果 *reportQuantity* 配置为"cri-RI-i1-CQI"，IE *CSI-ReportConfig* 中的高层参数 *codebookType* 应该配置为"TypeI-Single Panel"，*pmi-FormatIndicator* 应该配置为宽带 PMI 报告，UE 在整个 CSI 报告的带宽上只上报 PMI 的单个宽带指示；在上报的 i_1 和具有 $N_p > 1$ 个预编码的条件下，针对每个 PRG，UE 假定从 N_p 个（对应着相同的 i_1，但是不同的 i_2）预编码中随机选择 1 个预编码计算 CQI，用于计算 CQI 的 PRG 尺寸通过高层参数 *pdsch-BundleSizeFor CSI* 配置。

第四，如果 *report Quantity* 配置为"cri-RSRP"或"ssb-Index-RSRP"，则可分以下两种情况。

（1）如果高层参数 *groupBasedBeamReporting* 配置为"disabled"，UE 不需要更新超过 64 个 CSI-RS 和/或 SSB 资源的测量，对于每个报告配置，UE 在单个报告中报告最多为 *nrofReportedRS* 个不同的 CRI 或 SSBRI 及其测量结果，其中，*nrofReportedRS* 为测量的参考信号的数量，可以配置为 1 个、2 个或 4 个。

（2）如果高层参数 *groupBasedBeamReporting* 配置为"enabled"，UE 不需要更新超过 64 个 CSI-RS 和/或 SSB 资源的测量，对于每个报告配置，UE 在单个报告中报告两个不同的 CRI 或 SSBRI 及其测量结果，UE 同时接收的 CSI-RS 和/或 SSB 资源，或者用单个空间域接收滤波器（也即波束方向相同），或者用多个空间域接收滤波器（也即波束方向不同）。

第五，如果 reportQuantity 配置为"cri-RSRP""cri-RI-PMI-CQI""cri-RI-i1""cri-RI-i1-CQI""cri-RI-CQI"或"cri-RI-LI-PMI-CQI"，且当用于信道测量的资源集中配置了 $K_s>1$ 个资源时，UE 应该在上报的 CRI 条件下，获得不同于 CRI 的其他 CSI 参数，CRI k ($k \geq 0$) 对应着用于信道测量的 nzp-CSI-RS-ResourceSet 的第 $k+1$ 个 nzp-CSI-RS Resource 和 CRI-IM-ResourceSet 的第 $k+1$ 个 cri-IM-Resource（如果配置）。如果配置了 $K_s=2$ 个 CSI-RS 资源，每个资源最多包括 16 个 CSI-RS 端口；如果配置了 $2< K_s \leq 8$ 个 CSI-RS 资源，每个资源最多包括 8 个 CSI-RS 端口。

第六，如果 reportQuantity 配置为"cri-RI-PMI-CQI""cri-RI-i1""cri-RI-i1-CQI""cri-RI-CQI"或"cri-RI-LI-PMI-CQI"，UE 在与 CSI-ReportConfig 相关联的资源配置的 CSI-RS 资源集中最多包括 8 个 CSI-RS 资源。

第七，如果 reportQuantity 配置为"CRI-RSRP"或"none"，且与 CSI-ReportConfig 相关联的资源配置的高层参数 resourceType 配置为"aperiodic"，也即 IE CSI-ReportConfig 中的 resourcesForChannelMeasurement 和/或 cri-IM-ResourcesForInterference 和/或 nzp-CSI-RS-ResourcesForInterference 所对应的 CSI-ResourceConfig 中的高层参数 resourceType 配置为"aperiodic"，则 UE 配置的 CSI-RS 资源集中最多包括 16 个 CSI-RS 资源。

3. CSI 报告的频域配置

在频域上，把 BWP 划分成多个子带（subband），每个子带定义为 N_{PRB}^{SB} 个连续的 PRB，子带的带宽和 BWP 的带宽有关，可配置的子带带宽见表 7-9。对于每个 BWP（小于 24 个 PRB 的除外），有两个子带带宽，由 IE CSI-ReportConfig 中的高层参数 subbandSize 通知 UE 具体使用哪一个子带带宽。

表7-9 可配置的子带带宽

BWP 的带宽（PRB）	子带的带宽（PRB）
<24	N/A
24～72	4、8
73～144	8、16
145～275	16、32

第 1 个子带的带宽是 $N_{PRB}^{SB} - \left(N_{BWP,i}^{start} \bmod N_{PRB}^{SB}\right)$；如果 $\left(N_{BWP,i}^{start} + N_{BWP,i}^{size}\right) \bmod N_{PRB}^{SB} \neq 0$，则最后一个子带的带宽是 $\left(N_{BWP,i}^{start} + N_{BWP,i}^{size}\right) \bmod N_{PRB}^{SB}$；如果 $\left(N_{BWP,i}^{start} + N_{BWP,i}^{size}\right) \bmod N_{PRB}^{SB} = 0$，则最后一个子带的带宽是 N_{PRB}^{SB}。UE 需要测量的子带由 IE CSI-ReportConfig 中的高层参数 csi-ReportingBand 以位图的方式通知给 UE，CSI 报告子带示意如图 7-32 所示。

在配置 CSI 报告子带的时候，有以下两点需要注意。

第一，每个 PRB 上的每个 CSI-RS 天线端口的频域密度，不能低于待测量的 CSI-RS

资源的频域密度，即每个子带必须包括所有天线端口的 CSI-RS 资源。

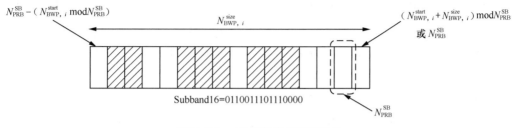

图7-32　CSI报告子带示意

第二，对于 CSI-IM 干扰测量，在 CSI 报告的子带上的所有 PRB 都必须包括 CSI-IM 资源单元。

除了子带带宽与需要上报的子带外，CSI 报告的频域配置还包括以下两个参数。

（1）宽带 CQI（wideband CQI）或子带 CQI（subband CQI）报告。

由 IE *CSI-ReportConfig* 中的高层参数 *cqi-FormatIndicator* 通知给 UE。当配置为宽带 CQI 报告时，在整个 CSI 报告的带宽上，每个码字上报 1 个宽带 CQI；当配置为子带 CQI 报告时，在 CSI 报告的带宽上，每个子带的每个码字上报 1 个 CQI。

（2）宽带 PMI（wideband PMI）或子带 PMI（subband PMI）报告。

由 IE *CSI-ReportConfig* 中的高层参数 *pmi-FormatIndicator* 通知给 UE。当配置为宽带 PMI 报告时，在整个 CSI 报告的带宽上，上报 1 个宽带 PMI。当配置为子带 PMI 报告时，对于 2 天线端口，在 CSI 报告带宽上，每个子带上报 1 个 PMI；对于其他情况，在整个 CSI 报告带宽上，上报 1 个宽带指示（i_1），在 CSI 报告带宽上，每个子带上报 1 个子带指示（i_2）。

UE 是按照宽带报告还是按照子带报告，除了与 *cqi-Format Indicator* 和 *pmi-FormatIndicator* 这两个参数的取值有关外，还与 *reportQuantity* 的取值有关，当下列条件被满足时，称为宽带报告。

（1）*reportQuantity* 配置为"cri-RI-PMI-CQI"或"cri-RI-LI-PMI-CQI"，且 *cqi-FormatIndicator* 指示为单个 CQI 报告且 *pmi-FormatIndicator* 指示为单个 PMI 报告。

（2）*reportQuantity* 配置为"cri-RI-i1"。

（3）*reportQuantity* 配置为"cri-RI-CQI"或"criRI-i1-CQI"，且 *cqi-Format Indicator* 指示为单个 CQI 报告。

（4）*reportQuantity* 配置为"cri-RSRP"或"ssb-Index-RSRP"。

当不满足上述条件时，称为子带报告。

7.4.3　CSI 报告的内容

UE 上报的信道状态信息（Channel State Information，CSI）包括信道质量指示（Channel

Quality Indicator,CQI)、预编码矩阵指示(Precoding Matrix Indicator,PMI)、CSI-RS 资源指示(CSI-RS Resource Indicator,CRI)、SS/PBCH 块资源指示(SS/PBCH Block Resource Indicator,SSBRI)、层指示(Layer Indicator,LI)、秩指示(Rank Indicator,RI)、层 1 的参考信号接收功率(Layer 1 Reference Signal Receiver Power,L1-RSRP)。

UE 应该按照如下规则来计算 CSI。

(1)在上报的 CQI、PMI、RI 和 CRI 的条件下计算 LI。

(2)在上报的 PMI、RI、CRI 的条件下计算 CQI。

(3)在上报的 RI、CRI 的条件下计算 PMI。

(4)在上报的 CRI 的条件下计算 RI。

1. CQI

CQI 是指在某个时间段内,UE 对频域的测量值,给出了 UE 在解调一定组合(调制方式、目标编码速率、传输块大小)的 PDSCH 能满足 0.1 或 0.00001 的 BLER 时对应的索引值。CQI 的上报方式分为宽带 CQI 和子带 CQI,宽带 CQI 的尺寸是 4 个 bit,对应着 16 个 CQI 索引,宽带 CQI 表格共有 3 张,分别对应着最大调制方式 64QAM、BLER=0.1,4-bit CQI(a)见表 7-10;最大调制方式 256QAM、BLER=0.1,4-bit CQI(b)见表 7-11;最大调制方式 64QAM、BLER=0.00001,4-bit CQI(c)见表 7-12。

表7-10 4-bit CQI(a)

CQI 索引	调制	码率 ×1024	效率
0	超出范围		
1	QPSK	78	0.1523
2	QPSK	120	0.2344
3	QPSK	193	0.3770
4	QPSK	308	0.6016
5	QPSK	449	0.8770
6	QPSK	602	1.1758
7	16QAM	378	1.4766
8	16QAM	490	1.9141
9	16QAM	616	2.4063
10	64QAM	466	2.7305
11	64QAM	567	3.3223
12	64QAM	666	3.9023
13	64QAM	772	4.5234
14	64QAM	873	5.1152
15	64QAM	948	5.5547

表7-11 4-bit CQI（b）

CQI 索引	调制	码率 ×1024	效率
0	超出范围		
1	QPSK	78	0.1523
2	QPSK	193	0.3770
3	QPSK	449	0.8770
4	16QAM	378	1.4766
5	16QAM	490	1.9141
6	16QAM	616	2.4063
7	64QAM	466	2.7305
8	64QAM	567	3.3223
9	64QAM	666	3.9023
10	64QAM	772	4.5234
11	64QAM	873	5.1152
12	256QAM	711	5.5547
13	256QAM	797	6.2266
14	256QAM	885	6.9141
15	256QAM	948	7.4063

表7-12 4-bit CQI（c）

CQI 索引	调制	码率 ×1024	效率
0	超出范围		
1	QPSK	30	0.0586
2	QPSK	50	0.0977
3	QPSK	78	0.1523
4	QPSK	120	0.2344
5	QPSK	193	0.3770
6	QPSK	308	0.6016
7	QPSK	449	0.8770
8	QPSK	602	1.1758
9	16QAM	378	1.4766
10	16QAM	490	1.9141
11	16QAM	616	2.4063
12	64QAM	466	2.7305
13	64QAM	567	3.3223
14	64QAM	666	3.9023
15	64QAM	772	4.5234

子带 CQI 的尺寸是 2 个 bit，共有 4 种取值，对于每个子带 CQI 索引 s，子带 CQI 定义如下：

子带偏移 = 子带 CQI 索引 (s) – 宽带 CQI 索引

4 种取值的子带差分 CQI 值与子带偏移的映射关系见表 7-13。

表7-13 4种取值的子带差分CQI值与子带偏移的映射关系

子带差分 CQI 值	子带偏移
0	0
1	1
2	≥ 2
3	≤ –1

2. RI 和 LI

UE 根据对 CSI-RS 的测量结果，得到信道矩阵的秩（rank），这个秩反映了在当前信道条件下，能够允许下行传输的最大数据流数。其尺寸分别是 0 个 bit（当 $P_{CSI-RS} = 1$ 时）、$\min(1, \lceil \log_2 n_{RI} \rceil)$ 个 bit（当 $P_{CSI-RS}=2$ 时）、$\min(2, \lceil \log_2 n_{RI} \rceil)$ 个 bit（当 $P_{CSI-RS}=4$ 时）或 $\lceil \log_2 n_{RI} \rceil$ 个 bit（当 $P_{CSI-RS}>4$ 时）。其中，P_{CSI-RS} 是 CSI-RS 天线端口的数量，$n_{RI} \in \{0, 1, \cdots, 7\}$。

LI 是数据传输的层数，其尺寸是 0 个 bit（当 $P_{CSI-RS}=1$ 时）或 $\min(2, \lceil \log_2 n_{RI} \rceil)$ 个 bit（当 $P_{CSI-RS} \geq 2$ 时）。

P_{CSI-RS}、RI、LI 的三者的关系是 $P_{CSI-RS} \geq RI \geq LI$。

3. PMI

5G NR 的码本由两个部分组成，即 $W=W_1 \times W_2$，对应的 PMI 由宽带指示 i_1 和子带指示 i_2 两个部分组成，i_1 对应着码本 W_1，包含了波束选择的结果；i_2 对应着码本 W_2，包含了共相位因素。i_1 和 i_2 可以由 UE 分阶段反馈，也可以由 UE 一次性反馈。

根据反馈的 CSI 不同，5G NR 的码本分为 Type I 和 Type II 两种类型。Type I 是普通的码本，包含的 CSI 较少，但是开销较少；Type II 是增强型的码本，包含的 CSI 更为精确，但是开销较多。

根据面 N_g 的不同，Type I 的码本又可分为单面码本（Single-Panel Codebook，SP 码本）和多面码本（Multi-Panel Codebook，MP 码本）两种类型。

Type I SP 码本支持的 $P_{CSI-RS}=$1、2、4、8、16、24、32，支持的层数是 1~8 层。

对于 $P_{CSI-RS}=2$，每个 PMI 对应着 1 个码本，PMI 的尺寸是 2 个 bit（当 $v=1$ 时）或者 1 个 bit（当 $v=2$ 时），其中，v 是数据的层数。

对于 $P_{CSI-RS} \geq 4$，PMI 的宽带指示 i_1 由 2 个指示 $i_{1,1}$、$i_{1,2}$（当 $v \notin \{2, 3, 4\}$ 时）或 3 个指示 $i_{1,1}$、$i_{1,2}$、$i_{1,3}$（当 $v \in \{2, 3, 4\}$ 时）组成。$i_{1,1}$ 和 $i_{1,2}$ 用于确定波束或波束组，$i_{1,3}$ 用于确定波束组内的正交波束；i_2 是共相位系数（Co-phasing coefficient）。根据 P_{CSI-RS}、层数的不同，i_1 的尺寸为 3~10 个 bit，i_2 的尺寸为 1~4 个 bit/子带。

Type I MP 码本支持的 $P_{\text{CSI-RS}}$=8、16、32，支持的层数是 1~4 层。宽带指示 i_1 由 3 个指示 $i_{1,1}$、$i_{1,2}$、$i_{1,4}$（当 $v=1$ 时）或 4 个指示 $i_{1,1}$、$i_{1,2}$、$i_{1,3}$、$i_{1,4}$（当 $v\in\{2,3,4\}$ 时）组成。其中，$i_{1,1}$、$i_{1,2}$、$i_{1,3}$ 的作用与 SP 码本对应的参数作用相同，$i_{1,4}$ 是面之间的共相位系数；子带指示由 i_2 或 $i_{2,0}$、$i_{2,1}$、$i_{2,2}$ 组成，是子带面之间的共相位系数。根据面 N_g、$P_{\text{CSI-RS}}$、层数的不同，i_1 的尺寸为 5~14 个 bit，i_2 的尺寸为 0~2 个 bit/子带，$i_{1,0}$、$i_{2,1}$、$i_{2,2}$ 的尺寸之和是 3~4 个 bit/子带。

Type II 码本支持的 $P_{\text{CSI-RS}}$=4、8、12、16、24、32，支持的层数是 1~2 层。该反馈模式从多个波束中选择 L 个波束，并且反馈每层最强的波束系数（coefficient）指示、宽带的幅度系数指示（amplitude coefficient indicator）、子带的幅度系数指示和子带的相位系数指示（phase coefficient indicator）。当 $P_{\text{CSI-RS}}$=4 时，L=2；当 $P_{\text{CSI-RS}}$>4 时，L=2、3 或 4。

Type II 码本的 PMI 宽带指示 i_1 由公式（7-2）组成，子带指示 i_2 由公式（7-3）组成。

$$i_1 = \begin{cases} [i_{1,1}\ i_{1,2}\ i_{1,3,1}\ i_{1,4,1}] & v=1 \\ [i_{1,1}\ i_{1,2}\ i_{1,3,1}\ i_{1,4,1}\ i_{1,3,2}\ i_{1,4,2}] & v=2 \end{cases} \quad \text{公式（7-2）}$$

$$i_2 = \begin{cases} [i_{2,1,1}] & \text{subband Amplitude="false"}, v=1 \\ [i_{2,1,1}\ i_{2,1,2}] & \text{subband Amplitude="false"}, v=2 \\ [i_{2,1,1}\ i_{2,2,1}] & \text{subband Amplitude="true"}, v=1 \\ [i_{2,1,1}\ i_{2,2,1}\ i_{2,1,2}\ i_{2,2,2}] & \text{subband Amplitude="ture"}, v=2 \end{cases} \quad \text{公式（7-3）}$$

在公式（7-2）和公式（7-3）中，$i_{1,1}$ 和 $i_{1,2}$ 用于选择 L 个波束，$i_{1,1}$ 的尺寸与本书 5.4.1 节的表 5-53 的 Q_1 和 Q_2 有关，等于 $\lceil\log_2 Q_1 Q_2\rceil$ 个 bit；$i_{1,2}$ 的尺寸是 $\lceil\log_2\binom{N_1 N_2}{L}\rceil$ 个 bit；$i_{2,3,1}$ 和 $i_{2,3,2}$ 是最强的波束系数指示，其尺寸是 $\lceil\log_2(2L)\rceil$ 个 bit/层；$i_{1,4,1}$ 和 $i_{1,4,2}$ 是宽带的幅度系数指示，最大尺寸是 $3\times(2L-1)$ 个 bit/层。$i_{2,2,1}$ 和 $i_{2,2,2}$ 是子带的幅度系数指示，最大尺寸是 $1\times(K-1)$ 个 bit/子带（对于 $L=2$、3、4，K 分别是 4、4、6）；$i_{2,1,1}$ 和 $i_{2,1,2}$ 是子带的相位系数指示，最大尺寸是 $Z\times(K-1)+2\times(2L-K)$ 个 bit/子带/层（对于 QPSK、8PSK，Z 分别是 2 和 3）。

接下来以一个例子来计算 Type II 码本的负荷。假设 (N_1, N_2)=(4, 4)，Z=3（8 PSK 相位），当选择的波束 L 不相同时，宽带（WB）和 10 个子带（SB）的总负荷，即 Type II 码本的总负荷见表 7-14。

表7-14　Type II 码本的总负荷

Rank=1 的负荷（bit）								
L	$i_{1,1}$	$i_{1,2}$	最强波束系数指示	宽带幅度系数指示	总的 WB 负荷	子带的幅度系数指示	子带的相位幅度指示	总的负荷（WB+10 个 SB）
2	4	7	2	9	22	3	9	142

（续表）

L	$i_{1,1}$	$i_{1,2}$	最强波束系数指示	宽带幅度系数指示	总的 WB 负荷	子带的幅度系数指示	子带的相位幅度指示	总的负荷(WB+10个SB)
	Rank=1 的负荷（bit）							
3	4	10	3	15	32	3	13	192
4	4	11	3	21	39	5	19	279
	Rank=2 的负荷（bit）							
2	4	7	4	18	33	6	18	273
3	4	10	6	30	50	6	26	370
4	4	11	6	42	63	10	38	543

4. SSBRI、CRI 和 L1-RSRP

每个 SSBRI 对应着 SS/PBCH 块所在的半帧（5ms）的一个 SS/PBCH 块，SSBRI 的尺寸是 $\lceil \log_2(K_s^{\text{SSB}}) \rceil$ 个 bit。其中，K_s^{SSB} 是 SSB 资源集中配置的 SS/PBCH 块的数量。

每个 CRI 对应着 CSI-RS 资源集中的一个 CSI-RS 资源，CRI 的尺寸是 $\lceil \log_2(K_s^{\text{CSI-RS}}) \rceil$ 个 bit。其中，$K_s^{\text{CSI-RS}}$ 是 CSI-RS 资源集中 CSI-RS 资源的数量。

L1-RSRP 是 L1 的参考信号接收功率，包括 CRI-RS 的 RSRP 和 SSB 的 RSRP。

UE 最多可以配置 16 个 CSI-RS 资源集，对于每个 CSI-RS 资源集，可以配置最多 64 个 CSI-RS 资源，所有 CSI-RS 资源集上不同的 CSI-RS 资源数量不能超过 128 个。

如果 IE *CSI-ReportConfig* 中的高层参数 *nrofReportedRS* 设置为 1，UE 上报 7 个 bit 的 L1-RSRP；如果高层参数 *nrofReportedRS* 设置大于 1 或者高层参数 *groupBasedBeamReporting* 设置为 "enabled"，则 UE 上报多个 L1-RSRP，最大测量值的 L1-RSRP 是 7 个 bit，其他 L1-RSRP 是 4 个 bit。7 个 bit 的 L1-RSRP 对应的 RSRP 的范围是 [-140，-44]dBm，步长是 1dB；4 个 bit 的 L1-RSRP 是差分 L1-RSRP，即通过计算与最大测量值的 L1-RSRP 的差值得到，步长是 2dB。

当在一个 CSI 报告中，需要上报多个 CRI/RSRP 或 SSBRI/RSRP 时，CRI/RSRP 或 SSBRI/RSRP 的映射顺序见表 7-15。

表7-15　CRI/RSRP或SSBRI/RSRP的映射顺序

CSI 报告索引	CSI 域
CSI 报告 #n	（如上报）CRI 或 SSBRI #1
	（如上报）CRI 或 SSBRI #2
	（如上报）CRI 或 SSBRI #3
	（如上报）CRI 或 SSBRI #4

(续表)

CSI 报告索引	CSI 域
CSI 报告 #n	（如上报）RSRP #1
	（如上报）差分 RSRP #2
	（如上报）差分 RSRP #3
	（如上报）差分 RSRP #4

7.4.4　基于 PUSCH 的 CSI 上报

UE 在 PUSCH 上支持非周期 CSI 上报和半持续 CSI 上报。非周期 CSI 上报和半持续 CSI 上报均通过 DCI 格式 0_1 触发，支持宽带粒度和子带粒度，支持 Type I 和 Type II 两种 CSI。基于 PUSCH 的 CSI 上报既可以与来自 UE 的上行数据复用，也可以不与来自 UE 的上行数据复用（通过 DCI 格式 0_1 的 UL-SCH 指示字段通知给 UE）。

对于 Type I 和 Type II CSI 反馈，CSI 报告由两个部分组成。Part 1 具有固定大小的负荷，用来通知在 Part 2 上传输的信息的比特数量，且 Part 1 必须在 Part 2 之前完整地传输，Part 1 和 Part 2 包括的 CSI 的具体内容如下。

（1）对于 Type I CSI 反馈

Part 1 包括 RI（如上报）、CRI（如上报）、第一个码字的 CQI；Part 2 包括 PMI（如上报），当 RI（如上报）大于 4 时，Part 2 也包括第二个码字的 CQI。

（2）对于 Type II CSI 反馈

Part 1 包括 RI（如上报）、CQI 和 Type II CSI 每层的非零宽带幅度系数的数量；Part 2 包括 Type II CSI 的 PMI。

对于基于 PUSCH 的 CSI 上报，有两点需要注意。

第一，Part 1 和 Part 2 要分别进行编码，也即 Part 1 和 Part 2 分别进行信道编码并添加上 CRC。

第二，由于基站无法预知 Part 2 CSI 的长度，可能出现分配给 UE 的 PUSCH 无法装下 Part 2 CSI 的全部负荷，因此需要根据优先级省略一部分 Part 2 的发送，Part2 CSI 报告的优先级级别见表 7-16。其中，N_{Rep} 是在 PUSCH 上需要上报的 CSI 报告数量，优先级 0 具有最高的优先级，对应着 N_{Rep} 个 CSI 报告中的最小的 $Pri_{i, CSI}(y, k, c, s)$，优先级 $2N_{Rep}$ 具有最低的优先级，对应着 N_{Rep} 个 CSI 报告中的第 n 个最小的 $Pri_{i, CSI}(y, k, c, s)$。优先级 0 包含的内容是 CSI 报告 #1 到 #N_{Rep} 的 Part 2 宽带 CSI，也即 PMI 中的 i_1 信息；其他的 $2N_{Rep}$ 个优先级包括的内容是 Part 2 的子带 CSI，也即 PMI 中的 i_2 信息，每个 CSI 报告对应 2 个优先级，即 Part 2 中的子带分成奇数子带和偶数子带两个部分，根据优先级先丢弃奇数子带部分，即部分子带 CSI 报告的丢弃粒度是子带 CSI 的一半。

表7-16 Part 2 CSI报告的优先级级别

优先级 0： CSI 报告 #1 到 #N_{Rep} 的 Part 2 宽带 CSI
优先级 1： CSI 报告 #1 的偶数子带的 Part 2 子带 CSI
优先级 2： CSI 报告 #1 的奇数子带的 Part 2 子带 CSI
优先级 3： CSI 报告 #2 的偶数子带的 Part 2 子带 CSI
优先级 4： CSI 报告 #2 的奇数子带的 Part 2 子带 CSI
……
优先级 $2N_{Rep}-1$： CSI 报告 #N_{ReP} 的偶数子带 Part 2 子带 CSI
优先级 $2N_{Rep}$： CSI 报告 #N_{ReP} 的奇数子带 Part 2 子带 CSI

与 CSI 上报相关联的优先级定义如公式（7-4）所示，$\text{Pri}_{i,\text{CSI}}(y, k, c, s)$的值越小，优先级越高。

$$\text{Pri}_{i,\text{CSI}}(y,k,c,s) = 2 \times N_{\text{cells}} \times M_s \times y + N_{\text{cells}} \times M_s \times k + M_s \times c + s$$

公式（7-4）

在公式（7-4）中，各个参数的含义如下。

（1）y

对于基于 PUSCH 的非周期 CSI 上报，$y=0$；对于基于 PUSCH 的半持续 CSI 上报，$y=1$；对于基于 PUCCH 的半持续 CSI 上报，$y=2$；对于基于 PUCCH 的周期性 CSI 上报，$y=3$。也即非周期 CSI 上报的优先级最高，周期性 CSI 上报的优先级最低。

（2）k

对于承载 L1-RSRP 的 CSI 报告，$k=0$；对于不承载 L1-RSRP 的 CSI 报告，$k=1$，也即在其他参数相同的条件下，承载 L1-RSRP 的 CSI 报告的优先级高。

（3）c

c 是服务小区的索引。

（4）N_{cells}

N_{cells} 是由高层参数 *maxNrofServingCells* 给出的服务小区的最大数量。

（5）s

s 是 *reportConfigID*，也即在其他参数相同的条件下，*reportConfigID* 的值越小，优先级越高。

（6） M_s

M_s 是由高层参数 *maxNrofCSI-ReportConfigurations* 给出的最大报告的数量。

7.4.5　基于 PUCCH 的 CSI 上报

UE 在 PUCCH 上支持周期 CSI 上报和半持续 CSI 上报，在 PUCCH 格式 2、3、4 上传输的周期 CSI 上报支持 Type I CSI 的宽带粒度；在 PUCCH 格式 2 上传输的半持续 CSI 上报支持 Type I CSI 的宽带粒度，在 PUCCH 格式 3 或 4 上传输的半持续 CSI 报告支持 Type I CSI 的宽带和子带粒度以及 Type II CSI 的 Part 1。

当 PUCCH 承载 Type I CSI 的宽带粒度时，在 PUCCH 格式 2、3、4 上的 CSI 负荷是一致的，且与 RI（如上报）、CRI（如上报）无关。对于 PUCCH 格式 3 或 4 上的 Type I CSI 子带报告，负荷被分成两个部分：第一部分包括 RI（如上报）、CRI（如上报）、第 1 个码字的 CQI；第二部分包括 PMI，当 RI>4 时，也包括第 2 个码字的 CQI。

虽然在 PUCCH 格式 3 或 4 上承载的半持续 CSI 报告也支持 Type II CSI 反馈，但是仅支持 Type II CSI 的 Part 1。是否在 PUCCH 格式 3 或 4 上支持 Type II CSI 报告与 UE 能力有关，且在 PUCCH 格式 3 或 4 上承载的 Type II CSI 报告的计算独立于在 PUSCH 上承载的 Type II CSI 报告。

基于 PUCCH 的 CSI 上报对 CSI 报告的负荷有以下几点限制。

第一，对于 PUCCH 格式 4，UCI 和 CRC 的之和不能超过 115 个 bit。

第二，如果所有的 CSI 报告都是由一个 Part 组成，UE 按照 $\text{Pri}_{i,\text{CSI}}(y, k, c, s)$ 定义的优先级忽略 CSI 报告的一部分。

第三，如果 CSI 报告包括两个部分，UE 可以根据上述表 7-16 的优先级忽略 Part 2 CSI 的一部分。

缩略语

3GPP	3rd Generation Partnership Project	第三代合作伙伴计划
3GPP2	3rd Generation Partnership Project 2	第三代合作伙伴计划 2
5GC	5G Core	5G 核心网
AAU	Active Antenna Unit	有源天线单元
ACK	Acknowledgement	肯定确认
AM	Acknowledged Mode	确认模式
AMF	Access and Mobility Management Function	接入和移动性管理功能
ARFCN	Absolute Radio Frequency Channel Number	绝对无线频率信道号
ARIB	Association of Radio Industries and Businesses	无线行业企业协会
ARQ	Automatic Repeat Quest	自动重传请求
AS	Access Stratum	接入层
ATIS	Alliance for Telecommunications Industry Solutions	电信工业解决方案联盟
BBU	Base Band Unit	基带处理单元
BCCH	Broadcast Control Channel	广播控制信道
BCH	Broadcast Channel	广播信道
BI	Backoff Indicator	回退指示
BLER	Block Error Rate	误块率
BPSK	Binary Phase Shift Keying	双相移键控
BS	Base Station	基站
BSC	Base Station Controller	基站控制器
BSS	Base Station Subsystem	基站子系统
BTS	Base Transceiver Station	基站收发信机
BWP	Bandwidth Part	部分带宽
CA	Carrier Aggregation	载波聚合
CB	Code Block	码块
CB	Contention Based	基于竞争
CBG	Code Block Group	码块组
CBGFI	CBG Flushing out Information	CBG 清空信息
CBGTI	CBG Transmission Information	CBG 传输信息
CCCH	Common Control Channel	公共控制信道
CCE	Control Channel Element	控制信道单元
CCSA	China Communications Standards Association	中国通信标准化协会
CDM	Code Division Multiplexing	码分复用
CDMA	Code Division Multiple Access	码分多址
CE	Control Element	控制单元
CF	Contention Free	免于竞争

CMC	Connection Mobility Control	连接移动性控制
CN	Core Network	核心网
CoMP	Coordinated Multiple Point	协作多点
CORESET	Control Resource SET	控制资源集合
CP	Control Plane	控制面
CP	Cyclic Prefix	循环前缀
CP-OFDM	CycLic Prefix OFDM	带有循环前缀的 OFDM
CPRI	Common Public Radio Interface	通用公共无线电接口
CQI	Channel Quality Indicator	信道质量指示
CRB	Common Resource Block	公共资源块
CRC	Cyclic Redundancy Check	循环冗余校验
CRI	CSI-RS Resource Indicator	CSI-RS 资源指示
C-RNTI	Cell Radio-Network Temporary Identifier	小区无线网络临时标识
CRS	Cell-specific Reference Signal	小区专用参考信号
CS	Circuit Switched	电路交换
CS	Cyclic Shift	循环移位
CSI	Channel State Information	信道状态信息
CSI-IM	CSI Interference Measurement	干扰测量的 CSI
CSI-RS	Channel State Information-Reference Signal	信道状态信息参考信号
CS-RNTI	Configured Scheduling RNTI	配置调度 RNTI
CSS	Common Search Space	公共搜索空间
CT	Core Network and Terminal	核心网与终端
CU	Centralized Unit	集中式单元
D2D	Device-to-Device	终端直连
DAI	Downlink Assignment Index	下行分配索引
DC	Dual Connectivity	双连接
DC	Direct Current	直流成分
DCCH	Dedicated Control Channel	专用控制信道
DC-HSPA	Dual Cell HSPA	双小区 HSPA
DCI	Downlink Control Information	下行控制信息
DFT	Discrete Fourier Transform	离散傅里叶变换
DFT-S-OFDM	DFT Spread OFDM	DFT 扩频的 OFDM
DL	Down Link	下行
DL-SCH	Downlink Shared Channel	下行共享信道
DM-RS	Demodulation Reference Signal	解调参考信号
DRB	Data Radio Bearer	数据无线承载
DRX	Discontinuous Reception	非连续接收
DS-CDMA	Direct Sequence-Code Division Multiple Access	直接序列码分多址

DTCH	Dedicated Traffic Channel	专用业务信道
DU	Distributed Unit	分布式单元
eCPRI	enhanced CPRI	增强型 CPRI
EDGE	Enhanced Data Rate for GSM Evolution	GSM 演进的增强型数据速率
EESS	Earth Exploration Satellite Service	地球勘测卫星服务
eMBB	enhanced Mobile Broadband	增强移动宽带
eMTC	enhanced Machine-Type Communications	增强型机器类通信
eNB	eNodeB	eNodeB
eNodeB	E-UTRAN NodeB	E-UTRAN 的 NodeB
EPC	Evolved Packet Core	演进型分组核心网
EPDCCH	Enhanced Physical Downlink Control Channel	增强物理下行控制信道
ETSI	European Telecommunication Standards Institute	欧洲电信标准组织
E-UTRA	Evolved UMTS Terrestrial Radio Access	演进的 UMTS 陆地无线接入
E-UTRAN	Evolved UMTS Terrestrial Radio Access Network	演进的 UMTS 陆地无线接入网
EV-DO	EVolution-Data Only	演进—只支持数据
EV-DV	EVolution-Data and Voice	演进—集成数据与语音
EVM	Error Vector Magnitude	矢量误差幅度
F1	The Interface between the CU and the DU	CU 和 DU 之间的接口
F1AP	F1 Application Protocol	F1 应用层协议
F1-C	The Control-plane part of F1	F1 的控制面部分
F1-U	The User-plane part of F1	F1 的用户面部分
FBMC	Filter Bank Multi-Carrier	滤波器组多载波
FDD	Frequency Division Duplex	频分双工
FDM	Frequency Division Multiplexing	频分复用
FDMA	Frequency Division Multiple Access	频分多址
FFT	Fast Fourier Transformation	快速傅里叶变化
FH	Front Haul	前向回传
FL	Forward Link	前向链路
F-OFDM	Filtered-Orthogonal Frequency Division Multiplexing	基于滤波的正交频分复用
FR	Frequency Range	频率范围
FR1	Frequency Range 1	频率范围 1
FR2	Frequency Range 2	频率范围 2
FWA	Fixed Wireless Access	固定无线接入
GB	Guard Band	保护带
GERAN	GSM/EDGE Radio Access Network	GSM/EDGE 无线接入网络
gNB	gNodeB	gNodeB
GP	Guard Period	保护间隔

GPRS	General Packet Radio Service	通用分组无线业务
GPS	Global Positioning System	全球定位系统
GSA	Global mobile Suppliers Association	全球移动供应商协会
GSCN	Global Synchronization Channel Number	全局同步信道号
GSM	Global System for Mobile Communications	全球移动通信系统
GSMA	GSM Association	GSM 协会
GT	Guard Time	保护时间
GTP	GPRS Tunnelling Protocol	GPRS 隧道协议
GTP-U	The user-plane part of GTP	GTP 的用户面部分
HARQ	Hybrid Automatic Repeat Quest	混合自动重传请求
HARQ-ACK	Hybrid Automatic Repeat Quest ACKnowledgement	混合自动重传请求确认
H-FDD	Half-duplex FDD	半双工 FDD
HLR	Home Location Register	归属用户位置寄存器
HRPD	High Rate Packet Data	高速分组数据
HSDPA	High-Speed Downlink Packet Access	高速下行分组接入
HS-DSCH	High-Speed Downlink Shared Channel	高速下行共享信道
HSPA	High-Speed Packet Access	高速分组接入
HSUPA	High-Speed Uplink Packet Access	高速上行分组接入
ICI	Inter-Carrier Interference	子载波间干扰
ICIC	Inter-Cell Interference Coordination	小区间干扰协调
IDFT	Inverse Discrete Fourier Transform	反向离散傅里叶变换
IE	Information Element	信息单元
IFFT	Inverse Fast Fourier Transform	反向快速傅里叶变换
IMT-2000	International Mobile Telecommunications 2000	国际移动通信系统—2000
IMT-2020	International Mobile Telecommunications 2020	国际移动通信系统—2020
IMT-Advanced	International Mobile Telecommunications Advanced	国际移动通信系统—高级
IP	Internet Protocol	因特网协议
ISI	Inter Symbol Interference	符号间干扰
ITU	International Telecommunications Union	国际电信联盟
ITU-R	International Telecommunications Union-Radio communications Sector	ITU 无线电通信组
JP	Joint Processing	联合处理
JR	Joint Reception	联合接收
JT	Joint Transmission	联合传输
L1	Layer 1	层 1
L1-RSRP	Layer 1 Reference Signal Receiver Power	层 1 的参考信号接收功率
L2	Layer 2	层 2
L3	Layer 3	层 3

LAA	License-Assisted Access	授权频谱辅助接入
LDPC	Low Density Parity Check	低密度奇偶校验
LI	Layer Indicator	层指示
LSB	Least Significant Bit	最低有效位
LTE	Long Term Evolution	长期演进
MAC	Medium Access Control	媒体接入控制
MBMS	Multimedia Broadcast Multicast Service	多媒体多播广播业务
MBSFN	Multimedia Broadcast multicast service Single Frequency Network	MBMS 单频网
MCG	Master Cell Group	主小区组
MCS	Modulation and Coding Scheme	调制编码方式
MC-TDMA	Multi-Carrier TDMA	多载波 TDMA
MEC	Mobile Edge Computing	移动边缘计算
MIB	Master Information Block	主消息块
MIMO	Multiple Input Multiple Output	多输入多输出
MME	Mobility Management Entity	移动性管理实体
mMTC	massive Machine Type Communications	海量机器类通信
MP	Multi Panel	多面
MS	Mobile Station	移动台
MSB	Most Significant Bit	最高有效位
MSC	Mobile Switching Centre	移动业务交换中心
MTC	Machine Type Communications	机器类通信
MU-MIMO	Multiple User MIMO	多用户 MIMO
NACK,NAK	Negative Acknowledgement	否定确认
NAS	Non-Access Stratum	非接入层
NB-IoT	Narrow Band Internet of Things	窄带物联网
NDI	New Data Indicator	新数据指示
NFV	Network Functions Virtualization	网络功能虚拟化
NG	The Interface between the gNB and the 5G CN	gNB 和 5G 核心网之间的接口
NGAP	NG Application Protocol	NG 应用层协议
NG-C	The Control-plane part of NG	NG 的控制面部分
ng-eNB	next generation eNodeB	下一代 eNodeB
NGFI	Next Generation Front haul Interface	下一代前传网络接口
NGMN	Next Generation Mobile Network	下一代移动网络
NG-RAN	Next Generation-Radio Access Network	下一代无线接入网
NG-U	The user-plane part of NG	NG 的用户面部分
NodeB	A Logical Node handling transmission/reception in multiple cells	处理多个小区发送/接收的逻辑节点
NR	New Radio	新空口

NR-ARFCN	NR Absolute Radio Frequency Channel Number	NR 绝对无线频率信道号
NSA	Non-Stand Alone	非独立组网
NSS	Network and Switch Subsystem	网络与交换子系统
NUL	Normal UpLink	普通上行
NZP CSI-RS	Non-Zero Power CSI-RS	非零功率 CSI-RS
OCC	Orthogonal Cover Code	正交序列码
OFDM	Orthogonal Frequency Division Multiplexing	正交频分复用
OFDMA	Orthogonal Frequency Division Multiple Access	正交频分多址
OMC	Operating & Maintenance Centre	操作维护中心
PAPR	Peak-to-Average Power Ratio	峰值平均功率比
PBCH	Physical Broadcast Channel	物理广播信道
PCCH	Paging Control Channel	寻呼控制信道
PCell	Primary Cell	主小区
PCFICH	Physical Control Format Indicator Channel	物理控制格式指示信道
PCH	Paging channel	寻呼信道
PCI	Physical Cell Identifier	物理小区标识
PDCCH	Physical Downlink Control Channel	物理下行控制信道
PDCP	Packet Data Convergence Protocol	分组数据汇聚协议
PDSCH	Physical Downlink Shared Channel	物理下行共享信道
PDU	Protocol Data Unit	协议数据单元
PHICH	Physical HARQ Indicator Channel	物理 HARQ 指示信道
PHY	Physical Layer	物理层
PLMN	Public Lands Mobile Network	公众陆地移动通信网络
PMI	Precoding Matrix Indicator	预编码矩阵指示
PRACH	Physical Random Access Channel	物理随机接入信道
PRB	Physical Resource Block	物理资源块
PRG	Precoding Resource Block Group	预编码资源块组
P-RNTI	Paging RNTI	寻呼 RNTI
PS	Packet Switched	分组交换
PSK	Phase-Shift Keying	相移键控
PSS	Primary Synchronization Signal	主同步信号
PSTN	Public Switched Telephone Network	公众电话交换网络
PT-RS	Phase Tracking-Reference Signal	相位跟踪参考信号
PUCCH	Physical Uplink Control Channel	物理上行控制信道
PUSCH	Physical Uplink Shared Channel	物理上行共享信道
PWS	Public Warning System	公共预警系统
QAM	Quadrature Amplitude Modulation	正交调幅
QCL	Quasi Co-Located	准共址
QFI	QoS Flow Identity	QoS 流地址

缩写	英文全称	中文名称
QoS	Quality of Service	服务质量
QPSK	Quadrature Phase Shift Keying	四相移相键控
RAC	Radio Admission Control	无线接入控制
RACH	Random Access Channel	随机接入信道
RAN	Radio Access Network	无线接入网
RAPID	Random Access Preamble IDentity	随机接入前导地址
RAR	Random Access Response	随机接入响应
RA-RNTI	Random Access RNTI	随机接入RNTI
RAT	Radio Access Technology	无线接入技术
RB	Radio Bearer	无线承载
RB	Resource Block	资源块
RBC	Radio Bearer Control	无线承载控制
RBG	Resource Block Group	资源块组
RE	Resource Element	资源单元
REG	Resource Element Group	资源单元组
RF	Radio Frequency	射频
RI	Rank Indicator	秩指示
RIV	Resource Indication Value	资源指示值
RL	Reverse Link	反向链路
RLC	Radio Link Control	无线链路控制
RLF	Radio Link Failure	无线链路失败
RMSI	Remaining Minimum System Information	剩余最少的系统消息
RNC	Radio Network Controller	无线网络控制器
RNL	Radio Network Layer	无线网络层
RNS	Radio Network Subsystem	无线网络子系统
RNTI	Radio Network Temporary Identifier	无线网络临时标识
RO	RACH Occasion	RACH时机
RoHC	Robust Header Compression	健壮性包头压缩
RRC	Radio Resource Control	无线资源控制
RRM	Radio Resource Management	无线资源管理
RSRP	Reference Signal Received Power	参考信号接收功率
RV	Redundancy Version	冗余版本
RX	Receiver	接收
SA	Stand Alone	独立组网
SA	Service and System Aspects	业务与系统
SAE	System Architecture Evolution	系统架构演进
SB	SubBand	子带
SCell	Secondary Cell	辅小区
SC-FDMA	Single Carrier-FDMA	单载波FDMA

缩写	英文全称	中文
SCG	Secondary Cell Group	辅小区组
SCS	Sub-Carrier Spacing	子载波间隔
SC-TDMA	Single Carrier-TDMA	单载波 TDMA
SCTP	Stream Control Transmission Protocol	流控制传输协议
SDAP	Service Data Adaptation Protocol	服务数据自适应协议
SDL	Supplementary DownLink	补充下行
SDN	Software Defined Network	软件定义网络
SDU	Service Data Unit	服务数据单元
SF	Spreading Factor	扩频因子
SFI	Slot Format Indication	时隙格式指示
SFI-RNTI	Slot Format Indicator RNTI	时隙格式指示 RNTI
SFN	System Frame Number	系统帧号
SGSN	Serving GPRS Support Node	服务 GPRS 支撑节点
S-GW	Serving GateWay	服务网关
SI	System Information	系统消息
SIB	System Information Block	系统消息块
SINR	Signal-to-Interference and Noise Ratio	信号干扰噪声比
SI-RNTI	System Information RNTI	系统消息 RNTI
SLIV	Start and Length Indicator Value	开始和长度指示值
SMF	Session Management Function	会话管理功能
SN	Sequence Number	序列号
SP	Single Panel	单面
SR	Scheduling Request	调度请求
SRB	Signalling Radio Bearer	信令无线承载
SRS	Sounding Reference Signal	探测参考信号
SS	Synchronization Signal	同步信号
SSB	Synchronization Signal Block	同步信号块
SSBRI	SS/PBCH Block Resource Indicator	SS/PBCH 块资源指示
SS-RSRP	SS Reference Signal Received Power	SS 参考信号接收功率
SSS	Secondary Synchronization Signal	辅同步信号
SUL	Supplementary UpLink	补充上行
SU-MIMO	SingleUser-MIMO	单用户 MIMO
TA	Timing Advance	定时提前
TAC	Timing Advance Command	定时提前命令
TB	Transport Block	传输块
TBS	Transport Block Size	传输块尺寸
TCI	Transmission Configuration Indication	传输配置指示
TCP	Transmission Control Protocol	传输控制协议
TC-RNTI	Temporary C-RNTI	临时 C-RNTI

缩写	英文全称	中文名称
TDD	Time Division Duplex	时分双工
TDM	Time Division Multiplexing	时分复用
TDMA	Time Division Multiple Access	时分多址
TD—SCDMA	Time Division Synchronous Code Division Multiple Access	时分同步码分多址
TIA	Telecommunication Industry Association	电信产业协会
TM	Transparent Mode	透明模式
TNL	Transport Network Layer	传输网络层
TPC	Transmission Power Control	发射功率控制
TR	Technical Report	技术报告
TRS	Tracking Reference Signal	跟踪参考信号
TS	Technical Specification	技术规范
TSDSI	Telecommunications Standards Development Society, India	印度电信标准发展协会
TSG	Technical Specification Group	技术规范组
TTA	Telecommunications Technology Association	电信技术协会
TTC	Telecommunications Technology Committee	电信技术委员会
TTI	Transmission Time Interval	传输时间间隔
TX	Transmitter	发射
UCI	Uplink Control Information	上行控制信息
UDN	Ultra-Density Network	超密集组网
UDP	User Datagram Protocol	用户数据报协议
UE	User Equipment	用户设备
UL	UpLink	上行
UL-SCH	Uplink Shared Channel	上行共享信道
UM	Unacknowledged Mode	非确认模式
UMB	Ultra Mobile Broadband	超移动宽带
UMTS	Universal Mobile Telecommunications System	通用移动通信系统
UP	User Plane	用户面
UPF	User Plane Function	用户面功能
uRLLC	ultra-Reliable and Low Latency Communications	高可靠低时延通信
USS	UE-specific Search Space	UE 专用搜索空间
UTRAN	UMTS Terrestrial Radio Access Network	UMTS 陆地无线接入网
V2V	Vehicle-to-Vehicle	车辆对车辆
VLR	Visitor Location Register	拜访用户位置寄存器
VRB	Virtual Resource Block	虚拟资源块
WB	WideBand	宽带
WCDMA	Wideband Code Division Multiple Access	宽带码分多址
WG	Working Group	工作组
Xn	The Interface between gNBs	gNB 之间的接口
XnAP	Xn Application Protocol	Xn 应用层协议
ZP CSI-RS	Zero-Power CSI-RS	零功率 CSI-RS

参考文献

[1] 孙宇彤，赵文伟，蒋文辉.CDMA 空中接口技术 [M]. 北京：人民邮电出版社，2004.
[2] 韩斌杰，杜新颜，张建斌.GSM 原理及其网络优化 [M]. 北京：机械工业出版社，2012.
[3] Erik Dahlma 等著，堵久辉等译.3G 演进 HSPA 与 LTE (第 2 版)[M]. 北京：人民邮电出版社，2010.
[4] Harri Holma，Antti Toskala 著 . 杨大成等译.UMTS 中的 WCDMA–HSPA 演进及 LTE（原书第 5 版）[M]. 北京：机械工业出版社，2012.
[5] 罗建迪，汪丁鼎，肖清华，朱东照.TD-SCDMA 无线网络规划与优化 [M]. 北京：人民邮电出版社，2010.
[6] Erik Dahlma 等著，堵久辉等译.4G 移动通信技术权威指南：LTE 与 LTE-Advanced[M]. 北京：人民邮电出版社，2012.
[7] 黄韬，刘韵洁，张智江，刘申建.LTE/SAE 移动通信网络技术 [M]. 北京：人民邮电出版社，2009.
[8] 曾召华.LTE 基础原理与关键技术 [M]. 西安：西安电子科技大学出版社，2010.
[9] 张新程，田韬，周晓津，文志成.LTE 空中接口技术与性能 [M]. 北京：人民邮电出版社，2009.
[10] Erik Dahlman，Stefan Parkvall，and Johan Skold.5G NR：The NextGeneration WirelessAccess Technology[M]. U.S.A：Academic Press，2018.
[11] 刘晓峰等.5G 无线系统设计与国际标准 [M]. 北京：人民邮电出版社，2019.
[12] Erik Dahlman，Stefan Parkvall，Johan Skold.4G，LTE-AdvancedProandTheRoadto5G，Third Edition[M]. U.S.A：Academic Press，2016.
[13] 张守国，张建国，李曙海，沈保华.LTE 无线网络优化实践 [M]. 北京：人民邮电出版社，2014.
[14] 张建国，徐恩，肖清华.5G NR 频率配置方法 [J]. 移动通信，2019，43(2)：33–37.
[15] 张建国，黄正彬，周鹏云.5G NR 下行同步过程研究 [J]. 邮电设计技术，2019(3)：22–26.
[16] 张建国.TD-LTE 系统覆盖距离研究 [J]. 移动通信，2011，35(10)：26–29.
[17] 肖清华，毛卓华，凌文杰，张建国.TD-LTE 容量能力综合分析 [J]. 邮电设计技术，2012(4)：36–40.
[18] 杨旭，肖子玉，邵永平，宋小明.5G 网络部署模式选择及演进策略 [J]. 电信科学，2018(6).
[19] 闫渊，陈卓.5G 中的 CU-DU 架构、设备实现及应用探究 [J]. 移动通信，2018(1)：27–32.
[20] 刘光毅，刘婧迪 . 全球 5G 频谱发展趋势分析 [J]. 通信世界，2017(24)：13–15.
[21] 3GPP TS 36.300，Evolved Universal Terrestrial Radio Access (E-UTRA) and Evolved Universal Terrestrial Radio Access Network (E-UTRAN)；Overall description；Stage 2.
[22] 3GPP TS 36.104，Evolved Universal Terrestrial Radio Access (E-UTRA)；Base Station (BS) Radio Transmission and Reception.
[23] 3GPP TS 36.211，Evolved Universal Terrestrial Radio Access (E-UTRA);Physical channels and modulation.
[24] 3GPP TR 23.799，Study on Architecture for Next Generation System.
[25] 3GPP TS 37.340，Evolved Universal Terrestrial Radio Access (E-UTRA) and NR；Multi-connectivity；Stage 2.
[26] 3GPP TS 37. 324，E-UTRA and NR；Service Data Adaptation Protocol (SDAP) Specification.
[27] 3GPP TS 38.104，NR；Base Station (BS) Radio Transmission and Reception.
[28] 3GPP TS 38.133，NR；Requirements for Support of Radio Resource Management.
[29] 3GPP TS 38.201，NR；Physical Layer；General Description.

[30] 3GPP TS 38.202，NR；Services provided by the physical layer.
[31] 3GPP TS 38.211，NR；Physical channels and modulation.
[32] 3GPP TS 38.212，NR；Multiplexing and channel coding.
[33] 3GPP TS 38.213，NR；Physical layer procedures for control.
[34] 3GPP TS 38.214，NR；Physical layer procedures for data.
[35] 3GPP TS 38.215，NR；Physical layer measurements.
[36] 3GPP TS 38.300，NR；NR and NG-RAN Overall Description；Stage 2.
[37] 3GPP TS 38.304，User Equipment (UE) procedures in Idle mode and RRC Inactive state.
[38] 3GPP TS 38.306，NR；User Equipment (UE) radio access capabilities.
[39] 3GPP TS 38.321，NR；Medium Access Control (MAC) protocol specification.
[40] 3GPP TS 38.322，NR；Radio Link Control (RLC) protocol specification.
[41] 3GPP TS 38.323，NR；Packet Data Convergence Protocol (PDCP) specification.
[42] 3GPP TS 38.331，NR；Radio Resource Control (RRC) protocol specification.
[43] 3GPP TS 38.401，NG-RAN；Architecture description.
[44] 3GPP TS 38.413，NG-RAN；NG Application Protocol (NGAP).
[45] 3GPP TS 38.423，NG-RAN；Xn application protocol (XnAP).
[46] 3GPP TS 38.470，NG-RAN；F1 general aspects and principles.
[47] 3GPP TS 38.473，NG-RAN；F1 application protocol (F1AP).
[48] 3GPP TR 38.801，Study on new radio access technology Radio access architecture and interfaces.
[49] 3GPP TR 38.802，Study on New Radio Access Technology Physical Layer Aspects.
[50] 3GPP TR 38.816，Study on CU-DU lower layer split for NR.
[51] 3GPP TR 38.817，General aspects for User Equipment (UE)Radio Frequency (RF) for NR.
[52] R1-1608963，About RB Grid Definition and Handling Inter-numerology Interference in NR，ZTE，ZTE Microelectronics.
[53] R1-164030，Evaluation of scalable numerology proposals，Huawei，HiSilicon.
[54] R1-1611684，Email discussion on synchronization and carrier rasters for NR，Huawei.
[55] R1-1611233，Further consideration on the guard band for mixed numerology，Huawei，HiSilicon.
[56] R1-1701661，Dynamic resource allocation of different numerologies，Huawei，HiSilicon.
[57] R1-1701686，UL codebook design in NR，Huawei，HiSilicon.
[58] R1-1702121，NR System Sync Frequency Raster，Ericsson.
[59] R1-1702315，Considerations on SS Burst Design and Indication，InterDigital Communications.
[60] R1-1702360，SS Burst Set for Different Beam Approaches，KT Corp.
[61] R1-1702653，Considerations on ECP use cases with 60 kHz SCS，Qualcomm.
[62] R1-1702902，Remaining issues of SS frequency raster，Samsung.
[63] R1-1703159，Impact of Antenna Panel Array Structures in UMa 30GHz，Nokia，Alcatel-Lucent Shanghai Bell.
[64] R1-1709232，WF on Type I and II CSI codebooks，Samsung，Ericsson，Huawei.
[65] R1-1709670，Numerology for multiplexing of eMBB and URLLC，Huawei，HiSilicon.
[66] R4-154364，A New Cyclic Shift Restriction Set for Very High Speed Cells，Alcatel-Lucent.
[67] R4-1713263，Channel raster to subcarrier mapping，ZTE Corp.
[68] 中国移动发布的 C-RAN 白皮书《迈向 5G C-RAN：需求、架构与挑战》.2016.
[69] 中国电信发布的《中国电信 5G 技术白皮书》.2018.
[70] IMT-2020(5G) 推进组发布的《5G 概念白皮书》.2015.
[71] 张建国，徐恩．张艺译，5G NR 峰值速率分析 [J]. 邮电设计技术，2019(7)：18-32.
[72] 张建国，韩春娜，杨东来．5G NR 随机接入信号的规划研究 [J]. 邮电设计技术，2019(8)：40-44.
[73] 张建国，徐恩，黄正彬．5G NR 控制信道容量综合分析 [J]. 邮电设计技术，2019(9)：45-50.